진짜 시험에 나오는 필수 문제로 리허설

All in one!!! 책 한 권 속에 모든 게 담겨 있어서 놀라지 않을 수 없었습니다. 매 단원마다 개념을 정립했다면 이 책 한 권으로 내신도 수능도 잡을 수 있게 구성되어 있는데, 그 구성력이 현 트렌드를 잘 반영하고 있어 매우 탁월합니다. 내신에 필요한 기술들과 수능에 필요한 사고력까지 모두 담은 듯합니다.
제자들에게도 나눠주고 싶습니다.

메가스터디 온라인 **양승진**

군더더기 없이 깔끔한 '유형편', 대치동 혹은 대형 학원에서 볼법한 '스페셜 특강', 상위권들의 필수 관문 '킬링 파트'까지 대치동 현장 강의가 들어 있는 듯한 어느 책에서도 보지 못할 내용!

메가스터디 온라인 **장미리**

책의 저자분들이 수능 콘텐츠로 탁월한 능력을 보유하신 팀으로 알고 있다가 내신에서도 이런 형태의 교재를 쓰는지 꿈에도 몰랐습니다. 기존 내신 문제집들보다 훨씬 깔끔한 문항들과 내신에서 필요한 특유의 스킬들이 적혀있는 것도 신선하고요. 왜 이런 내용을 담은 책이 이제 나왔는가 하는 생각이 듭니다.
내신 상위권으로 가기 위한 필수 교재가 될 것입니다.

대성마이맥 온라인 **이정환**

스페셜 특강과 킬링 파트가 특히 좋았습니다.
킬링 파트는 고등학교 내신 등급을 가르는 고난도 문제들 중에서도 꼭 풀어 봐야 할 문제들로 구성되어 있습니다. 또 내신은 시간 싸움인데 스페셜 특강의 내용들은 내신에서 빈번하게 나오는 문제들의 풀이 시간을 확연히 단축시켜줄 내용이네요. 내신 1, 2등급을 목표로하는 중위권부터 상위권까지 모두에게 추천합니다.

이투스 온라인 **박하나**

수능 수학 최고의 출제진이 처음 선보이는 내신 문제집!
시험 직전에는 꼭 풀어야 할 교재네요. 남다른 퀄리티를 느껴보시기 바랍니다.

서울대 졸업, 분당대찬, 미래탐구, 이투스 앤써 **권구승**

유형편에서부터 문제의 선별에 신경을 많이 쓴 교재이고 스페셜 특강도 매우 유용합니다. 그리고 뒤의 킬러 문제들은 내신과 수능을 모두 잡을 사고력 향상과 계산 훈련에 좋습니다. 문항 수도 적절합니다. 강력 추천!

목동 사과나무 **김한이**

준킬러 대세의 입시 수학에서 가장 정제된 고난도 내신 문제집이라고 생각합니다. 각 문제에 사용된 개념의 흐름과 테크닉에 주안점을 두고 공부하기에 최적화된 문제집입니다.

인재와고수 **서용훈**

| 집필진 |

CSM17

성민 (CSM17대표)
김우현 (CSM17, 서울대물리교육학과)
최형락 (CSM17, 한양대수학교육학과)
이경로 (CSM17, 중앙대전자전기공학과)
백승정 (CSM17, 인하대화학공학과)
정완철 (CSM17, 고려대수학교육학과)
박수빈 (CSM17, 한양대경영학과)
용홍주 (CSM17, 조선대의예과)
송승형 (CSM17, 경희대치의학과)
김은아 (CSM17, 홍익대회계학과)
박병민 (CSM17, 연세대수학과)

메가스터디

장미리T (메가스터디온라인)

| 감수 |

수학에 심장을 달다 교육연구소

| 검토진 |

강민영	선재수학	권희선	울산국과수단과학원	김동원	POSTMATH	김세나	한국UPI
김용환	수지마타수학	김현이	일산브레인리그	남정순	탄탄수학	류형찬	다온영어국어
문재웅	성북메가스터디	박경보	상계최고수	박재철	12월의영광	서보성	뉴파인
서정규	디딤돌학원	서지원	연산코어영수	양성진	중계세일학원	오치윤	수학의힘의대관
이고은	리엔학원	이상헌	이상수학전문학원	이성빈	감천K2아카데미	이재성	선재수학
이창현	파인만수학	임신옥	KS수학	장우일	화명플라즈마	정민지	센텀이젠수학
정석	정석수학학원	정화진	진화수학	진혜원	오미크론수학전문학원	채수용	대치상상
최수영	MFA수학학원	허욱	다원교육				

수학 I

STRUCTURE 구성과 특징

내신 상위권에 최적화된 탁월한 문제

» PART 1

1등급을 위한 필수 유형

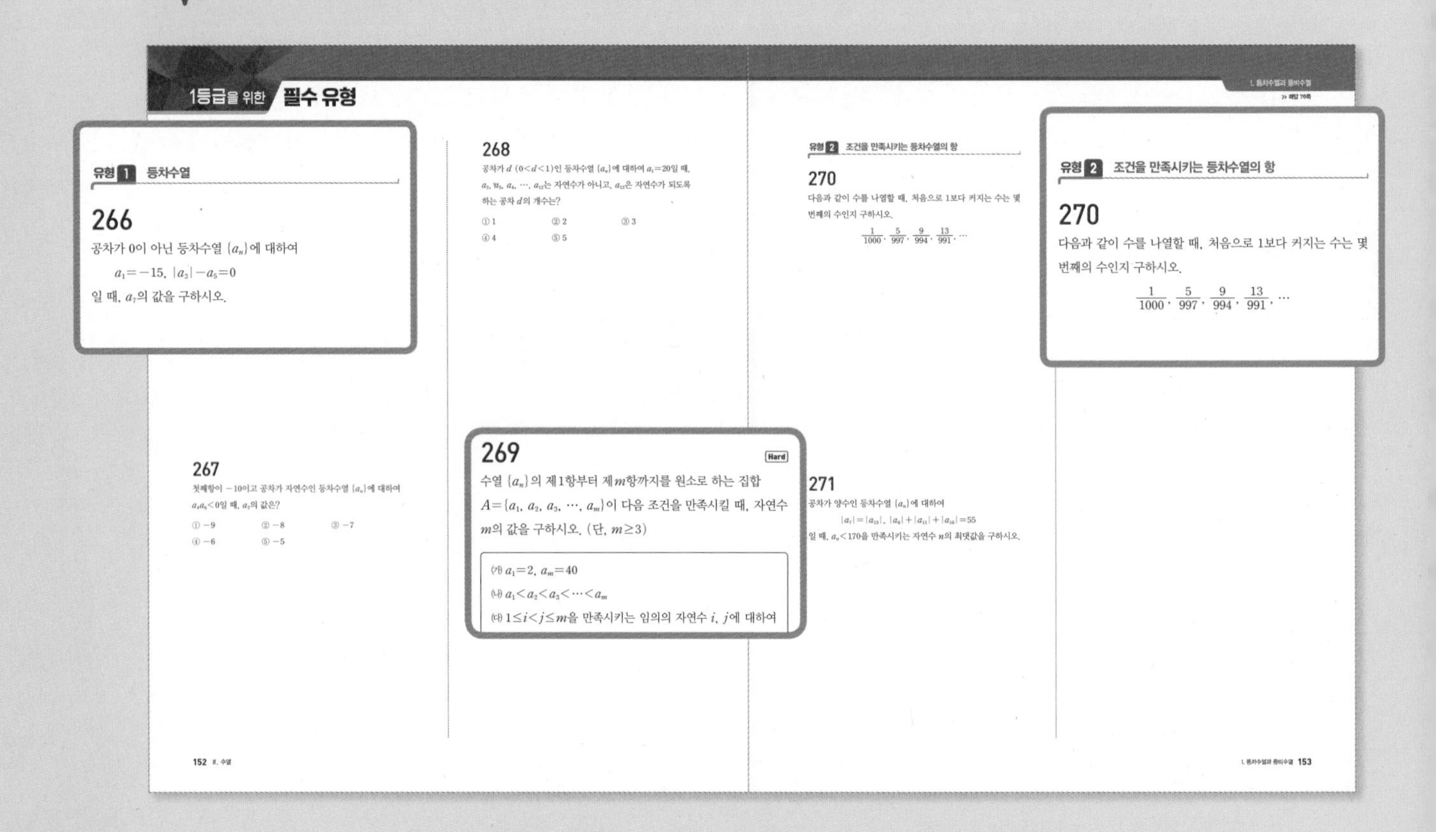

- 내신 상위권 도약을 위한 필수 유형 점검

☑ 내신에서 상위권으로 도약하기 위해 꼭 풀어야 하는 문항들을 유형별로 나누어 구성하였습니다.

☑ 상위권 내신 기출 문항들을 수집, 분석하고 내신에 최적화된 형태로 변형하였습니다.

☑ 고난도 문제로 자주 출제되는 핵심 문제를 빠르고 효과적으로 풀어 볼 수 있습니다.

시험 직전, 고난도 핵심만!

진짜 시험에 나오는 문제로 리허설

내신 만점을 위한 특별한 구성

PART 2

스페셜 특강

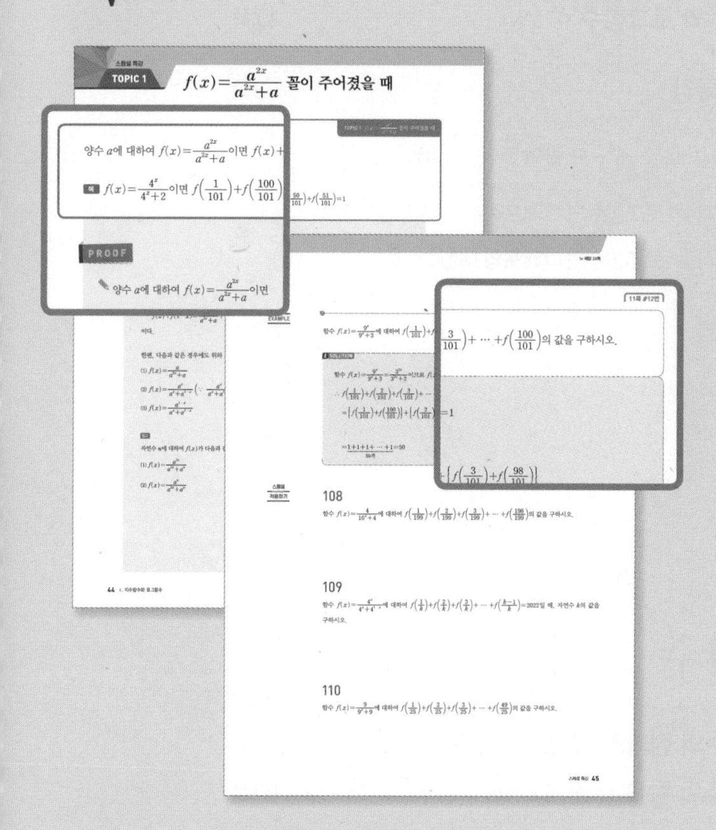

실전에서 시간 단축을 위한 비법 전수

- 실전에서 문제 풀이 시간을 줄여 주는 유용한 풀이 비법과 그 원리를 제시하였습니다. 풀이가 복잡하고 어려운 문제도 쉽고 빠르게 해결할 수 있습니다.
- 앞에서 풀어 본 문제를 스페셜 특강의 풀이 비법을 적용하여 풀어 볼 수 있도록 한 번 더 수록하였습니다. 두 가지 풀이 방법을 직접 비교하고 풀이 전략을 세울 수 있습니다.

PART 3

킬링 파트

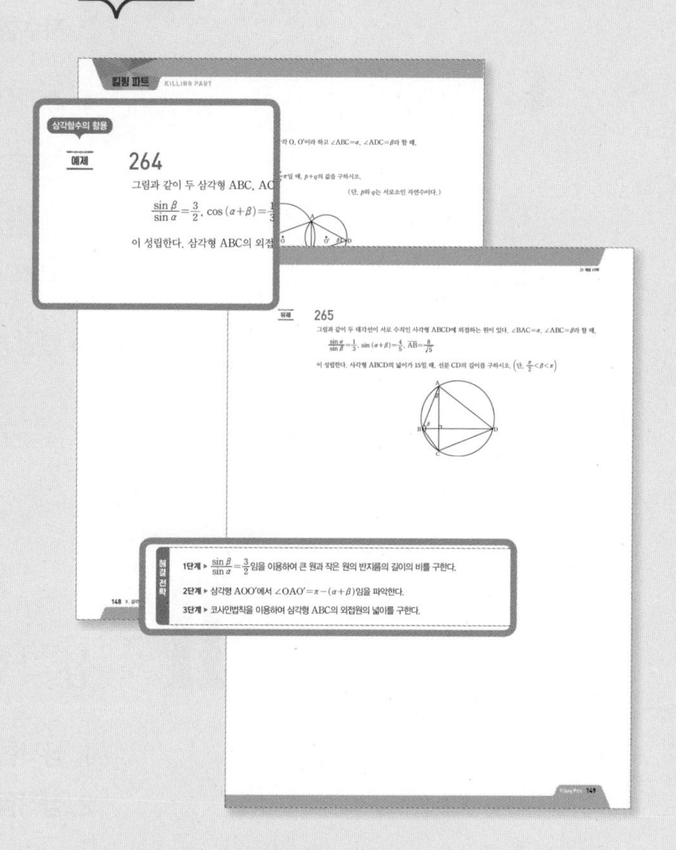

1등급 쟁취를 위한 킬러 문제 훈련

- 상위 4 % 이내의 1등급 문제를 엄선하여 수록하였습니다.
- 출제 유형별로 대표 예제와 복습 문제인 유제로 구성하여 두 번 풀어 볼 수 있도록 하였습니다.

CONTENTS 차례

I 지수함수와 로그함수

II 삼각함수

수열

I

지수함수와 로그함수

1. 지수와 로그

2. 지수함수와 로그함수

유형 1 거듭제곱근과 실수

001

다음 중 옳은 것은?

① 8의 세제곱근은 2이다.
② -81의 네제곱근 중 실수인 것은 $\sqrt[4]{-81}$이다.
③ n이 홀수일 때, 3의 n제곱근 중 실수인 것은 1개이다.
④ -8의 세제곱근 중 실수인 것은 없다.
⑤ 81의 네제곱근은 ±3이다.

002

두 집합

$A=\{-4,\ -3,\ -2,\ 2,\ 3,\ 4\}$,

$B=\{y \mid y=x^2,\ x\in A\}$

에 대하여 $a\in A$, $b\in B$일 때, $\sqrt[b]{a}$가 실수가 되도록 하는 a, b의 순서쌍 $(a,\ b)$의 개수를 구하시오.

유형 2 지수의 대소 비교

003

$0<a<b$인 두 실수 a, b에 대하여 $\sqrt[5]{a}\sqrt{b}=1$일 때, **보기**에서 옳은 것만을 있는 대로 고른 것은?

보기
ㄱ. $a^2b^5=1$
ㄴ. $a^{-3}b^{-4}>1$
ㄷ. $\sqrt[5]{a}\times\sqrt[4]{b}>\sqrt[4]{a}\times\sqrt[5]{b}$

① ㄱ　② ㄴ　③ ㄱ, ㄴ
④ ㄴ, ㄷ　⑤ ㄱ, ㄴ, ㄷ

004

1보다 큰 자연수 n과 두 실수 a, b에 대하여

$0<a<1<b,\ ab<1$

일 때, 세 수

$A=a^{\frac{n+2}{n}}\times b,\ B=a\times b^{\frac{n}{n+2}},\ C=a^{\frac{n}{n+2}}\times b^{\frac{n+2}{n}}$

의 대소 관계로 옳은 것은?

① $A<B<C$　② $A<C<B$　③ $B<A<C$
④ $B<C<A$　⑤ $C<A<B$

유형 3 거듭제곱근의 지수화

005

다음 조건을 만족시키는 1이 아닌 세 양수 a, b, c에 대하여 $ac=b^k$이다. 이때 실수 k의 값은?

(가) a^2은 b의 네제곱근이다.
(나) b^5은 c의 세제곱근이다.

① $\frac{119}{8}$ ② $\frac{121}{8}$ ③ $\frac{123}{8}$
④ $\frac{125}{8}$ ⑤ $\frac{127}{8}$

006

두 실수 a, b에 대하여 $\sqrt{2^a}=3$, $\sqrt[3]{12^b}=2$일 때, **보기**에서 옳은 것만을 있는 대로 고른 것은?

보기

ㄱ. $12^{ab}=729$
ㄴ. $2^{a-2b}>4$
ㄷ. $3\sqrt{3}<\sqrt{3^{a+b}}<9\sqrt{3}$

① ㄱ ② ㄴ ③ ㄱ, ㄷ
④ ㄴ, ㄷ ⑤ ㄱ, ㄴ, ㄷ

유형 4 거듭제곱근이 자연수가 될 조건

007

$1\le m\le 3$, $1\le n\le 27$인 두 자연수 m, n에 대하여 $\sqrt[3]{n^m}$이 자연수가 되도록 하는 순서쌍 (m, n)의 개수는?

① 31 ② 33 ③ 35
④ 37 ⑤ 39

008

10 이하의 두 자연수 m, n에 대하여 $4^{\frac{m+2}{n}}\times\sqrt[3]{3^{4n+1}}$이 자연수가 되도록 하는 순서쌍 (m, n)의 개수는?

① 12 ② 13 ③ 14
④ 15 ⑤ 16

009

Hard

$2 \le n \le 100$인 자연수 n에 대하여 $\sqrt[14]{n}$이 어떤 자연수의 n제곱근이 되도록 하는 n의 개수를 구하시오.

유형 5 $\frac{a^{px} \pm a^{-qx}}{a^{rx} \pm a^{-sx}}$ 꼴의 식의 값

010

함수 $f(x)=\frac{a^x-a^{-x}}{a^x+a^{-x}}$에 대하여 $f(\alpha)=\frac{3}{4}$, $f(\beta)=\frac{1}{2}$일 때, $f(\alpha-\beta)$의 값은? (단, $a>0$)

① $\frac{1}{5}$ ② $\frac{2}{5}$ ③ $\frac{3}{5}$

④ $\frac{4}{5}$ ⑤ 1

011

양수 a와 실수 x에 대하여 $\frac{a^{6x}+a^{-6x}}{a^{2x}+a^{-2x}}+\frac{a^{6x}-a^{-6x}}{a^{2x}-a^{-2x}}=14$일 때, $a^{4x}-a^{-4x}$의 값을 구하시오. (단, $a^{2x}>1$)

012

스페셜 특강 45쪽 EXAMPLE

함수 $f(x)=\dfrac{9^x}{9^x+3}$에 대하여

$$f\left(\frac{1}{101}\right)+f\left(\frac{2}{101}\right)+f\left(\frac{3}{101}\right)+\cdots+f\left(\frac{100}{101}\right)$$

의 값을 구하시오.

유형 6 $a^x=b^y=c^z$ 꼴의 조건이 주어진 경우

013

$a^{-2}=2$, $b^{-4}=8$, $c^{-6}=16$을 만족시키는 세 양수 a, b, c와 자연수 n에 대하여 $f(n)=\left(\dfrac{1}{ab^2c^3}\right)^n$이라 할 때, $f(4)\times\dfrac{1}{f(2)}$의 값은?

① 128 ② 256 ③ 512
④ 1024 ⑤ 2048

014

$2^a=7^b=196$일 때, $\dfrac{8(a^3+b^3)-a^3b^3}{3(a+b)^2}$의 값은?

① -16 ② -4 ③ 1
④ 4 ⑤ 16

015

$abc \neq 0$인 세 실수 a, b, c에 대하여 $2^a = 14^b = 7^c$, $(a-14)(c-14)=196$일 때, b의 값을 구하시오.

유형 7 로그의 연산

016

216의 모든 양의 약수를 x_1, x_2, x_3, $\cdots$, x_{16}이라 할 때, $\log_6 \sqrt{x_1} + \log_6 \sqrt{x_2} + \log_6 \sqrt{x_3} + \cdots + \log_6 \sqrt{x_{16}}$의 값을 구하시오.

017

다음 세 실수

$A = \log_{\sqrt{2}} 8 + \log_{27} 81$,

$B = 5^{\log_{\sqrt{5}} 3}$,

$C = \log_4 16 \times \log_{\sqrt{3}} 9$

의 대소 관계로 옳은 것은?

① $A<B<C$　② $A<C<B$　③ $B<C<A$
④ $C<A<B$　⑤ $C<B<A$

유형 8 로그의 성질

018

두 양수 a, b에 대하여 $ab=8$이고 $b^{\log_2 a}=\sqrt[3]{4}$일 때, $(\log_2 a)^3+(\log_2 b)^3$의 값을 구하시오.

019

함수 $f(x)=\log_a \sqrt{1+\frac{6}{3x-1}}$에 대하여

$$f(1)+f(2)+f(3)+\cdots+f(21)=1$$

이 성립한다. $a=\sqrt{l}\times\sqrt{m}\times\sqrt{n}$일 때, $l+m+n$의 값은?

(단, a는 1이 아닌 양수이고, l, m, n은 소수이다.)

① 26 ② 28 ③ 30 ④ 32 ⑤ 34

유형 9 로그의 계산에서 산술평균과 기하평균의 관계 이용

020

$1<b<a$인 실수 a, b에 대하여 $\log_a \sqrt{b}+\log_{b^8} a$의 최솟값을 구하시오.

021

1이 아닌 두 양수 a, b에 대하여 $\log_a b=4\log_b a$가 성립한다. $(a^2+2)(b+6)$의 최솟값이 $m+\sqrt{n}$일 때, $m+n$의 값을 구하시오. (단, $a^2\neq b$이고, m, n은 자연수이다.)

유형 10 조건식을 이용한 식의 값 구하기

022

1이 아닌 세 양수 a, b, c가 다음 조건을 만족시킬 때, $(\log_a b)^2+(\log_b c)^2+(\log_c a)^2$의 값을 구하시오.

(가) $\log_a b^3+\log_b c^3+\log_c a^3=60$

(나) $\log_b \sqrt{a}+\log_c \sqrt{b}+\log_a \sqrt{c}=5$

023

1이 아닌 세 양수 a, b, c가 다음 조건을 만족시킬 때, $\log_a 15bc+\log_b 15ca+\log_c 15ab$의 값은?

(가) $\log_2 4a+\log_2 5b+\log_2 6c=9$

(나) $\log_a 2+\log_b 2+\log_c 2=2$

① 5 ② 6 ③ 7 ④ 8 ⑤ 9

유형 11 로그의 합 또는 차가 정수일 때

024

$70<a<120$인 실수 a에 대하여

$$\log_2 \sqrt[3]{a}-[\log_2 \sqrt[3]{a}]=\log_2 a^2-[\log_2 a^2]$$

을 만족시킨다. $100(\log_2 a-[\log_2 a])$의 값을 구하시오.

(단, $[x]$는 x보다 크지 않은 최대의 정수이다.)

025

$\log x$의 정수 부분을 $P(x)$, 소수 부분을 $Q(x)$라 할 때, 다음 조건을 만족시키는 모든 실수 x의 값의 곱은?

(가) $P(x)=2$

(나) $Q(x^2)+Q(x^3)=1$

① 10 ② 10^5 ③ 10^{10} ④ 10^{12} ⑤ 10^{15}

유형 12 지수와 로그의 활용 – 도형

026

그림과 같이 선분 AB를 지름으로 하는 원 위의 두 점 P, Q에 대하여 두 선분 AB, PQ의 교점을 R라 하자. $\overline{AP}=\overline{BP}$이고, $\overline{AR}=8\sqrt[5]{3}$, $\overline{BR}=6\sqrt[5]{3}$일 때, $\frac{5}{14}\overline{BQ}$의 값은?

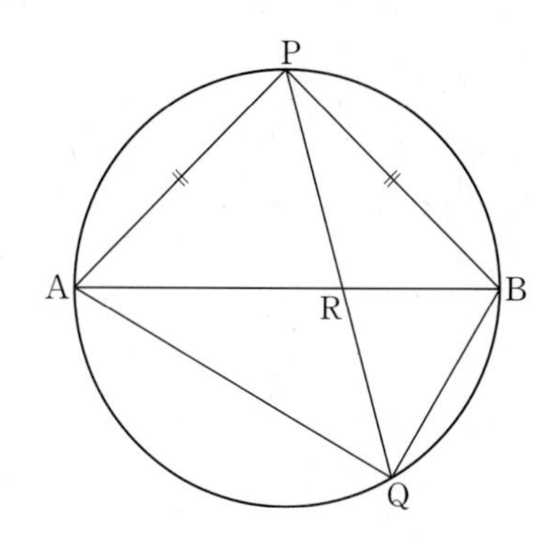

① $\sqrt[5]{9}$ ② $\sqrt[5]{27}$ ③ $\sqrt[5]{81}$
④ $\sqrt[5]{243}$ ⑤ $\sqrt[5]{729}$

027

그림과 같이 두 변 AB, CD가 서로 평행한 사다리꼴 ABCD에서 $\overline{AB}=7$, $\overline{CD}=4$이다. 사다리꼴 ABCD의 두 대각선이 만나는 점을 P라 할 때, $\overline{AP}=\log_a b$, $\overline{BP}=\log_c b$이고 $\overline{BP}:\overline{CP}=2:1$이다. $\log_a c+\log_c a$의 값은?

(단, a, c는 1이 아닌 양수이고, b는 양수이다.)

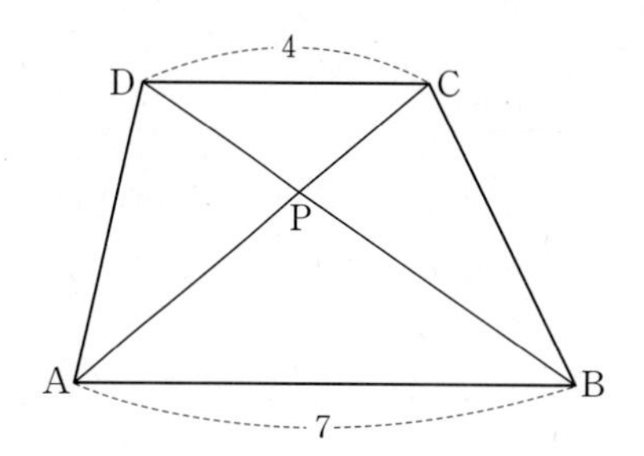

① $\frac{111}{56}$ ② $\frac{113}{56}$ ③ $\frac{115}{56}$
④ $\frac{117}{56}$ ⑤ $\frac{17}{8}$

유형 13 조건을 만족시키는 순서쌍의 개수 구하기

028

1보다 큰 두 자연수 a, b에 대하여 두 양수 x, y가 다음 조건을 만족시킬 때, a, b의 순서쌍 (a, b)의 개수는?

(가) $\sqrt[a]{x}=\sqrt[b]{y^2}=216$
(나) $\sqrt[3]{xy}=2^{20}\times 3^{20}$

① 17 ② 18 ③ 19
④ 20 ⑤ 21

029

Hard

1보다 큰 두 자연수 a, b가 다음 조건을 만족시킬 때, a, b의 순서쌍 (a, b)의 개수는?

(가) $a^2\times b^{11}=2^{2015}$
(나) $a^2<b^4$

① 16 ② 19 ③ 22
④ 25 ⑤ 28

030

Hard

1보다 큰 서로 다른 두 자연수 a, b가 다음 조건을 만족시킬 때, a, b의 순서쌍 (a, b)의 개수를 구하시오.

(가) $b<\frac{300}{a}$
(나) $\log_a b$는 유리수이다.

I

지수함수와 로그함수

1. 지수와 로그

2. 지수함수와 로그함수

1등급을 위한 필수 유형

유형 1 지수함수의 성질

031

두 함수 $f(x)=3^x+3k$, $g(x)=-2^{-x}+k^2-10$이 임의의 두 실수 x_1, x_2에 대하여 $f(x_1)>g(x_2)$를 만족시키도록 하는 자연수 k의 개수는?

① 1　② 3　③ 5　④ 7　⑤ 9

032

$0<a<b$이고 $a\neq 1$, $b\neq 1$일 때, 두 함수 $f(x)=a^x$, $g(x)=b^x$에 대하여 **보기**에서 옳은 것만을 있는 대로 고른 것은?

보기

ㄱ. $f(-1)<1<g(-1)$을 만족시키는 a, b의 값이 존재한다.

ㄴ. $f(p)=g(q)=k$, $pq>0$이면 $p>q$이다. (단, $k>1$)

ㄷ. $ab=1$이면 $f(a)>g(-b)$이다.

① ㄱ　② ㄴ　③ ㄷ　④ ㄴ, ㄷ　⑤ ㄱ, ㄴ, ㄷ

유형 2 지수함수의 그래프의 평행이동, 대칭이동

033

함수 $y=f(x)$의 그래프는 곡선 $y=a^x$을 x축의 방향으로 b만큼 평행이동한 것과 일치한다. $x\geq 3$에서 함수 $f(x)$의 최솟값은 243이다. 임의의 두 실수 α, β에 대하여 $f(\alpha)f(\beta)=9f(\alpha+\beta)$일 때, a^2+b^2의 값은?

(단, $a>0$, $a\neq 1$)

① 10　② 11　③ 12　④ 13　⑤ 14

034

세 함수 $y=5^{-x-2}$, $y=5^{-x+2}$, $y=5^{x-2}$의 그래프와 직선 $y=k$의 교점을 각각 P, Q, R라 하고, 세 점 P, Q, R의 x좌표를 각각 p, q, r라 하자. $p<q<r$일 때, $\overline{PQ}=\overline{QR}$를 만족시키는 상수 k의 값을 구하시오.

유형 3 지수함수의 그래프의 해석

035

그림과 같이 두 함수 $f(x)=a^{x-m}$, $g(x)=\left(\frac{1}{a}\right)^{x-m}$의 그래프는 직선 $x=4$에 대하여 서로 대칭이고, 직선 $x=3$과 두 함수 $y=f(x)$, $y=g(x)$의 그래프의 교점을 각각 P, Q라 할 때, $\overline{\mathrm{PQ}}=\frac{3}{2}$이다. 이때 상수 a, m에 대하여 am의 값을 구하시오.

(단, $a>1$)

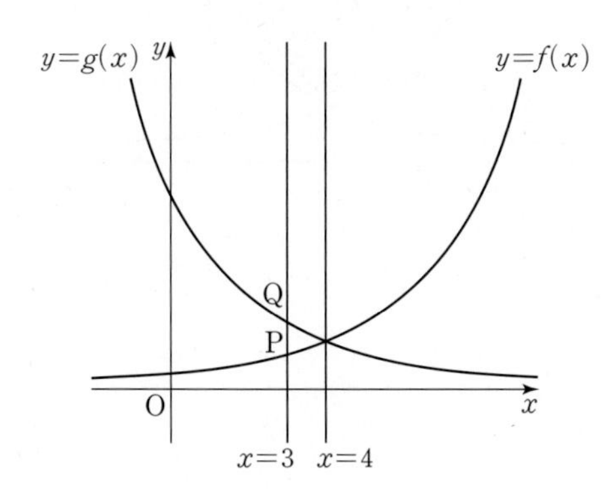

036

그림과 같이 함수 $y=\left(\frac{5}{4}\right)^{x}$의 그래프 위의 두 점을 각각 한 꼭짓점으로 하는 두 직사각형 A, B가 있다. 직사각형 A의 가로의 길이가 4일 때, 직사각형 A의 넓이가 직사각형 B의 넓이의 4배가 된다고 한다. 이때 직사각형 B의 가로의 길이를 구하시오. (단, 두 직사각형의 한 변은 x축 위에 놓여 있고, 한 꼭짓점을 공유한다.)

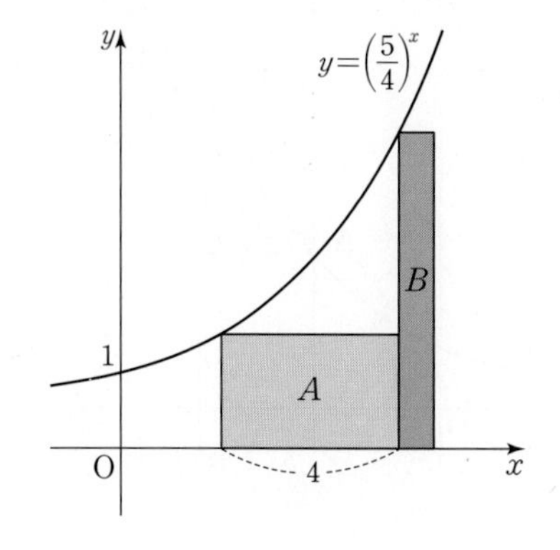

037

그림과 같이 함수 $f(x)=2^{x+1}$에 대하여 함수 $y=f(x)$의 그래프와 두 직선 $x=k$, $x=k+1$의 교점을 각각 A_k, A_{k+1}이라 하고, 점 A_k를 지나고 x축에 평행한 직선이 직선 $x=k+1$과 만나는 점을 B_{k+1}이라 하자. 삼각형 $A_kB_{k+1}A_{k+1}$의 넓이를 $S(k)$라 할 때, $f(a)=S(1)S(2)S(3)\times\cdots\times S(10)$을 만족시키는 실수 a의 값을 구하시오.

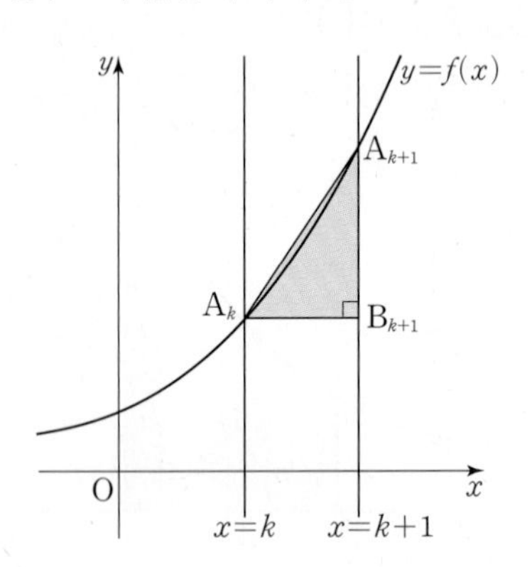

038

그림과 같이 세 곡선 $y=a^{-x}$, $y=a^{x}$, $y=a^{x-8}$이 직선 $y=k$와 만나는 점을 각각 A, B, C라 할 때, $\overline{AB}=\overline{BC}$이다. 두 곡선 $y=a^{-x}$과 $y=a^{x-8}$이 만나는 점 D에 대하여 삼각형 ACD의 넓이가 12일 때, a의 값은? (단, $a>1$)

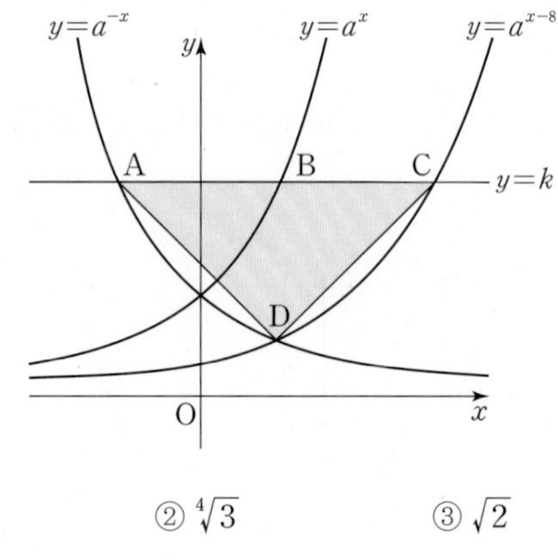

① $\sqrt[4]{2}$　② $\sqrt[4]{3}$　③ $\sqrt{2}$
④ 2　⑤ 3

039

스페셜 특강 48쪽 111번

그림과 같이 두 곡선 $y=16^x$, $y=4^x$과 직선 $y=k$가 만나는 두 점을 각각 A, B라 하고, 직선 $y=\frac{k}{4}$와 만나는 두 점을 각각 C, D라 하자. $\overline{AB}=2$일 때, 선분 CD의 길이를 구하시오. (단, $k>4$)

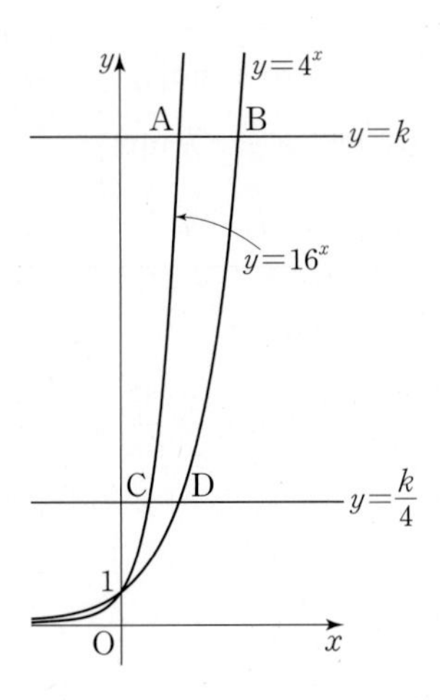

040

그림과 같이 곡선 $y=k\times 2^x$ $(0<x<1)$이 두 곡선 $y=2^{-2x}$, $y=-4\times 2^x+8$과 만나는 점을 각각 P, Q라 하자. 두 점 P, Q의 x좌표의 비가 $1:3$일 때, 실수 k에 대하여 $70k$의 값은?

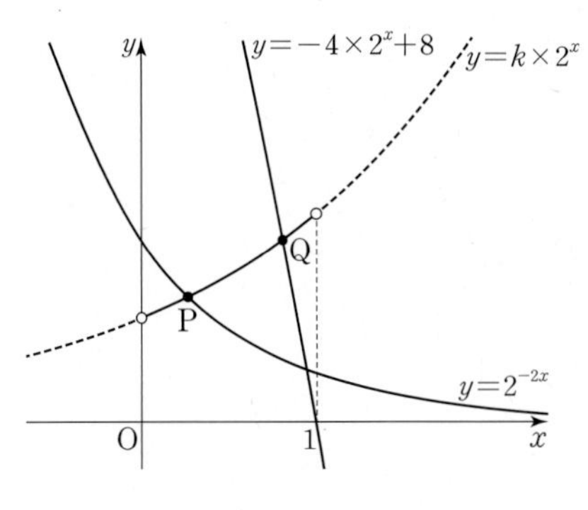

① 20　② 25　③ 30　④ 35　⑤ 40

041

두 곡선 $y=3^x$, $y=-9^{x-2}$이 y축과 평행한 한 직선과 만나는 서로 다른 두 점을 각각 A, B라 하자. $\overline{OA}=\overline{OB}$일 때, 삼각형 AOB의 넓이는? (단, O는 원점이다.)

① $3^4\times4$　② $3^5\times4$　③ $3^6\times4$　④ $3^7\times4$　⑤ $3^8\times4$

유형 4 대소 비교 – 지수

042

부등식 $\frac{1}{4}<\left(\frac{1}{4}\right)^a<\left(\frac{1}{4}\right)^b<1$을 만족시키는 두 실수 a, b에 대하여 **보기**에서 옳은 것만을 있는 대로 고른 것은?

보기

ㄱ. 임의의 두 실수 x_1, x_2에 대하여 $a^{x_1}<a^{x_2}$이면 $x_1>x_2$이다.
ㄴ. $x>0$인 실수에 대하여 $a^x<b^x$이다.
ㄷ. $b^a<b^b<a^b$

① ㄱ　② ㄱ, ㄴ　③ ㄱ, ㄷ　④ ㄴ, ㄷ　⑤ ㄱ, ㄴ, ㄷ

043

세 양수 a, b, c에 대하여

$4^a=5$, $6^b=24$, $7^c=22$

일 때, a, b, c의 대소 관계를 바르게 나타낸 것은?

① $a<b<c$　② $a<c<b$　③ $b<a<c$　④ $b<c<a$　⑤ $c<a<b$

유형 5 지수함수의 최대, 최소 – 지수가 일차식

044

정의역이 $\{x|-1\le x\le a\}$인 함수 $f(x)=3^{-|x-1|+2}$의 최댓값을 M, 최솟값을 m이라 하자. $M+m=\frac{17}{6}$을 만족시킬 때, 3^a의 값을 구하시오. (단, $a>-1$)

045

$-2\le x\le 2$에서 정의된 함수 $y=3^x-\left(\frac{1}{3}\right)^x$의 최댓값을 M, 최솟값을 m이라 할 때, $M-m$의 값은?

① $\frac{50}{3}$ ② $\frac{160}{9}$ ③ $\frac{170}{9}$
④ 20 ⑤ $\frac{190}{9}$

유형 6 지수함수의 최대, 최소 – 지수가 이차식

046

정의역이 $\{x|0\le x\le 3\}$인 함수 $y=a^{x^2-4x+5}$의 최댓값이 32가 되도록 하는 양수 a의 값을 구하시오. (단, $a\ne 1$)

047

$1\le x\le 4$에서 정의된 함수 $f(x)=a^{x^2-6x+11}$의 최댓값이 9일 때, 함수 $f(x)$의 최솟값을 m이라 하자. m^3의 값은?
(단, $a>0$, $a\ne 1$)

① 3 ② 5 ③ 7
④ 9 ⑤ 11

유형 7 지수함수의 최대, 최소 – 치환

048

정의역이 $\left\{x \middle| \log_2 \frac{2}{3} \le x \le 1\right\}$인 함수 $y=4^x-3\times2^{x+1}+6$의 최댓값을 M, 최솟값을 m이라 할 때, $M+m$의 값은?

① $\frac{1}{9}$ ② $\frac{2}{9}$ ③ $\frac{1}{3}$
④ $\frac{4}{9}$ ⑤ $\frac{5}{9}$

049

정의역이 실수 전체의 집합인 함수

$$f(x)=4^x+4^{2-x}+k(2^x+2^{2-x})-2k$$

의 최솟값이 20일 때, 양수 k의 값을 구하시오.

유형 8 지수함수의 방정식에의 활용

050

$2^x-2^{-x}=4$일 때, $8^x=a+b\sqrt{5}$이다. 유리수 a, b에 대하여 $a+b$의 값은?

① 25 ② 35 ③ 45
④ 55 ⑤ 65

051

정의역이 실수 전체의 집합이고 치역이 양의 실수 전체의 집합인 함수 $f(x)$가 임의의 두 실수 a, b에 대하여 $f(ab)=\{f(b)\}^a$을 만족시킨다. $f(1)=16$일 때, 방정식 $f\left(\frac{1}{2}\right)f\left(\frac{x}{3}\right)-f\left(\frac{x}{6}\right)=0$의 해를 구하시오.

052

방정식 $9^x-3^{-x}=5(3^x-1)$을 만족시키는 실수 x의 최댓값을 a, 최솟값을 b라 할 때, 9^a+9^b의 값을 구하시오.

053

두 함수 $y=4^x$, $y=2^{x+1}$의 그래프가 직선 $x=k$와 만나는 두 점을 각각 A, B라 하자. $\overline{AB}=48$일 때, 상수 k의 값을 구하시오.

유형 9 지수함수의 방정식에의 활용 – 근의 판별

054

방정식 $9^x+9^{-x}+3(3^x+3^{-x})-16=0$의 두 근을 α, β라 할 때, $9^{-\alpha}+9^{-\beta}$의 값은?

① 3 ② 5 ③ 7
④ 9 ⑤ 11

055

방정식 $9^{2x}+a\times9^{x+1}+15-9a=0$의 두 실근의 비가 1 : 2일 때, 실수 a의 값은?

① -2 ② $-\frac{5}{3}$ ③ $-\frac{4}{3}$
④ -1 ⑤ $-\frac{2}{3}$

056

방정식 $9^x+9^{-x}+4(3^x+3^{-x})-k+2=0$이 적어도 하나의 실근을 갖도록 하는 실수 k의 값의 범위를 구하시오.

057

방정식 $4^x-2(a+4)2^x-3a^2+24a=0$의 서로 다른 두 근이 모두 양수가 되도록 하는 정수 a의 개수는?

① 3　② 4　③ 5　④ 6　⑤ 7

유형 10 지수함수의 그래프와 방정식

058

방정식 $|7^x-4|=k$가 서로 다른 부호의 두 실근을 갖도록 하는 상수 k의 값의 범위는 $\alpha<k<\beta$이다. 이때 $\alpha+\beta$의 값을 구하시오.

059

방정식 $|3^{x+3}-4|=k$가 오직 하나의 실근만을 갖도록 하는 8보다 작은 정수 k의 개수는?

① 3　② 4　③ 5　④ 6　⑤ 7

유형 11 지수함수의 부등식에의 활용 – 밑을 같게 할 수 있을 때

060

두 집합

$$A=\{x\mid 13^{(x-2)^2}\leq\sqrt{13^{5-x}}\},\ B=\{x\mid x^2+ax+4\leq 0\}$$

에 대하여 $A\subset B$를 만족시키는 정수 a의 최댓값을 구하시오.

061

두 집합

$$A=\left\{x\,\middle|\,\left(\frac{2}{5}\right)^{x+2}<\left(\frac{2}{5}\right)^{x^2}\right\},\ B=\{x\mid 3^{|x-2|}\leq 3^a\}$$

에 대하여 $A\cap B=A$를 만족시키는 양수 a의 최솟값은?

① 1 ② 2 ③ 3
④ 4 ⑤ 5

062

$-2\leq x\leq 2$에서 부등식 $a\times\left(\frac{1}{2}\right)^x\leq\left(\frac{1}{2}\right)^{2x-1}\leq b\times 8^{-x}$이 성립할 때, 상수 a, b에 대하여 $b-a$의 최솟값이 $\frac{q}{p}$이다. $p+q$의 값을 구하시오. (단, p와 q는 서로소인 자연수이다.)

063

이차항의 계수가 1인 이차함수 $y=f(x)$와 일차함수 $y=g(x)$의 그래프가 그림과 같고 $\left(\frac{1}{8}\right)^{f(x)}>4^{g(x)}$을 만족시키는 10보다 작은 자연수 x의 개수가 4일 때, $g(-1)$의 최댓값을 구하시오. (단, $f(2)-g(2)=0$, $f(0)=0$이고, $g(0)>0$이다.)

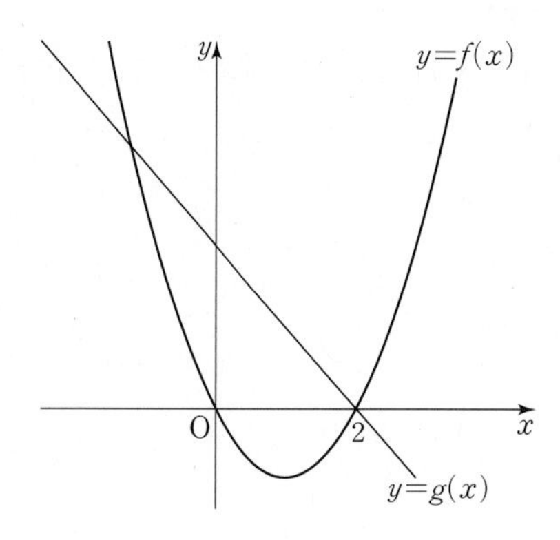

유형 12 지수함수의 부등식에의 활용 – 치환

064

부등식 $5^{2x}-(3a+10)5^{x}+30a\leq0$을 만족시키는 정수 x의 개수가 2가 되도록 하는 양수 a의 값의 범위를 구하시오.

065

부등식 $15\times4^{x-2}+1\leq16^{x-1}$을 만족시키는 실수 x의 값의 범위를 구하시오.

066

부등식 $(7+4\sqrt{3})^{x}+(7-4\sqrt{3})^{x}\leq14$를 만족시키는 정수 x의 개수는?

① 1　② 2　③ 3　④ 4　⑤ 5

유형 13 지수함수의 부등식에의 활용 – 항상 성립할 조건

067

x에 대한 이차부등식 $x^2-2(3^a+1)x+3^a+13>0$이 모든 실수 x에 대하여 성립하도록 하는 실수 a의 값의 범위를 구하시오.

068

부등식 $2\times3^{x+1}+3^{2x+1}+7-k>0$이 모든 실수 x에 대하여 항상 성립하도록 하는 정수 k의 최댓값은?

① 3　② 4　③ 5　④ 6　⑤ 7

069

부등식 $4^x-6a\times2^x+9\geq0$이 모든 실수 x에 대하여 성립하도록 하는 실수 a의 최댓값을 구하시오.

유형 14 로그함수의 성질

070

함수 $f(x)=\log_6 x$이고 $a>0$, $b>0$일 때, **보기**에서 옳은 것만을 있는 대로 고른 것은?

보기

ㄱ. $\left\{f\left(\frac{a}{6}\right)\right\}^2=\left\{f\left(\frac{6}{a}\right)\right\}^2$

ㄴ. $f(a+1)-f(a)>f(a+2)-f(a+1)$

ㄷ. $f(a)<f(b)$이면 $f^{-1}(-a)>f^{-1}(-b)$이다.

① ㄱ　② ㄴ　③ ㄱ, ㄴ

④ ㄱ, ㄷ　⑤ ㄱ, ㄴ, ㄷ

071

보기에서 옳은 것만을 있는 대로 고른 것은?

보기

ㄱ. $x<1$이면 $\log_2 x<\log_3 x$이다.

ㄴ. $5<x<9$이면 $\log_2(x-5)<\log_3 x$이다.

ㄷ. 방정식 $3^x+\log_3 x=0$의 해를 $x=\alpha$라 하면 $\frac{1}{3}<\alpha<1$ 이다.

① ㄱ　② ㄴ　③ ㄱ, ㄴ

④ ㄱ, ㄷ　⑤ ㄱ, ㄴ, ㄷ

유형 15 로그함수의 그래프의 평행이동, 대칭이동

072

곡선 $y=\log_3 x$를 y축에 대하여 대칭이동한 후, x축의 방향으로 4만큼 평행이동한 곡선을 $y=f(x)$라 하자. 점 A$(2, 0)$과 곡선 $y=f(x)$ 위의 점 B에 대하여 삼각형 OAB가 $\overline{\text{OB}}=\overline{\text{AB}}$인 이등변삼각형일 때, 삼각형 OAB의 넓이를 구하시오.

(단, O는 원점이다.)

073

$0<a<1<b$인 두 실수 a, b에 대하여 두 함수

$$f(x)=\log_a(bx-2),\ g(x)=\log_b(ax-2)$$

가 있다. 곡선 $y=f(x)$와 x축과의 교점이 곡선 $y=g(x)$의 점근선 위에 있도록 하는 a와 b 사이의 관계식과 a의 값의 범위를 옳게 나타낸 것은?

① $b=-\frac{3}{2}a+2\ \left(0<a<\frac{2}{3}\right)$

② $b=\frac{3}{2}a\ \left(0<a<\frac{2}{3}\right)$

③ $b=\frac{3}{2}a\ \left(\frac{2}{3}<a<1\right)$

④ $b=\frac{3}{2}a+1\ \left(0<a<\frac{2}{3}\right)$

⑤ $b=\frac{3}{2}a+1\ \left(\frac{2}{3}<a<1\right)$

유형 16 로그함수의 그래프의 해석

074

$0<a<\frac{1}{3}$인 실수 a에 대하여 직선 $y=x$가 두 함수 $y=\log_a x$, $y=\log_{3a} x$의 그래프와 만나는 점의 좌표를 각각 (p, p), (q, q)라 하자. **보기**에서 옳은 것만을 있는 대로 고른 것은?

보기

ㄱ. $p=\frac{1}{2}$이면 $a=\frac{1}{4}$이다.

ㄴ. $p>q$

ㄷ. $a^{p+q}=\frac{pq}{3^q}$

① ㄱ ② ㄱ, ㄴ ③ ㄱ, ㄷ
④ ㄴ, ㄷ ⑤ ㄱ, ㄴ, ㄷ

075

곡선 $y=\log_3\left(\frac{x}{9}+a\right)$의 점근선의 방정식을 $x=-k$라 할 때, x축 위의 점 $\mathrm{A}(k, 0)$을 지나고 x축에 수직인 직선이 두 곡선 $y=\log_3 x$, $y=\log_3\left(\frac{x}{9}+a\right)$와 만나는 점을 각각 B, C라 하자. $\overline{\mathrm{AC}}=\overline{\mathrm{BC}}$일 때, $k-a$의 값은? (단, $a>0$)

① 10 ② 12 ③ 14
④ 16 ⑤ 18

076

그림과 같이 제1사분면에서 두 함수 $f(x)=\log_3 x$, $g(x)=\log_{\sqrt{3}} 5x$의 그래프 위에 각각 점 $\mathrm{A}(a, f(a))$, 점 $\mathrm{B}(b, g(b))$가 있다. 두 점 A, B에서 y축에 내린 수선의 발을 각각 A′, B′이라 할 때, $\overline{\mathrm{OA'}}:\overline{\mathrm{OB'}}=3:5$이다. $\frac{a^5}{b^6}$의 값은? (단, O는 원점이다.)

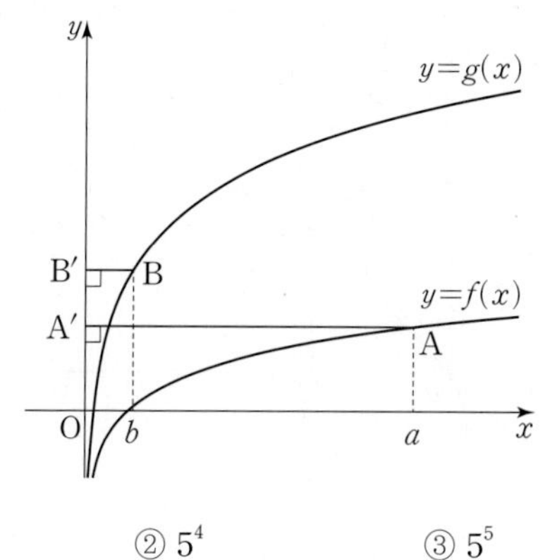

① 5^3 ② 5^4 ③ 5^5
④ 5^6 ⑤ 5^7

077

그림과 같이 함수 $f(x)=\log_a(x+1)$의 그래프와 직선 $y=x$가 제1사분면에서 만나는 점을 A라 하고, 점 A에서 x축, y축에 내린 수선의 발을 각각 B, C라 하자. 사각형 COBA의 넓이가 64일 때, $f(80)$의 값을 구하시오.

(단, $a>0$, $a\neq1$이고, O는 원점이다.)

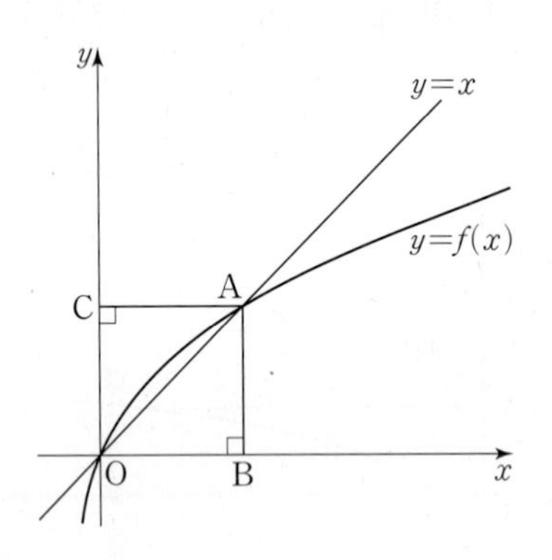

078

스페셜 특강 47쪽 EXAMPLE

그림과 같이 네 곡선 $y=\log_a x$, $y=\log_b x$, $y=\log_c x$, $y=\log_d x$와 x축이 직선 $x=k\ (k>1)$와 만나는 점을 각각 A, B, C, D, E라 할 때, $\overline{AB}=1$, $\overline{BE}=3$, $\overline{EC}=4$, $\overline{CD}=n$이다. 이때 부등식 $b^2\sqrt{c}>\dfrac{a}{d^3}$를 만족시키는 자연수 n의 최솟값은?

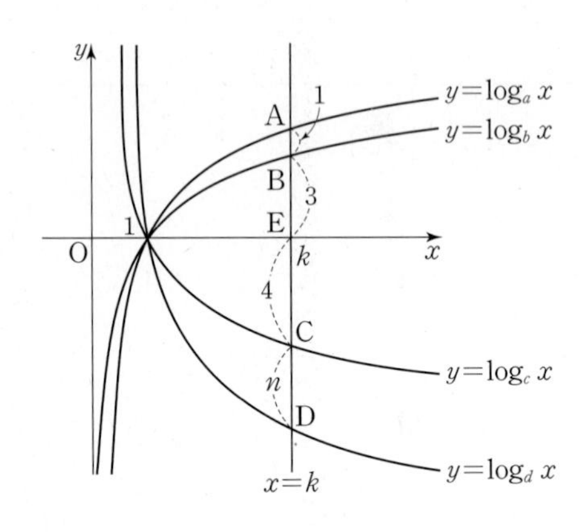

① 6　② 7　③ 8　④ 9　⑤ 10

유형 17 로그함수의 역함수

079

그림과 같이 함수 $y=\log_2(x-a)+b$와 그 역함수 $y=f(x)$의 그래프가 제1사분면에서 만나는 점을 A, 함수 $y=\log_2(x-a)+b$의 그래프가 y축과 만나는 점을 B, 함수 $y=f(x)$의 그래프가 x축과 만나는 점을 C라 하자.

점 C(1, 0)이고 삼각형 ABC의 넓이가 $\frac{5}{2}$일 때, 상수 a, b에 대하여 $a+b$의 값은?

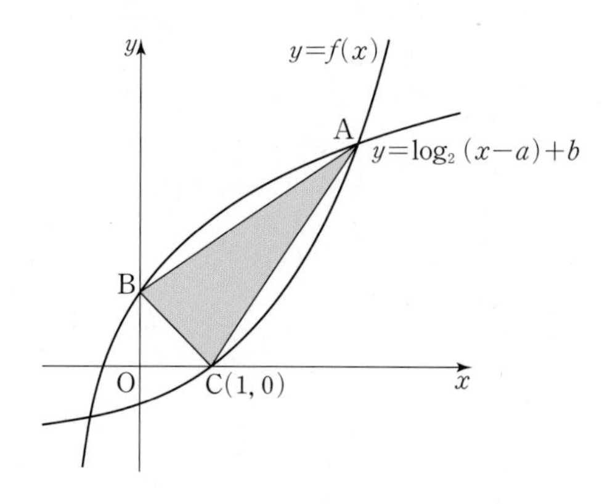

① 0 ② 4 ③ 8
④ 12 ⑤ 16

080

그림과 같이 직선 $y=-x+k$가 두 함수 $y=a^x$, $y=\log_a x$의 그래프와 만나는 점을 각각 A, B라 하고, x축과 만나는 점을 C라 하자. 또, 함수 $y=a^x$의 그래프가 y축과 만나는 점을 P, 함수 $y=\log_a x$의 그래프가 x축과 만나는 점을 Q라 하자. 삼각형 OAB의 넓이가 8이고 $\overline{AB}:\overline{BC}=2:1$일 때, 사각형 APQB의 넓이를 구하시오.

(단, $a>1$, $k>0$이고, O는 원점이다.)

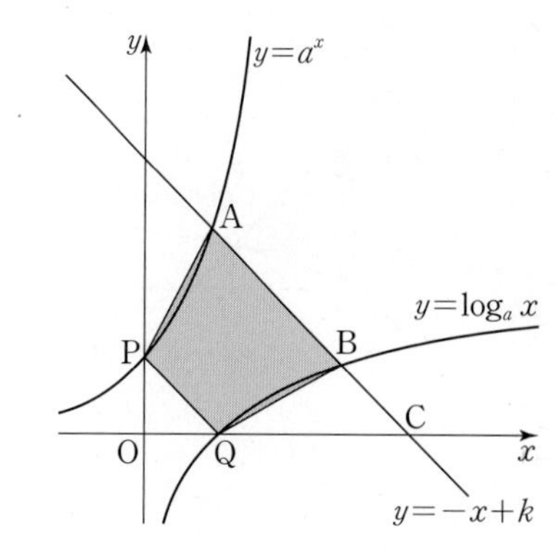

081

모의고사 기출 | 스페셜 특강 51쪽 EXAMPLE

$a>1$인 실수 a에 대하여 직선 $y=-x+4$가 두 곡선

$$y=a^{x-1},\ y=\log_a(x-1)$$

과 만나는 점을 각각 A, B라 하고, 곡선 $y=a^{x-1}$이 y축과 만나는 점을 C라 하자. $\overline{AB}=2\sqrt{2}$일 때, 삼각형 ABC의 넓이는 S이다. $50\times S$의 값을 구하시오.

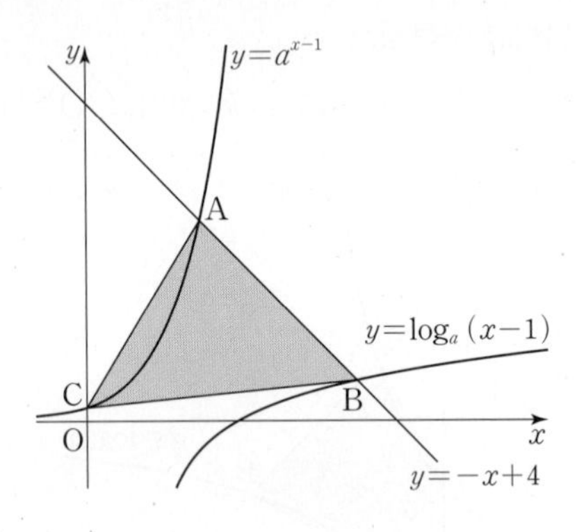

유형 18 대소 비교 – 로그

082

$0<a<b<c$일 때, 보기에서 옳은 것만을 있는 대로 고른 것은? (단, $a\neq1$, $b\neq1$)

보기

ㄱ. $\log_b a<\log_b c$

ㄴ. $c=1$이면 $\log_a b<\log_b a$

ㄷ. $(c-a)(\log b-a)<(b-a)(\log c-a)$

① ㄱ　② ㄴ　③ ㄷ

④ ㄴ, ㄷ　⑤ ㄱ, ㄴ, ㄷ

083

$0<\alpha<\beta<1$일 때,

$$\log_\alpha \frac{\alpha}{\beta},\quad \log_\alpha \frac{\beta}{\alpha},\quad \log_\beta \alpha,\quad \log_\alpha \beta$$

중 가장 큰 값과 가장 작은 값을 차례대로 나열한 것은?

① $\log_\alpha \beta$, $\log_\beta \alpha$

② $\log_\beta \alpha$, $\log_\alpha \frac{\beta}{\alpha}$

③ $\log_\beta \alpha$, $\log_\alpha \frac{\alpha}{\beta}$

④ $\log_\alpha \frac{\alpha}{\beta}$, $\log_\alpha \frac{\beta}{\alpha}$

⑤ $\log_\alpha \frac{\alpha}{\beta}$, $\log_\beta \alpha$

>> 해답 20쪽

084

두 양수 a, b에 대하여 **보기**에서 옳은 것만을 있는 대로 고른 것은?

보기

ㄱ. $\log_3 (a+3) > \log_4 (a+4)$

ㄴ. $\log_3 (a+2) > \log_4 (a+3)$이면 $a>1$이다.

ㄷ. $\log_3 (a+2) = \log_4 (b+3)$이면 $a>b$이다.

① ㄱ ② ㄱ, ㄴ ③ ㄱ, ㄷ
④ ㄴ, ㄷ ⑤ ㄱ, ㄴ, ㄷ

유형 19 로그함수의 최대, 최소 – 이차함수, 치환

085

두 함수 $f(x)=2\log_2 x-2$, $g(x)=x^2-4x+a$에 대하여 $1 \le x \le 4$에서 합성함수 $(g \circ f)(x)$의 최댓값이 4일 때, 실수 a의 값을 구하시오.

086

$2\log_x y-\log_y x+1=0$일 때, $4y^2-x^2$의 최댓값을 구하시오. (단, $x>1$, $y>1$)

유형 20 로그함수의 최대, 최소 – 양변에 로그 취하기

087

$\frac{1}{3} \le x \le 9$에서 정의된 함수 $f(x)=3x^{-4+\log_3 x}$의 최댓값을 M, 최솟값을 m이라 할 때, Mm의 값은?

① 9 ② 27 ③ 81
④ 243 ⑤ 729

088

함수 $y=\frac{x^{-2\log_3 x}}{9x^4}$이 $x=a$일 때, 최댓값 b를 갖는다. ab의 값을 구하시오.

089

$5 \le x \le 125$에서 함수 $y=ax^{2-\log_5 x}$의 최댓값이 625이고 최솟값이 m일 때, am의 값을 구하시오. (단, $a>0$)

유형 21 로그함수의 방정식에의 활용

090

두 실수 x, y가 다음 조건을 만족시킬 때, $x^2+\frac{1}{3}y^2$의 값을 구하시오.

(가) $\log_2(x^2-6xy+5y^2)-\log_2(x^2-xy+y^2)=2$
(나) $|\log_a x|=|\log_a y|$ (단, $a>0$, $a\neq1$)

091

$a>b>1$인 두 수 a, b가 다음 조건을 만족시킬 때, $\frac{a}{b}$의 값을 구하시오.

(가) $\log_a b+\log_b a=\frac{53}{14}$
(나) $\log_2 a+\log_4 b=8$

092

방정식 $(\log_3 x)^2-9a\log_3 x+a+2=0$을 만족시키는 서로 다른 두 근에 대하여 한 근이 다른 근의 제곱이 되도록 하는 상수 a의 값의 합을 구하시오.

유형 22 로그함수의 방정식에의 활용 – 근의 판별

093

방정식 $\log_3(-x+2)=\log_9(2x-a)$의 실근이 존재하도록 하는 정수 a의 최댓값을 구하시오.

094

x에 대한 방정식 $(\log_2 x)^2-\log_2 x^4+k=0$의 두 근이 $\frac{1}{2}$과 8 사이에 있을 때, 실수 k의 값의 범위는?

① $\frac{1}{4}<k\le\frac{1}{2}$ ② $1<k\le\frac{5}{2}$ ③ $2<k\le3$
④ $3<k\le4$ ⑤ $4<k\le\frac{11}{2}$

유형 23 로그함수의 부등식에의 활용 – 밑을 같게 할 수 있을 때

095

$0<a<1$일 때, 부등식 $2\log_a(x+3)>\log_a(10x+14)$를 만족시키는 정수 x의 값의 합을 구하시오.

096

두 집합

$$A=\left\{x\,\middle|\,\left(\frac{1}{2}\right)^{2x^2-2x}-\left(\frac{1}{2}\right)^{11x-6}\ge0,\ x\text{는 정수}\right\},$$

$$B=\left\{x\,\middle|\,-\log_{\frac{1}{3}}(5x+6)-\frac{2}{\log_x 3}>0,\ x\text{는 정수}\right\}$$

에 대하여 집합 $A-B$의 모든 원소의 곱은?

① 4 ② 5 ③ 6
④ 7 ⑤ 8

097

이차방정식 $x^2+3x+k=0$의 두 실근 α, β에 대하여 부등식 $\log_2(\alpha+2)+\log_2(\beta+2)<-2$가 성립할 때, 실수 k의 값의 범위를 구하시오.

098

두 집합

$A=\{x \mid 5^{x(x-2)} \leq 5^{2x-3}\}$,

$B=\{x \mid \log_{\frac{1}{2}}(x^2+ax+b) \geq \log_{\frac{1}{2}} 2x\}$

에 대하여 $A=B$를 만족시킨다. 상수 a, b에 대하여 ab의 값을 구하시오. (단, $a^2<4b$)

유형 24 로그함수의 부등식에의 활용 – 치환

099

모든 실수 x에 대하여 부등식

$$(1-\log_4 a)x^2+2(1-\log_4 a)x+\log_4 a>0$$

이 성립하도록 하는 자연수 a의 값의 합을 구하시오.

100

두 집합

$$A=\{x \mid x^2-9x+8\leq 0\},$$
$$B=\{x \mid (\log_2 x)^2+2k\log_2 x+k^2-1\leq 0\}$$

에 대하여 $A\cap B\neq\varnothing$을 만족시키는 정수 k의 개수는?

① 6 ② 7 ③ 8
④ 9 ⑤ 10

101

x에 대한 부등식

$$(a-\log_9 x)\log_3 \frac{x}{4}>0$$

을 만족시키는 정수 x의 개수가 22일 때, 상수 a의 최댓값을 구하시오.

유형 25 로그함수의 부등식에의 활용 – 순서쌍의 개수

102

부등식 $\log_2 m^3+\log_5 n^2 \le 3$을 만족시키는 자연수 m, n의 순서쌍 (m, n)의 개수를 구하시오.

103

부등식 $|\log_3 a-\log_3 5|+\log_3 b \le 2$를 만족시키는 자연수 a, b의 순서쌍 (a, b)의 개수를 구하시오.

유형 26 로그함수의 활용 – 도형

104

그림과 같이 $a>1$인 실수 a에 대하여 곡선 $y=\log_a x$와 원 C: $\left(x-\frac{13}{5}\right)^2+y^2=\frac{601}{100}$의 두 교점을 P, Q라 하자. 선분 PQ가 원 C의 지름일 때, a의 값을 구하시오.

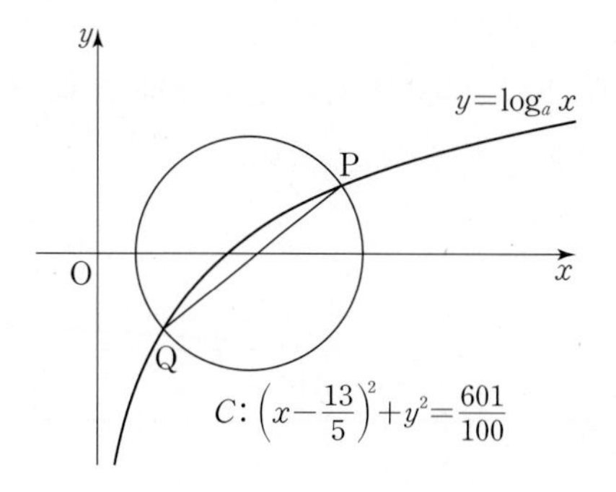

>> 해답 26쪽

105

그림과 같이 두 점 A, G는 함수 $y=\log_3 x$의 그래프 위의 점이고, 세 점 B, C, E는 x축 위의 점이다. 또, 두 직사각형 ABCD, GCEF는 다음 조건을 만족시킨다.

> (가) $\overline{BC} : \overline{CE}=2:3$이고 $\overline{DG}=1$이다.
> (나) 사각형 GCEF의 넓이는 사각형 ABCD의 넓이의 3배이다.

세 점 B, C, E의 x좌표를 각각 p, q, r라 할 때, $p+q+r$의 값을 구하시오. (단, $1<p<q<r$)

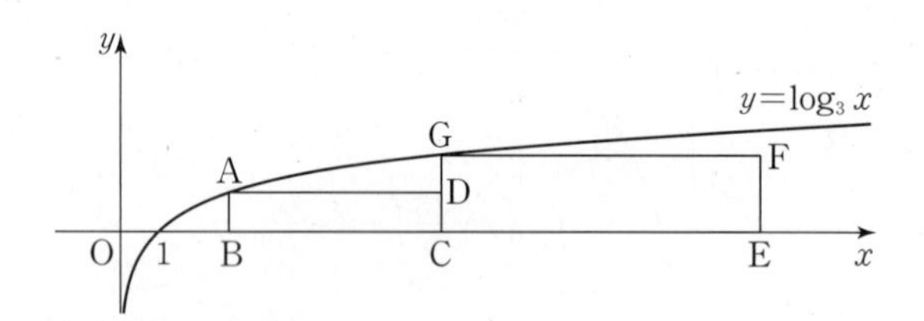

유형 27 로그함수의 활용

106

실수 a에 대하여 방정식 $\log_3|x-a|=\log_9(x-3)$의 실근의 개수를 $f(a)$라 할 때, $f(0)+f(1)+f(2)+f(3)+f(4)$의 값을 구하시오.

107

좌표평면 위의 점 $(k,\ k)$를 대각선의 교점으로 하고 한 변의 길이가 2인 정사각형과 곡선 $y=\log_3(ax+27)$이 만나도록 하는 상수 a의 최댓값을 $M(k)$, 최솟값을 $m(k)$라 할 때, $M(4)+m(2)$의 값은?

(단, 정사각형의 각 변은 좌표축과 평행하다.)

① 40 ② 44 ③ 48 ④ 52 ⑤ 56

Ⅰ

지수함수와 로그함수

실전에서 시간 단축을 위한

스페셜 특강

SPECIAL LECTURE

TOPIC 1 $f(x)=\frac{a^{2x}}{a^{2x}+a}$ 꼴이 주어졌을 때

TOPIC 2 지수 · 로그함수의 그래프에서 선분의 길이의 비

TOPIC 3 지수 · 로그함수의 그래프의 대칭성

TOPIC 1 $f(x)=\frac{a^{2x}}{a^{2x}+a}$ 꼴이 주어졌을 때

TOPIC 1 $f(x)=\frac{a^{2x}}{a^{2x}+a}$ 꼴이 주어졌을 때

양수 a에 대하여 $f(x)=\frac{a^{2x}}{a^{2x}+a}$이면 $f(x)+f(1-x)=1$이다.

예 $f(x)=\frac{4^x}{4^x+2}$이면

$$f\left(\frac{1}{101}\right)+f\left(\frac{100}{101}\right)=f\left(\frac{2}{101}\right)+f\left(\frac{99}{101}\right)=\cdots=f\left(\frac{50}{101}\right)+f\left(\frac{51}{101}\right)=1$$

PROOF

양수 a에 대하여 $f(x)=\frac{a^{2x}}{a^{2x}+a}$이면

$$f(1-x)=\frac{a^{2-2x}}{a^{2-2x}+a}=\frac{a^2}{a^2+a^{1+2x}}=\frac{a}{a+a^{2x}}$$

이므로

$$f(x)+f(1-x)=\frac{a^{2x}}{a^{2x}+a}+\frac{a}{a^{2x}+a}=\frac{a^{2x}+a}{a^{2x}+a}=1$$

이다.

한편, 다음과 같은 경우에도 위와 같은 방법으로 생각하면 $f(x)+f(1-x)=1$이다.

(1) $f(x)=\frac{a}{a^{2x}+a}$

(2) $f(x)=\frac{a^x}{a^x+a^{1-x}}$ $\left(\because \frac{a^x}{a^x+a^{1-x}}=\frac{a^x\times a^x}{a^x\times(a^x+a^{1-x})}=\frac{a^{2x}}{a^{2x}+a}\right)$

(3) $f(x)=\frac{a^{1-x}}{a^x+a^{1-x}}$

참고

자연수 n에 대하여 $f(x)$가 다음과 같은 경우에는 $f(x)+f(n-x)=1$이다.

(1) $f(x)=\frac{a^{2x}}{a^{2x}+a^n}$

(2) $f(x)=\frac{a^n}{a^{2x}+a^n}$

>> 해답 26쪽

스페셜
EXAMPLE

11쪽 12번

함수 $f(x)=\frac{9^x}{9^x+3}$에 대하여 $f\left(\frac{1}{101}\right)+f\left(\frac{2}{101}\right)+f\left(\frac{3}{101}\right)+\cdots+f\left(\frac{100}{101}\right)$의 값을 구하시오.

SOLUTION

함수 $f(x)=\frac{9^x}{9^x+3}=\frac{3^{2x}}{3^{2x}+3}$이므로 $f(x)+f(1-x)=1$

$\therefore f\left(\frac{1}{101}\right)+f\left(\frac{2}{101}\right)+f\left(\frac{3}{101}\right)+\cdots+f\left(\frac{100}{101}\right)$

$=\left\{f\left(\frac{1}{101}\right)+f\left(\frac{100}{101}\right)\right\}+\left\{f\left(\frac{2}{101}\right)+f\left(\frac{99}{101}\right)\right\}+\left\{f\left(\frac{3}{101}\right)+f\left(\frac{98}{101}\right)\right\}$

$+\cdots+\left\{f\left(\frac{49}{101}\right)+f\left(\frac{52}{101}\right)\right\}+\left\{f\left(\frac{50}{101}\right)+f\left(\frac{51}{101}\right)\right\}$

$=\underbrace{1+1+1+\cdots+1}_{50\text{개}}=50$

답 50

스페셜
적용하기

108

함수 $f(x)=\frac{4}{16^x+4}$에 대하여 $f\left(\frac{1}{199}\right)+f\left(\frac{2}{199}\right)+f\left(\frac{3}{199}\right)+\cdots+f\left(\frac{198}{199}\right)$의 값을 구하시오.

109

함수 $f(x)=\frac{4^x}{4^x+4^{1-x}}$에 대하여 $f\left(\frac{1}{k}\right)+f\left(\frac{2}{k}\right)+f\left(\frac{3}{k}\right)+\cdots+f\left(\frac{k-1}{k}\right)=2022$일 때, 자연수 k의 값을 구하시오.

110

함수 $f(x)=\frac{9}{9^x+9}$에 대하여 $f\left(\frac{1}{25}\right)+f\left(\frac{2}{25}\right)+f\left(\frac{3}{25}\right)+\cdots+f\left(\frac{49}{25}\right)$의 값을 구하시오.

TOPIC 2 지수·로그함수의 그래프에서 선분의 길이의 비

TOPIC 2 지수·로그함수의 그래프에서 선분의 길이의 비

두 양수 a, b $(1<b<a)$에 대하여 두 지수함수 $y=a^x$, $y=b^x$의 그래프와 두 로그함수 $y=\log_a x$, $y=\log_b x$의 그래프가 각각 다음 그림과 같을 때, 두 선분 PQ, PR의 길이의 비는 일정하다.

(1)

(2)

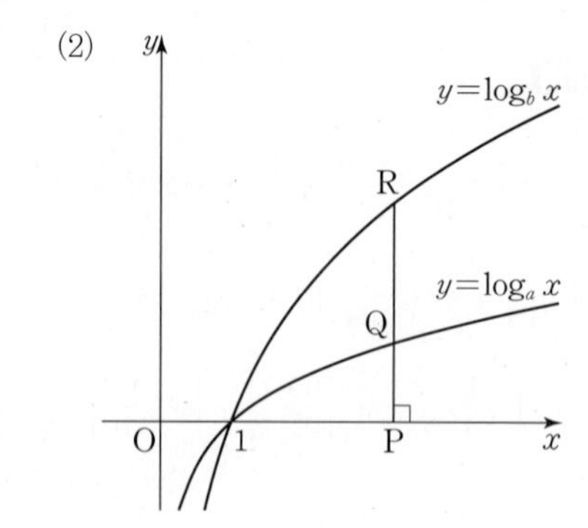

$$\overline{PQ} : \overline{PR} = 1 : \log_b a = \log b : \log a$$

PROOF

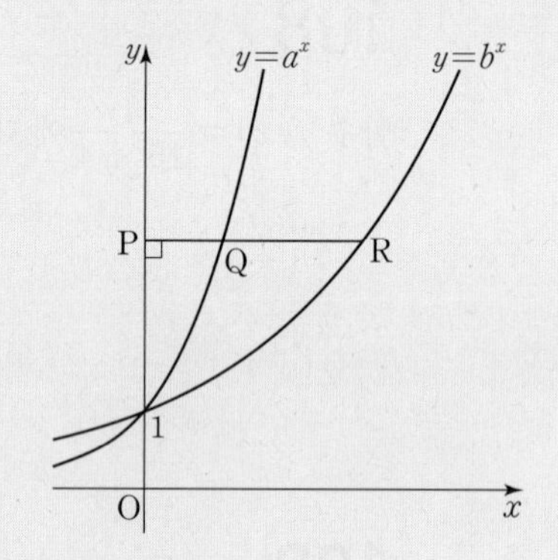

(1) 점 P의 y좌표를 p $(p>0)$라 하면

$\mathrm{P}(0, p)$, $\mathrm{Q}(\log_a p, p)$, $\mathrm{R}(\log_b p, p)$

$p>1$이면 $\overline{PQ}=\log_a p$, $\overline{PR}=\log_b p$이므로

$$\begin{aligned}\overline{PQ} : \overline{PR} &= \log_a p : \log_b p\\ &= \frac{\log p}{\log a} : \frac{\log p}{\log b}\\ &= \log b : \log a\end{aligned}$$

$0<p<1$이면 $\overline{PQ}=-\log_a p$, $\overline{PR}=-\log_b p$이므로

$$\begin{aligned}\overline{PQ} : \overline{PR} &= -\log_a p : -\log_b p = \log_a p : \log_b p\\ &= \log b : \log a\end{aligned}$$

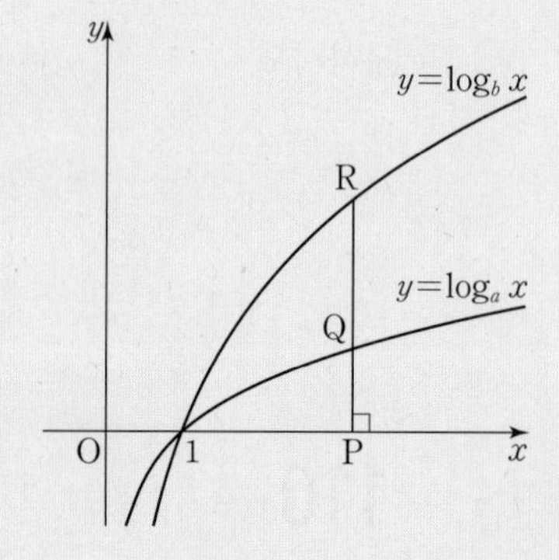

(2) 점 P의 x좌표를 p $(p>0)$라 하면

$\mathrm{P}(p, 0)$, $\mathrm{Q}(p, \log_a p)$, $\mathrm{R}(p, \log_b p)$

$p>1$이면 $\overline{PQ}=\log_a p$, $\overline{PR}=\log_b p$이므로

$$\begin{aligned}\overline{PQ} : \overline{PR} &= \log_a p : \log_b p\\ &= \frac{\log p}{\log a} : \frac{\log p}{\log b}\\ &= \log b : \log a\end{aligned}$$

$0<p<1$이면 $\overline{PQ}=-\log_a p$, $\overline{PR}=-\log_b p$이므로

$$\begin{aligned}\overline{PQ} : \overline{PR} &= -\log_a p : -\log_b p = \log_a p : \log_b p\\ &= \log b : \log a\end{aligned}$$

$0<b<a<1$일 때에도 $\overline{PQ} : \overline{PR} = 1 : \log_b a = \log b : \log a$가 성립한다.

스페셜
EXAMPLE

32쪽 78번

그림과 같이 네 곡선 $y=\log_a x$, $y=\log_b x$, $y=\log_c x$, $y=\log_d x$와 x축이 직선 $x=k$ $(k>1)$와 만나는 점을 각각 A, B, C, D, E라 할 때, $\overline{AB}=1$, $\overline{BE}=3$, $\overline{EC}=4$, $\overline{CD}=n$이다. 이때 부등식 $b^2\sqrt{c}>\frac{a}{d^3}$를 만족시키는 자연수 n의 최솟값은?

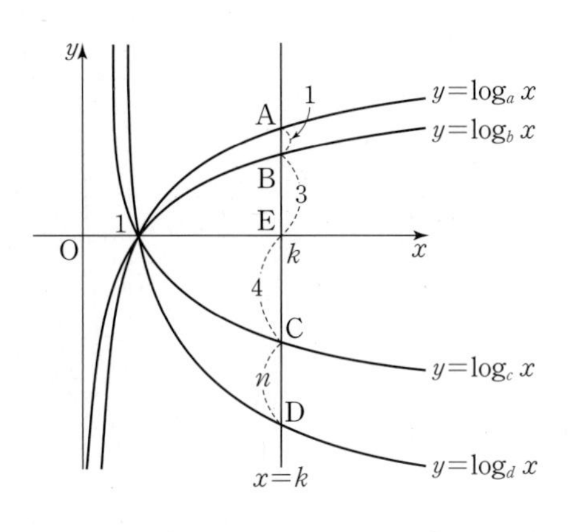

① 6 ② 7 ③ 8 ④ 9 ⑤ 10

SOLUTION

$\overline{AE}:\overline{BE}=4:3=\log b:\log a$이므로

$3\log b=4\log a$, 즉 $b^3=a^4$

$\therefore b=a^{\frac{4}{3}}$ …… ㉠

$\overline{DE}:\overline{CE}=(n+4):4=\log c:\log d$이므로

$4\log c=(n+4)\log d$, 즉 $c^4=d^{n+4}$

$\therefore d=c^{\frac{4}{n+4}}$ …… ㉡

또, $\overline{AE}=\overline{CE}=4$이므로 곡선 $y=\log_a x$와 곡선 $y=\log_c x$는 x축에 대하여 서로 대칭이다.

$\therefore c=a^{-1}$ …… ㉢

㉢을 ㉡에 대입하면

$d=a^{-\frac{4}{n+4}}$ …… ㉣

㉠, ㉢, ㉣을 부등식 $b^2\sqrt{c}>\frac{a}{d^3}$에 대입하면

$\left(a^{\frac{4}{3}}\right)^2\times\left(a^{-1}\right)^{\frac{1}{2}}>a\times\left(a^{-\frac{4}{n+4}}\right)^{-3}$

$a^{\frac{13}{6}}>a^{1+\frac{12}{n+4}}$

이때 주어진 그림에서 $a>1$이므로

$\frac{13}{6}>1+\frac{12}{n+4}$, $\frac{7}{6}>\frac{12}{n+4}$

$7(n+4)>72$ $\therefore n>\frac{44}{7}$

따라서 자연수 n의 최솟값은 7이다.

답 ②

스페셜 적용하기

111

21쪽 39번

그림과 같이 두 곡선 $y=16^x$, $y=4^x$과 직선 $y=k$가 만나는 두 점을 각각 A, B라 하고, 직선 $y=\frac{k}{4}$와 만나는 두 점을 각각 C, D라 하자. $\overline{AB}=2$일 때, 선분 CD의 길이를 구하시오. (단, $k>4$)

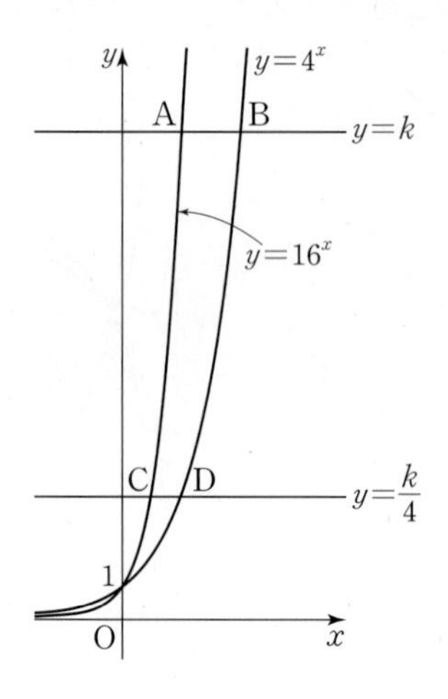

112

그림과 같이 곡선 $y=8^x$이 두 직선 $y=a$, $y=b$와 만나는 점을 각각 A, B라 하고, 곡선 $y=4^x$이 두 직선 $y=a$, $y=b$와 만나는 점을 각각 C, D라 하자. 또, 점 B에서 직선 $y=a$에 내린 수선의 발을 E, 점 C에서 직선 $y=b$에 내린 수선의 발을 F라 하자. 삼각형 AEB의 넓이가 20일 때, 삼각형 CDF의 넓이를 구하시오.

(단, $a>b>1$)

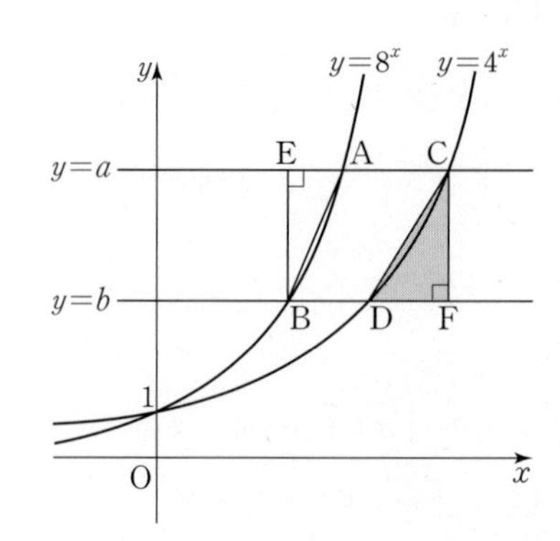

TOPIC 3 지수·로그함수의 그래프의 대칭성

양수 a $(a\neq1)$와 상수 k에 대하여 다음이 성립한다.

(1) 두 함수 $y=a^{x-k}$, $y=\log_a(x-k)$의 그래프는 직선 $y=x-k$에 대하여 서로 대칭이다.

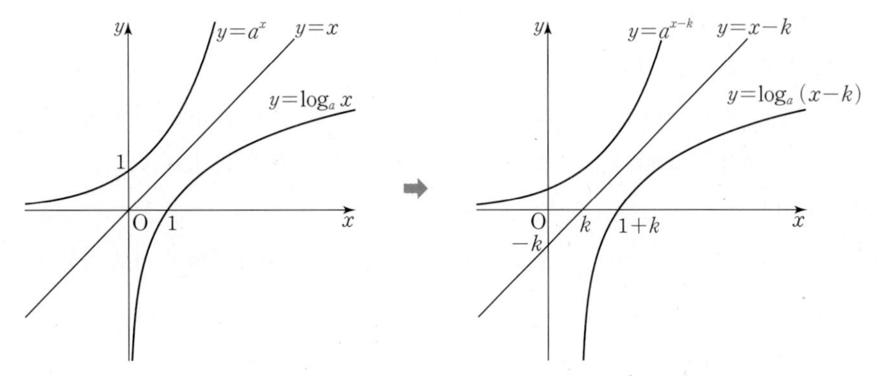

(2) 두 함수 $y=a^x+k$, $y=\log_a x+k$의 그래프는 직선 $y=x+k$에 대하여 서로 대칭이다.

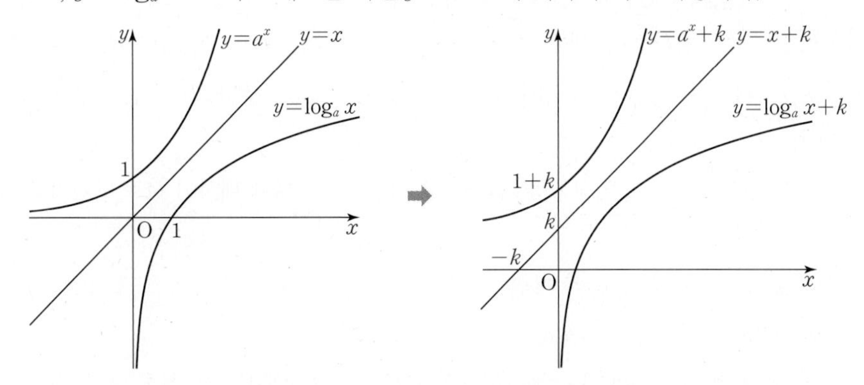

(3) 두 함수 $y=a^x+k$, $y=\log_a(x-k)$의 그래프는 직선 $y=x$에 대하여 서로 대칭이다.

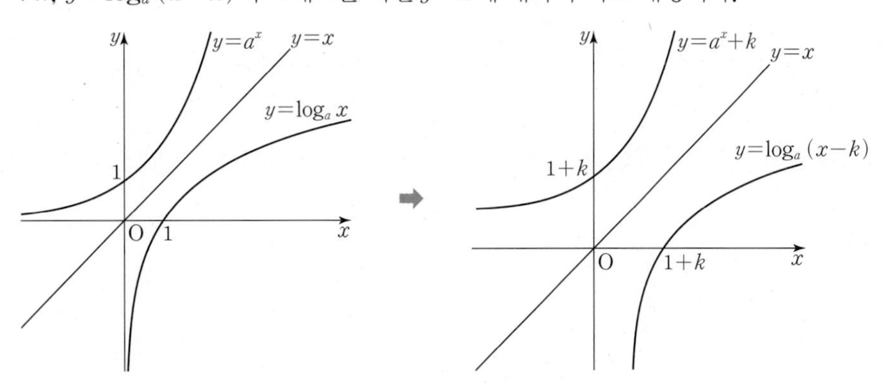

(4) 두 함수 $y=a^{x-k}$, $y=\log_a x+k$의 그래프는 직선 $y=x$에 대하여 서로 대칭이다.

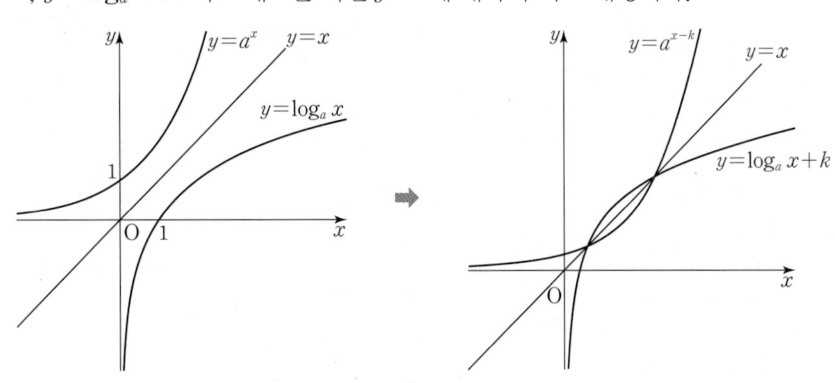

PROOF

(1) $f(x)=a^{x-k}$이라 하면 $f(x+k)=a^x$이다.

마찬가지로 $g(x)=\log_a(x-k)$라 하면 $g(x+k)=\log_a x$이다.

$f(x+k)=h(x)$, $g(x+k)=i(x)$라 하면 $h(i(x))=x$이므로 두 함수 $h(x)$와 $i(x)$, 즉 $f(x+k)$와 $g(x+k)$는 서로 역함수 관계이고, 두 함수 $y=f(x+k)$, $y=g(x+k)$의 그래프는 직선 $y=x$에 대하여 서로 대칭이다.

따라서 두 함수 $y=a^{x-k}$, $y=\log_a(x-k)$의 그래프는 직선 $y=x-k$에 대하여 서로 대칭이다.

(2) $f(x)=a^x+k$라 하면 $f(x)-k=a^x$이다.

마찬가지로 $g(x)=\log_a x+k$라 하면 $g(x)-k=\log_a x$이다.

$f(x)-k=h(x)$, $g(x)-k=i(x)$라 하면 $h(i(x))=x$이므로 두 함수 $h(x)$와 $i(x)$, 즉 $f(x)-k$와 $g(x)-k$는 서로 역함수 관계이고, 두 함수 $y=f(x)-k$, $y=g(x)-k$의 그래프는 직선 $y=x$에 대하여 서로 대칭이다.

따라서 두 함수 $y=a^x+k$, $y=\log_a x+k$의 그래프는 직선 $y=x+k$에 대하여 서로 대칭이다.

(3) $f(x)=a^x+k$, $g(x)=\log_a(x-k)$라 하면 $f(g(x))=x$이므로 두 함수 $y=a^x+k$, $y=\log_a(x-k)$는 서로 역함수 관계이다.

따라서 두 함수 $y=a^x+k$, $y=\log_a(x-k)$의 그래프는 직선 $y=x$에 대하여 서로 대칭이다.

(4) $f(x)=a^{x-k}$, $g(x)=\log_a x+k$라 하면 $f(g(x))=x$이므로 두 함수 $y=a^{x-k}$, $y=\log_a x+k$는 서로 역함수 관계이다.

따라서 두 함수 $y=a^{x-k}$, $y=\log_a x+k$의 그래프는 직선 $y=x$에 대하여 서로 대칭이다.

스페셜
EXAMPLE

모의고사 기출 34쪽 81번

$a>1$인 실수 a에 대하여 직선 $y=-x+4$가 두 곡선

$y=a^{x-1}$, $y=\log_a(x-1)$

과 만나는 점을 각각 A, B라 하고, 곡선 $y=a^{x-1}$이 y축과 만나는 점을 C라 하자. $\overline{AB}=2\sqrt{2}$일 때, 삼각형 ABC의 넓이는 S이다. $50\times S$의 값을 구하시오.

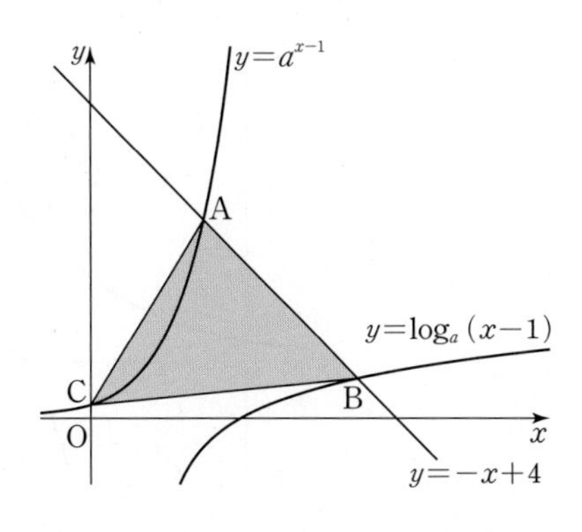

SOLUTION

오른쪽 그림과 같이 두 함수 $y=a^{x-1}$, $y=\log_a(x-1)$의 그래프는 직선 $y=x-1$에 대하여 서로 대칭이므로 두 점 A, B는 직선 $y=x-1$에 대하여 서로 대칭이다.

두 직선 $y=x-1$과 $y=-x+4$의 교점을 P라 하면

$\mathrm{P}\left(\frac{5}{2}, \frac{3}{2}\right)$

이때 점 P가 선분 AB의 중점이므로

$\overline{AP}=\overline{BP}=\sqrt{2}$

점 A의 좌표를 $(k, -k+4)$라 하면

$\sqrt{\left(k-\frac{5}{2}\right)^2+\left\{(-k+4)-\frac{3}{2}\right\}^2}=\sqrt{2}$ $\quad\therefore k=\frac{3}{2}$

즉, $\mathrm{A}\left(\frac{3}{2}, \frac{5}{2}\right)$이고 점 A가 곡선 $y=a^{x-1}$ 위의 점이므로

$a^{\frac{1}{2}}=\frac{5}{2}$ $\quad\therefore a=\frac{25}{4}$

이때 점 C의 좌표는 $\left(0, \frac{1}{a}\right)$, 즉 $\left(0, \frac{4}{25}\right)$이므로 점 C와 직선 $y=-x+4$, 즉 $x+y-4=0$ 사이의 거리는

$$\frac{\left|\frac{4}{25}-4\right|}{\sqrt{1^2+1^2}}=\frac{96}{25\sqrt{2}}$$

따라서 삼각형 ABC의 넓이는

$$S=\frac{1}{2}\times 2\sqrt{2}\times\frac{96}{25\sqrt{2}}=\frac{96}{25}$$

$\therefore 50\times S=192$

답 192

스페셜 적용하기

113

그림과 같이 $a>1$인 실수 a에 대하여 직선 $x=3$이 두 곡선 $y=a^{x-2}$, $y=\log_a(x-2)$와 만나는 점을 각각 A, B라 하자. 곡선 $y=\log_a(x-2)$ 위의 점 C에 대하여 삼각형 ABC는 선분 AB가 빗변인 직각이등변삼각형일 때, a의 값을 구하시오.

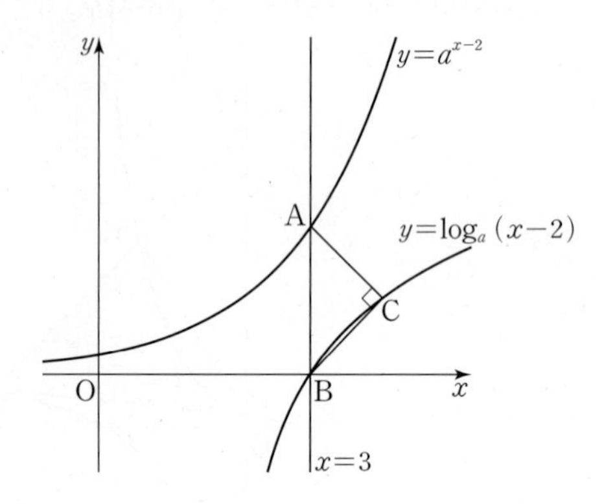

114

그림과 같이 $0<a<1$인 실수 a와 자연수 k에 대하여 두 곡선 $y=a^x+k$, $y=\log_a x+k$가 만나는 점을 A, 곡선 $y=a^x+k$가 y축과 만나는 점을 B라 하자. 직선 AB의 기울기가 -1이고 삼각형 OAB의 넓이가 1일 때, $\left(\frac{1}{a}\right)^k$의 값을 구하시오.

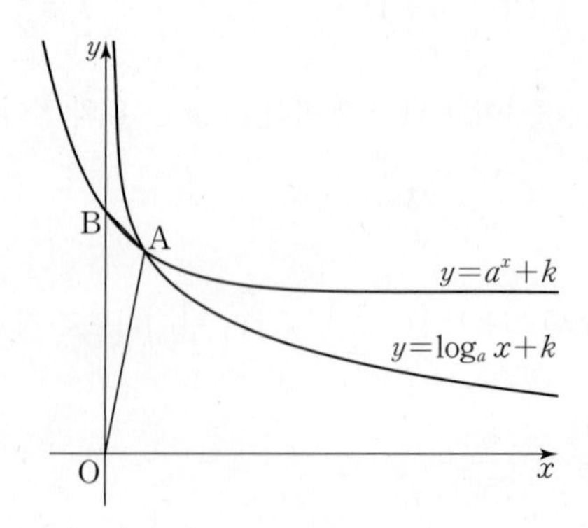

지수함수와 로그함수

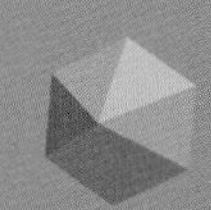

1등급 쟁취를 위한

킬링 파트

KILLING PART

예제

115

자연수 m에 대하여 집합 A_m을

$$A_m=\left\{(a,\ b)\,\middle|\,2^a=\frac{m}{b},\ a,\ b\text{는 자연수}\right\}$$

라 할 때, **보기**에서 옳은 것만을 있는 대로 고른 것은?

보기

ㄱ. $A_4=\{(1,\ 2),\ (2,\ 1)\}$

ㄴ. 자연수 k에 대하여 $m=2^k$이면 $n(A_m)=k$이다.

ㄷ. $n(A_m)=1$을 만족시키는 두 자리 자연수 m의 개수는 23이다.

① ㄱ　② ㄱ, ㄴ　③ ㄱ, ㄷ　④ ㄴ, ㄷ　⑤ ㄱ, ㄴ, ㄷ

해결 전략

1단계 ▸ a가 자연수이므로 $\frac{m}{b}$이 2의 거듭제곱임을 이용하여 순서쌍 (a, b)를 구한다.

2단계 ▸ $m=2^k$ (k는 자연수)일 때, $b=2^{k-a}$임을 이용하여 순서쌍 (a, b)를 구한다.

3단계 ▸ $n(A_m)=1$을 만족시키는 m의 조건을 알아낸다.

유제 **116**

자연수 m에 대하여 집합 A_m을

$$A_m=\left\{(a,\ b)\ \middle|\ 3^{-a+b}=\frac{m}{b},\ a,\ b\text{는 } a\le b\text{인 자연수}\right\}$$

라 할 때, **보기**에서 옳은 것만을 있는 대로 고른 것은?

보기

ㄱ. $A_9=\{(2,\ 3),\ (9,\ 9)\}$

ㄴ. 자연수 k에 대하여 $m=3^k$이면 $n(A_m)=k$이다.

ㄷ. $n(A_m)=1$을 만족시키는 100 이하의 자연수 m의 개수는 68이다.

① ㄱ　② ㄴ　③ ㄱ, ㄴ　④ ㄱ, ㄷ　⑤ ㄱ, ㄴ, ㄷ

로그

예제

117

집합 $X=\{x|x$는 200 이하의 자연수$\}$에 대하여 $\log_9 x-\log_3 n$ $(x \in X)$의 값이 자연수가 되도록 하는 자연수 n의 개수를 $f(x)$라 할 때, **보기**에서 옳은 것만을 있는 대로 고른 것은?

보기

ㄱ. $f(9)=1$

ㄴ. 방정식 $f(x)=0$의 서로 다른 실근의 개수는 195이다.

ㄷ. $f(x)$의 최댓값은 2이다.

① ㄱ ② ㄴ ③ ㄱ, ㄴ ④ ㄱ, ㄷ ⑤ ㄱ, ㄴ, ㄷ

해결 전략

1단계 ▸ $\log_9 x$와 $\log_3 n$의 밑을 3으로 통일한다.

2단계 ▸ $f(x) \neq 0$을 만족시키는 자연수 x의 값을 이용하여 방정식 $f(x)=0$의 서로 다른 실근의 개수를 구한다.

3단계 ▸ **2단계**에서 구한 x의 값을 이용하여 $f(x)$의 최댓값을 찾는다.

>> 해답 29쪽

유제

118

400 이하의 두 자연수 n, k에 대하여 $\log_4 n - \log_8 k$의 값이 정수가 되도록 하는 자연수 k의 개수를 $f(n)$이라 할 때, **보기**에서 옳은 것만을 있는 대로 고른 것은?

보기

ㄱ. $f(1)=3$

ㄴ. $f(n)=0$을 만족시키는 자연수 n의 개수는 387이다.

ㄷ. $f(n)=3$을 만족시키는 n의 최댓값은 256이다.

① ㄱ ② ㄱ, ㄴ ③ ㄱ, ㄷ ④ ㄴ, ㄷ ⑤ ㄱ, ㄴ, ㄷ

지수함수

예제

119

세 자연수 a, b, n에 대하여 두 함수 $y=3^x$, $y=\left(\frac{1}{3}\right)^{x-n}$의 그래프와 직선 $y=1$로 둘러싸인 부분의 내부에 포함되는 점 (a, b)의 개수를 $S(n)$이라 할 때, $S(n)>35$를 만족시키는 n의 최솟값을 구하시오.

(단, 둘러싸인 부분의 내부는 경계선을 포함하지 않는다.)

해결 전략

1단계 ▸ 두 함수 $y=3^x$, $y=\left(\frac{1}{3}\right)^{x-n}$의 그래프와 직선 $y=1$로 둘러싸인 부분을 그림으로 나타낸다.

2단계 ▸ n에 자연수를 차례로 대입하면서 $S(n)$을 구하여 조건을 만족시키는 n의 최솟값을 찾는다.

>> 해답 30쪽

유제 **120**

좌표평면에서 1이 아닌 자연수 a에 대하여 두 함수 $y=2^{x+2}$, $y=a^{-x+3}$의 그래프와 직선 $y=1$로 둘러싸인 부분의 내부 또는 그 경계선 위에 있고, x좌표와 y좌표가 모두 정수인 점의 개수가 17 이상 29 이하가 되도록 하는 a의 개수를 구하시오.

지수함수

예제

121

두 함수 $f(x)$, $g(x)$가 $f(x)=a^{x+1}$, $g(x)=b^{x}$일 때, 실수 t에 대한 함수 $h(t)$를

$$h(t)=|f(t)-g(t)|$$

로 정의하자. a와 b가 2 이상 9 이하인 자연수일 때, $h(k)\leq 10$을 만족시키는 1 이상의 실수 k가 적어도 하나 존재하기 위한 a, b의 순서쌍 (a, b)의 개수를 구하시오.

해결 전략

1단계 ▸ 두 지수함수의 밑의 대소 관계에 따라 경우를 분류한다.

2단계 ▸ $a\geq b$일 때 두 함수 $y=f(x)$, $y=g(x)$의 그래프의 특징을 이용하여 순서쌍 (a, b)의 개수를 구한다.

3단계 ▸ $a<b$일 때 두 함수 $y=f(x)$, $y=g(x)$의 그래프의 특징을 교점의 위치에 따라 분류하여 순서쌍 (a, b)의 개수를 구한다.

≫ 해답 31쪽

유제 **122**

1보다 큰 자연수 a에 대하여 두 함수 $y=a^{x+1}$, $y=10^x$의 그래프가 직선 $x=k$ (k는 자연수)와 만나는 점을 각각 P_k, Q_k라 하자. 네 점 P_k, P_{k+1}, Q_k, Q_{k+1}을 꼭짓점으로 하는 사각형의 넓이가 40 이하가 되도록 하는 자연수 k의 값이 존재하기 위한 모든 a의 값의 합을 구하시오.

지수함수

예제

123

최고차항의 계수가 -3인 이차함수 $f(x)$는 다음 조건을 만족시킨다.

(가) 모든 실수 x에 대하여 $f(x) \le f(1)$이다.
(나) $f(0)=3$

함수 $g(x)=a^x$에 대하여 $-1 \le x \le 2$에서 두 함수 $f(g(x))$, $g(f(x))$의 최댓값이 같아지도록 하는 상수 a의 값은 2개 존재한다. 이 두 값을 p, q $(p<q)$라 할 때, $|\log_p q|$의 값을 구하시오. (단, $a>0$, $a \ne 1$)

해결 전략

1단계 ▸ 조건을 만족시키는 이차함수 $f(x)$를 구한다.

2단계 ▸ a의 값의 범위를 나누어 주어진 범위에서 각각의 합성함수의 최댓값을 구한다.

>> 해답 32쪽

유제 **124**

함수 $f(x)$는 다음 조건을 만족시킨다.

(가) $x \le 1$인 모든 실수 x에 대하여 $f(x)=3x+1$이다.
(나) 함수 $y=f(x)-x-3$의 그래프는 직선 $x=1$에 대하여 대칭이다.

함수 $g(x)=a^x$에 대하여 $-1 \le x \le 4$에서 두 함수 $f(g(x))$, $g(f(x))$의 최댓값이 같아지도록 하는 모든 상수 a의 값의 곱은? (단, $a>0$, $a \ne 1$)

① $\frac{\sqrt{2}}{8}$ ② $\frac{1}{4}$ ③ $\frac{\sqrt{2}}{4}$ ④ $\frac{1}{2}$ ⑤ $\frac{\sqrt{2}}{2}$

지수함수

예제

125

두 자연수 a, b와 두 함수 $f(x)=9^x+b+6$, $g(x)=3^{x+\log_3 2(a-3)}$에 대하여 다음 조건을 만족시키는 a, b의 순서쌍 (a, b)의 개수를 구하시오.

(가) 모든 실수 x에 대하여 $f(x) \geq g(x)$이다.
(나) $a+b \leq 9$

해결 전략

1단계 ▶ 조건 (가)의 부등식에서 3^x을 치환하여 정리한다.

2단계 ▶ 주어진 범위에서 이차부등식이 성립할 조건을 고려한다.

3단계 ▶ **1단계**에서 얻은 부등식과 진수의 조건 그리고 조건 (나)를 종합적으로 고려한 후, 자연수 a에 따라 자연수 b의 개수를 구한다.

>> 해답 33쪽

유제 126

서로 다른 두 자연수 a, b와 두 함수 $f(x)=4^x-2^{x+3}+a+4$, $g(x)=2^{x+\log_2 2(b-2)}$에 대하여 방정식 $f(x)=g(x)$의 모든 실근이 1보다 크고 3보다 작도록 하는 a, b의 순서쌍 (a, b)의 개수를 구하시오.

로그함수

예제

127

집합 $X=\{x|1\le x\le 16\}$에서 정의된 함수 $f(x)$가 다음 조건을 만족시킨다.

> (가) $1\le x\le 4$일 때, $f(x)=\log_4 4x$이다.
> (나) $1\le x\le 13$인 모든 x에 대하여 $f(x+3)=f(x)+1$이다.

함수 $f(x)$와 그 역함수 $g(x)$에 대하여 **보기**에서 옳은 것만을 있는 대로 고른 것은?

보기

ㄱ. $f(16)=6$

ㄴ. $g(g(\log_4 8))=4$

ㄷ. 방정식 $3f(x)-x=2$를 만족시키는 서로 다른 실근의 개수는 6이다.

① ㄱ ② ㄱ, ㄴ ③ ㄱ, ㄷ ④ ㄴ, ㄷ ⑤ ㄱ, ㄴ, ㄷ

해결 전략

1단계 ▸ 조건 (나)를 해석하여 함수 $y=f(x)$의 그래프의 특징을 이해하고, 그래프를 그려 본다.

2단계 ▸ ㄷ의 방정식을 $f(x)=\frac{1}{3}(x+2)$로 변형시킨 후, 직선과의 위치 관계를 통해 실근의 개수를 파악한다.

>> 해답 33쪽

유제

128

함수 $f(x)$가 다음 조건을 만족시킨다.

(가) $0 \leq x < 6$일 때, $f(x)=\begin{cases} \log_2 (x+1) & (0 \leq x < 3) \\ \log_2 (7-x) & (3 \leq x < 6) \end{cases}$이다.

(나) 모든 실수 x에 대하여 $f(x+6)=f(x)$이다.

$0 \leq x \leq 27$에서 방정식 $2f(x)-3=0$의 모든 실근의 합은?

① $117+\sqrt{2}$ ② $118+\sqrt{2}$ ③ $119+\sqrt{2}$ ④ $118+2\sqrt{2}$ ⑤ $119+2\sqrt{2}$

지수함수와 로그함수

예제

129

좌표평면에서 2 이상의 자연수 n에 대하여 두 함수 $y=4^x-n$, $y=\log_4(x+n)$의 그래프로 둘러싸인 부분의 내부에 포함되고 x좌표와 y좌표가 모두 자연수인 점의 개수가 5가 되도록 하는 자연수 n의 값을 구하시오.

(단, 둘러싸인 부분의 내부는 경계선을 포함하지 않는다.)

해결 전략

1단계 ▸ 두 함수 $y=4^x-n$, $y=\log_4(x+n)$의 그래프가 직선 $y=x$에 대하여 서로 대칭임을 확인한다.

2단계 ▸ 대칭 구조를 고려하여 둘러싸인 부분의 내부에 포함되는 점 5개를 파악한 후, 자연수 n의 값을 구한다.

>> 해답 34쪽

유제

130

좌표평면에서 두 함수 $y=3^x-24$, $y=\log_3(x+24)$의 그래프로 둘러싸인 부분의 내부 또는 경계선 위에 있는 점 중 다음 조건을 만족시키는 점의 개수를 $f(n)$이라 할 때, $f(0)$의 값을 구하시오.

(가) x좌표와 y좌표의 합이 n 이상이다.
(나) x좌표와 y좌표는 모두 정수이다.

지수함수와 로그함수

예제 131

그림과 같이 1보다 큰 양수 n에 대하여 곡선 $y=-\frac{n}{x}$ $(x<0)$ 위의 점 P가 있다. 점 P를 지나고 x축에 평행한 직선이 곡선 $y=\left(\frac{1}{n}\right)^{x}$과 만나는 점을 A라 하고, 점 P를 지나고 y축에 평행한 직선이 곡선 $y=\log_{n}(-x)$와 만나는 점을 B라 하자. 또, 점 A를 지나고 y축에 평행한 직선이 점 B를 지나고 x축에 평행한 직선과 만나는 점을 C라 하자. 점 P의 x좌표는 점 A의 x좌표보다 작고, 점 P의 y좌표는 점 B의 y좌표보다 크다. 직사각형 APBC의 둘레의 길이의 최솟값이 14일 때, 세 곡선 $y=-\frac{n}{x}$, $y=\left(\frac{1}{n}\right)^{x}$, $y=\log_{n}(-x)$와 x축 및 y축으로 둘러싸인 부분의 내부에 포함되고 x좌표와 y좌표가 모두 정수인 점의 개수를 구하시오.

(단, 둘러싸인 부분의 내부는 경계선을 포함하지 않는다.)

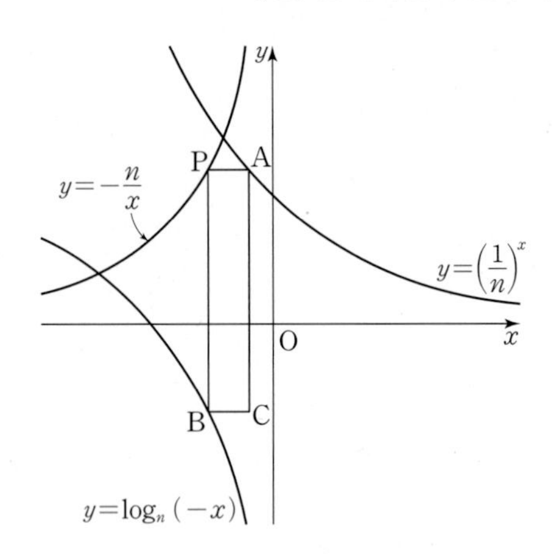

해결 전략

1단계 ▸ 산술평균과 기하평균의 관계를 이용하여 n의 값을 구한다.

2단계 ▸ 세 곡선의 대칭성을 고려하여 둘러싸인 부분의 내부의 격자점의 개수를 구한다.

유제 **132**

그림과 같이 자연수 n에 대하여 곡선 $y=3^x-1$과 직선 $y=n$ 및 y축으로 둘러싸인 부분의 내부 또는 그 경계선 위에 있고 x좌표와 y좌표가 모두 정수인 점의 개수를 $f(n)$이라 하자. 또, 곡선 $y=\log_3(x-1)$과 직선 $x=n$ 및 x축으로 둘러싸인 부분의 내부 또는 그 경계선 위에 있고 x좌표와 y좌표가 모두 정수인 점의 개수를 $g(n)$이라 하자. $f(n)-g(n)=8$을 만족시키는 자연수 n의 개수는?

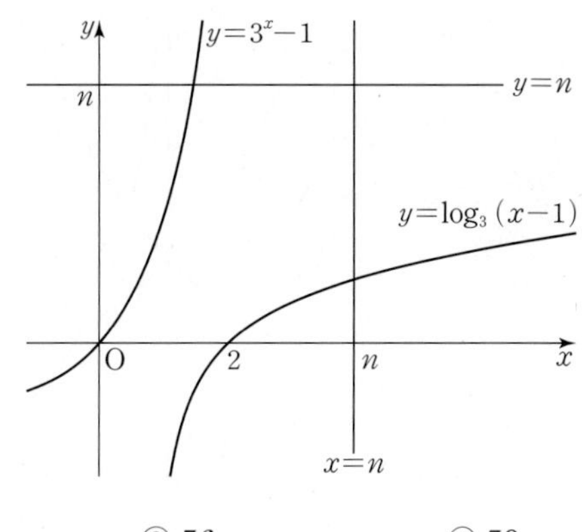

① 50 ② 53 ③ 56 ④ 59 ⑤ 62

지수함수와 로그함수

예제

133

그림과 같이 두 함수 $y=\left|\log_2 \frac{2}{3}x\right|$, $y=3\times 2^{-x-1}$의 그래프가 만나는 두 점을 각각 $\mathrm{P}(x_1, y_1)$, $\mathrm{Q}(x_2, y_2)$ $(x_1<x_2)$라 하고, 두 함수 $y=\left|\log_2 \frac{2}{3}x\right|$, $y=3\times 2^{x-1}$의 그래프가 만나는 점을 $\mathrm{R}(x_3, y_3)$이라 하자. 보기에서 옳은 것만을 있는 대로 고른 것은?

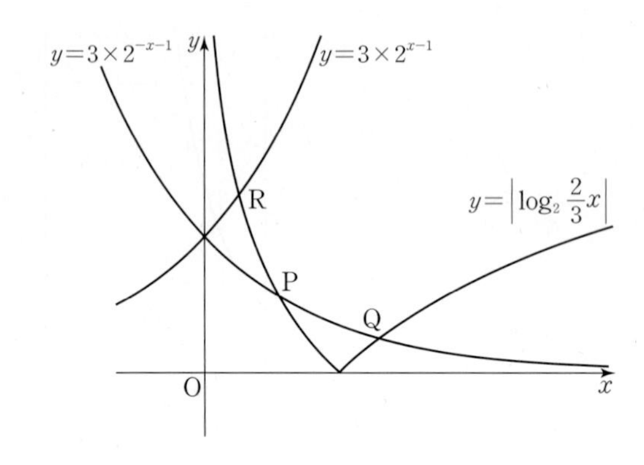

보기

ㄱ. $\frac{1}{2}<x_1<\frac{3}{2}$

ㄴ. $x_2y_2-x_3y_3=0$

ㄷ. $x_2\left(x_1-\frac{3}{2}\right)>y_1\left(y_2-\frac{3}{2}\right)$

① ㄱ　② ㄷ　③ ㄱ, ㄴ　④ ㄴ, ㄷ　⑤ ㄱ, ㄴ, ㄷ

해결 전략

1단계 ▸ 두 함수 $y=\left|\log_2 \frac{2}{3}x\right|$, $y=3\times 2^{-x-1}$에 대하여 $x=\frac{1}{2}$, $x=\frac{3}{2}$에서의 함숫값을 각각 구하여 점 P의 위치를 파악한다.

2단계 ▸ 두 점 Q, R가 직선 $y=x$에 대하여 서로 대칭임을 이용한다.

3단계 ▸ 두 점 $\left(\frac{3}{2}, 0\right)$, P를 지나는 직선과 두 점 $\left(\frac{3}{2}, 0\right)$, R를 지나는 직선의 기울기를 비교한다.

>> 해답 35쪽

유제

134

그림과 같이 두 함수 $y=3^x$, $y=\log_4 x$의 그래프가 직선 $y=-x+4$와 만나는 점을 각각 $A(x_1, y_1)$, $B(x_2, y_2)$라 할 때, **보기**에서 옳은 것만을 있는 대로 고른 것은?

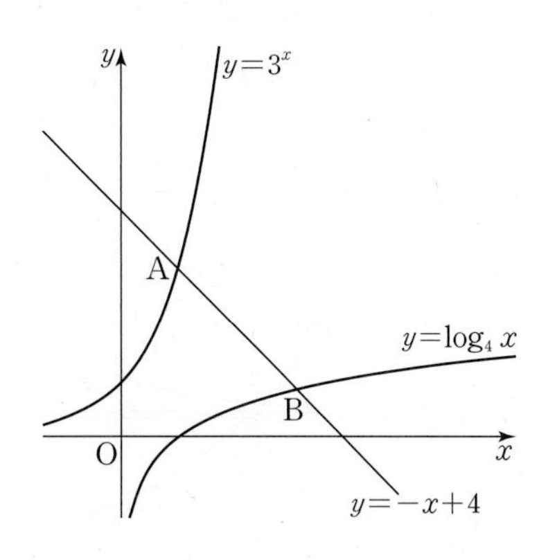

보기

ㄱ. $y_1 < x_2$

ㄴ. $x_1(x_2-1) > y_2(y_1-1)$

ㄷ. $(x_2+y_1)+(\log_3 x_2+\log_3 y_1) < 8$

① ㄱ　② ㄱ, ㄴ　③ ㄱ, ㄷ　④ ㄴ, ㄷ　⑤ ㄱ, ㄴ, ㄷ

지수함수와 로그함수

예제

135

그림과 같이 곡선 $y=3^x$이 두 곡선 $y=\log_{\frac{1}{3}}(x+3)$, $y=\log_{\frac{1}{3}}x$와 만나는 점을 각각 A, B라 하고, 곡선 $y=3^{x-3}$이 곡선 $y=\log_{\frac{1}{3}}x$와 만나는 점을 C라 하자. 세 점 A, B, C의 x좌표를 각각 a, b, c라 할 때, **보기**에서 옳은 것만을 있는 대로 고른 것은? (단, O는 원점이다.)

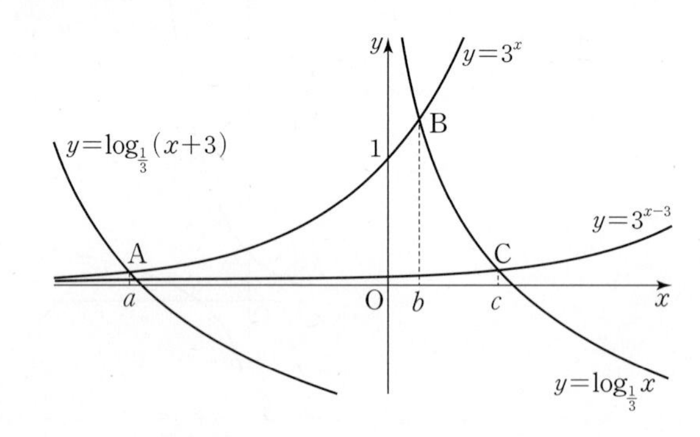

보기

ㄱ. $0<b<\frac{1}{3}$

ㄴ. $\frac{\sqrt[3]{3}}{27}<3^a<\frac{1}{9}$

ㄷ. 사각형 OABC의 넓이는 $\frac{3\sqrt[3]{3}}{2}$보다 작다.

① ㄱ ② ㄱ, ㄴ ③ ㄱ, ㄷ ④ ㄴ, ㄷ ⑤ ㄱ, ㄴ, ㄷ

해결 전략

1단계 ▸ 두 함수 $y=3^x$, $y=\log_{\frac{1}{3}}x$에 대하여 $x=\frac{1}{3}$에서의 함숫값을 구하여 점 B의 위치를 파악한다.

2단계 ▸ 두 함수 $y=3^x$, $y=\log_{\frac{1}{3}}(x+3)$의 그래프를 x축의 방향으로 3만큼 평행이동하면 두 함수 $y=3^{x-3}$, $y=\log_{\frac{1}{3}}x$의 그래프와 일치함을 이용하여 두 점 A, C의 y좌표가 같음을 파악한다.

3단계 ▸ 사각형 OABC의 넓이는 점 B의 y좌표에 의하여 결정됨을 이용한다.

>> 해답 36쪽

유제

136

그림과 같이 곡선 $y=4^x$이 두 직선 $y=-x-\frac{1}{2}$, $y=-x+\frac{1}{2}$과 만나는 점을 각각 A, B라 하고, 곡선 $y=4^{x-1}$이 직선 $y=-x+\frac{1}{2}$과 만나는 점을 C라 하자. 세 점 A, B, C의 x좌표를 각각 a, b, c라 할 때, **보기**에서 옳은 것만을 있는 대로 고른 것은?

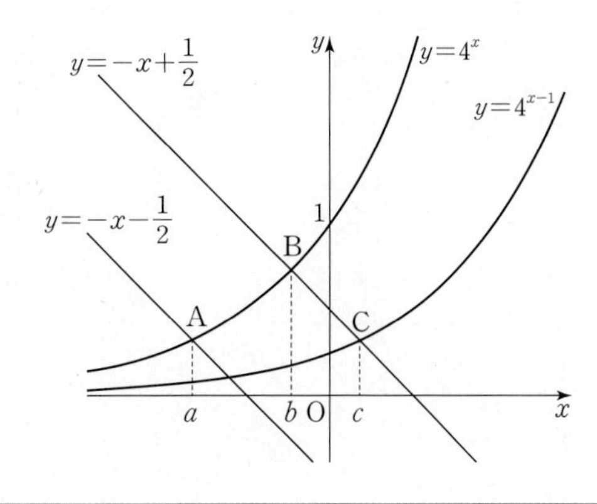

보기

ㄱ. $-\frac{1}{4}<b<0$

ㄴ. $\frac{1}{4}<4^a<\frac{\sqrt{2}}{4}$

ㄷ. 삼각형 ABC의 넓이를 S라 하면 $\frac{\sqrt{2}}{8}<S<\frac{1}{4}$이다.

① ㄱ ② ㄱ, ㄴ ③ ㄱ, ㄷ ④ ㄴ, ㄷ ⑤ ㄱ, ㄴ, ㄷ

Ⅱ

삼각함수

1. 삼각함수의 정의와 그래프

2. 삼각함수의 활용

유형 1 동경과 시초선

137

좌표평면에서 크기가 $(3n-1)\pi+(-1)^n\times\frac{n+1}{4}\pi$인 각을 나타내는 동경을 OP_n이라 하자. 동경 OP_2, OP_3, OP_4, $\cdots$, OP_{100} 중에서 동경 OP_1과 일치하는 동경의 개수를 구하시오.

(단, O는 원점이고, n은 자연수이다.)

138

100 이하의 자연수 n에 대하여 $\frac{n+1}{6}\pi$가 제2사분면의 각이 되도록 하는 n의 개수를 p, $\frac{n}{4}\pi$가 제4사분면의 각이 되지 않도록 하는 n의 개수를 q라 할 때, $q-p$의 값은?

① 70 ② 71 ③ 72 ④ 73 ⑤ 74

139

스페셜 특강 120쪽 EXAMPLE

각 θ를 나타내는 동경과 이 동경을 직선 $y=-x$에 대하여 대칭이동한 동경이 이루는 각을 α, 각 θ를 나타내는 동경과 이 동경과 일직선 위에 있고 반대 방향에 위치하는 동경이 이루는 각을 β라 하자. 각 α와 각 β를 나타내는 동경이 일치할 때, 각 θ의 크기를 구하시오. $\left(단,\ 0<\theta<\frac{\pi}{2}\right)$

유형 2 부채꼴의 호의 길이와 넓이

140

그림과 같이 반지름의 길이가 4이고 중심각의 크기가 $\frac{\pi}{3}$인 부채꼴 AOB의 호 AB의 길이를 l이라 하자. 둘레의 길이가 l인 원이 두 선분 OA, OB와 각각 두 점 P, Q에서 접할 때, 두 선분 AP, BQ와 두 호 AB, PQ로 둘러싸인 색칠한 부분의 넓이를 S_1, 두 선분 OP, OQ와 호 PQ로 둘러싸인 색칠한 부분의 넓이를 S_2라 하자. S_1-S_2의 값은?

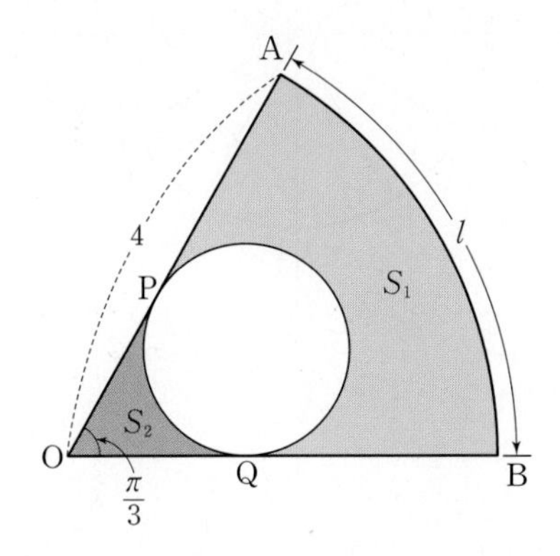

① $\frac{20}{9}\pi-\frac{8\sqrt{3}}{9}$ ② $\frac{20}{9}\pi-\frac{4\sqrt{3}}{9}$

③ $\frac{20}{9}\pi+\frac{4\sqrt{3}}{9}$ ④ $\frac{68}{27}\pi-\frac{8\sqrt{3}}{9}$

⑤ $\frac{68}{27}\pi-\frac{4\sqrt{3}}{9}$

141

그림과 같이 반지름의 길이가 9인 원에 내접하는 크기가 같은 6개의 원이 서로 외접하고 있다. 색칠한 부분의 넓이를 S라 할 때, $S=p\pi+q\sqrt{3}$이다. 정수 p, q에 대하여 $p+q$의 값을 구하시오.

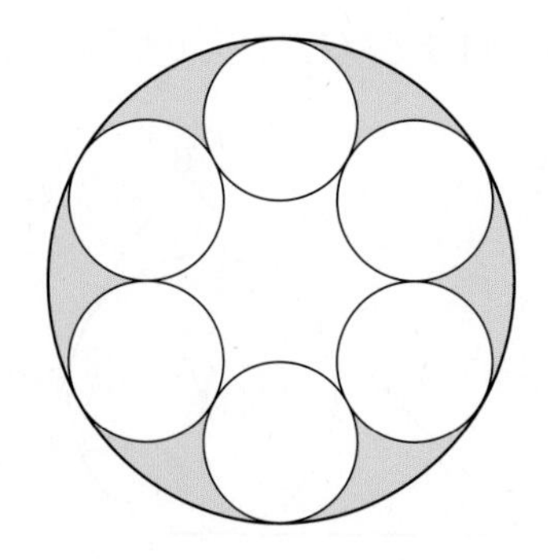

유형 3 삼각함수의 정의와 도형에의 활용

142

그림과 같이 중심각의 크기가 2θ이고 반지름의 길이가 3인 부채꼴 AOB에 반지름의 길이가 r이고 중심이 O′인 원이 내접할 때, r를 θ로 나타낸 것은? $\left(단, 0<\theta<\frac{\pi}{2}\right)$

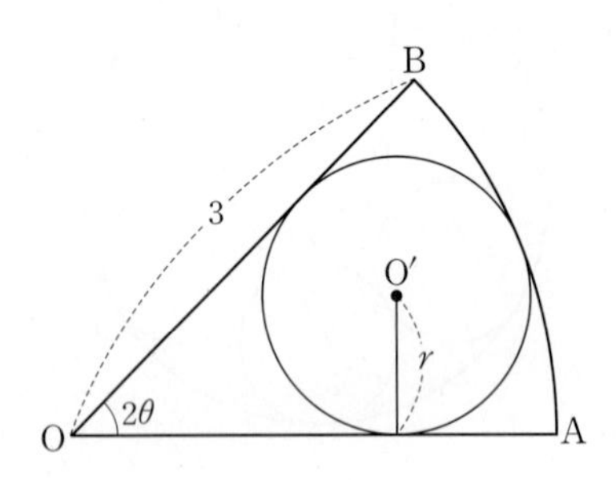

① $\frac{1}{1+\sin\theta}$ ② $\frac{1}{1+3\sin\theta}$ ③ $\frac{3\sin\theta}{1+\sin\theta}$

④ $\frac{\sin\theta}{1+3\sin\theta}$ ⑤ $\frac{3\sin\theta}{1+\sin 2\theta}$

143

그림과 같이 단위원의 둘레를 12등분 하는 각 점을 차례로 P_1, P_2, P_3, $\cdots$, P_{12}라 하자. $\mathrm{P}_1(1, 0)$, $\angle\mathrm{P}_1\mathrm{OP}_2=\theta$일 때, $\sin\theta+\sin 2\theta+\sin 3\theta+\cdots+\sin 12\theta$의 값을 구하시오.

(단, O는 원점이다.)

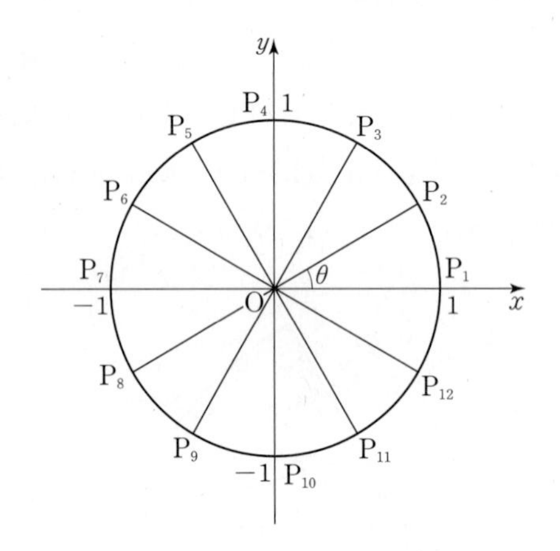

144

원 $x^2+y^2=1$에 내접하는 정48각형의 각 꼭짓점의 좌표를 (a_1, b_1), (a_2, b_2), $\cdots$, (a_{48}, b_{48})이라 할 때, ${b_1}^2+{b_2}^2+{b_3}^2+\cdots+{b_{48}}^2$의 값을 구하시오.

145

그림과 같이 원 $x^2+y^2=1$ 위의 세 점 A(1, 0), B(0, 1), P에 대하여 직선 OP가 두 점 A, B에서의 접선과 만나는 점을 각각 Q, R라 하고, 두 점 P, R에서 x축에 내린 수선의 발을 각각 C, D라 하자. **보기**에서 옳은 것만을 있는 대로 고른 것은? (단, O는 원점이고, 점 P는 제1사분면 위의 점이다.)

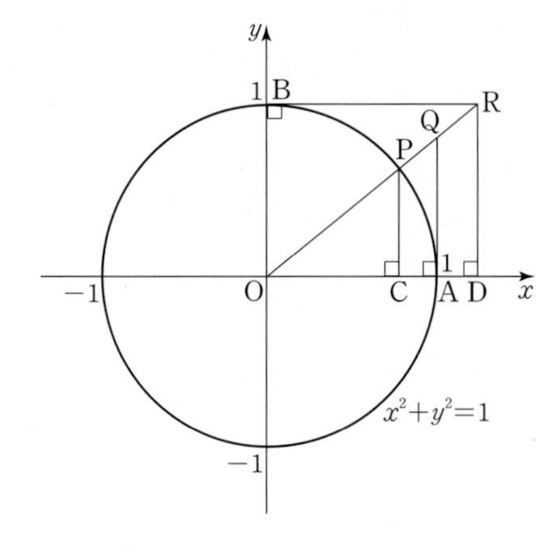

보기

ㄱ. $\overline{AQ}\times\overline{OD}=1$

ㄴ. $\overline{OR}\times\overline{PC}=1$

ㄷ. $\overline{AQ}\times\overline{OR}=\overline{OQ}$

① ㄱ　② ㄷ　③ ㄱ, ㄴ
④ ㄴ, ㄷ　⑤ ㄱ, ㄴ, ㄷ

유형 4 삼각함수의 값의 부호

146

한 개의 주사위를 던져서 나오는 눈의 수를 원소로 하는 집합 A에 대하여 집합 X를

$$X=\left\{x \,\middle|\, x=\sin\frac{a+b}{6}\pi,\ a\in A,\ b\in A\right\}$$

라 하자. x의 값이 음수가 되도록 하는 a, b의 순서쌍 (a, b)의 개수를 구하시오.

147

함수 $f(x)=\begin{cases} 1 & (x\geq 0) \\ -\frac{1}{2} & (x<0) \end{cases}$ 일 때,

$f(\sin\theta)+f(\cos\theta)+f(\tan\theta)\neq 0$을 만족시키는 각 θ는 제몇 사분면의 각인지 구하시오.

148

θ는 제1사분면의 각이 아니고, $\tan\theta+\dfrac{1}{\tan\theta}>0$을 만족시킬 때, **보기**에서 옳은 것만을 있는 대로 고른 것은?

보기

ㄱ. $\sin\theta\cos\theta>0$

ㄴ. $\cos\dfrac{\theta}{2}\sin 2\theta<0$

ㄷ. $\tan\theta+\dfrac{\cos\theta}{1+\sin\theta}<0$

① ㄱ ② ㄴ ③ ㄱ, ㄷ
④ ㄴ, ㄷ ⑤ ㄱ, ㄴ, ㄷ

유형 5 삼각함수가 포함된 식의 변형

149

θ가 제4사분면의 각일 때,

$$\sqrt{1-2\sin\theta\cos\theta}-\sqrt{1-\cos^2\theta}$$

를 간단히 하면?

① $\cos\theta$ ② $\sin\theta$ ③ 0
④ $-\cos\theta$ ⑤ $-\sin\theta$

150

$0<\sin\theta<\cos\theta$일 때,

$$\sqrt{\frac{1}{\cos^2\theta}+2\tan\theta}-\sqrt{\frac{1}{\cos^2\theta}-2\tan\theta}$$

를 간단히 하면?

① $2\sin\theta$ ② $2\tan\theta$ ③ 0
④ $-2\cos\theta$ ⑤ $-2\sin\theta$

151

$0<x<1$인 모든 실수 x에 대하여 $f\left(\frac{x}{1-x}\right)=x$가 성립할 때, $f\left(\frac{1}{\tan^2\theta}\right)$의 값은? $\left(단,\ 0<\theta<\frac{\pi}{4}\right)$

① $\sin^2\theta$ ② $\cos^2\theta$ ③ $\tan^2\theta$

④ $\frac{1}{\sin^2\theta}$ ⑤ $\frac{1}{\cos^2\theta}$

152

그림과 같이 원점 O를 중심으로 하고 반지름의 길이가 2인 원 위의 점 A가 제2사분면에 있을 때, 동경 OA가 나타내는 각의 크기를 θ라 하자. 점 B$(-2,\ 0)$을 지나는 직선 $x=-2$와 동경 OA가 만나는 점을 C, 점 A에서의 접선이 x축과 만나는 점을 D라 할 때, 다음 중 세 선분 AC, CD, BD 및 호 AB로 둘러싸인 색칠한 부분의 넓이와 항상 같은 것은?

$\left(단,\ \frac{\pi}{2}<\theta<\pi\right)$

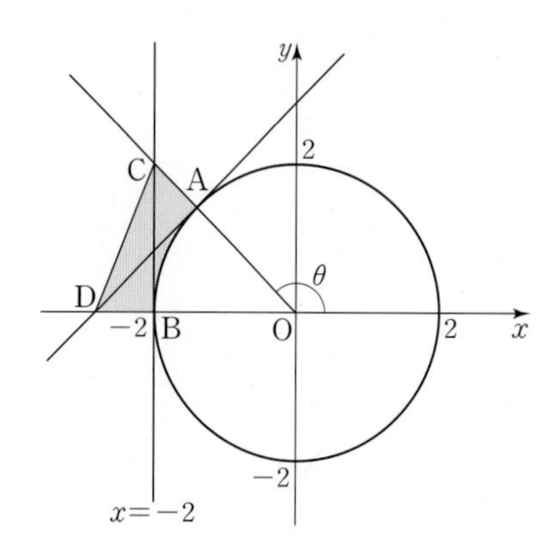

① $2\left(-\frac{\cos\theta}{\sin^2\theta}+\pi+\theta\right)$ ② $2\left(-\frac{\cos\theta}{\sin^2\theta}-\pi+\theta\right)$

③ $2\left(\frac{\sin\theta}{\cos^2\theta}+\pi+\theta\right)$ ④ $2\left(\frac{\sin\theta}{\cos^2\theta}-\pi+\theta\right)$

⑤ $2\left(\frac{\sin^2\theta}{\cos\theta}+\pi-\theta\right)$

유형 6 삼각함수가 포함된 식의 값

153

$0<\theta<\frac{\pi}{2}$에서 $\frac{\cos\theta+\sin\theta-\sin^3\theta}{\cos\theta+\sin\theta-\cos^3\theta}=2$일 때, $\cos\theta-\sin\theta$의 값은?

① $\frac{\sqrt{3}}{5}$ ② $\frac{2}{5}$ ③ $\frac{\sqrt{5}}{5}$

④ $\frac{3}{5}$ ⑤ $\frac{2\sqrt{5}}{5}$

154

제1사분면의 각 θ에 대하여 $\sin\theta+\cos\theta=\frac{\sqrt{15}}{3}$일 때, $\sin^6\theta+\cos^6\theta$의 값을 구하시오.

155

다음 식의 값을 구하시오.

$$\left(\frac{1}{\sin^2 2^\circ}+\frac{1}{\sin^2 4^\circ}+\frac{1}{\sin^2 6^\circ}+\cdots+\frac{1}{\sin^2 24^\circ}\right)$$
$$-(\tan^2 66^\circ+\tan^2 68^\circ+\tan^2 70^\circ+\cdots+\tan^2 88^\circ)$$

유형 7 주기함수

156

다음 조건을 만족시키는 함수 $f(x)$에 대하여 함수 $g(x)$를 $g(x)=\frac{f(x-2)+f(x+4)}{2}$로 정의하자. $5\leq x\leq 11$일 때, $g(x)$는 $x=a$에서 최댓값 b, $x=c$에서 최솟값 d를 갖는다. $ad+bc$의 값은?

(가) 모든 실수 x에 대하여 $f(x-p)=f(x+p)$를 만족시키는 양수 p의 최솟값은 3이다.
(나) $0\leq x\leq 6$일 때, $f(x)$는 $x=1$에서 최댓값 4, $x=4$에서 최솟값 -3을 갖는다.

① -1 ② -2 ③ -3
④ -4 ⑤ -5

157

양수 p에 대하여 함수 $f(x)=\sqrt{1+\sin x}+\sqrt{1-\sin x}$의 주기를 p라 할 때, $\tan\left(\pi+\frac{p}{3}\right)$의 값을 구하시오.

유형 8 삼각함수의 그래프

158

함수 $y=a^2\cos x+(a+2)\sin\left(x+\frac{\pi}{2}\right)+2b$의 최댓값은 6, 최솟값은 2일 때, 상수 a, b에 대하여 $a+b$의 값은? (단, $a\neq 0$)

① -3 ② -2 ③ -1
④ 0 ⑤ 1

159

임의의 실수 x에 대하여

$$f\left(x-\frac{\pi}{2}\right)=f\left(x+\frac{\pi}{2}\right),\ f(x+\pi)=-f(-x+\pi)$$

를 만족시키는 함수만을 **보기**에서 있는 대로 고른 것은?

보기
ㄱ. $f(x)=\cos\left(2x-\frac{\pi}{2}\right)$
ㄴ. $f(x)=2|\tan x|$
ㄷ. $f(x)=\sin\left(2x+\frac{\pi}{2}\right)$

① ㄱ ② ㄴ ③ ㄱ, ㄷ
④ ㄴ, ㄷ ⑤ ㄱ, ㄴ, ㄷ

유형 9 삼각함수의 미정계수의 결정

160

스페셜 특강 123쪽 EXAMPLE

함수 $f(x)=a\sin(bx-c)+d$의 그래프가 그림과 같을 때, 상수 a, b, c, d에 대하여 $abcd$의 값은?

(단, $a>0$, $b>0$, $0<c<\pi$)

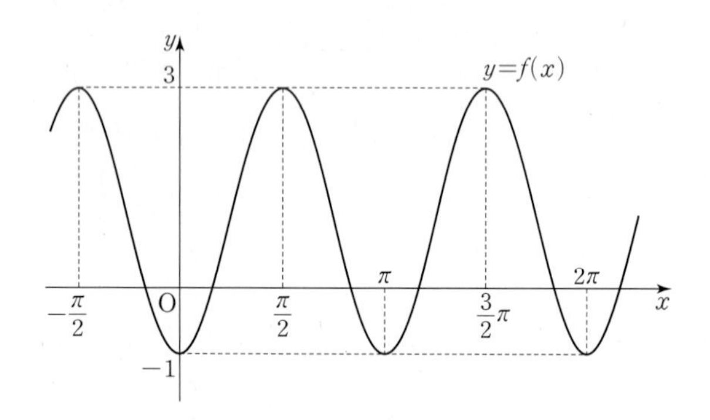

① π　② 2π　③ 3π
④ 4π　⑤ 5π

161

그림과 같이 함수 $y=a\sin bx$의 그래프와 x축에 평행한 직선 l은 x좌표가 4, 14인 점에서 만난다. x축과 직선 l 및 두 직선 $x=4$, $x=14$로 둘러싸인 부분의 넓이가 $40\sqrt{3}$일 때, 상수 a, b에 대하여 $\frac{a\pi}{b}$의 값을 구하시오. (단, $b>0$)

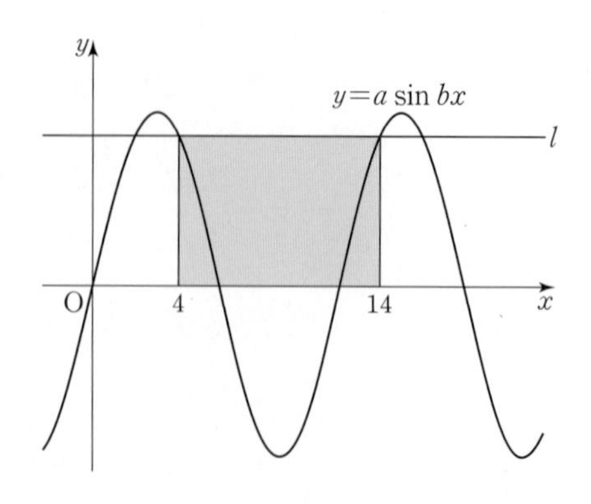

162

두 함수 $f(x)=a\sin bx+c$, $g(x)=\cos x$가 다음 조건을 만족시킬 때, 상수 a, b, c에 대하여 $4(a^2+b^2+c^2)$의 값을 구하시오. (단, $a<0$, $0<b<1$)

(가) $0\le x\le 2\pi$일 때, $f(x)\le g(x)$이다.
(나) $f(0)=g(0)$, $f(\pi)=g(\pi)$

163

함수 $f(x)=a\tan(bx+c)$가 다음 조건을 만족시킬 때, 상수 a, b, c에 대하여 $\frac{a^2bc}{\pi}$의 값을 구하시오.

$\left(\text{단, } a>0,\ b>0,\ 0<c\le\frac{\pi}{2}\right)$

(가) 함수 $y=f(x)$의 그래프의 점근선의 방정식은 $x=\frac{n}{4}\pi$ (n은 정수)이다.
(나) $f\left(\frac{\pi}{6}\right)=\sqrt{3}$

유형 10 절댓값 기호가 포함된 삼각함수

164

함수 $y=2\cos x+|2\cos x|$의 그래프와 직선 $y=ax+4-a\pi$가 서로 다른 세 점에서 만나도록 하는 음수 a의 값의 범위를 구하시오.

165

함수 $f(x)=\left|3\tan\frac{x}{4}+\sqrt{3}\right|$에 대하여 **보기**에서 옳은 것만을 있는 대로 고른 것은?

보기

ㄱ. 정의역은 $\{x|x\neq 2n\pi, n$은 정수$\}$이다.
ㄴ. 모든 실수 x에 대하여 $f(x+4\pi)=f(x)$이다.
ㄷ. $-2\pi\leq x\leq 6\pi$에서 함수 $y=f(x)$의 그래프와 x축의 교점의 x좌표의 합은 $\frac{8}{3}\pi$이다.

① ㄱ ② ㄴ ③ ㄷ
④ ㄴ, ㄷ ⑤ ㄱ, ㄴ, ㄷ

유형 11 삼각함수의 그래프의 해석

166

두 함수 $f(x)=x^2+2x+a$, $g(x)=b\sin x$에 대하여 두 함수 $(f\circ g)(x)$와 $(g\circ f)(x)$의 각각의 최댓값의 합이 17이고, 각각의 최솟값의 합이 -5일 때, $a+b$의 값을 구하시오.

(단, $b>1$이고, a, b는 상수이다.)

167

함수 $f(x)$가 다음 조건을 만족시킬 때, 함수 $y=f(x)$의 그래프와 직선 $y=\frac{3}{2\pi}x$의 교점의 개수를 구하시오.

(가) 모든 실수 x에 대하여 $f(x+p)=f(x)$를 만족시키는 양수 p의 최솟값은 2π이다.
(나) $0\leq x\leq\pi$일 때, $f(x)=\cos 2x$이다.
(다) $\pi<x\leq 2\pi$일 때, $f(x)=-\cos 2x+2$이다.

168

곡선 $f(x)=a\sin\frac{x+\pi}{3}$ $(0\le x\le 6\pi)$와 직선 $y=-\frac{a}{2}$가 만나는 두 점을 각각 A, B라 하자. 곡선 $y=f(x)$ 위의 제1사분면에 있는 점 P에 대하여 삼각형 PAB의 넓이의 최댓값이 6π일 때, 양수 a의 값을 구하시오.

유형 12 각에 따른 삼각함수의 성질

169

$0<\alpha<\pi$, $0<\beta<\pi$일 때, **보기**에서 옳은 것만을 있는 대로 고른 것은?

보기

ㄱ. $\alpha+\beta=\frac{\pi}{2}$이면 $\sin\alpha<\cos\beta$이다.

ㄴ. $\beta-\alpha=\frac{\pi}{2}$이면 $\sin\alpha>\cos\beta$이다.

ㄷ. $\alpha+\beta=\frac{3}{2}\pi$이면 $\sin\alpha>\cos\beta$이다.

① ㄱ ② ㄴ ③ ㄷ
④ ㄴ, ㄷ ⑤ ㄱ, ㄴ, ㄷ

170

$0\le\alpha<\beta\le 2\pi$일 때, **보기**에서 옳은 것만을 있는 대로 고른 것은?

보기

ㄱ. $\alpha<x<\beta$에서 $\sin x<\cos(\pi-x)$이면 $\beta-\alpha\le\pi$이다.

ㄴ. $\alpha<x<\beta$에서 $|\cos x|<\sin x$이면 $\beta-\alpha\le\frac{\pi}{2}$이다.

ㄷ. $|\sin\alpha|-|\cos\alpha|=\frac{1}{4}$인 α의 개수는 4이다.

① ㄱ ② ㄷ ③ ㄱ, ㄴ
④ ㄴ, ㄷ ⑤ ㄱ, ㄴ, ㄷ

171

반지름의 길이가 20이고 넓이가 4π인 부채꼴의 중심각의 크기를 θ라 할 때,

$$\cos\theta+\cos 2\theta+\cos 3\theta+\cdots+\cos 50\theta$$

의 값을 구하시오.

172

원점 O와 점 $\mathrm{A}\left(\frac{\pi}{2}, 0\right)$을 이은 선분 OA를 10등분 하는 점을 원점에 가까운 것부터 차례로 $\mathrm{A}_1, \mathrm{A}_2, \cdots, \mathrm{A}_9$라 하자. 점 A_k를 지나고 x축에 수직인 직선과 함수 $y=\sqrt{3}\cos x$의 그래프의 교점을 B_k라 할 때, $\overline{\mathrm{A}_1\mathrm{B}_1}^2+\overline{\mathrm{A}_2\mathrm{B}_2}^2+\overline{\mathrm{A}_3\mathrm{B}_3}^2+\cdots+\overline{\mathrm{A}_9\mathrm{B}_9}^2$의 값을 구하시오. (단, $k=1, 2, 3, \cdots, 9$)

173

그림과 같이 선분 OA를 반지름으로 하는 사분원의 호 AB를 21등분 하는 점을 점 A에 가까운 것부터 차례로 $\mathrm{P}_1, \mathrm{P}_2, \mathrm{P}_3, \cdots, \mathrm{P}_{20}$이라 하자. 점 $\mathrm{P}_1, \mathrm{P}_2, \mathrm{P}_3, \cdots, \mathrm{P}_{20}$에서 반지름 OA에 내린 수선의 발을 각각 $\mathrm{Q}_1, \mathrm{Q}_2, \mathrm{Q}_3, \cdots, \mathrm{Q}_{20}$이라 하면

$$\overline{\mathrm{OQ}_1}^2+\overline{\mathrm{OQ}_2}^2+\overline{\mathrm{OQ}_3}^2+\cdots+\overline{\mathrm{OQ}_{20}}^2=250$$

이다. 삼각형 $\mathrm{OP}_n\mathrm{P}_{n+14}$의 넓이를 $S(n)$이라 할 때, $S(1)+S(2)+S(3)+S(4)+S(5)+S(6)$의 값을 구하시오.

174

Hard

자연수 n에 대하여 두 함수 $f(n)$, $g(n)$을

$$f(n)=2\cos\left\{2n\pi+(-1)^n\times\frac{\pi}{3}\right\},$$

$$g(n)=2\tan\left(\frac{n}{2}\pi+\frac{\pi}{4}\right)-1$$

이라 하자. $h(n)=f(n)-g(n+1)$일 때,

$h(1)+h(2)+h(3)+\cdots+h(15)$의 값은?

① 20 ② 24 ③ 28

④ 32 ⑤ 36

유형 13 삼각함수의 성질의 활용

175

그림과 같이 선분 AB를 지름으로 하는 반원 O의 호 위의 점 P에 대하여 $\overline{PA}=4$, $\overline{PB}=3$이다. $\angle PAB=\alpha$, $\angle PBA=\beta$라 할 때, $\sin(7\alpha+6\beta)$의 값을 구하시오.

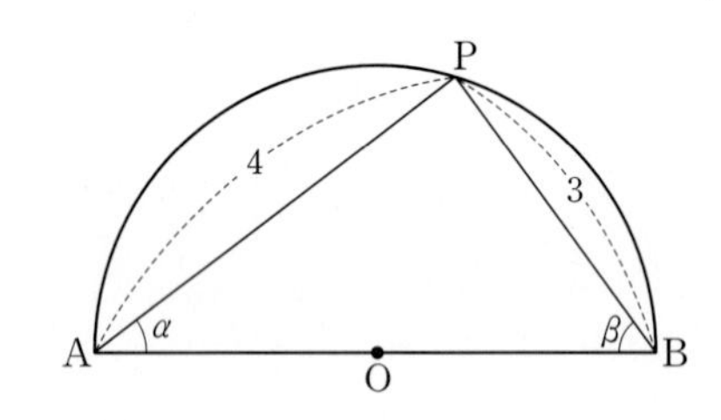

176

그림과 같이 원 $x^2+y^2=4$ 위의 점 $\mathrm{P}(2\cos\theta,\ 2\sin\theta)$가 원점을 중심으로 시곗바늘이 도는 반대 방향으로 $\frac{\pi}{2}$만큼 회전한 점을 Q라 하자. 점 P에서 x축에 내린 수선의 발을 S라 할 때, 사각형 PQRS가 평행사변형이 되도록 하는 점 R의 좌표를 $(f(\theta),\ g(\theta))$라 하고, 평행사변형의 넓이를 $s(\theta)$라 하자. $\frac{s(\theta)}{f(\theta)g(\theta)}=-3$을 만족시키는 θ에 대하여 $\tan\theta$의 값은?

$\left(\text{단, } 0<\theta<\frac{\pi}{2}\right)$

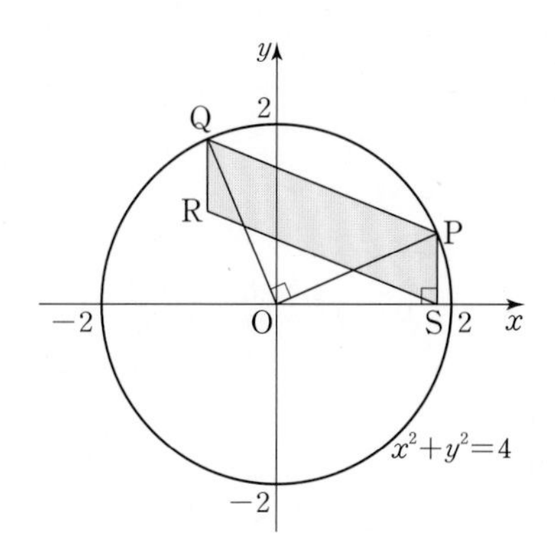

① $\frac{1}{3}$　② $\frac{1}{2}$　③ 1
④ 2　⑤ 3

177

그림과 같이 중심이 원점 O인 원이 직선 $y=\frac{2}{5}x$와 만나는 두 점을 A, B라 하고, 원이 y축과 만나는 두 점을 각각 C, D라 하자. $\angle\mathrm{ABC}=\alpha$, $\angle\mathrm{ACD}=\beta$라 할 때, $\sin 2\alpha+\sin 2\beta$의 값은?

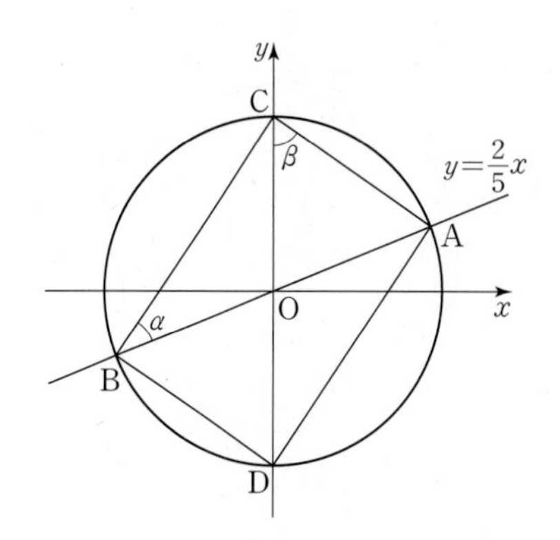

① $\frac{2\sqrt{29}}{29}$　② $\frac{4\sqrt{29}}{29}$　③ $\frac{6\sqrt{29}}{29}$
④ $\frac{8\sqrt{29}}{29}$　⑤ $\frac{10\sqrt{29}}{29}$

178

그림과 같이 중심이 원점인 원 O에 정사각형 ABCD가 내접하고 있다. 동경 OA, OB, OC, OD가 나타내는 각의 크기를 각각 α, β, γ, δ라 할 때, **보기**에서 옳은 것만을 있는 대로 고른 것은? (단, 점 A는 제1사분면 위의 점이다.)

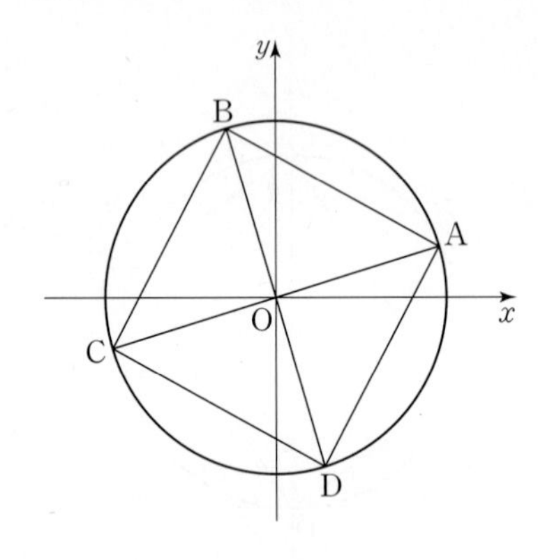

보기

ㄱ. $\sin\alpha+\cos\beta=0$

ㄴ. $\cos\alpha+\sin\delta=0$

ㄷ. $\tan\gamma-\tan\delta=1$

① ㄱ　② ㄱ, ㄴ　③ ㄱ, ㄷ　④ ㄴ, ㄷ　⑤ ㄱ, ㄴ, ㄷ

유형 14 삼각함수가 포함된 함수의 최대, 최소

179

함수 $y=2\sin^2 x+4k\cos x-3+6k$는 $x=\alpha$일 때, 최댓값 -7을 갖는다. 실수 α, k의 값을 각각 구하시오.

(단, $0\leq x<2\pi$)

180

함수 $f(x)=\sqrt{4+4\cos x}+\sqrt{4-4\cos x}$에 대하여 함수 $y=\{f(x)\}^2$의 최댓값과 최솟값의 합을 구하시오.

181

두 양수 a, b에 대하여 $a^2+b^2=-4ab\sin\theta$일 때, $2\cos^2\theta-\sin\theta$의 최댓값은? $\left(단, \frac{3}{2}\pi\le\theta<2\pi\right)$

① $\frac{3}{2}$　② $\frac{7}{4}$　③ 2　④ $\frac{9}{4}$　⑤ $\frac{5}{2}$

182

제1사분면 위의 점 $\mathrm{A}(\cos\theta,\ \sin\theta)$를 원점에 대하여 대칭이동한 점을 B라 하자. 두 점 A, B가 포물선 $y=-x^2+2ax-b$ 위의 점이면 포물선의 꼭짓점의 y좌표는 $\theta=p$일 때, 최솟값 q를 갖는다. 이때 pq의 값은? (단, a, b는 상수이다.)

① $-\pi$　② $-\frac{3}{16}\pi$　③ $\frac{3}{16}\pi$　④ $\frac{9}{16}\pi$　⑤ π

183

함수 $f(x)=\frac{1+a\cos x}{2-\cos x}$의 최솟값이 -2보다 크도록 하는 a의 값의 범위가 $\alpha<a<\beta$일 때, $\beta-\alpha$의 값은?

① 6　② 8　③ 10　④ 12　⑤ 14

유형 15 삼각함수가 포함된 방정식

184

두 함수 $f(x)=-\cos x\ (0\le x<\pi)$, $g(x)=\sin x$에 대하여 방정식 $g(f^{-1}(x))=\frac{\sqrt{2}}{2}$의 두 근을 α, β라 할 때, $\alpha^2+\beta^2$의 값을 구하시오. (단, $f^{-1}(x)$는 $f(x)$의 역함수이다.)

185

방정식 $-2\sin^2 x-(2k+\sqrt{3})\cos x+\sqrt{3}k+2=0$이 서로 다른 세 실근을 갖도록 하는 실수 k의 값을 모두 구하시오.

(단, $0\le x<2\pi$)

186

그림과 같이 $x>0$에서 함수 $y=\sin kx$의 그래프와 직선 $y=\frac{1}{3}$이 만나는 점의 x좌표를 작은 것부터 차례로 x_1, x_2, x_3, …이라 할 때, $2\sin(x_1+2x_2+x_3)=-1$을 만족시키는 $7k$의 최댓값을 구하시오. (단, $k>0$)

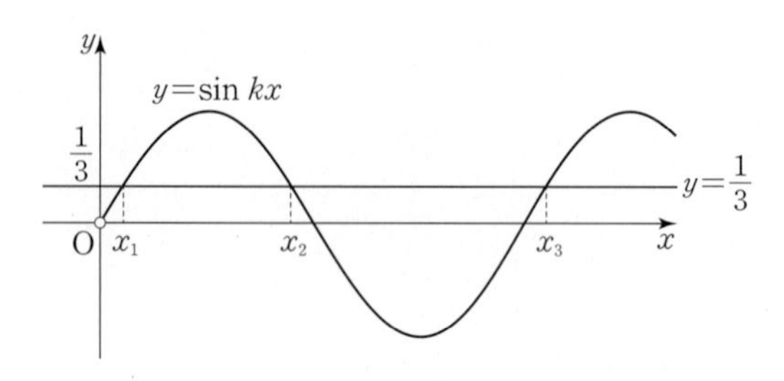

187

그림과 같이 중심이 원점 O인 원이 x축과 만나는 점 중에서 x좌표가 양수인 점을 A라 하자. 원 위의 두 점 P, Q에 대하여 점 A를 지나고 x축에 수직인 직선이 직선 OP와 만나는 점을 R라 하고, 점 Q에서 x축에 내린 수선의 발을 H라 하자. $\angle \mathrm{POQ}=\dfrac{\pi}{2}$이고 $\overline{\mathrm{RA}} : \overline{\mathrm{QH}}=8 : 3$일 때, $\cos(\angle \mathrm{AOQ})$의 값은? (단, 점 P는 제1사분면 위의 점이다.)

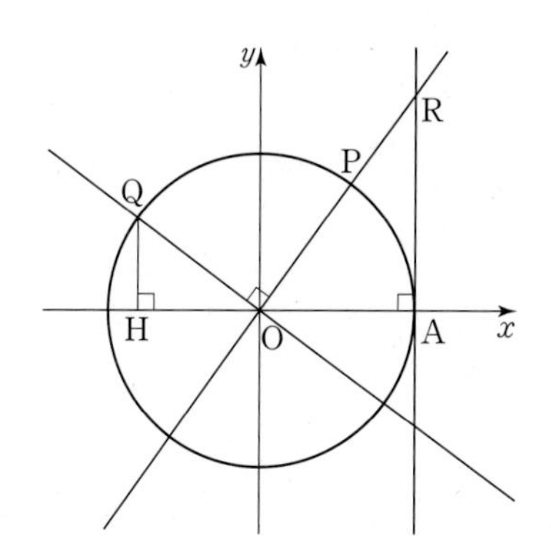

① $\dfrac{1-\sqrt{265}}{16}$ ② $\dfrac{2-\sqrt{265}}{16}$ ③ $\dfrac{3-\sqrt{265}}{16}$

④ $\dfrac{4-\sqrt{265}}{16}$ ⑤ $\dfrac{5-\sqrt{265}}{16}$

188

그림은 두 함수 $y=\sin x$, $y=\cos x$의 그래프와 두 직선 $y=\dfrac{2}{\pi}x-1$, $y=\dfrac{2}{\pi}x-2$이다.

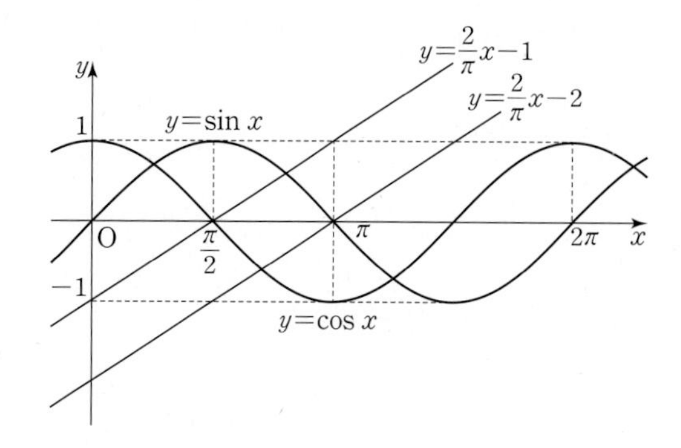

세 방정식 $\sin x=\dfrac{2}{\pi}x-1$, $\cos x=\dfrac{2}{\pi}x-2$, $\cos\left(x+\dfrac{\pi}{2}\right)=\dfrac{2}{\pi}x-1$의 실근을 각각 α, β, γ라 할 때, **보기**에서 옳은 것만을 있는 대로 고른 것은?

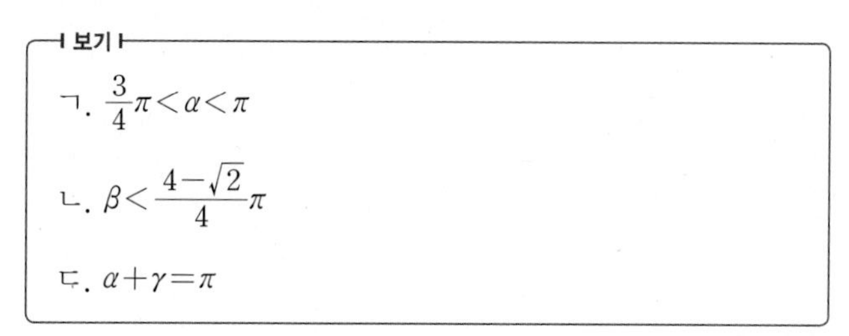

보기

ㄱ. $\dfrac{3}{4}\pi<\alpha<\pi$

ㄴ. $\beta<\dfrac{4-\sqrt{2}}{4}\pi$

ㄷ. $\alpha+\gamma=\pi$

① ㄱ ② ㄷ ③ ㄱ, ㄴ

④ ㄴ, ㄷ ⑤ ㄱ, ㄷ

유형 16 삼각함수가 포함된 부등식

189

다음 중 연립부등식 $\begin{cases} \tan x < -1 \\ |\sin x| > \dfrac{\sqrt{2}}{2} \end{cases}$ 의 해가 될 수 있는 것은? (단, $0 \le x < 2\pi$)

① $\dfrac{\pi}{6}$ ② $\dfrac{\pi}{5}$ ③ $\dfrac{\pi}{3}$

④ $\dfrac{7}{12}\pi$ ⑤ $\dfrac{17}{12}\pi$

190

다음 중 함수 $f(x)=x^2-2\sqrt{3}x\sin\theta+4-5\cos^2\theta$의 그래프의 꼭짓점과 원점 사이의 거리가 1 이하가 되도록 하는 θ의 값으로 가능하지 않은 것은? (단, $0 \le \theta \le 2\pi$)

① $\dfrac{\pi}{12}$ ② $\dfrac{11}{12}\pi$ ③ π

④ $\dfrac{3}{2}\pi$ ⑤ $\dfrac{23}{12}\pi$

191

x에 대한 이차방정식 $-x^2+4x\sin^2\theta-2=0$의 두 실근 중 한 근은 2보다 크고 다른 한 근은 2보다 작을 때, θ의 값의 범위는 $\alpha<\theta<\beta$이다. $\beta-\alpha$의 값은? (단, $0<\theta<\pi$)

① $\dfrac{\pi}{6}$ ② $\dfrac{\pi}{3}$ ③ $\dfrac{\pi}{2}$

④ $\dfrac{2}{3}\pi$ ⑤ $\dfrac{5}{6}\pi$

192

이차함수 $f(x)=-x^2+x\sin\theta+\cos\theta+1$의 그래프와 x축의 교점의 x좌표가 모두 -1보다 크고 1보다 작을 때, θ의 값의 범위를 구하시오. (단, $0 \le \theta < 2\pi$)

Ⅱ

삼각함수

1. 삼각함수의 정의와 그래프

2. 삼각함수의 활용

1등급을 위한 필수 유형

유형 1 사인법칙

193

그림과 같이 선분 AB를 지름으로 하는 원이 있다. 이 원 위의 점 C에서의 접선과 선분 AB의 연장선이 만나는 점을 D라 하자. $\sin(\angle\text{BAC})=\frac{3}{7}$일 때, $\frac{\overline{\text{CD}}}{\overline{\text{BD}}}=\frac{q}{p}\sqrt{10}$이다. $p+q$의 값을 구하시오. (단, p와 q는 서로소인 자연수이다.)

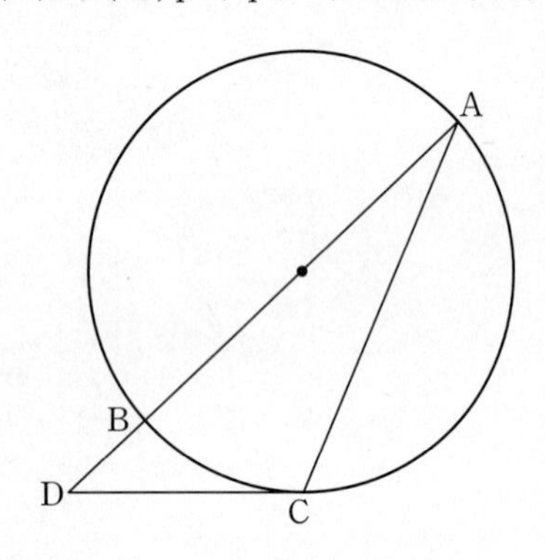

194

그림과 같이 원 O에 내접하는 네 삼각형 ABC, ABD, ABE, ABF가 있다.

$\overline{\text{BD}}=\frac{3}{2}\overline{\text{BC}}$, $\overline{\text{BE}}=2\overline{\text{BC}}$, $\overline{\text{BF}}=\frac{7}{2}\overline{\text{BC}}$,

$\sin(\angle\text{CAB})=\frac{1}{6}$

일 때, $\sin(\angle\text{DAB})+\sin(\angle\text{EAB})+\sin(\angle\text{FAB})$의 값은? (단, 점 O는 원의 중심이다.)

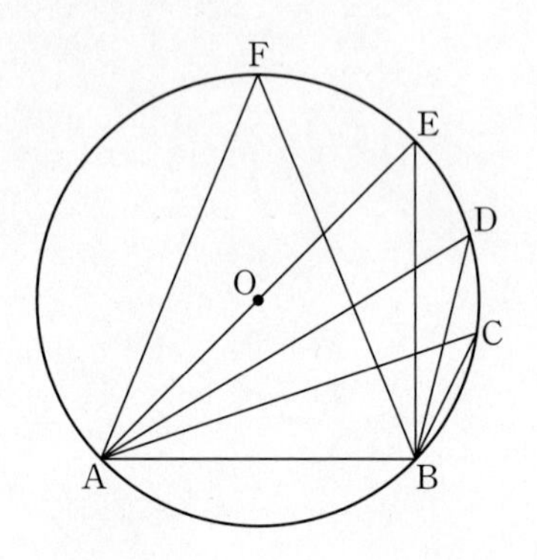

① 1 ② $\frac{7}{6}$ ③ $\frac{4}{3}$

④ $\frac{3}{2}$ ⑤ $\frac{5}{3}$

195

그림과 같이 중심이 각각 O_1, O_2인 두 원 C_1, C_2가 있다. 두 원 C_1, C_2의 두 교점을 A, B라 하고, C_1, C_2의 넓이를 각각 S_1, S_2라 하자. 원 C_1 위의 한 점 C에 대하여 $\angle ACB=\frac{\pi}{4}$, $\angle AO_2B=\frac{\pi}{3}$일 때, $\frac{S_2}{S_1}$의 값은?

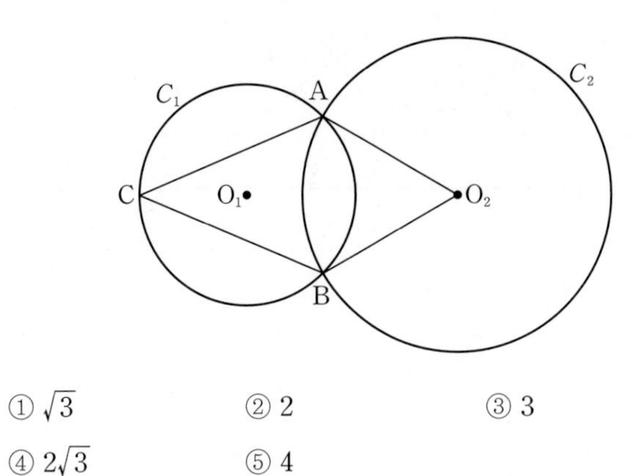

① $\sqrt{3}$　② 2　③ 3
④ $2\sqrt{3}$　⑤ 4

196

그림과 같이 원에 내접하고 한 변의 길이가 $6\sqrt{3}$인 정삼각형 ABC가 있다. 삼각형 ABC의 무게중심을 G, 점 B를 포함하지 않는 호 AC 위의 한 점을 P라 할 때, 선분 BP는 선분 AG를 2 : 1로 내분하는 점을 지난다. 선분 PC를 한 변으로 하는 정삼각형 PCQ의 넓이가 $\frac{q}{p}\sqrt{3}$일 때, $p+q$의 값을 구하시오. (단, p와 q는 서로소인 자연수이다.)

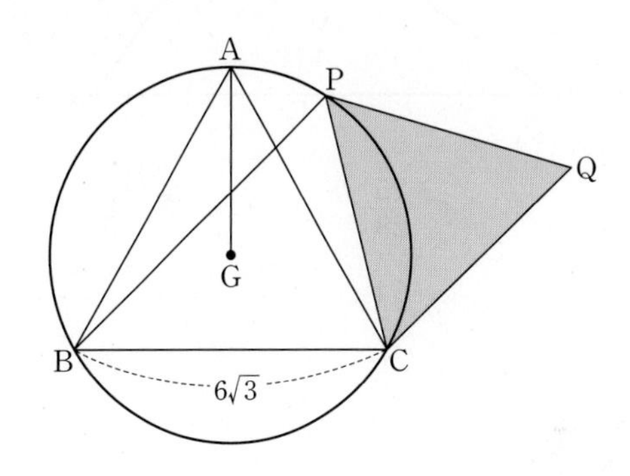

197

그림과 같이 삼각형 ABC의 무게중심 G에서 세 변 AB, BC, CA에 내린 수선의 발을 각각 D, E, F라 하자. $\overline{GD}=5$, $\overline{GE}=4$, $\overline{GF}=7$일 때, $\dfrac{\sin A \sin B}{\sin^2 C}$의 값은?

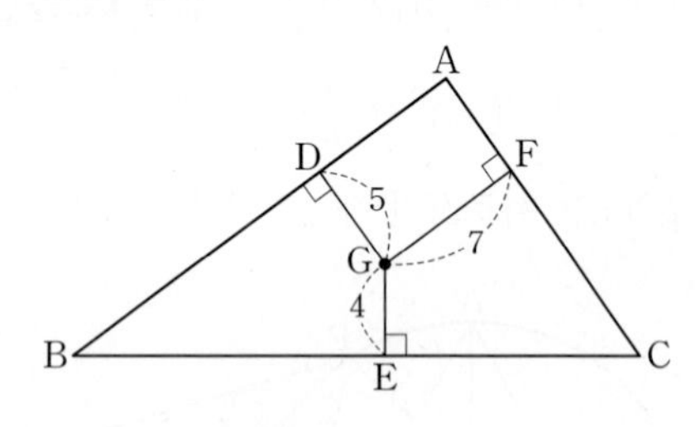

① $\dfrac{12}{13}$　② $\dfrac{25}{28}$　③ $\dfrac{13}{15}$　④ $\dfrac{27}{32}$　⑤ $\dfrac{14}{17}$

198

그림과 같이 $\overline{AB}=6$, $\overline{BC}=10$, $\overline{AC}=8$인 직각삼각형 ABC가 있다. 삼각형 ABC 내부의 점 D에서 세 선분 AB, BC, AC에 내린 수선의 발을 각각 P, Q, R라 하자. $\overline{DP}=3$, $\overline{DR}=2$일 때, 선분 PQ의 길이는?

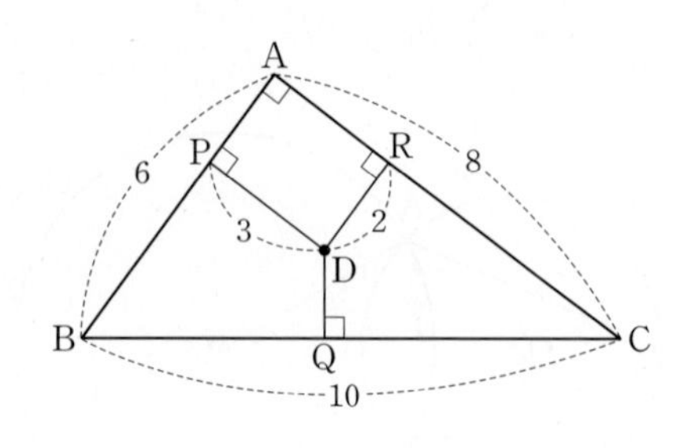

① $2\sqrt{3}$　② $\sqrt{14}$　③ 4　④ $3\sqrt{2}$　⑤ $2\sqrt{5}$

199

그림과 같이 $\angle B=\frac{\pi}{2}$인 직각삼각형 ABC의 선분 BC 위의 점 D와 선분 CA 위의 점 E는

$$\overline{CE}=2\overline{BD},\ \overline{AD}=\overline{DE},\ \angle ADE=\frac{\pi}{2}$$

를 만족시킨다. $\overline{AD}=4$일 때, 선분 CD의 길이를 구하시오.

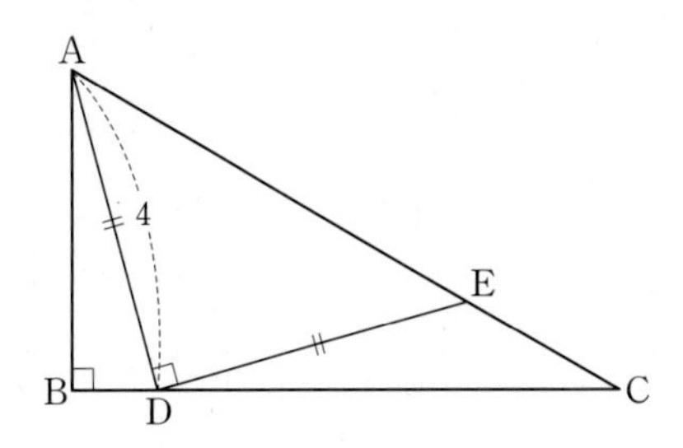

유형 2 사인법칙과 삼각형의 조건

200

삼각형 ABC에서 $\overline{BC}=a$, $\overline{AC}=b$, $\overline{AB}=c$라 하자.

$\frac{a^2+b^2+c^2}{\sin^2 A+\sin^2 B+\sin^2 C}=16$일 때, a의 최댓값은?

(단, $c\le b\le a$)

① 1　② 2　③ $2\sqrt{2}$
④ 4　⑤ 8

201

삼각형 ABC에서 $\overline{BC}=a$, $\overline{AC}=b$, $\overline{AB}=c$라 하자. **보기**에서 $a=b$인 이등변삼각형인 것만을 있는 대로 고른 것은?

보기

ㄱ. $\sin A=\sin B$인 삼각형 ABC

ㄴ. $\frac{a}{\sin B}=\frac{b}{\sin A}$인 삼각형 ABC

ㄷ. $a\sin A-b\sin B+c\sin C=0$인 삼각형 ABC

① ㄱ　② ㄷ　③ ㄱ, ㄴ
④ ㄴ, ㄷ　⑤ ㄱ, ㄴ, ㄷ

유형 3 사인법칙의 활용

202

그림과 같이 직사각형 ABCD가 있다. $\overline{BE}=20$이고, $\angle DBC=22°$, $\angle DEC=67°$일 때, 선분 AB의 길이는?
(단, $\sqrt{2}=1.4$, $\sin 22°=0.4$, $\sin 67°=0.9$로 계산한다.)

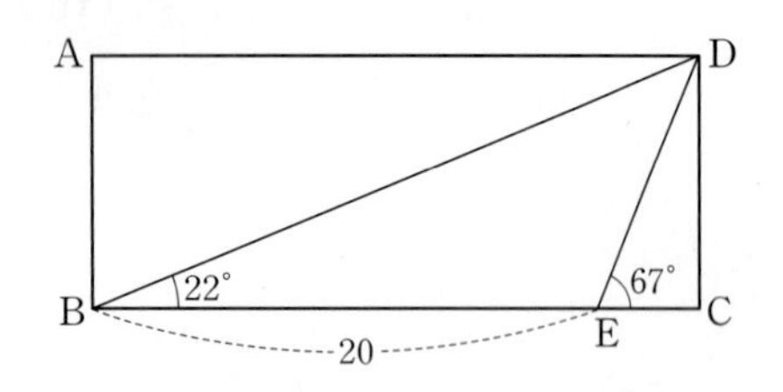

① 9.2 ② 9.42 ③ 9.64
④ 9.86 ⑤ 10.08

203

그림과 같이 $\overline{BC}=6$인 삼각형 ABC를 밑면으로 하는 사면체 P-ABC가 있다. 선분 PA가 밑면과 수직이고, $\angle ABC=75°$, $\angle ACB=45°$, $\angle PBA=30°$일 때, 선분 PA의 길이는?

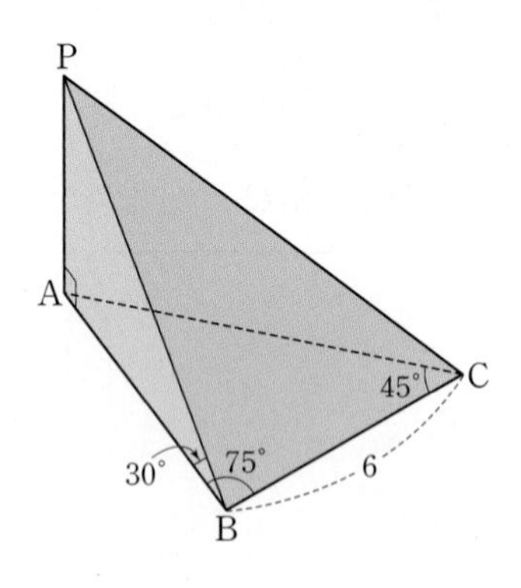

① $2\sqrt{2}$ ② $2\sqrt{3}$ ③ 4
④ $4\sqrt{2}$ ⑤ $4\sqrt{3}$

유형 4 코사인법칙

204

$\overline{AB}=1$, $\overline{AD}=\sqrt{2}$인 직사각형 ABCD가 있다. 점 C에서 선분 BD에 내린 수선의 발을 P라 할 때, 선분 AP의 길이는?

① 1 ② $\frac{\sqrt{5}}{2}$ ③ $\frac{\sqrt{6}}{2}$
④ $\frac{\sqrt{7}}{2}$ ⑤ $\sqrt{2}$

205

삼각형 ABC에서 $\overline{AB}=x$, $\overline{BC}=y$, $\overline{AC}=z$라 하면
$(y-x):(y-z):(z-x)=2:1:1$이고
$\cos(\angle BAC)=-\frac{2}{5}$이다. $\frac{xy+yz+zx}{(x-z)^2}$의 값은?

① $\frac{61}{3}$ ② $\frac{62}{3}$ ③ 21
④ $\frac{64}{3}$ ⑤ $\frac{65}{3}$

206

그림과 같이 각각 다른 두 원에 외접하고, 세 점 O_1, O_2, O_3을 중심으로 하는 세 원 O_1, O_2, O_3에 대하여 삼각형 $O_1O_2O_3$은 선분 O_2O_3이 빗변인 직각삼각형이고, 넓이가 30, 둘레의 길이가 30이다. 두 원 O_2, O_3의 접점을 T라 할 때, $\overline{O_1T}^2$의 값은?

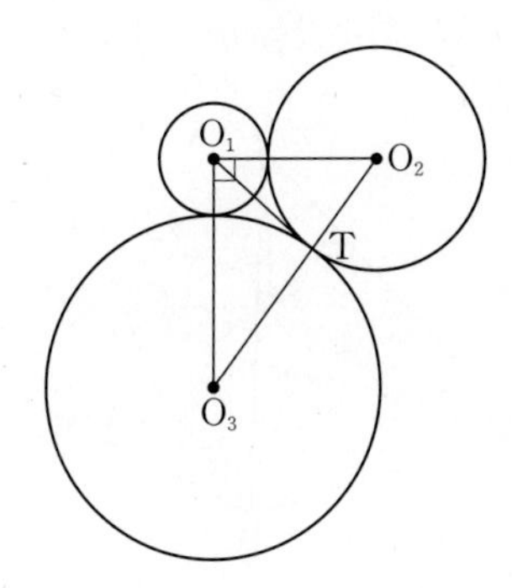

① $\frac{292}{13}$ ② $\frac{294}{13}$ ③ $\frac{296}{13}$
④ $\frac{298}{13}$ ⑤ $\frac{300}{13}$

207

스페셜 특강 125쪽 EXAMPLE

그림과 같이 $\overline{AB}=3$, $\overline{AC}=8$, $\overline{BC}=10$인 삼각형 ABC가 있다. 선분 BC를 3 : 2로 내분하는 점을 D라 할 때, 선분 AD의 길이는?

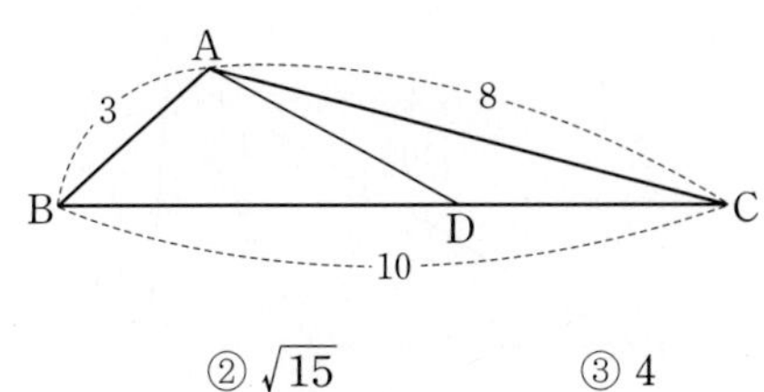

① $\sqrt{14}$ ② $\sqrt{15}$ ③ 4
④ $\sqrt{17}$ ⑤ $3\sqrt{2}$

208

스페셜 특강 126쪽 242번

그림과 같이 삼각형 ABC에서 $\angle A$의 이등분선이 선분 BC와 만나는 점을 D라 하자. $\overline{AB}=10$, $\overline{BC}=9$, $\overline{CA}=5$일 때, 선분 AD의 길이는?

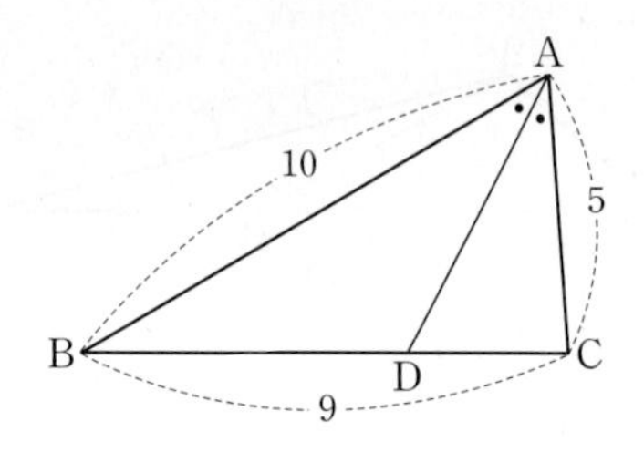

① $4\sqrt{2}$ ② $\frac{9\sqrt{2}}{2}$ ③ $5\sqrt{2}$
④ $\frac{11\sqrt{2}}{2}$ ⑤ $6\sqrt{2}$

유형 5 코사인법칙의 변형

209

그림과 같이 모든 모서리의 길이가 6인 정사각뿔이 있다. 모서리 OC 위를 움직이는 점 P에 대하여 $\angle BPD=\theta$라 할 때, $\cos\theta$의 최댓값을 M, 최솟값을 m이라 하자. $M+m$의 값은?

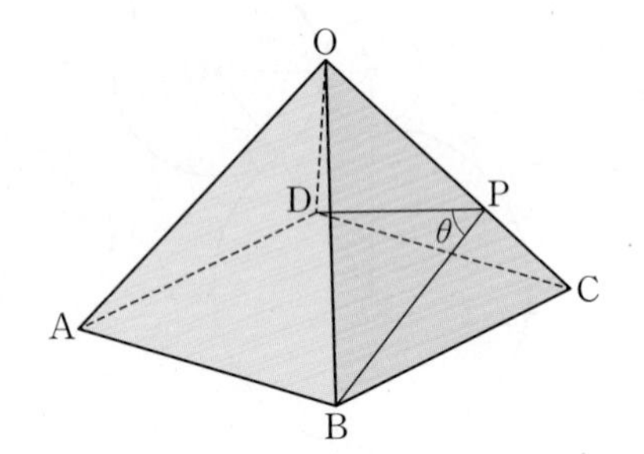

① $-\frac{\sqrt{5}}{3}$ ② $-\frac{2}{3}$ ③ $-\frac{\sqrt{3}}{3}$
④ $-\frac{\sqrt{2}}{3}$ ⑤ $-\frac{1}{3}$

210

그림과 같이 $\overline{AB}=3$, $\overline{BC}=a$, $\overline{CA}=4$인 삼각형 ABC가 원에 내접하고 있다. $1<a\le\sqrt{13}$일 때, $\angle A$의 최댓값을 구하시오.

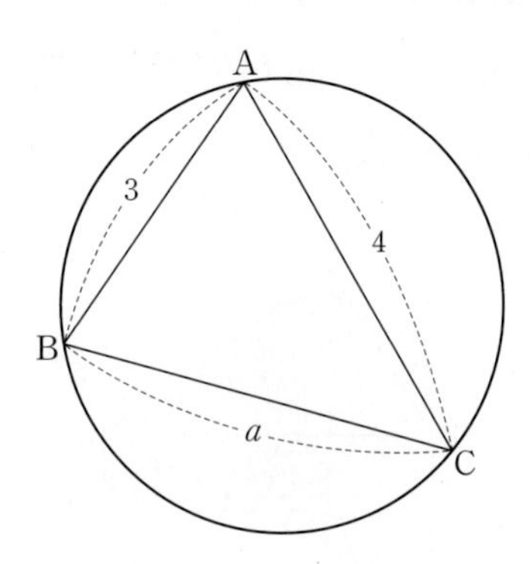

211

그림과 같이 선분 AB는 원 O의 지름이다. 선분 OB와 선분 OC가 이루는 각의 크기가 $\frac{\pi}{3}$이고, 점 D는 점 B에서 선분 OC에 내린 수선의 발이다. $\angle OAD=\theta$라 할 때, $\sin\theta$의 값을 구하시오. (단, 점 O는 원의 중심이다.)

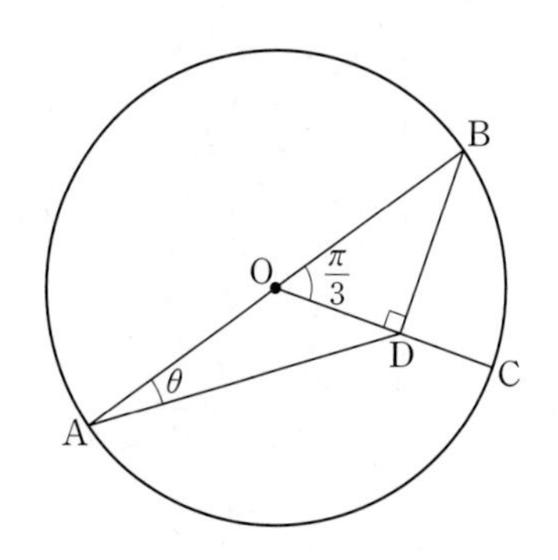

212

그림과 같이 $\overline{AC}=3\sqrt{5}$, $\angle B=90°$인 직각삼각형 ABC의 빗변 AC 위에 $\overline{AB}=\overline{AD}$가 되도록 점 D를 정한다.
$\sqrt{30}\times\overline{BD}=\overline{BC}\times\overline{AB}$일 때, $\sin(\angle ACB)$의 값을 구하시오.

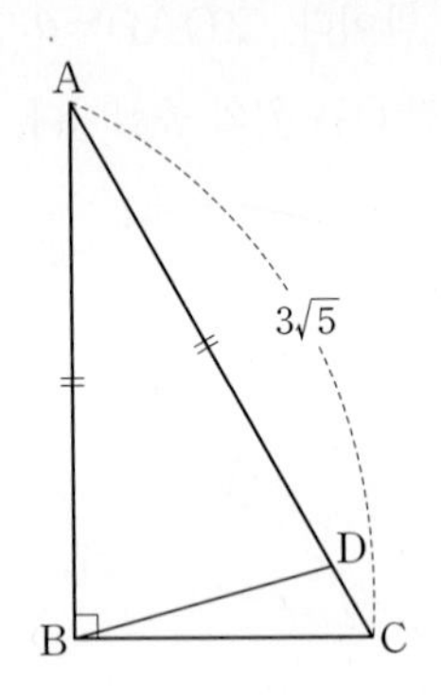

213

Hard

그림과 같이 $\overline{AB}=4$, $\overline{AC}=6$인 삼각기둥 ABC-DEF가 있다. 선분 BE 위의 한 점 G에서 선분 CF에 내린 수선의 발을 H라 하자. $\angle AGB=\frac{\pi}{4}$, $\sin(\angle CGH)=\frac{2\sqrt{13}}{13}$일 때, 삼각형 AGC의 넓이를 구하시오.

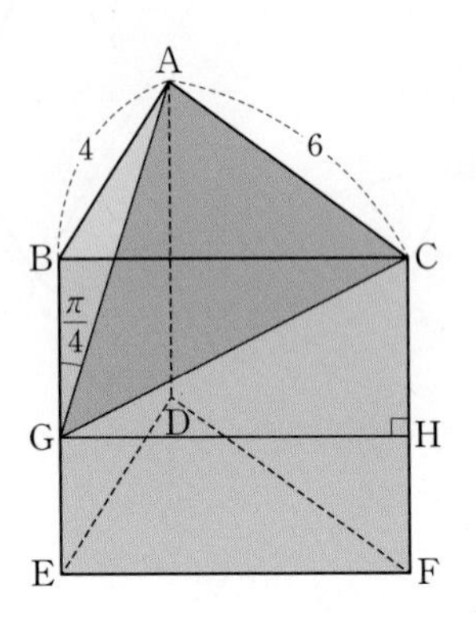

유형 6 사인법칙과 코사인법칙

214

삼각형 ABC에서 $3\sqrt{5}\sin A=\sqrt{10}\sin B=3\sqrt{2}\sin C$가 성립할 때, $\angle$ACB의 크기를 구하시오.

215

그림과 같이 원에 내접하는 사각형 ABCD가 $\overline{AB}=10$, $\overline{AD}=3$, $\cos(\angle BCD)=\frac{4}{5}$를 만족시킨다. 이 원의 넓이가 $a\pi$일 때, $\frac{a}{157}$의 값을 구하시오.

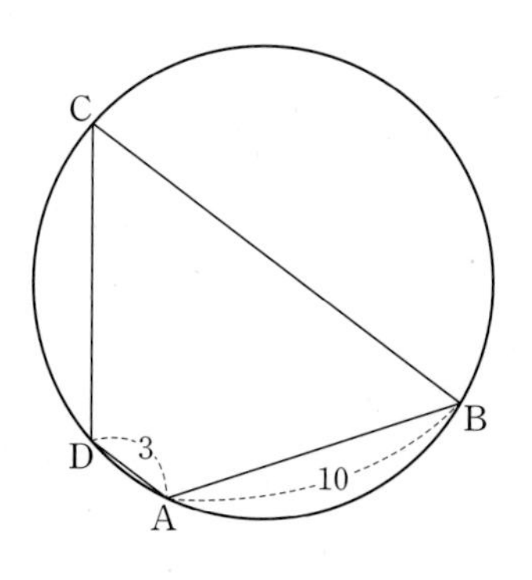

216

그림과 같이 원 O에 내접하는 삼각형 ABC가 있다. $\angle$A의 이등분선이 삼각형 ABC의 외접원과 만나는 점을 D, 점 D와 원 O의 중심 O를 지나는 직선이 원과 만나는 점을 E라 하자. $\overline{AB}=4$, $\overline{AC}=2$, $\angle BAC=\frac{2}{3}\pi$일 때, 선분 AE의 길이를 구하시오. (단, $\overline{AE}<\overline{AD}$)

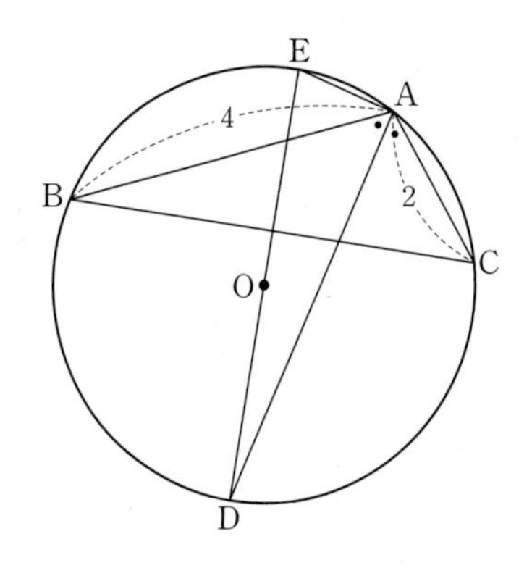

217

삼각형 ABC에서 $\tan A : \tan B : \tan C = 4 : 7 : 21$일 때, $\sin^2 A : \sin^2 B : \sin^2 C = l : m : n$이다. $l+m+n$의 값을 구하시오. (단, l과 m과 n은 서로소인 자연수이다.)

유형 7 사인법칙과 코사인법칙 – 삼각형의 모양

218

삼각형 ABC에서 $b^2 \sin A \cos B = a^2 \sin B \cos A$가 성립할 때, 삼각형 ABC의 모양이 될 수 있는 것만을 **보기**에서 있는 대로 고른 것은?

보기

ㄱ. $A=90°$인 직각삼각형

ㄴ. $B=90°$인 직각삼각형

ㄷ. $C=90°$인 직각삼각형

ㄹ. $a=b$인 이등변삼각형

ㅁ. $b=c$인 이등변삼각형

① ㄱ, ㄹ ② ㄴ, ㄹ ③ ㄴ, ㅁ ④ ㄷ, ㄹ ⑤ ㄷ, ㅁ

219

삼각형 ABC에서

$$a\sin^2 A+b\sin^2 B+c\sin^2 C=3a\sin B\sin C$$

가 성립할 때, 삼각형 ABC는 어떤 삼각형인가?

① $a=b\neq c$인 이등변삼각형
② $a\neq b=c$인 이등변삼각형
③ 정삼각형
④ 빗변의 길이가 b인 직각삼각형
⑤ 빗변의 길이가 c인 직각삼각형

220

삼각형 ABC에서 $4\cos A\sin C=(k-1)\sin B$가 성립한다. 이 삼각형이 직각삼각형이 되도록 하는 모든 상수 k의 값의 곱은? (단, $\overline{AB}>\overline{CA}$)

① 1　② 2　③ 3　④ 4　⑤ 5

유형 8 코사인법칙의 활용

221

그림과 같이 밑면의 반지름의 길이가 1 km, 모선의 길이가 3 km인 원뿔 모양의 산이 있다. 밑면인 원 위의 A 지점에서 이 산을 한 바퀴 돌아 A 지점으로부터 1 km 떨어진 선분 OA 위의 B 지점에 이르는 최단 거리의 등산로를 만들려고 한다. 이 등산로의 길이가 l km일 때, l^2의 값을 구하시오.

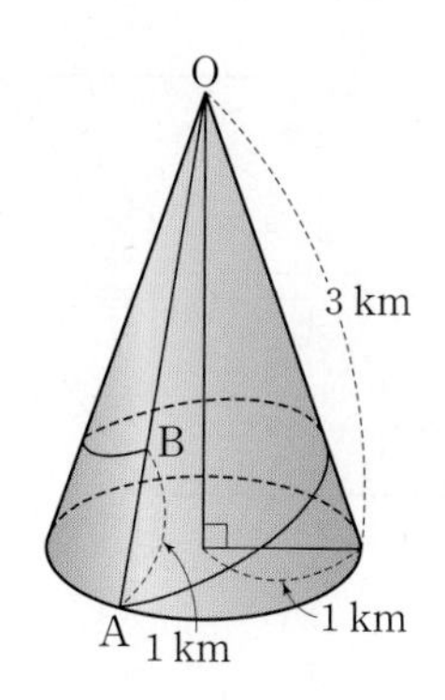

222

그림과 같이 가로의 길이가 12, 세로의 길이가 10, 높이가 8인 직육면체 ABCD-EFGH가 있다. 꼭짓점 A에서 직육면체의 면을 따라 모서리 CD를 지나 꼭짓점 G까지 최단 거리의 선을 그었을 때, 모서리 CD와 만나는 점을 P라 하자.

$\angle APG=\theta$라 할 때, $\cos\theta=-\frac{q}{p}$이다. $p+q$의 값을 구하시오.

(단, p와 q는 서로소인 자연수이다.)

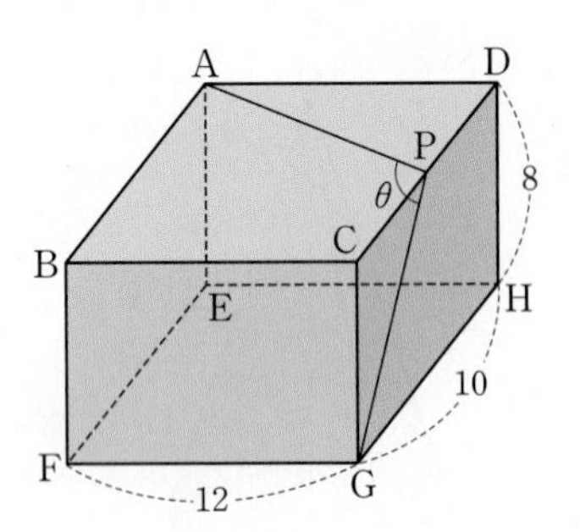

223

그림과 같이 직선 도로 위에 네 지점 A, B, C, D가 있다. A 지점에서 지면과 수직으로 위로 쏘아올린 폭죽이 공중의 한 지점 P에서 터진 소리가 두 지점 B, C에서 각각 2초 후, 3초 후에 들렸다고 한다. 두 지점 B, C 사이의 거리가 680 m이고, 두 지점 C, D 사이의 거리가 340 m일 때, 두 지점 P, D 사이의 거리는? (단, 소리의 속력은 초속 340 m이다.)

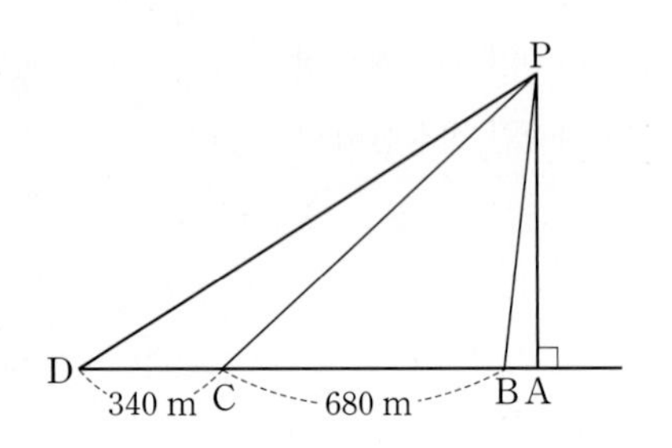

① $170\sqrt{58}$ m ② $180\sqrt{58}$ m ③ $190\sqrt{58}$ m ④ $200\sqrt{58}$ m ⑤ $210\sqrt{58}$ m

224

그림과 같이 운동장의 세 지점 O, A, B에 대하여 두 지점 O, A 사이의 거리는 20 m, 두 지점 O, B 사이의 거리는 30 m, $\angle AOB=60^{\circ}$이다. 영희는 O 지점에서 출발하여 A 지점을 향해 2 m/s의 속력으로 직선 경로를 따라 달리고, 철수는 B 지점에서 출발하여 O 지점을 향해 1 m/s의 속력으로 직선 경로를 따라 달린다. 영희와 철수의 위치를 나타내는 점을 각각 P, Q라 할 때, 영희와 철수가 동시에 출발하여 선분 OQ의 길이가 선분 OP의 길이의 두 배가 되는 순간의 두 지점 P, Q 사이의 거리를 구하시오.

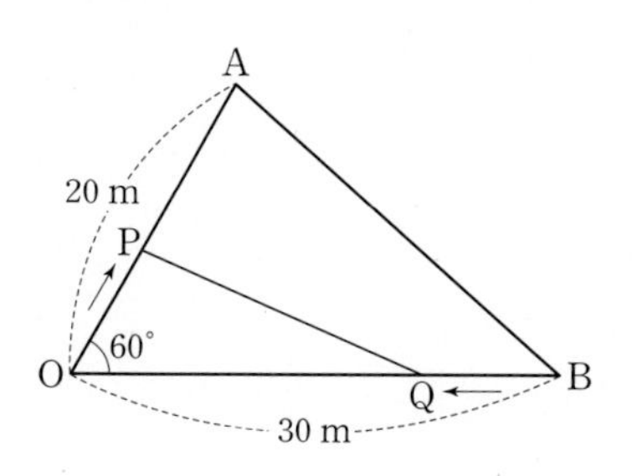

유형 9 삼각형의 넓이

225

그림과 같이 삼각형 ABC의 세 변 AB, BC, CA를 1 : 3으로 내분하는 점을 각각 D, E, F라 할 때, 삼각형 ABC와 삼각형 DEF의 넓이의 비는?

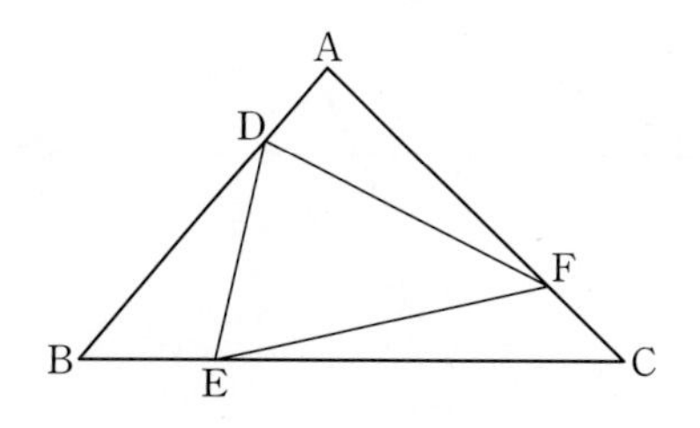

① 16 : 5 ② 8 : 3 ③ 16 : 7
④ 2 : 1 ⑤ 16 : 9

226

그림과 같이 두 삼각형 ABC, DBE에서 $3\overline{BD}=5\overline{AB}$, $2\overline{BE}=\overline{BC}$이다. 삼각형 DBE의 넓이가 삼각형 ABC의 넓이의 k배일 때, k의 값을 구하시오.

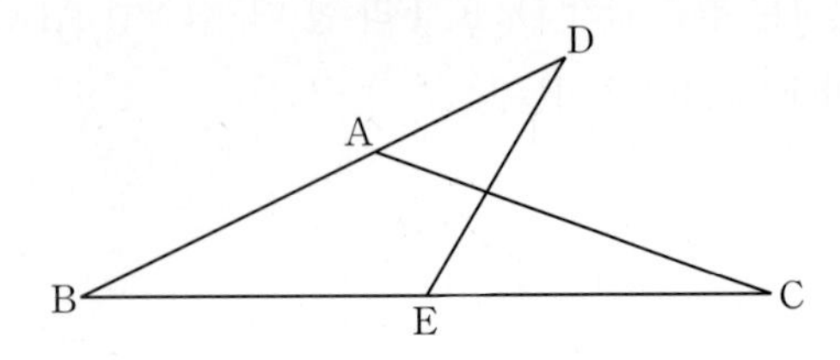

227

그림과 같이 $\angle B=90°$인 직각삼각형 ABC를 꼭짓점 A와 선분 BC의 중점 F가 겹치도록 접는다. $\angle A=30°$, $\overline{AB}=8\sqrt{3}$, $\overline{BC}=8$이라 할 때, 삼각형 DFE의 넓이를 구하시오.

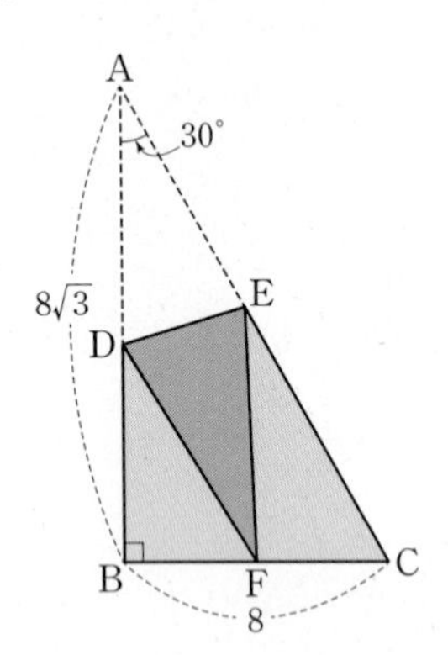

228

그림과 같이 선분 AD와 선분 BC는 평행하고 $\overline{AD}=4$, $\overline{AB}=1$, $\angle BAD=\frac{2}{3}\pi$인 등변사다리꼴 ABCD가 있다. 점 C에서 선분 BD의 연장선에 내린 수선의 발을 H라 할 때, 선분 CH의 길이를 구하시오.

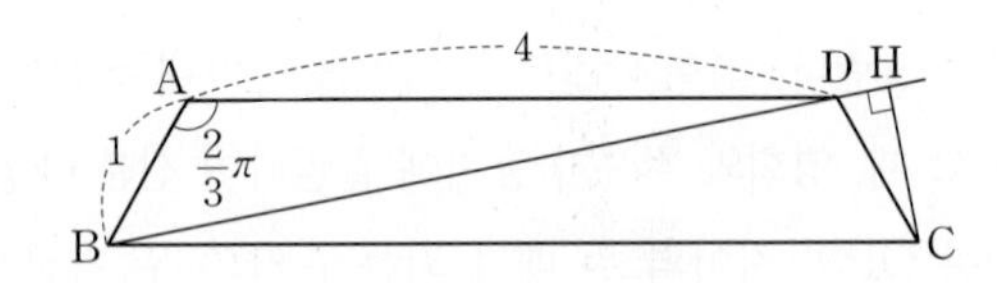

>> 해답 58쪽

229

그림과 같이 삼각형 ABC에 외접하는 원과 내접하는 원이 있다. $\overline{AB}=4$, $\overline{BC}=2\sqrt{17}$, $\overline{CA}=6$일 때, 외접원의 반지름과 내접원의 반지름을 각각 R, r라 하자. $\frac{4}{3}R+r$의 값을 구하시오.

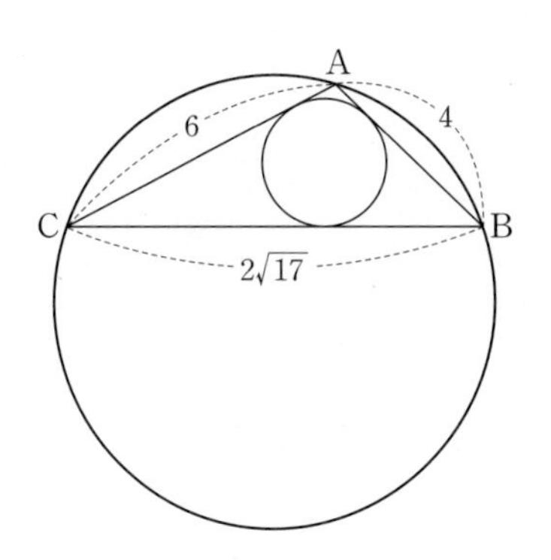

230

그림과 같이 $\angle A=120°$인 삼각형 ABC에서 $\angle A$의 이등분선과 선분 BC가 만나는 점을 D라 하자. $\overline{AB}=4$, $\overline{BD}=2\sqrt{3}$일 때, 삼각형 ACD의 넓이는?

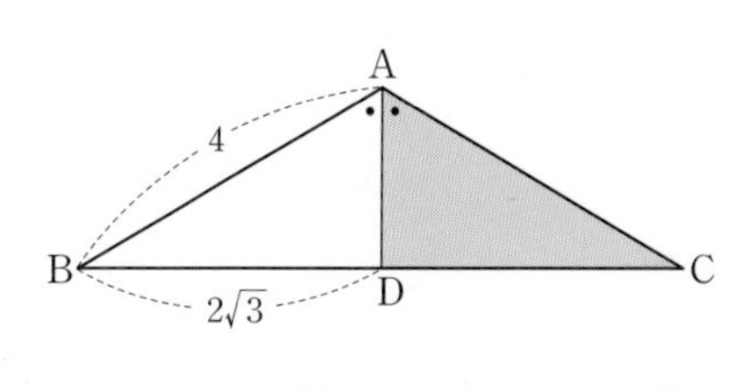

① $\sqrt{3}$ ② $2\sqrt{3}$ ③ $3\sqrt{3}$
④ $4\sqrt{3}$ ⑤ $5\sqrt{3}$

유형 10 산술평균과 기하평균의 관계를 이용한 최대, 최소

231

$\overline{AB}=4$, $\overline{BC}=5$, $\overline{CA}=x$인 삼각형 ABC에서 C의 크기가 최대일 때, x와 $\cos C$의 값을 각각 구하시오.

232

그림과 같이 $\overline{AB}=\overline{AC}=8$, $\angle A=60°$인 삼각형 ABC가 있다. 두 선분 AB, AC 위의 두 점 P, Q에 대하여 삼각형 APQ의 넓이가 삼각형 ABC의 넓이의 $\frac{1}{2}$일 때, 선분 PQ의 길이의 최솟값은?

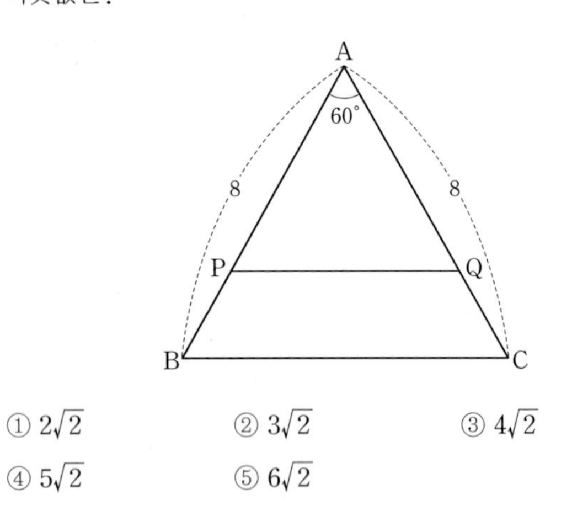

① $2\sqrt{2}$ ② $3\sqrt{2}$ ③ $4\sqrt{2}$
④ $5\sqrt{2}$ ⑤ $6\sqrt{2}$

유형 11 사각형의 넓이

233

그림과 같이 중심각의 크기가 $120°$, 반지름의 길이가 2인 부채꼴 AOB가 있다. 선분 OB의 중점을 C라 할 때, 호 AB 위를 움직이는 점 P에 대하여 사각형 AOCP의 넓이의 최댓값을 구하시오.

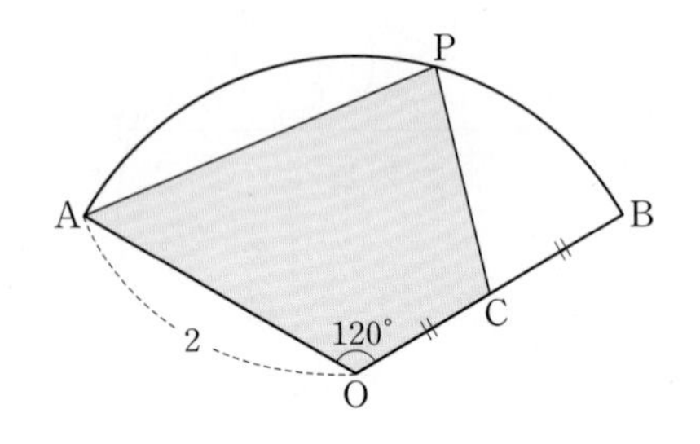

234

그림과 같이 선분 AB를 지름으로 하는 원 O에 내접하는 사각형 ACBD에서 $\overline{AB}=2$, $\overline{AC}=\sqrt{3}$, $\angle DAB=45°$일 때, 선분 CD의 길이를 구하시오. (단, 점 O는 원의 중심이다.)

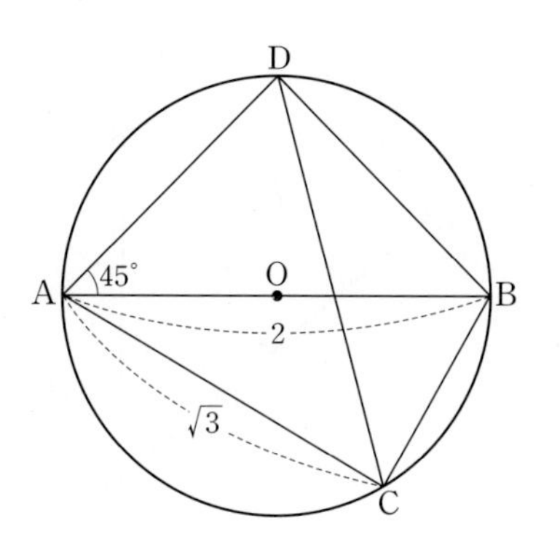

235

그림과 같이 원에 내접하는 사각형 ABCD의 한 대각선 AC가 원의 중심 O를 지난다. $\overline{AD}=4$, $\angle ACD=\frac{\pi}{6}$, $\angle BCA=\frac{\pi}{8}$일 때, 사각형 ABOD의 넓이를 $4(\sqrt{p}+\sqrt{q})$라 하자. 자연수 p, q에 대하여 $p+q$의 값을 구하시오.

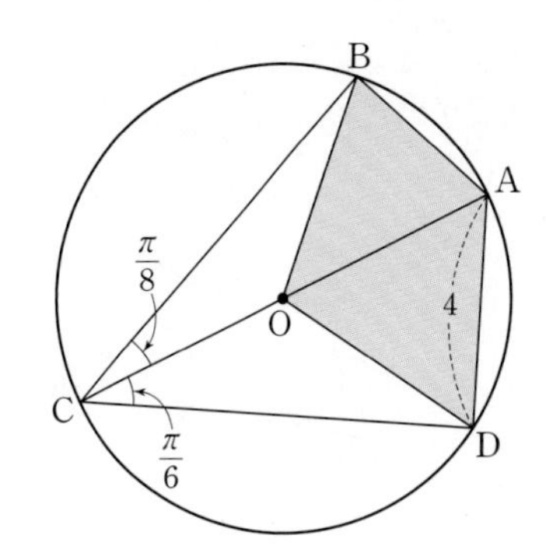

236

그림과 같이 $\overline{AB}=4$, $\overline{AD}=4$, $\overline{BC}=1$, $\angle ABC=120°$인 사각형 ABCD가 원에 내접할 때, 사각형 ABCD의 넓이는?

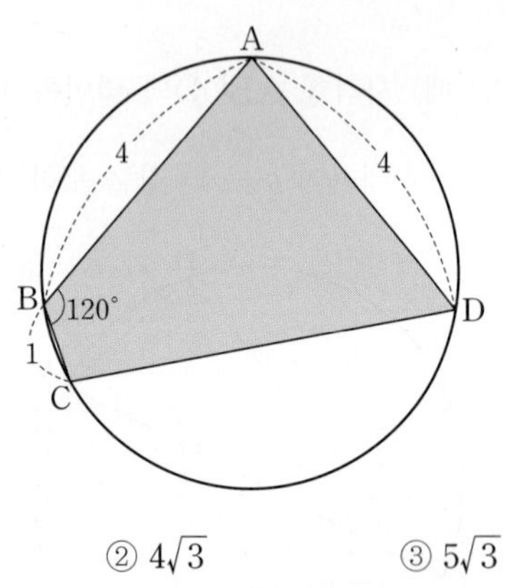

① $3\sqrt{3}$　② $4\sqrt{3}$　③ $5\sqrt{3}$
④ $6\sqrt{3}$　⑤ $7\sqrt{3}$

237

그림과 같은 사각형 ABCD에서 선분 AC, 선분 BD의 교점을 O라 하자. 두 삼각형 OAB, OCD의 넓이가 각각 9, 16일 때, 사각형 ABCD의 넓이의 최솟값을 구하시오.

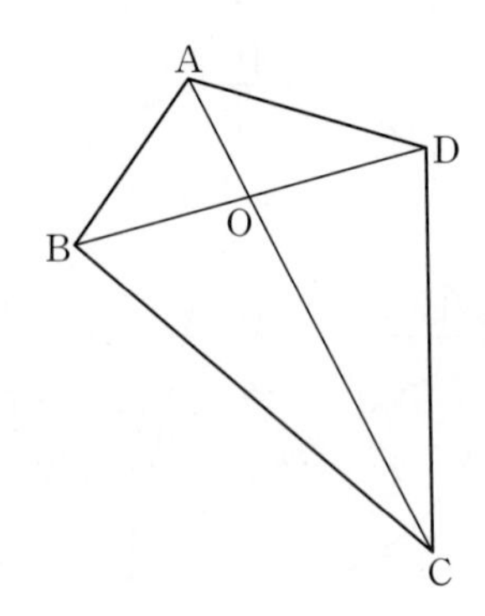

삼각함수

실전에서 시간 단축을 위한

스페셜 특강

SPECIAL LECTURE

TOPIC 1 두 동경의 위치 관계

두 각 α와 β를 나타내는 두 동경의 위치 관계에 대하여 다음이 성립한다. (단, n은 정수)

(1) 두 동경이 일치한다. $\Longleftrightarrow$ $\alpha-\beta=2n\pi$

(2) 두 동경이 일직선 위에 있고 서로 반대 방향이다. $\Longleftrightarrow$ $\alpha-\beta=(2n+1)\pi$

(3) 두 동경이 x축에 대하여 대칭이다. $\Longleftrightarrow$ $\alpha+\beta=2n\pi$

(4) 두 동경이 y축에 대하여 대칭이다. $\Longleftrightarrow$ $\alpha+\beta=(2n+1)\pi$

(5) 원점을 지나는 직선 l에 대하여 직선 l과 x축의 양의 방향이 이루는 각의 크기가 $\theta\left(-\frac{\pi}{2}<\theta\le\frac{\pi}{2}\right)$일 때, 두 동경이 직선 l에 대하여 대칭이다. $\Longleftrightarrow$ $\alpha+\beta=2n\pi+2\theta$

(1)

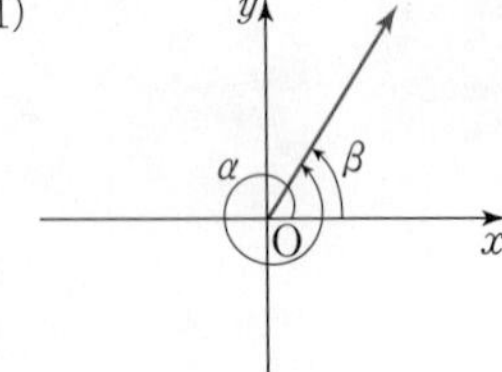

(2)

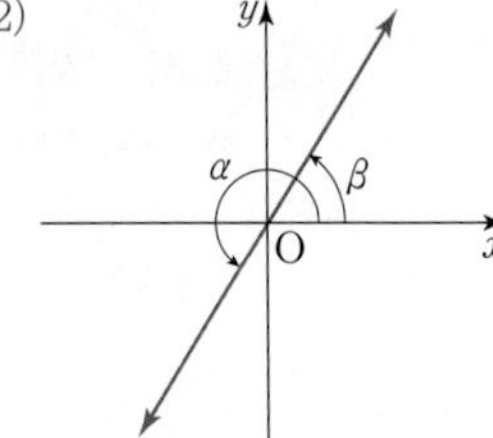

(3)

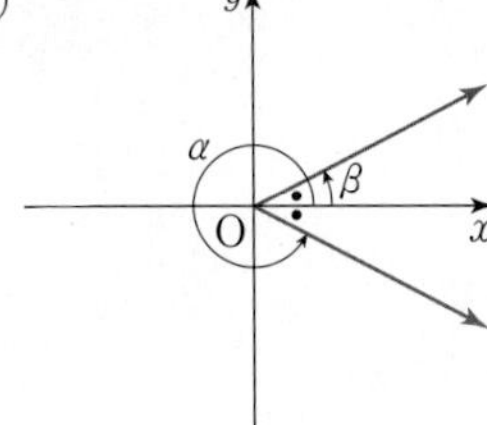

(4)

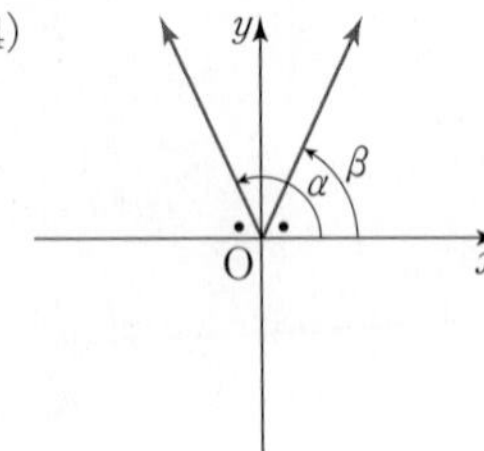

(5)

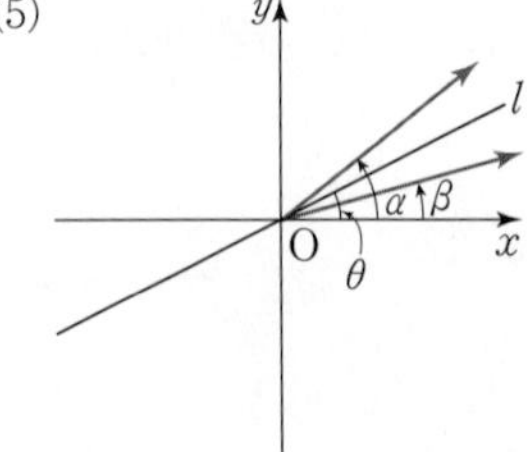

예 두 각 α와 β를 나타내는 두 동경이 직선 $y=-x$에 대하여 대칭이다.

$\Longleftrightarrow$ $\alpha+\beta=2n\pi-\frac{\pi}{2}$

예 두 각 α와 β를 나타내는 두 동경이 직선 $y=\sqrt{3}x$에 대하여 대칭이다.

$\Longleftrightarrow$ $\alpha+\beta=2n\pi+\frac{2}{3}\pi$

PROOF

두 정수 n_1, n_2에 대하여 $\alpha=2n_1\pi+\theta_1$, $\beta=2n_2\pi+\theta_2$ $(0\le\theta_1<2\pi,\ 0\le\theta_2<2\pi)$로 놓고 θ_1과 θ_2의 관계를 통해 두 동경이 나타내는 두 각 α와 β 사이의 관계를 확인한다.

(1) $\theta_1=\theta_2$이므로 $\alpha-\beta=2(n_1-n_2)\pi$

➡ $\alpha-\beta=2n\pi$ (단, n은 정수)

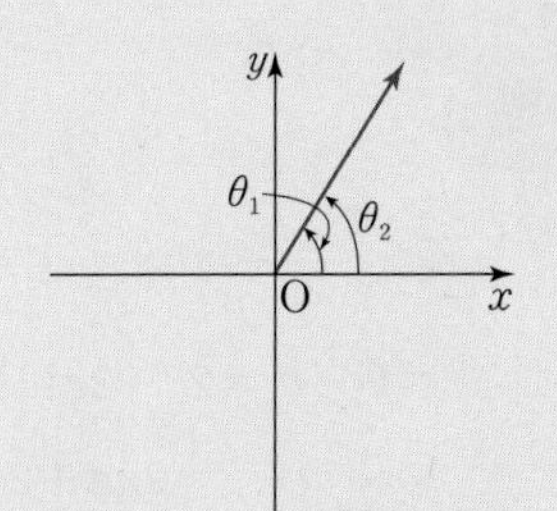

(2) $\theta_1=\theta_2+\pi$이므로 $\alpha-\beta=2(n_1-n_2)\pi+\pi$

➡ $\alpha-\beta=(2n+1)\pi$ (단, n은 정수)

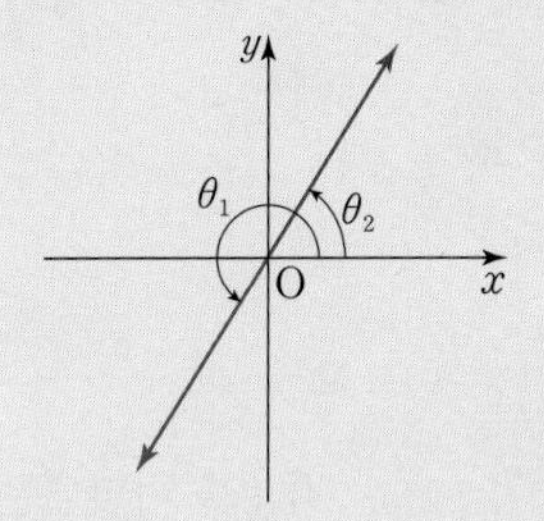

(3) $\theta_1+\theta_2=2\pi$이므로 $\alpha+\beta=2(n_1+n_2)\pi+2\pi$

➡ $\alpha+\beta=2n\pi$ (단, n은 정수)

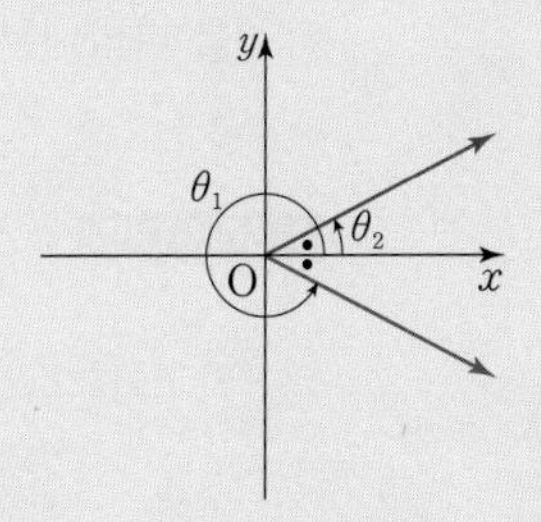

(4) $\theta_1+\theta_2=\pi$이므로 $\alpha+\beta=2(n_1+n_2)\pi+\pi$

➡ $\alpha+\beta=(2n+1)\pi$ (단, n은 정수)

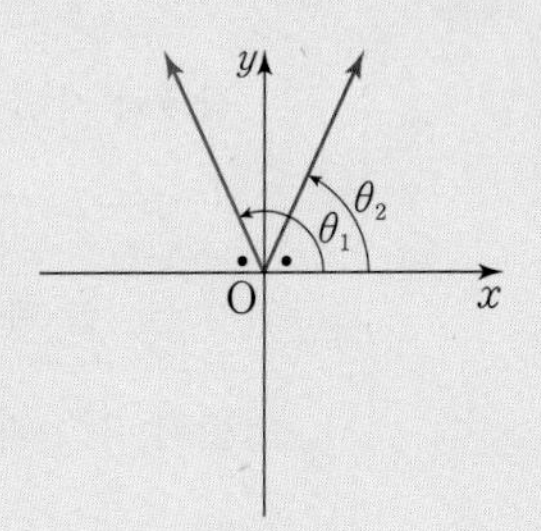

(5) 두 동경이 직선 l에 대하여 대칭인 경우는 다음과 같이 두 가지 경우가 존재한다.

① $\frac{\theta_1+\theta_2}{2}=\theta$일 때

$\theta_1+\theta_2=2\theta$이므로 $\alpha+\beta=2(n_1+n_2)\pi+2\theta$

➡ $\alpha+\beta=2n\pi+2\theta$ (단, n은 정수)

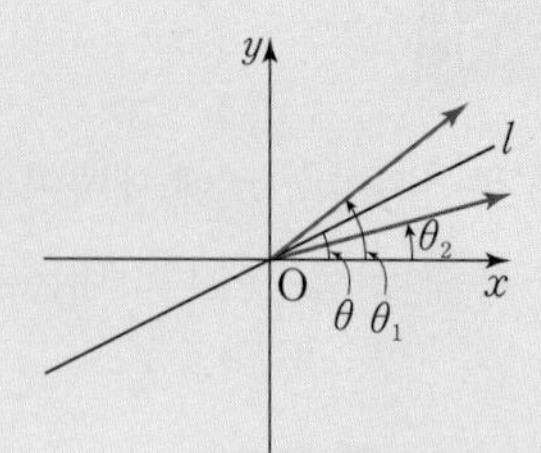

② $\frac{\theta_1+\theta_2}{2}=\theta+\pi$일 때

$\theta_1+\theta_2=2\theta+2\pi$이므로 $\alpha+\beta=2(n_1+n_2+1)\pi+2\theta$

➡ $\alpha+\beta=2n\pi+2\theta$ (단, n은 정수)

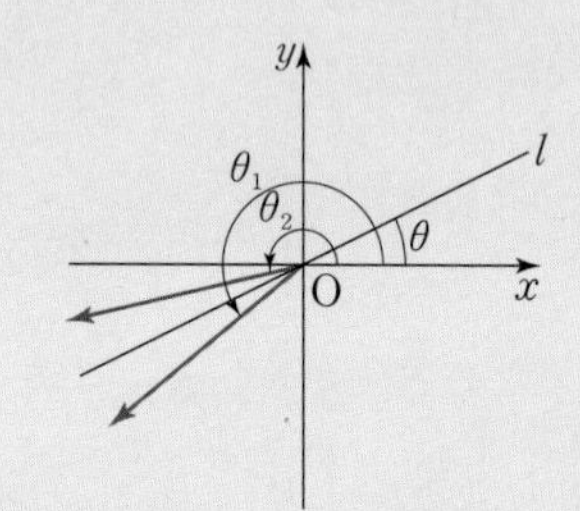

스페셜 EXAMPLE

78쪽 139번

각 θ를 나타내는 동경과 이 동경을 직선 $y=-x$에 대하여 대칭이동한 동경이 이루는 각을 α, 각 θ를 나타내는 동경과 이 동경과 일직선 위에 있고 반대 방향에 위치하는 동경이 이루는 각을 β라 하자. 각 α와 각 β를 나타내는 동경이 일치할 때, 각 θ의 크기를 구하시오. $\left(\text{단, } 0<\theta<\frac{\pi}{2}\right)$

SOLUTION

각 θ와 각 α를 나타내는 동경이 직선 $y=-x$에 대하여 대칭이고, $\tan\left(-\frac{\pi}{4}\right)=-1$이므로 정수 n에 대하여

$\theta+\alpha=2n\pi-\frac{\pi}{2}$ ...... ㉠

각 θ와 각 β를 나타내는 동경이 일직선 위에 있고 반대 방향에 위치하므로 정수 m에 대하여

$\theta-\beta=2m\pi+\pi$ ...... ㉡

㉠+㉡을 하면 $2\theta+(\alpha-\beta)=2(n+m)\pi+\frac{\pi}{2}$ ...... ㉢

한편, 각 α와 각 β를 나타내는 동경이 일치하므로 정수 l에 대하여

$\alpha-\beta=2l\pi$ ...... ㉣

㉣을 ㉢에 대입하면 $2\theta=2(n+m-l)\pi+\frac{\pi}{2}$

$\therefore \theta=k\pi+\frac{\pi}{4}$ (단, k는 정수)

이때 $0<\theta<\frac{\pi}{2}$이므로 $\theta=\frac{\pi}{4}$

답 $\frac{\pi}{4}$

>> 해답 60쪽

스페셜 적용하기

238

각 θ와 각 4θ를 나타내는 동경이 직선 $y=\sqrt{3}x$에 대하여 대칭일 때, 각 θ의 크기를 구하시오. $\left(단, 0<\theta<\frac{\pi}{2}\right)$

239

각 θ와 각 α를 나타내는 동경이 직선 $y=\frac{1}{\sqrt{3}}x$에 대하여 대칭이다. $\sin 2\alpha>0$일 때, θ의 범위는 $p\pi<\theta<q\pi$이다. $p+q$의 값을 구하시오. $\left(단, -\frac{1}{2}<p<q<\frac{1}{2}\right)$

TOPIC 2 $y=a\sin(bx-c)+d$의 그래프의 해석

함수 $y=a\sin(bx-c)+d$ $(a\neq0,\ b\neq0)$의 최댓값을 α, 최솟값을 β라 하면

$|a|=\dfrac{\alpha-\beta}{2}$ ⬅ 최댓값과 최솟값의 차의 $\dfrac{1}{2}$

$d=\dfrac{\alpha+\beta}{2}$ ⬅ 최댓값과 최솟값의 평균

이고, 함수 $y=a\sin(bx-c)+d$의 그래프는 항상 점 $\left(\dfrac{c}{b},\ d\right)$를 지난다.

(1) $ab>0$일 때

➡ 점 $\left(\dfrac{c}{b},\ d\right)$에서의 접선의 기울기가 양수

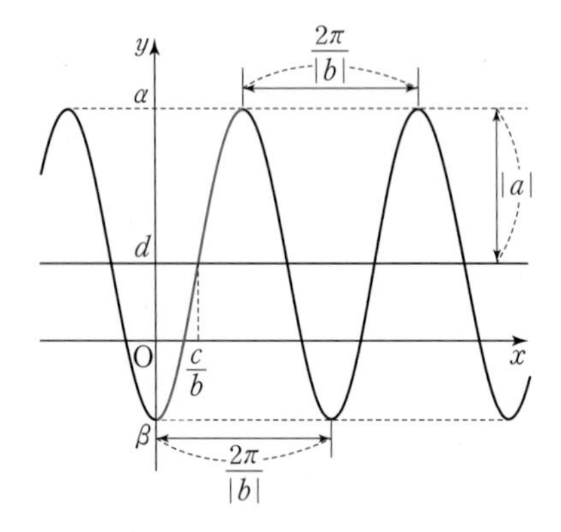

(2) $ab<0$일 때

➡ 점 $\left(\dfrac{c}{b},\ d\right)$에서의 접선의 기울기가 음수

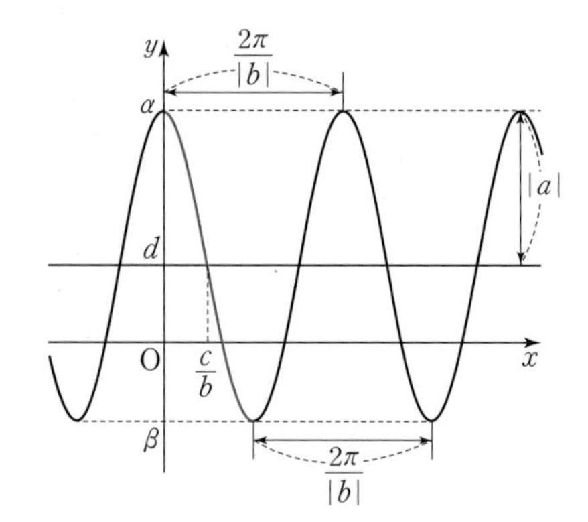

PROOF

함수 $y=a\sin(bx-c)+d$의 최댓값은 $|a|+d$이고, 최솟값은 $-|a|+d$이므로

$$|a|=\frac{(|a|+d)-(-|a|+d)}{2}=\frac{\alpha-\beta}{2},$$

$$d=\frac{(|a|+d)+(-|a|+d)}{2}=\frac{\alpha+\beta}{2}$$

한편, 함수 $f(x)=\sin x$라 하면 $f(x+2\pi)=f(x)$를 만족시키므로 $f(bx+2\pi)=f(bx)$이다.

이때 $f(bx)=g(x)$라 하면 함수 $g(x)=\sin bx$의 주기는 $\dfrac{2\pi}{|b|}$이다.

함수 $y=\sin(bx-c)+d$의 그래프는 함수 $y=\sin bx$의 그래프를 평행이동한 것이므로 주기는 변하지 않는다.

또, 함수 $af(x)$ $(a\neq0)$가 $af(x+2\pi)=af(x)$를 만족시키므로 함수 $af(x)$의 주기도 변하지 않는다.

마찬가지로 함수 $y=a\sin(bx-c)+d$의 주기도 변하지 않으므로 함수 $y=a\sin(bx-c)+d$의 주기는 $\dfrac{2\pi}{|b|}$이다.

$ab>0$일 때, 오른쪽 그림과 같이 함수 $y=a\sin bx$의 그래프는 점 $(0,\ 0)$을 지나고, 점 $(0,\ 0)$에서의 접선의 기울기는 양수이다.
마찬가지로 $ab<0$일 때, 함수 $y=a\sin bx$의 그래프는 점 $(0,\ 0)$을 지나고, 점 $(0,\ 0)$에서의 접선의 기울기는 음수이다.
함수 $y=a\sin(bx-c)+d$의 그래프는 함수 $y=a\sin bx$의 그래프를 x축의 방향으로 $\frac{c}{b}$만큼, y축의 방향으로 d만큼 평행이동한 그래프이므로 (1), (2)가 성립한다.

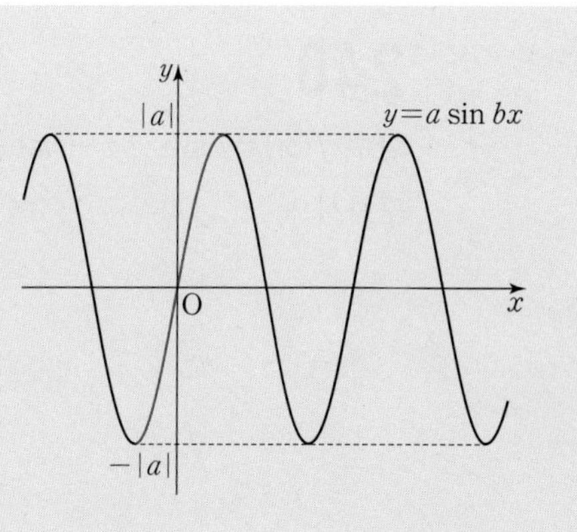

스페셜 EXAMPLE

86쪽 160번

함수 $f(x)=a\sin(bx-c)+d$의 그래프가 그림과 같을 때, 상수 $a,\ b,\ c,\ d$에 대하여 $abcd$의 값은?
(단, $a>0,\ b>0,\ 0<c<\pi$)

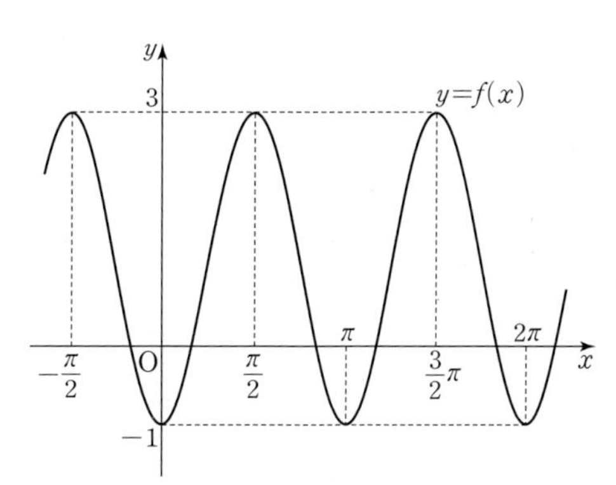

① π　② 2π　③ 3π　④ 4π　⑤ 5π

SOLUTION

$a=\frac{3-(-1)}{2}=2,\ d=\frac{3+(-1)}{2}=1$

함수 $f(x)$의 주기가 π이므로

$\frac{2\pi}{b}=\pi \qquad \therefore b=2$

오른쪽 그림과 같이 함수 $y=f(x)$의 그래프는 점 $\left(\frac{\pi}{4},\ 1\right)$을 지나므로

$\frac{c}{b}=\frac{\pi}{4} \qquad \therefore c=\frac{\pi}{2}\ (\because b=2)$

$\therefore abcd=2\times2\times\frac{\pi}{2}\times1=2\pi$

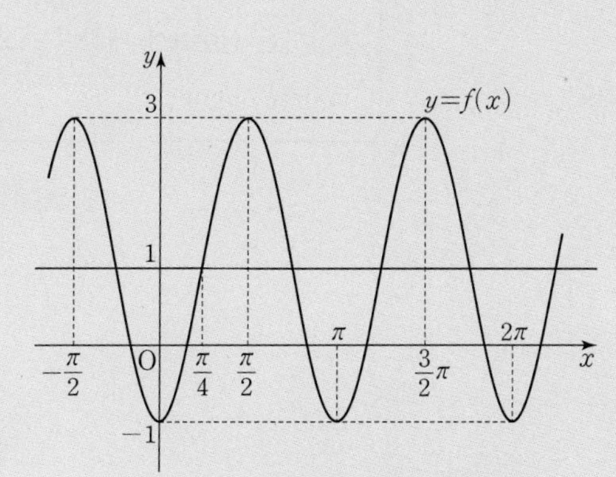

답 ②

스페셜 적용하기

240

함수 $f(x)=a\sin(bx-c\pi)-d$의 그래프가 그림과 같을 때, 양수 a, b, c, d에 대하여 $ab+cd$의 최솟값을 구하시오.

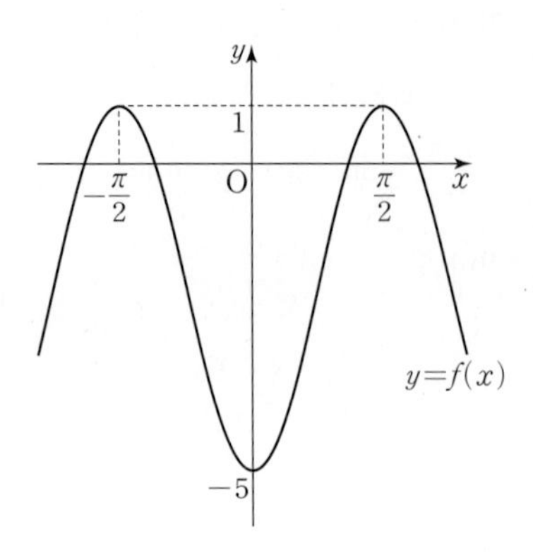

241

함수 $f(x)=|a\sin(bx-c)|+d$의 그래프가 그림과 같을 때, **보기**에서 옳은 것만을 있는 대로 고른 것은?

(단, $a>0$, $b>0$, $\pi<c<3\pi$이고, d는 상수이다.)

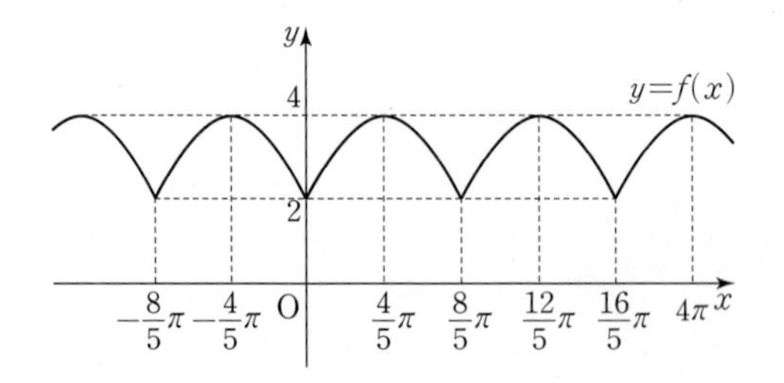

보기

ㄱ. $ad=4$

ㄴ. 모든 실수 x에 대하여 $f(x+5)=f(x)$이다.

ㄷ. $f(c)=2+\sqrt{2}$

① ㄱ ② ㄱ, ㄴ ③ ㄱ, ㄷ ④ ㄴ, ㄷ ⑤ ㄱ, ㄴ, ㄷ

TOPIC 3 스튜어트 정리

삼각형 ABC의 변 BC 위의 점 D에 대하여 세 변 BC, CA, AB의 길이를 각각 a, b, c라 하고 세 선분 BD, CD, AD의 길이를 각각 m, n, d라 하면 다음이 성립한다.

$$mb^2+nc^2=a(d^2+mn)$$

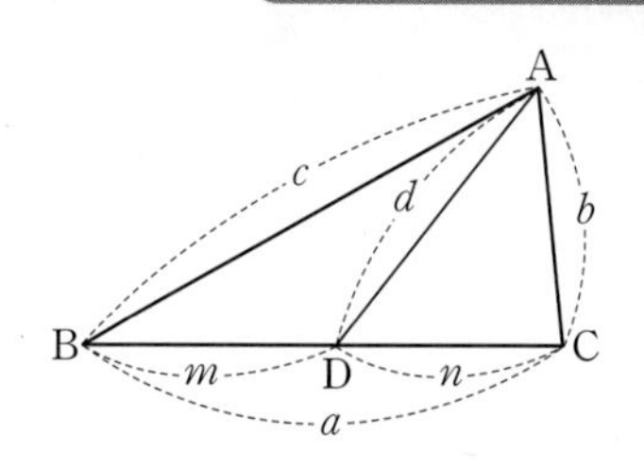

PROOF

오른쪽 그림과 같이 삼각형 ABC에서 $\angle ADC=\theta$라 하자.

두 삼각형 ADC, ADB에서 코사인법칙에 의하여

$\cos\theta=\dfrac{d^2+n^2-b^2}{2dn}$, $\cos(\pi-\theta)=\dfrac{d^2+m^2-c^2}{2dm}$

이때 $\cos(\pi-\theta)=-\cos\theta$이므로

$\dfrac{d^2+n^2-b^2}{2dn}=-\dfrac{d^2+m^2-c^2}{2dm}$

$m(d^2+n^2-b^2)=-n(d^2+m^2-c^2)$, $md^2+mn^2-mb^2=-nd^2-nm^2+nc^2$

$mb^2+nc^2=md^2+nd^2+mn^2+nm^2$, $mb^2+nc^2=(m+n)(d^2+mn)$

$\therefore\ mb^2+nc^2=a(d^2+mn)$ ($\because\ m+n=a$)

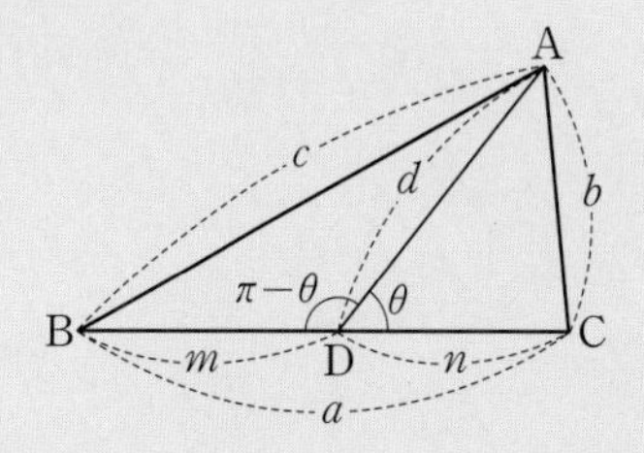

스페셜 EXAMPLE

103쪽 207번

그림과 같이 $\overline{AB}=3$, $\overline{AC}=8$, $\overline{BC}=10$인 삼각형 ABC가 있다. 선분 BC를 3 : 2로 내분하는 점을 D라 할 때, 선분 AD의 길이를 구하시오.

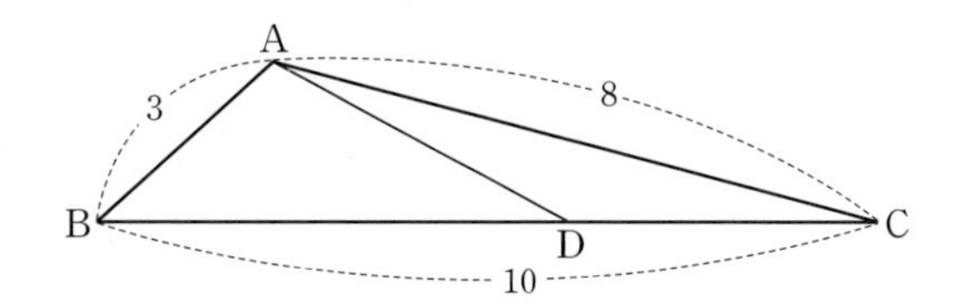

SOLUTION

점 D가 선분 BC를 3 : 2로 내분하는 점이므로 $\overline{BD}=6$, $\overline{CD}=4$

삼각형 ABC에서 스튜어트 정리에 의하여

$6\times8^2+4\times3^2=10\times(\overline{AD}^2+6\times4)$, $384+36=10\overline{AD}^2+240$

$\overline{AD}^2=18$ $\therefore\ \overline{AD}=3\sqrt{2}$ ($\because\ \overline{AD}>0$)

답 $3\sqrt{2}$

스페셜 적용하기

242

104쪽 208번

그림과 같이 삼각형 ABC에서 ∠A의 이등분선이 선분 BC와 만나는 점을 D라 하자. $\overline{AB}=10$, $\overline{BC}=9$, $\overline{CA}=5$일 때, 선분 AD의 길이는?

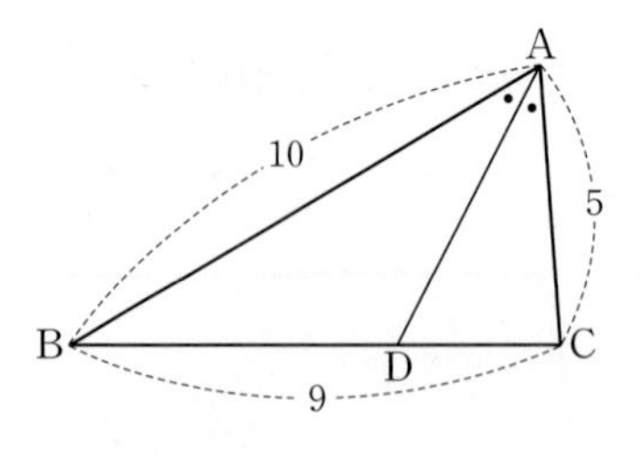

① $4\sqrt{2}$ ② $\frac{9\sqrt{2}}{2}$ ③ $5\sqrt{2}$ ④ $\frac{11\sqrt{2}}{2}$ ⑤ $6\sqrt{2}$

243

그림과 같이 삼각형 ABC에서 ∠A의 삼등분선이 선분 BC와 만나는 점 중에서 점 B에 가까운 점부터 차례로 D, E라 하자. $\overline{AB}=8$, $\overline{BE}=6$, $\overline{AE}=4$일 때, 선분 CE의 길이는?

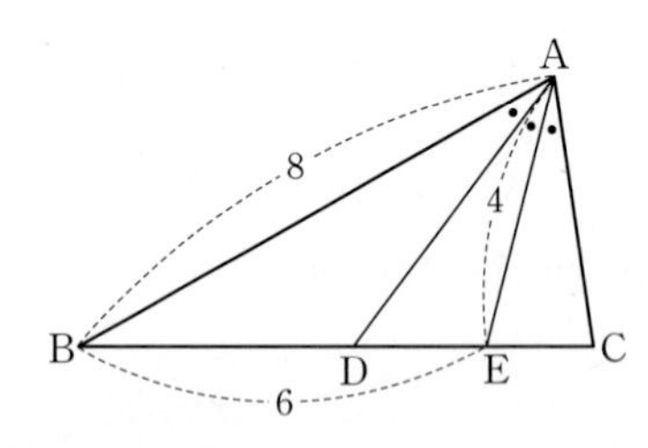

① 1 ② $\frac{6}{5}$ ③ $\frac{7}{5}$ ④ $\frac{8}{5}$ ⑤ $\frac{9}{5}$

삼각함수

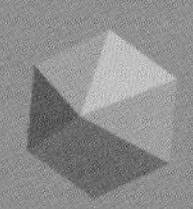

1등급 쟁취를 위한

KILLING PART

삼각함수의 정의

예제

244

각 α와 각 β를 나타내는 동경이 직선 $y=\sqrt{3}x$에 대하여 대칭이고, 각 β와 각 γ를 나타내는 동경이 직선 $y=-x$에 대하여 대칭이다. 이때 각 γ를 나타내는 동경이 존재할 수 있는 사분면을 모두 구하시오. (단, $0<\alpha<\pi$)

해결 전략

1단계 ▸ $\tan\frac{\pi}{3}=\sqrt{3}$, $\tan\left(-\frac{\pi}{4}\right)=-1$임을 이용하여 $\alpha+\beta$와 $\beta+\gamma$의 일반각을 각각 구한다.

2단계 ▸ 각 $\gamma-\alpha$의 크기를 계산하고, $0<\alpha<\pi$임을 이용하여 각 γ의 범위를 구한다.

>> 해답 62쪽

유제 **245**

각 θ와 각 3θ를 나타내는 동경이 직선 $y=\sqrt{3}x$에 대하여 대칭이고, 각 θ와 각 7θ를 나타내는 동경이 일직선 위에 있고 서로 반대 방향일 때, 각 θ의 크기를 구하시오. $\left(\text{단, } \frac{\pi}{2}<\theta<2\pi\right)$

삼각함수의 정의

예제 **246**

모의고사 기출

그림과 같이 반지름의 길이가 6인 원 O_1이 있다. 원 O_1 위에 서로 다른 두 점 A, B를 $\overline{AB}=6\sqrt{2}$가 되도록 잡고, 원 O_1의 내부에 점 C를 삼각형 ACB가 정삼각형이 되도록 잡는다. 정삼각형 ACB의 외접원을 O_2라 할 때, 원 O_1과 원 O_2의 공통부분의 넓이는 $p+q\sqrt{3}+r\pi$이다. $p+q+r$의 값을 구하시오. (단, p, q, r는 유리수이다.)

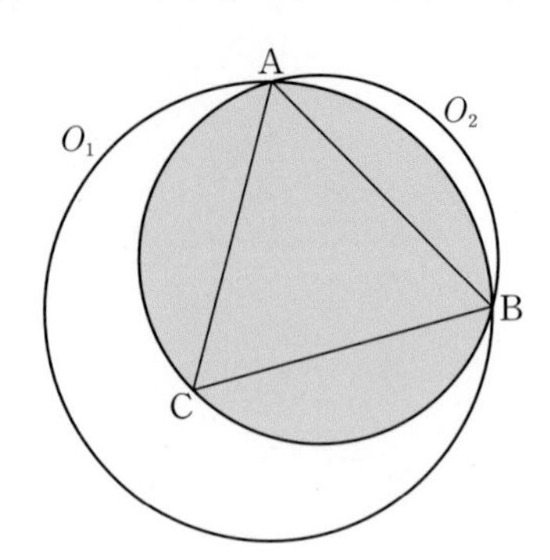

해결 전략

1단계 ▸ 두 원의 중심과 두 점 A, B를 지나는 두 부채꼴을 찾아 넓이를 구한다.

2단계 ▸ **1단계**에서 찾은 두 부채꼴에 겹치는 삼각형의 넓이를 구한다.

3단계 ▸ 원의 성질을 이용하여 색칠한 부분의 넓이를 구한다.

>> 해답 62쪽

유제 **247**

그림과 같이 두 점 O, O′을 각각 중심으로 하고 반지름의 길이가 3인 두 원 O, O'이 있다. 두 원 O, O'이 만나는 두 점을 각각 A, B라 할 때, $\angle\text{AOB}=\frac{5}{6}\pi$이다.

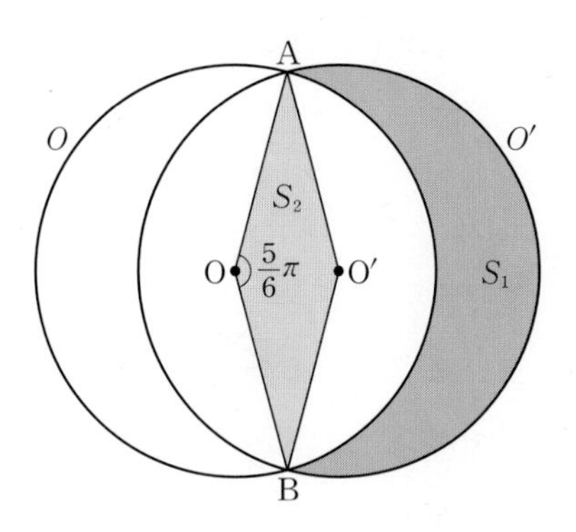

원 O의 외부와 원 O'의 내부의 공통부분의 넓이를 S_1, 마름모 AOBO′의 넓이를 S_2라 할 때, S_1+S_2의 값은?

① $\frac{\pi+6}{2}$ ② $\pi+6$ ③ $\frac{3\pi+18}{2}$ ④ $2\pi+12$ ⑤ $\frac{5\pi+30}{2}$

삼각함수의 정의

예제

248

그림과 같이 $\angle A=\frac{\pi}{2}$인 직각삼각형 ABC에서 $\angle ACB=\theta\left(0<\theta<\frac{\pi}{2}\right)$라 하자. 점 A에서 변 BC에 내린 수선의 발을 D, 선분 AD를 지름으로 하는 원과 두 변 AB, AC의 교점을 각각 P, Q라 하자. 사각형 APDQ와 삼각형 ABC의 넓이의 비가 3 : 8이고, $\overline{DC}=4$일 때, $\sin^4\theta+\cos^4\theta$의 값을 구하시오. (단, $\overline{AC}<\overline{AB}$)

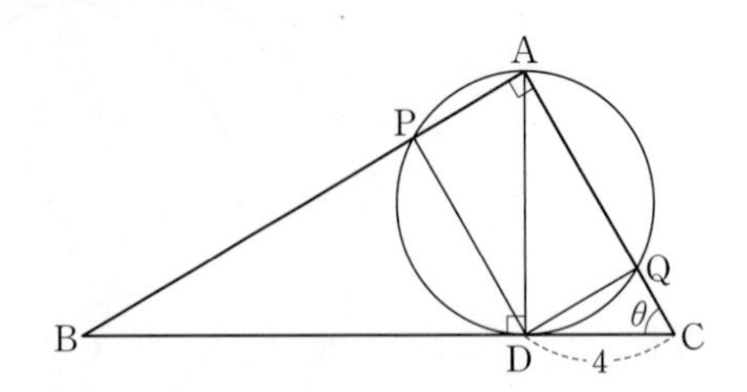

해결 전략

1단계 ▸ 주어진 도형에서 변의 길이를 θ에 대한 삼각함수의 값으로 표현한다.

2단계 ▸ 주어진 조건과 삼각함수의 관계식을 활용한다.

>> 해답 63쪽

유제 249

그림과 같이 $\angle C=\frac{\pi}{2}$인 직각삼각형 ABC에서 선분 AB를 1 : 2로 내분하는 점을 D라 하자. 점 D에서 선분 BC에 내린 수선의 발을 E라 할 때, 선분 DE를 지름으로 하는 원이 있다. 이 원이 선분 AB와 만나는 점 중 D가 아닌 점을 F, 선분 AC와 만나는 점 중 점 A에 가까운 점을 G라 하고, $\angle DFG=\theta$ $\left(0<\theta<\frac{\pi}{2}\right)$라 하자. $\overline{AB}=3\sqrt{10}$이고, 삼각형 CDE의 넓이가 3일 때, $\tan\theta$의 값을 구하시오. (단, $\overline{AC}>\overline{BC}$)

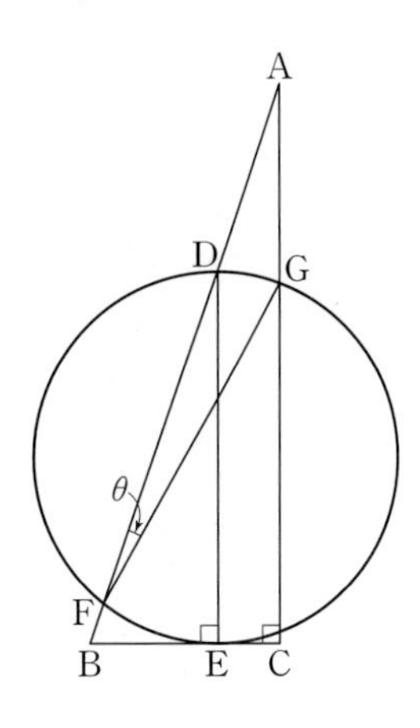

삼각함수의 그래프

예제

250

자연수 n에 대하여 방정식 $m\sin nx=\sin nx+3$ $(0\leq x<2\pi)$의 서로 다른 실근이 존재하고 실근의 개수가 짝수가 되도록 하는 2 이상의 자연수 m의 최솟값을 $f(n)$이라 하자. 이때 $f(1)+f(2)+f(3)+\cdots+f(k)=41$을 만족시키는 자연수 k의 값을 구하시오.

해결 전략

1단계 ▸ 주어진 방정식을 $\sin nx=\dfrac{3}{m-1}$으로 정리한 다음 m의 값의 범위에 따라 함수 $y=\sin nx$의 그래프와 직선 $y=\dfrac{3}{m-1}$을 좌표평면 위에 나타낸다.

2단계 ▸ 교점의 개수를 n에 대한 식으로 나타내고, 교점의 개수가 짝수가 되기 위한 자연수 m의 최솟값을 관찰한다.

>> 해답 64쪽

유제 **251**

자연수 n에 대하여 방정식 $m\cos nx=-\cos nx+2$ $(0\le x<2\pi)$의 서로 다른 실근이 존재하고 실근의 개수가 짝수가 되도록 하는 자연수 m의 최솟값을 $f(n)$이라 하자. 이때 $f(1)+f(2)+f(3)+f(4)+f(5)$의 값을 구하시오.

삼각함수의 그래프

예제

252

$-2\pi \le x \le 2\pi$에서 함수 $f(x)=|2\cos(x+2|x|)+1|$의 그래프와 직선 $y=1$이 만나는 점들의 x좌표를 각각 x_1, x_2, x_3, $\cdots$, x_n이라 할 때, $\dfrac{n}{\pi}(x_1+x_2+x_3+\cdots+x_n)$의 값을 구하시오. (단, n은 자연수이다.)

해결 전략

1단계 ▸ $-2\pi \le x < 0$일 때와 $0 \le x \le 2\pi$일 때로 나누어 방정식을 변형한다.

2단계 ▸ 함수의 주기성과 대칭성을 이용하여 주어진 식의 값을 구한다.

>> 해답 65쪽

유제

253

$0 \le x \le 6\pi$에서 함수 $f(x)=2\sin(\pi\cos x)$의 그래프와 직선 $y=1$이 만나는 점들의 x좌표를 크기가 작은 값부터 차례로 x_1, x_2, x_3, $\cdots$, x_n이라 할 때, $n \times \sin(x_2+x_3+x_4+\cdots+x_n)$의 값을 구하시오.

(단, n은 자연수이다.)

삼각함수의 그래프

예제

254

$0<x<t$에서 두 방정식 $\sin x=k$, $\cos x=-k$ $\left(-1<k<-\frac{\sqrt{2}}{2}\right)$의 실근의 개수를 각각 $f(t)$, $g(t)$라 할 때, **보기**에서 옳은 것만을 있는 대로 고른 것은? (단, $0<t<2\pi$)

보기

ㄱ. $f\left(\frac{\pi}{2}\right)=0$, $g\left(\frac{\pi}{2}\right)=1$

ㄴ. $k=-\frac{\sqrt{3}}{2}$이면 $f(t)=g(t)$인 t의 값의 범위는 $0<t\le\frac{\pi}{6}$ 또는 $\frac{4}{3}\pi<t\le\frac{5}{3}\pi$이다.

ㄷ. $f(t)>g(t)$를 만족시키는 t의 값의 범위를 $p<t\le q$라 하면 $p+q=\frac{7}{2}\pi$이다.

① ㄱ　② ㄱ, ㄴ　③ ㄱ, ㄷ　④ ㄴ, ㄷ　⑤ ㄱ, ㄴ, ㄷ

해결 전략

1단계 ▸ 두 함수 $y=\sin x$, $y=-\cos x$의 그래프와 직선 $y=k$를 좌표평면 위에 나타내고 교점을 관찰한다.

2단계 ▸ $-\cos x=k$의 한 근을 기준으로 $f(t)$, $g(t)$를 구한다.

>> 해답 65쪽

유제 **255**

두 함수 $y=\sin x$, $y=\cos x$의 그래프가 $0<x<t$에서 직선 $y=k$ $(0<k<1)$와 만나는 점의 개수를 각각 $f(t)$, $g(t)$라 하자. **보기**에서 옳은 것만을 있는 대로 고른 것은? (단, $0<t<2\pi$)

보기

ㄱ. $f(\pi)+g(\pi)=3$

ㄴ. $k>\frac{\sqrt{2}}{2}$이면 $f\left(\frac{\pi}{4}\right)+g\left(\frac{\pi}{4}\right)=1$이다.

ㄷ. 두 실수 p, q에 대하여 $\{t\,|\,g(t)<f(t)\}=\{t\,|\,p<t\leq q\}$이면 $p+q=5\pi$이다.

① ㄱ ② ㄱ, ㄴ ③ ㄱ, ㄷ ④ ㄴ, ㄷ ⑤ ㄱ, ㄴ, ㄷ

삼각함수의 그래프

예제

256

함수 $f(x)=\dfrac{3}{\cos^2\left(x+\dfrac{\pi}{12}\right)}-\dfrac{2\cos\left(\dfrac{5}{12}\pi-x\right)}{\sin\left(x+\dfrac{7}{12}\pi\right)}+1$은 $x=a$일 때, 최솟값 b를 갖는다. $b\sin\left(a+\dfrac{\pi}{12}\right)$의 값을 구하시오. $\left(\text{단, } -\dfrac{\pi}{12}<a<\dfrac{\pi}{6}\right)$

해결 전략

1단계 ▸ $\tan\left(x+\dfrac{\pi}{12}\right)=t$로 놓고 주어진 식을 간단히 정리한다.

2단계 ▸ 정리한 식의 최솟값을 구하고 최소일 때의 tan의 값을 이용하여 sin의 값을 구한다.

유제 257

함수 $f(x)=\dfrac{2\cos\left(\frac{3}{8}\pi-x\right)}{\sin\left(x+\frac{5}{8}\pi\right)}-\dfrac{1}{\cos^2\left(x+\frac{\pi}{8}\right)}+3$은 $x=a$일 때, 최댓값 b를 갖는다. ab의 값을 구하시오.

$\left(\text{단, } \dfrac{\pi}{24}\le a\le\dfrac{5}{24}\pi\right)$

삼각함수의 그래프

예제

258

$0<x<\frac{\pi}{2}$, $0<y<\frac{\pi}{2}$인 두 실수 x, y에 대하여 $3\tan^2 x-\tan x-4=0$일 때, $\sin x\cos y+2\sin y\cos x$의 최댓값은?

① $\frac{4\sqrt{3}}{5}$ ② $\frac{2\sqrt{13}}{5}$ ③ $\frac{2\sqrt{14}}{5}$ ④ $\frac{2\sqrt{15}}{5}$ ⑤ $\frac{8}{5}$

해결 전략

1단계 ▸ 주어진 방정식을 이용하여 $\tan x$, $\sin x$, $\cos x$의 값을 구한다.

2단계 ▸ 단위원 위의 점의 좌표가 $(\cos y, \sin y)$이고 $\sin^2 y+\cos^2 y=1$임을 이용하여 주어진 식의 최댓값을 구한다.

>> 해답 67쪽

유제 **259**

$0<x<\frac{\pi}{2}$, $0<y<\frac{\pi}{2}$인 두 실수 x, y에 대하여 $2\sin^2 x-\sin x\cos x-\cos^2 x=1$일 때, $\sin x\sin y+4\cos x\cos y$의 최댓값은?

① 1　② $\sqrt{2}$　③ $\sqrt{3}$　④ 2　⑤ $\sqrt{5}$

삼각함수의 그래프

예제

260

$0 \le \alpha \le \pi$, $0 \le \beta \le \pi$에서 $\sin(\pi \sin \alpha) + \cos(\pi \cos \beta) = -1$일 때, 가능한 두 실수 α, β의 순서쌍 (α, β)의 개수는?

① 2　　② 3　　③ 4　　④ 5　　⑤ 6

해결 전략

1단계 ▸ $\pi \sin \alpha$, $\pi \cos \beta$의 값의 범위를 각각 구한다.

2단계 ▸ **1단계**에서 구한 범위를 이용하여 주어진 식을 만족시키는 조건을 구한다.

3단계 ▸ **2단계**에서 구한 조건을 이용하여 순서쌍 (α, β)의 개수를 구한다.

>> 해답 68쪽

유제

261

$0 \le \alpha \le 2\pi$, $0 \le \beta \le 2\pi$에서 $\sin(2\pi\cos\alpha)+\cos(2\pi\sin\beta)=-2$일 때, $\cos\alpha+\sin\beta$의 최댓값을 M, 최솟값을 m이라 하자. $M^2+m^2=\frac{q}{p}$일 때, $p+q$의 값을 구하시오. (단, p와 q는 서로소인 자연수이다.)

삼각함수의 활용

예제 **262**

그림과 같이 반지름의 길이가 6인 원에 내접하는 사각형 ABCD에 대하여 $\overline{AB}=\overline{CD}=3\sqrt{3}$, $\overline{BD}=8\sqrt{2}$일 때, 사각형 ABCD의 넓이를 S라 하자. $\dfrac{S^2}{13}$의 값을 구하시오.

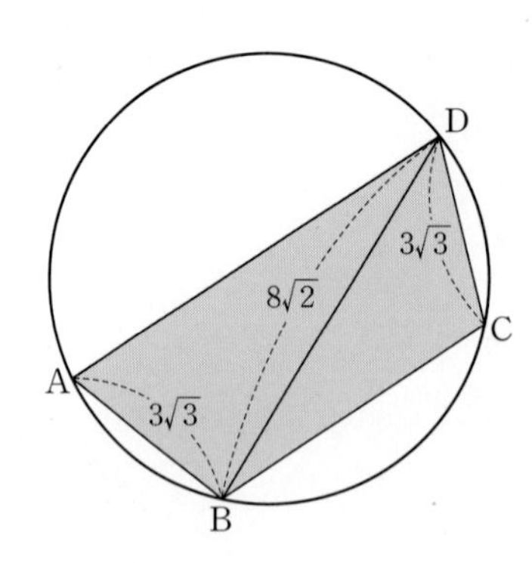

해결 전략

1단계 ▶ 원주각의 성질을 이용하여 사각형 ABCD가 등변사다리꼴임을 확인한다.

2단계 ▶ 사인법칙을 이용하여 사각형의 넓이를 구한다.

>> 해답 68쪽

유제

263

그림과 같이 반지름의 길이가 3인 원에 내접하는 사각형 ABCD에 대하여 $\overline{AB}=\overline{CD}=2\sqrt{2}$, $\overline{BD}=3\sqrt{3}$일 때, 사각형 ABCD의 넓이를 S라 하자. S^2의 값을 구하시오.

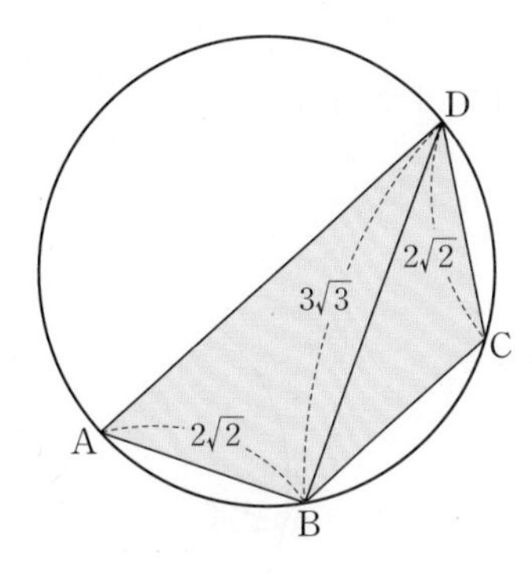

삼각함수의 활용

예제

264

그림과 같이 두 삼각형 ABC, ACD의 외심을 각각 O, O′이라 하고 $\angle ABC=\alpha$, $\angle ADC=\beta$라 할 때,

$$\frac{\sin\beta}{\sin\alpha}=\frac{3}{2},\ \cos(\alpha+\beta)=\frac{1}{3},\ \overline{OO'}=1$$

이 성립한다. 삼각형 ABC의 외접원의 넓이가 $\frac{q}{p}\pi$일 때, $p+q$의 값을 구하시오.

(단, p와 q는 서로소인 자연수이다.)

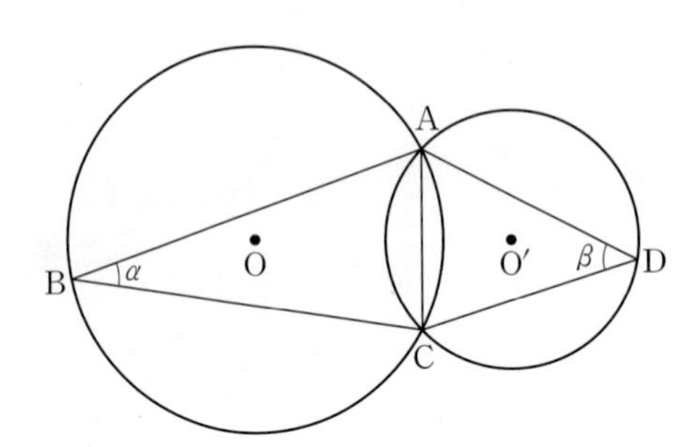

해결 전략

1단계 ▸ $\frac{\sin\beta}{\sin\alpha}=\frac{3}{2}$임을 이용하여 큰 원과 작은 원의 반지름의 길이의 비를 구한다.

2단계 ▸ 삼각형 AOO′에서 $\angle OAO'=\pi-(\alpha+\beta)$임을 파악한다.

3단계 ▸ 코사인법칙을 이용하여 삼각형 ABC의 외접원의 넓이를 구한다.

유제 **265**

그림과 같이 두 대각선이 서로 수직인 사각형 ABCD에 외접하는 원이 있다. $\angle BAC=\alpha$, $\angle ABC=\beta$라 할 때,

$$\frac{\sin\alpha}{\sin\beta}=\frac{1}{3},\ \sin(\alpha+\beta)=\frac{4}{5},\ \overline{AB}=\frac{8}{\sqrt{5}}$$

이 성립한다. 사각형 ABCD의 넓이가 15일 때, 선분 CD의 길이를 구하시오. $\left(\text{단, } \frac{\pi}{2}<\beta<\pi\right)$

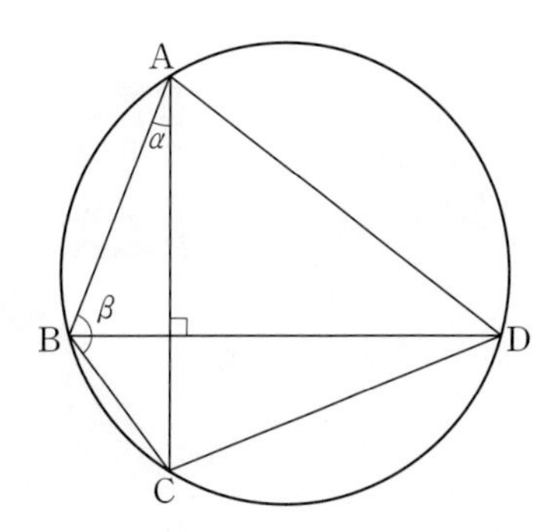

Ⅲ 수열

1. 등차수열과 등비수열

2. 수열의 합

3. 수열의 귀납적 정의와 증명

유형 1 등차수열

266

공차가 0이 아닌 등차수열 $\{a_n\}$에 대하여

$a_1=-15,\ |a_3|-a_5=0$

일 때, a_7의 값을 구하시오.

267

첫째항이 -10이고 공차가 자연수인 등차수열 $\{a_n\}$에 대하여 $a_4a_6<0$일 때, a_2의 값은?

① -9 ② -8 ③ -7
④ -6 ⑤ -5

268

공차가 d $(0<d<1)$인 등차수열 $\{a_n\}$에 대하여 $a_1=20$일 때, $a_2,\ a_3,\ a_4,\ \cdots,\ a_{12}$는 자연수가 아니고, a_{13}은 자연수가 되도록 하는 공차 d의 개수는?

① 1 ② 2 ③ 3
④ 4 ⑤ 5

269

수열 $\{a_n\}$의 제1항부터 제m항까지를 원소로 하는 집합 $A=\{a_1,\ a_2,\ a_3,\ \cdots,\ a_m\}$이 다음 조건을 만족시킬 때, 자연수 m의 값을 구하시오. (단, $m\geq 3$)

(가) $a_1=2,\ a_m=40$
(나) $a_1<a_2<a_3<\cdots<a_m$
(다) $1\leq i<j\leq m$을 만족시키는 임의의 자연수 $i,\ j$에 대하여 $a_j-a_i\in A$이다.

유형 2 조건을 만족시키는 등차수열의 항

270

다음과 같이 수를 나열할 때, 처음으로 1보다 커지는 수는 몇 번째의 수인지 구하시오.

$$\frac{1}{1000}, \frac{5}{997}, \frac{9}{994}, \frac{13}{991}, \cdots$$

271

공차가 양수인 등차수열 $\{a_n\}$에 대하여

$$|a_7|=|a_{13}|, \ |a_6|+|a_{11}|+|a_{16}|=55$$

일 때, $a_n<170$을 만족시키는 자연수 n의 최댓값을 구하시오.

272

공차가 양수인 등차수열 $\{a_n\}$에 대하여

$$|a_6-3p|=|a_{10}-3p|, \ |a_8-6p|=|a_{20}-6p|$$

이다. $a_{18}=8$일 때, $a_n>0$을 만족시키는 자연수 n의 최솟값을 구하시오. (단, p는 상수이다.)

273

Hard

모든 자연수 n에 대하여 $a_{n+1} \neq a_n$인 등차수열 $\{a_n\}$이

$$a_5=5,\ a_6^2+a_7^2=a_8^2+a_9^2$$

을 만족시킬 때, $\dfrac{a_m}{a_{m+3}}$이 수열 $\{a_n\}$의 항이 되도록 하는 모든 자연수 m의 값의 합을 구하시오.

유형 3 등차수열의 대칭성

274

그림과 같이 함수 $y=|x^2-16|$의 그래프가 직선 $y=k$와 네 점에서 만날 때, 네 점의 x좌표를 각각 a_1, a_2, a_3, a_4라 하자. 네 수 a_1, a_2, a_3, a_4가 이 순서대로 등차수열을 이룰 때, $10k$의 값을 구하시오. (단, $a_1<a_2<a_3<a_4$)

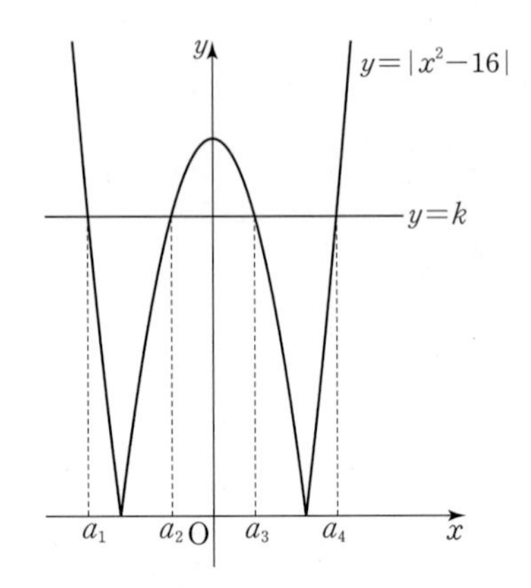

>> 해답 71쪽

275

공차가 자연수인 등차수열 $\{a_n\}$이 다음 조건을 만족시킨다. a_{20}의 최댓값을 구하시오.

(가) $a_3+a_6+a_9=171$
(나) $a_n>135$를 만족시키는 n의 최솟값은 13이다.

유형 4 등차수열의 합

276

공차가 3인 등차수열 $\{a_n\}$에 대하여 $|a_5|=|a_7|$일 때, $a_1+a_2+a_3+\cdots+a_{12}$의 값은?

① 15 ② 18 ③ 21 ④ 24 ⑤ 27

277

스페셜 특강 198쪽 366번

공차가 자연수인 등차수열 $\{a_n\}$에 대하여

$$a_4+a_6+a_8=36,\ a_4a_8=80$$

일 때, $2a_1+3a_2+2a_3+3a_4+\cdots+2a_{15}+3a_{16}$의 값을 구하시오.

278

스페셜 특강 201쪽 368번

등차수열 $\{a_n\}$의 첫째항부터 제n항까지의 합 S_n에 대하여 $S_1>0$, $S_{20}=S_{40}$일 때, **보기**에서 옳은 것만을 있는 대로 고른 것은?

보기

ㄱ. $a_1>-(a_{21}+a_{22}+\cdots+a_{40})$

ㄴ. $|a_{25}|=|a_{36}|$

ㄷ. 모든 자연수 n에 대하여 $S_{30}\ge S_n$을 만족시킨다.

① ㄱ ② ㄴ ③ ㄱ, ㄴ

④ ㄴ, ㄷ ⑤ ㄱ, ㄴ, ㄷ

279

등차수열 $\{a_n\}$의 첫째항부터 제n항까지의 합을 S_n이라 할 때, S_n이 다음 조건을 만족시킨다. $|S_n|>S_6$을 만족시키는 자연수 n의 최솟값은?

(가) $S_1=10$

(나) $S_5=S_6$

① 14 ② 15 ③ 16

④ 17 ⑤ 18

유형 5 등차수열과 도형

280

다각형 S의 내각의 크기가 다음 조건을 만족시킨다.

(가) 모든 내각의 크기는 공차가 $6°$인 등차수열을 이룬다.

(나) 가장 큰 내각의 크기는 $135°$이다.

다각형 S의 꼭짓점의 개수는 n이고 가장 작은 내각의 크기가 $a°$일 때, $n+a$의 값을 구하시오.

281

그림과 같이 $\angle B=90°$인 직각삼각형 ABC의 꼭짓점 B에서 선분 AC에 내린 수선의 발을 D라 하자. 세 삼각형 ABD, BCD, ABC의 넓이가 이 순서대로 등차수열을 이룰 때, $\dfrac{\overline{BC}}{\overline{AB}}$의 값은?

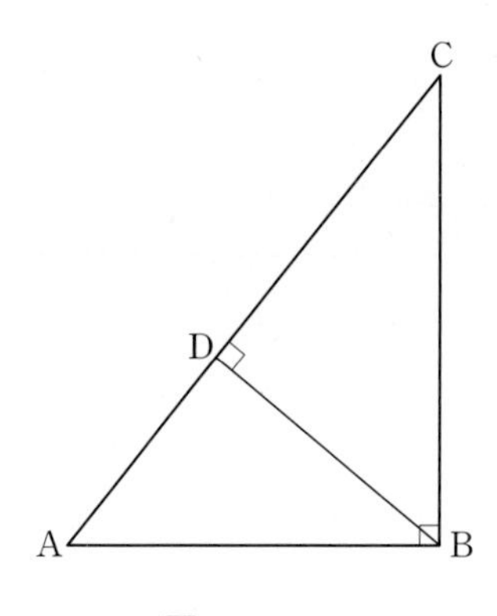

① 1 ② $\dfrac{\sqrt{5}}{2}$ ③ $\sqrt{2}$
④ $\sqrt{3}$ ⑤ 2

유형 6 등차수열의 합과 일반항 사이의 관계

282

스페셜 특강 197쪽 EXAMPLE

등차수열 $\{a_n\}$의 공차를 $d\ (d>0)$라 할 때, $a_1=d$이다.
수열 $\{b_n\}$을

$$b_n=\frac{1}{n}(a_1+a_2+a_3+\cdots+a_n)$$

이라 하자. 수열 $\{c_n\}$이 다음 조건을 만족시킬 때, c_{17}의 값을 구하시오.

(가) $a_nb_n=c_1+c_2+c_3+\cdots+c_n$
(나) $a_9=c_3$

283

모든 항이 양수인 수열 $\{a_n\}$의 첫째항부터 제n항까지의 합을 S_n이라 할 때, 2 이상의 자연수 n에 대하여

$$\sqrt{S_n}+\sqrt{S_{n-1}}=2a_n$$

이 성립한다. $S_1=4$일 때, $a_{10}=\frac{q}{p}$이다. $p+q$의 값을 구하시오.

(단, p와 q는 서로소인 자연수이다.)

284

모의고사 기출 스페셜 특강 200쪽 EXAMPLE

공차가 d_1, d_2인 두 등차수열 $\{a_n\}$, $\{b_n\}$의 첫째항부터 제n항까지의 합을 각각 S_n, T_n이라 하자.

$$S_nT_n=n^2(n^2-1)$$

일 때, **보기**에서 항상 옳은 것을 모두 고른 것은?

보기

ㄱ. $a_n=n$이면 $b_n=4n-4$이다.

ㄴ. $d_1d_2=4$

ㄷ. $a_1\neq0$이면 $a_n=n$이다.

① ㄱ ② ㄴ ③ ㄱ, ㄴ

④ ㄱ, ㄷ ⑤ ㄱ, ㄴ, ㄷ

285

수열 $\{a_n\}$의 첫째항부터 제n항까지의 합 S_n이

$$S_n=n^2-10n+5$$

이다. 수열 $\{b_n\}$이

$$b_n=a_n+a_{n+1}$$

일 때, **보기**에서 옳은 것만을 있는 대로 고른 것은?

보기
ㄱ. 수열 $\{a_n\}$은 모든 자연수 n에 대하여 등차수열이다.
ㄴ. $a_nS_n<0$을 만족시키는 자연수 n의 개수는 4이다.
ㄷ. $T_n=b_1+b_2+\cdots+b_n$일 때, T_n의 최솟값은 -35이다.

① ㄱ ② ㄴ ③ ㄷ
④ ㄴ, ㄷ ⑤ ㄱ, ㄴ, ㄷ

286

수열 $\{a_n\}$의 첫째항부터 제n항까지의 합 S_n이

$$S_n=-2n^2+12n-7$$

일 때, **보기**에서 옳은 것만을 있는 대로 고른 것은?

보기
ㄱ. $a_2-a_1=3$
ㄴ. 모든 자연수 n에 대하여 $S_n<12$이다.
ㄷ. $a_1+a_4+a_7+a_{10}+\cdots+a_{3m-2}=-77$을 만족시키는 자연수 m에 대하여 $S_{3m-2}=-189$이다.

① ㄱ ② ㄴ ③ ㄱ, ㄴ
④ ㄴ, ㄷ ⑤ ㄱ, ㄴ, ㄷ

유형 7 등비수열

287

등차수열 $\{a_n\}$은 모든 자연수 n에 대하여 $a_{n+1} \neq a_n$을 만족시킨다. a_3, a_5, a_{10}이 이 순서대로 공비가 r인 등비수열을 이룰 때, $2r$의 값을 구하시오.

288

모든 자연수 n에 대하여 $\frac{a_{n+1}}{a_n} > 1$을 만족시키는 등비수열 $\{a_n\}$이

$$\frac{a_5^2 - a_4^2}{a_3^2 - a_2^2} = 16$$

을 만족시킬 때, $\frac{a_{16}}{a_{13}} + \frac{a_{17}}{a_{16}}$의 값을 구하시오.

289

등차수열 $\{a_n\}$과 등비수열 $\{b_n\}$에 대하여

$$\frac{a_1}{b_1} = \frac{a_2}{b_2} = \frac{a_4}{b_4} = 1$$

이다. $b_3 = 20$이고 $a_3 \neq b_3$일 때, $b_5 - a_6$의 값을 구하시오.

유형 8 등비수열을 이루는 수

290

서로 다른 세 실수 10, $x-2$, $y-1$은 이 순서대로 등차수열을 이루고 $45-2x$, $y+3$, 4는 이 순서대로 등비수열을 이룰 때, $x+y$의 최댓값을 구하시오.

291

서로 다른 세 양수 a, b, c에 대하여 이차방정식 $ax^2+4bx+4c=0$의 근에 대한 설명으로 **보기**에서 옳은 것만을 있는 대로 고른 것은?

보기

ㄱ. a, b, c가 이 순서대로 등비수열을 이루면 실근을 갖는다.

ㄴ. $\frac{1}{a^2}$, b^2, $\frac{1}{c^2}$이 이 순서대로 등차수열을 이루면 서로 다른 두 실근을 갖는다.

ㄷ. $\frac{1}{a}$, $\frac{1}{b}$, $\frac{1}{c}$이 이 순서대로 등차수열을 이루면 허근을 갖는다.

① ㄱ　② ㄴ　③ ㄱ, ㄷ
④ ㄴ, ㄷ　⑤ ㄱ, ㄴ, ㄷ

292

Hard

곡선 $y=\frac{p}{3x}$ 위의 서로 다른 세 점 $A(a_1, a_2)$, $B(b_1, b_2)$, $C(c_1, c_2)$에 대하여 세 수 a_1, b_1, c_1이 이 순서대로 등차수열을 이루고 세 수 a_2, c_2, b_2가 이 순서대로 등비수열을 이룬다. a_1, b_1, c_1, a_2, b_2, c_2가 모두 정수일 때, 자연수 p의 최솟값은?

① 4　② 6　③ 8
④ 12　⑤ 20

유형 9 등비수열의 합

293

공비가 실수인 등비수열 $\{a_n\}$에 대하여

$$a_3+a_4+a_5=7,\ a_4+a_6+a_8=42$$

일 때, $a_1+a_2+\cdots+a_k>369$를 만족시키는 자연수 k의 최솟값을 구하시오.

294

두 수열 $\{a_n\}$, $\{b_n\}$이

$\{a_n\}$: 3, 33, 333, 3333, $\cdots$,

$\{b_n\}$: 2, 202, 20202, 2020202, $\cdots$

이다. $\dfrac{b_{20}}{a_{40}}=\dfrac{q}{p}$일 때, $p+q$의 값을 구하시오.

(단, p와 q는 서로소인 자연수이다.)

295

공비가 2인 등비수열 $\{a_n\}$에 대하여

$$A_n={a_1}^2+{a_2}^2+{a_3}^2+\cdots+{a_n}^2,$$

$$B_n=\frac{1}{a_1}+\frac{1}{a_2}+\frac{1}{a_3}+\cdots+\frac{1}{a_n}$$

이라 하자. $C_n=A_nB_n$일 때, $\dfrac{4C_4}{C_2}$의 값을 구하시오.

(단, $a_n\neq0$)

296

등비수열 $\{a_n\}$에 대하여

$$S_n=a_1+a_2+a_3+\cdots+a_n,$$

$$T_n=a_1\times a_2\times a_3\times\cdots\times a_n,$$

$$R_n=\frac{1}{a_1}+\frac{1}{a_2}+\frac{1}{a_3}+\cdots+\frac{1}{a_n}$$

이라 하자. $S_5=33$, $T_5=243$일 때, $R_5=\dfrac{q}{p}$이다. $p+q$의 값을 구하시오. (단, p와 q는 서로소인 자연수이다.)

유형 10 등비수열과 도형

297

그림과 같이 반지름의 길이가 4인 원 위의 점 P와 P가 아닌 점 A_0에 대하여

$$\angle A_0PA_1=\frac{\pi}{6},\ \angle A_1PA_2=\frac{\pi}{18},\ \angle A_2PA_3=\frac{\pi}{54},\ \cdots$$

가 되도록 원 위에 점 A_0으로부터 시곗바늘이 도는 방향으로 점 A_1, A_2, A_3, $\cdots$을 잡을 때, 호 A_0A_1, A_1A_2, A_2A_3, $\cdots$의 길이를 각각 l_1, l_2, l_3, $\cdots$이라 하자. $l_1+l_2+l_3+\cdots+l_{10}$의 값이 $p\pi\left\{q-\left(\frac{1}{3}\right)^r\right\}$일 때, $p+q+r$의 값을 구하시오.

(단, p, q, r는 자연수이다.)

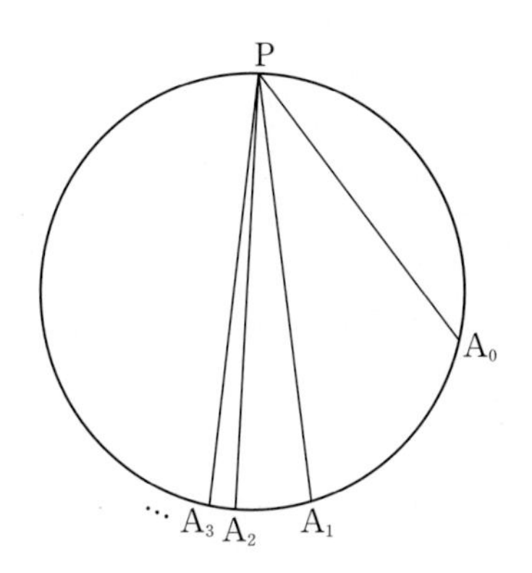

298

모의고사 기출

그림과 같이 한 변의 길이가 2인 정사각형 모양의 종이 ABCD에서 각 변의 중점을 각각 A_1, B_1, C_1, D_1이라 하고 $\overline{A_1B_1}$, $\overline{B_1C_1}$, $\overline{C_1D_1}$, $\overline{D_1A_1}$을 접는 선으로 하여 네 점 A, B, C, D가 한 점에서 만나도록 접은 모양을 S_1이라 하자. S_1에서 정사각형 $A_1B_1C_1D_1$의 각 변의 중점을 각각 A_2, B_2, C_2, D_2라 하고 $\overline{A_2B_2}$, $\overline{B_2C_2}$, $\overline{C_2D_2}$, $\overline{D_2A_2}$를 접는 선으로 하여 네 점 A_1, B_1, C_1, D_1이 한 점에서 만나도록 접은 모양을 S_2라 하자. 이와 같은 과정을 계속하여 n번째 얻은 모양을 S_n이라 하고, S_n을 정사각형 모양의 종이 ABCD와 같도록 펼쳤을 때 접힌 모든 선들의 길이의 합을 l_n이라 하자. 예를 들어, $l_1=4\sqrt{2}$이다. l_5의 값은? (단, 종이의 두께는 고려하지 않는다.)

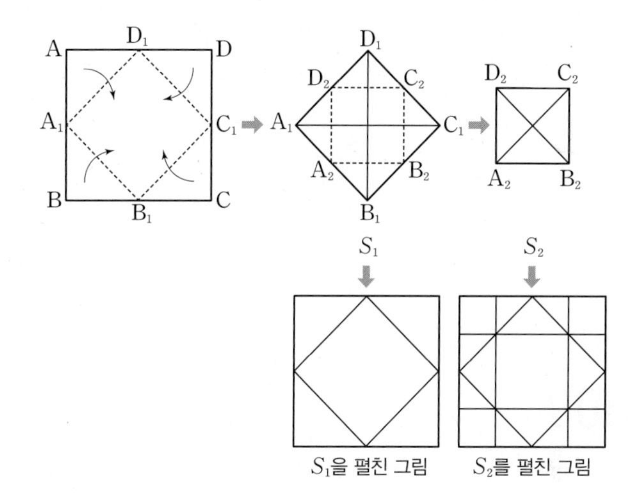

① $24+28\sqrt{2}$ ② $28+28\sqrt{2}$ ③ $28+32\sqrt{2}$ ④ $32+32\sqrt{2}$ ⑤ $36+32\sqrt{2}$

유형 11 등비수열의 합과 일반항 사이의 관계

299

$a_1=8$인 수열 $\{a_n\}$의 첫째항부터 제n항까지의 합을 S_n이라 하자. 모든 자연수 n에 대하여

$$S_n=4\times 3^n-p$$

일 때, a_p의 값은? (단, p는 자연수이다.)

① 210 ② 212 ③ 214
④ 216 ⑤ 218

300

$a_2=1$, $a_{15}=99$인 수열 $\{a_n\}$의 첫째항부터 제n항까지의 합을 S_n이라 할 때, 수열 $\{a_n\}$은 다음 조건을 만족시킨다.

(가) 수열 $\{a_{2n}\}$은 공차가 4인 등차수열이다.
(나) 수열 $\{S_{2n}\}$은 공비가 2인 등비수열이다.

S_{10}의 값을 구하시오.

301

공비가 2인 등비수열 $\{a_n\}$의 첫째항부터 제n항까지의 합을 S_n이라 하자. 모든 자연수 n에 대하여

$$S_{n+2}=S_n+3\times 2^{n+1}$$

일 때, a_7의 값은?

① 32 ② 64 ③ 128
④ 256 ⑤ 512

Ⅲ

수열

1. 등차수열과 등비수열

2. 수열의 합

3. 수열의 귀납적 정의와 증명

1등급을 위한 필수 유형

유형 1 등차수열, 등비수열과 시그마

302

첫째항과 공차가 모두 3인 등차수열 $\{a_n\}$에 대하여 수열 $\{b_n\}$의 일반항은 $b_n=3^{a_n}$이다. **보기**에서 옳은 것만을 있는 대로 고른 것은?

보기

ㄱ. $b_1b_8=b_3b_5$

ㄴ. $a_1+a_2+a_3+\cdots+a_n=\frac{a_na_{n+1}}{6}$

ㄷ. $\sum_{k=1}^{11} b_kb_{12-k}=11\times3^{36}$

① ㄴ　② ㄷ　③ ㄱ, ㄴ　④ ㄴ, ㄷ　⑤ ㄱ, ㄴ, ㄷ

303

2 이상의 자연수 n에 대하여 x^n을 x^2-9로 나눈 나머지를 a_nx-b_n이라 하자. 이때 $\sum_{n=2}^{5}(3a_n+b_n)$의 값을 구하시오.

(단, a_n, b_n은 상수이다.)

304

$x=\frac{-1+\sqrt{3}i}{2}$이고 자연수 n에 대하여 $1\le k\le n$일 때, x^k이 실수가 되는 자연수 k의 개수를 $f(n)$이라 하자. 이때 $\sum_{n=1}^{40} f(n)$의 값을 구하시오. (단, $i=\sqrt{-1}$)

305

2 이상의 자연수 n에 대하여 n의 $(n+1)$제곱근 중 실수인 것의 개수를 a_n으로 정의하자. $\sum_{k=2}^{m} a_k=85$를 만족시키는 자연수 m의 값은?

① 52 ② 54 ③ 56
④ 58 ⑤ 60

306

자연수 n에 대하여

$$a_n=\begin{cases} 0 & \left(\sin \frac{n}{6}\pi \le \frac{1}{2}\right) \\ 1 & \left(\sin \frac{n}{6}\pi > \frac{1}{2}\right) \end{cases}$$

이라 할 때, $\sum_{k=1}^{100} a_k$의 값은?

① 25 ② 26 ③ 27
④ 28 ⑤ 29

307

첫째항이 1인 등차수열 $\{a_n\}$과 자연수 k에 대하여 수열 $\{b_n\}$을 $b_n=a_n+nk$로 정의하면 수열 $\{b_n\}$은 공차가 자연수인 등차수열이다. $\sum_{n=1}^{10} a_n=2\sum_{n=1}^{5} b_n$일 때, 50 이하의 자연수 k의 개수를 구하시오.

유형 2 자연수의 거듭제곱의 합

308

보기에서 옳은 것만을 있는 대로 고른 것은?

보기

ㄱ. $\sum_{k=1}^{n}(4k+1)=2n^2+3n$

ㄴ. $\left(\frac{n+1}{n}\right)^2+\left(\frac{n+2}{n}\right)^2+\left(\frac{n+3}{n}\right)^2+\cdots+\left(\frac{2n}{n}\right)^2=\frac{14n^2+9n+1}{6n}$

ㄷ. $\sum_{k=1}^{n}\left(\sum_{l=1}^{k}2l\right)=\frac{n(n+1)(n+2)}{3}$

① ㄱ ② ㄴ ③ ㄱ, ㄷ
④ ㄴ, ㄷ ⑤ ㄱ, ㄴ, ㄷ

309

자연수 n에 대하여 x에 대한 이차방정식

$$x^2-(2n-1)x+n+2=0$$

의 두 근을 α_n, β_n이라 할 때, $\sum_{k=1}^{10}(\alpha_k^2+1)(\beta_k^2+1)$의 값은?

① 1790 ② 1805 ③ 1820
④ 1835 ⑤ 1850

310

$\sum_{t=1}^{6}\left\{\sum_{n=1}^{t}(n+1)^3-\sum_{k=2}^{t}(k-1)^3-2t^3\right\}$의 값은?

① 306 ② 321 ③ 336
④ 351 ⑤ 366

311

첫째항과 공차가 모두 a인 등차수열 $\{a_n\}$과 수열 $\{b_n\}$에 대하여

$$a_n+2nb_n=\sum_{k=1}^{n}6(k^2+k)$$

이다. $\sum_{k=1}^{10}b_k=270$일 때, $a_n\le1000$을 만족시키는 자연수 n의 최댓값을 구하시오.

유형 3 일반항 찾기

312

수열 $\{a_n\}$이 3 이상의 자연수 n에 대하여

$$0<a_n<1,\ (a_n-\sqrt{n-1})^2=n-2$$

를 만족시킬 때, $\sum_{k=3}^{17}a_k$의 값은?

① 3 ② 4 ③ 5 ④ 6 ⑤ 7

313

자연수 n에 대하여 곡선 $y=x^2-3x+4$와 직선 $y=3x-n$의 교점의 개수를 $f(n)$이라 할 때, $\sum_{k=1}^{10}f(k)$의 값은?

① 7 ② 9 ③ 11 ④ 13 ⑤ 15

314

자연수 n에 대하여 $\frac{n(n+1)}{2}$을 n으로 나누었을 때의 나머지를 $f(n)$이라 할 때, $\sum_{k=1}^{60} f(k)$의 값을 구하시오.

315

Hard

2 이상의 자연수 n에 대하여 집합

$\{5^{2k-1} \mid k$는 자연수, $1 \leq k \leq n\}$

의 서로 다른 두 원소를 곱하여 나올 수 있는 모든 값을 원소로 하는 집합을 S라 하고, S의 원소의 개수를 $f(n)$이라 하자. 예를 들어, $f(3)=3$이다. 이때 $\sum_{n=2}^{21} f(n)$의 값을 구하시오.

316

Hard

자연수 n에 대하여 다음 조건을 만족시키는 가장 작은 자연수 m의 값을 a_n이라 할 때, $\sum_{n=1}^{20} a_n$의 값은?

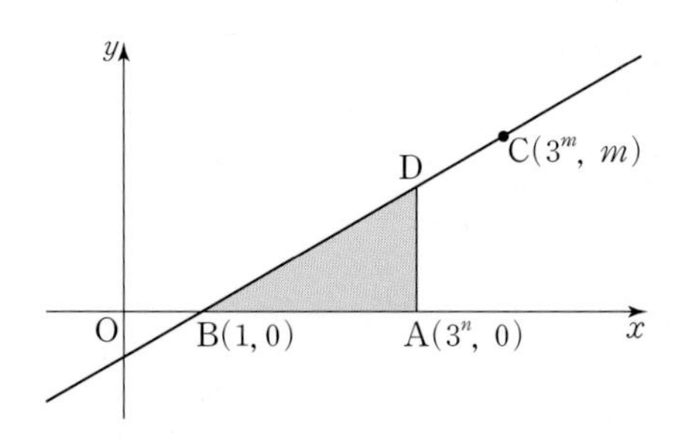

(가) 점 A의 좌표는 $(3^n, 0)$이다.
(나) 두 점 $B(1, 0)$, $C(3^m, m)$을 지나는 직선 위의 점 중 x좌표가 3^n인 점을 D라 할 때, 삼각형 ABD의 넓이는 $\frac{m}{2}$보다 작거나 같다. (단, $n<m$)

① 419　② 420　③ 421
④ 422　⑤ 423

유형 4 수열의 합과 일반항 사이의 관계

317

수열 $\{a_n\}$에 대하여 $\sum_{k=1}^{n} a_k=n^2+n+5$일 때, $\sum_{k=1}^{20} ka_{2k-1}$의 값을 7로 나눈 나머지는?

① 1　② 2　③ 3
④ 4　⑤ 5

318

두 수열 $\{a_n\}$, $\{b_n\}$이 모든 자연수 n에 대하여

$$\sum_{k=1}^{n} a_k b_k = \frac{n(4n^2+5n-1)}{2},\ \sum_{k=1}^{n} b_k = n^2$$

을 만족시킬 때, $\sum_{k=1}^{10}(a_{2k}+b_{2k})$의 값은?

① 550　② 560　③ 570　④ 580　⑤ 590

319

두 수열 $\{a_n\}$, $\{b_n\}$이 모든 자연수 n에 대하여

$$\sum_{k=1}^{n}(2a_k+b_k)=2n^3+3n^2+n,$$

$$\sum_{k=1}^{n}(a_k-b_k)=-2n^2-2n$$

을 만족시킬 때, $\frac{3}{80}\sum_{k=1}^{5}(b_k^{\ 2}-a_k^{\ 2})$의 값을 구하시오.

유형 5 여러 가지 수열의 합

320

$1\times23+2\times21+3\times19+\cdots+12\times1$의 값은?

① 640 ② 650 ③ 660
④ 670 ⑤ 680

321

$\sum_{k=1}^{80}(-1)^k\log_3\frac{1}{k(k+1)}$의 값은?

① -2 ② -3 ③ -4
④ -5 ⑤ -6

322

수열 $\{a_n\}$이 모든 자연수 n에 대하여

$$\sum_{k=1}^{n}a_k=\log\frac{(n+2)(n+3)}{2}$$

을 만족시킨다. $\sum_{k=2}^{16}a_{2k}=p$라 할 때, 10^p의 값은?

① 5 ② 6 ③ 7
④ 8 ⑤ 9

유형 6 수열의 합의 활용 – 분수꼴

323

$\frac{1}{2^2-1}+\frac{1}{4^2-1}+\frac{1}{6^2-1}+\cdots+\frac{1}{20^2-1}$의 값은?

① $\frac{2}{7}$　② $\frac{1}{3}$　③ $\frac{8}{21}$

④ $\frac{3}{7}$　⑤ $\frac{10}{21}$

324

스페셜 특강 204쪽 EXAMPLE

수열 $\{a_n\}$의 첫째항부터 제n항까지의 합을 S_n이라 하자.

$a_n=\frac{2n}{(n+1)!}$이고 $S_m=\frac{119}{60}$일 때, 자연수 m의 값은?

① 4　② 5　③ 6

④ 7　⑤ 8

325 Hard

첫째항과 공차가 모두 2인 등차수열 $\{a_n\}$의 첫째항부터 제n항까지의 합을 S_n이라 할 때,

$$\sum_{k=m}^{n} \frac{1}{S_k} = \frac{1}{25}$$

이다. 자연수 m, n에 대하여 $m+n$의 최솟값을 구하시오.

326

n이 3 이상의 자연수일 때, 그림과 같이 네 점 $(n,\ 0)$, $\left(\frac{3}{2}n,\ 0\right)$, $\left(\frac{3}{2}n,\ \frac{n}{2}\right)$, $\left(n,\ \frac{n}{2}\right)$을 꼭짓점으로 하는 정사각형을 A_n이라 하자. 두 정사각형 A_n, A_{n+1}이 겹치는 부분의 넓이를 a_n이라 할 때, $\sum_{n=3}^{10} \frac{1}{a_n}$의 값은?

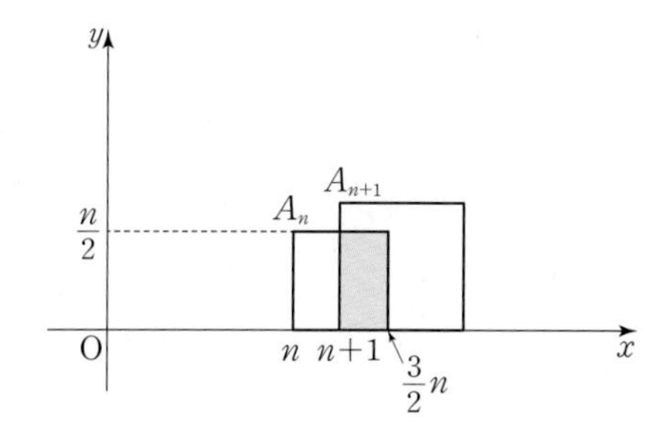

① $\frac{113}{45}$　② $\frac{116}{45}$　③ $\frac{119}{45}$　④ $\frac{122}{45}$　⑤ $\frac{25}{9}$

327

이차함수 $f(x)=\sum_{k=1}^{100}\left\{x-\frac{1}{k(k+1)}\right\}^2$이 최솟값을 가질 때의 x의 값을 구하시오.

328

수열 $\{a_n\}$이 모든 자연수 n에 대하여

$$\sum_{k=1}^{n}a_k=\frac{2n+3}{(n+1)(n+2)}$$

을 만족시킨다. $\sum_{k=1}^{10}a_{2k-1}=\frac{q}{p}$일 때, $p+q$의 값은?

(단, p와 q는 서로소인 자연수이다.)

① 57 ② 59 ③ 61 ④ 63 ⑤ 65

유형 7 수열의 합의 활용 – 유리화

329

첫째항이 2이고 공차가 3인 등차수열 $\{a_n\}$의 첫째항부터 제p항까지의 합이 392일 때, $\sum_{k=1}^{p}\frac{3}{\sqrt{a_k}+\sqrt{a_{k+1}}}$의 값은?

① $\sqrt{2}$ ② $2\sqrt{2}$ ③ $3\sqrt{2}$ ④ $4\sqrt{2}$ ⑤ $5\sqrt{2}$

330

양의 실수로 이루어진 수열 $\{a_n\}$이 모든 자연수 n에 대하여

$$a_1^2+a_2^2+a_3^2+\cdots+a_n^2=n^2$$

을 만족시킬 때, $\sum_{k=1}^{40}\frac{1}{a_k+a_{k+1}}$의 값은?

① 2 ② 4 ③ 6 ④ 8 ⑤ 10

Ⅲ

수열

3. 수열의 귀납적 정의와 증명

유형 1 등차수열, 등비수열의 귀납적 정의

331

$a_1=1$, $a_2=4$인 수열 $\{a_n\}$이 모든 자연수 n에 대하여

$$a_{n+2}=2\left(a_{n+1}-\frac{1}{2}a_n\right)$$

을 만족시킬 때, $\sum_{k=1}^{10} a_k$의 값은?

① 130 ② 145 ③ 160
④ 175 ⑤ 190

332

등차수열 $\{a_n\}$의 공차와 각 항이 모두 0이 아닌 실수일 때, 방정식

$$a_{n+2}x^2+4a_{n+1}x+4a_n=0$$

의 한 근을 b_n이라 하자. 등차수열 $\left\{\frac{b_n}{b_n+2}\right\}$의 공차는?

(단, $b_n \neq -2$)

① 1 ② $\frac{1}{2}$ ③ $-\frac{1}{2}$
④ -1 ⑤ -2

333

두 직선 $y=f(x)$, $y=g(x)$가 그림과 같을 때, 세 수열 $\{a_n\}$, $\{b_n\}$, $\{c_n\}$을

$$a_n=f(n)+g(n),$$
$$b_n=f(n)g(n),$$
$$c_n=b_n+b_{n-1}\ (n\geq 2)$$

이라 하자. $c_1=b_1$일 때, **보기**에서 옳은 것만을 있는 대로 고른 것은?

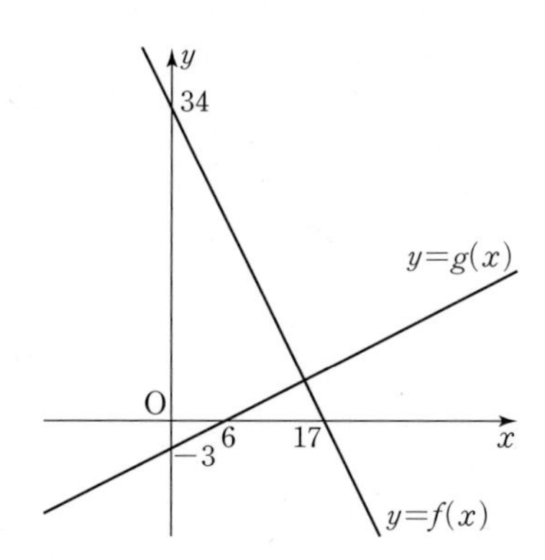

보기

ㄱ. 수열 $\{a_n\}$은 등차수열이다.

ㄴ. $a_nb_n=0$을 만족시키는 자연수 n의 개수는 2이다.

ㄷ. $c_1-c_2+c_3-c_4+\cdots+c_{17}-c_{18}=12$

① ㄱ　② ㄱ, ㄴ　③ ㄱ, ㄷ　④ ㄴ, ㄷ　⑤ ㄱ, ㄴ, ㄷ

334

등차수열 $\{a_n\}$과 수열 $\{b_n\}$이 모든 자연수 n에 대하여

$$\log_2 b_{2n-1}=-a_1+a_3-a_5+\cdots+(-1)^n a_{2n-1},$$
$$\log_2 b_{2n}=a_2-a_4+a_6-\cdots+(-1)^{n+1}a_{2n}$$

을 만족시킨다. $b_1\times b_2\times b_3\times\cdots\times b_6=16$일 때, b_7의 값은?

① 32　② 64　③ 128　④ 256　⑤ 512

335

공차가 1이 아닌 등차수열 $\{a_n\}$에 대하여

$A_n=a_1+a_3+a_5+\cdots+a_{2n-1}$,

$B_n=a_2+a_4+a_6+\cdots+a_{2n}$

이라 하자. $A_m=364$, $B_m=455$일 때, a_m의 값은?

(단, m은 10보다 큰 자연수이다.)

① 24 ② 26 ③ 28 ④ 30 ⑤ 32

336

수열 $\{a_n\}$이 모든 자연수 n에 대하여

$a_1=-1$, $pa_{n+1}=qa_n+r$

를 만족시킬 때, **보기**에서 옳은 것만을 있는 대로 고른 것은?

(단, p, q는 0이 아닌 실수이다.)

보기

ㄱ. $p=q$이면 수열 $\{a_n\}$은 등차수열이다.

ㄴ. $p\neq q$, $r=0$일 때, $\sum_{k=1}^{n}a_k=\frac{p}{q-p}\left\{1-\left(\frac{q}{p}\right)^n\right\}$이다.

ㄷ. $r\neq 0$, $q=p+r$이면 $a_n=-1$이다.

① ㄱ ② ㄴ ③ ㄱ, ㄴ ④ ㄴ, ㄷ ⑤ ㄱ, ㄴ, ㄷ

유형 2 여러 가지 수열의 귀납적 정의

337

수열 $\{a_n\}$이 모든 자연수 n에 대하여

$$a_1=2,\ a_{n+1}=(2n+1)a_n$$

을 만족시킬 때, $a_1+a_2+a_3+\cdots+a_{70}$을 30으로 나누었을 때의 나머지는?

① 4　② 6　③ 8　④ 10　⑤ 12

338

두 수열 $\{a_n\}$, $\{b_n\}$의 첫째항은 각각 2와 1이고 세 수열 $\{a_n\}$, $\{b_n\}$, $\{c_n\}$이 모든 자연수 n에 대하여

$$a_{n+1}=4a_n,$$
$$b_{n+1}=(2n+1)b_n,$$
$$c_n=\begin{cases} a_n & (a_n<b_n) \\ b_n & (a_n\ge b_n) \end{cases}$$

을 만족시킬 때, $\sum_{n=1}^{30} 3c_n$의 값은?

① $2^{60}-120$　② $2^{60}-140$　③ $2^{61}-120$　④ $2^{61}-140$　⑤ $2^{61}-160$

339

두 수열 $\{a_n\}$, $\{b_n\}$이 모든 자연수 n에 대하여

$$b_n=4a_{n+1}-2a_n$$

을 만족시키고 $a_{19}-a_1=21$, $\sum_{k=1}^{18}a_k=224$이다. $\sum_{k=1}^{18}b_k$의 값은?

① 528　　② 529　　③ 530

④ 531　　⑤ 532

340

수열 $\{a_n\}$이 모든 자연수 n에 대하여 다음 조건을 만족시킬 때, $\frac{a_5}{5}$의 값을 구하시오.

(가) $a_1=2$

(나) $na_{n+1}-(3n+3)a_n=n(n+1)$

>> 해답 86쪽

341

Hard

첫째항이 1인 수열 $\{a_n\}$이 모든 자연수 n에 대하여

$$\frac{4a_n-2a_{n+1}}{3n+2}=\frac{a_na_{n+1}}{2^n}$$

을 만족시킬 때, a_9의 값은?

① 2　② 4　③ 6
④ 8　⑤ 10

유형 3 주기성이 있는 수열의 귀납적 정의

342

첫째항이 -2인 수열 $\{a_n\}$이 모든 자연수 n에 대하여

$$a_{n+1}=(-1)^na_n+5$$

를 만족시킨다. $\sum_{k=1}^{n}a_k=105$를 만족시키는 n의 값을 구하시오.

343

스페셜 특강 206쪽 EXAMPLE

첫째항이 모두 1인 두 수열 $\{a_n\}$, $\{b_n\}$이 모든 자연수 n에 대하여

$$a_{n+1}+a_n=2n,\ b_{n+1}=b_n+4n$$

을 만족시킨다. 수열 $\{c_n\}$을 $c_n=a_n+b_n$이라 할 때, c_{20}의 값을 구하시오.

344

수열 $\{a_n\}$이 모든 자연수 n에 대하여

$$a_1=3,\ a_2=9,\ a_{n+1}=a_n+a_{n+2}$$

를 만족시킬 때, **보기**에서 옳은 것만을 있는 대로 고른 것은?

보기

ㄱ. $a_n+a_{n+3}=0$

ㄴ. $a_{97}=3$

ㄷ. $\sum_{k=1}^{35}(a_k+a_{2k})=6$

① ㄱ　② ㄱ, ㄴ　③ ㄱ, ㄷ　④ ㄴ, ㄷ　⑤ ㄱ, ㄴ, ㄷ

345

Hard

$a_1=3,\ a_2=1$인 수열 $\{a_n\}$이 모든 자연수 n에 대하여

$$2a_{n+2}+(-1)^{n+1}a_{n+1}=3a_{n+1}-2a_n$$

을 만족시킬 때, $\sum_{k=1}^{47}a_k$의 값은?

① -5　② -3　③ -1　④ 1　⑤ 3

유형 4 S_n과 a_n 사이의 관계식이 주어진 수열

346

수열 $\{a_n\}$이 모든 자연수 n에 대하여

$$6(a_1+a_2+a_3+\cdots+a_n)=2a_{n+1}+17$$

을 만족시킨다. $a_{20}=2^{35}$일 때, $a_1\times a_2\times a_3\times a_4$의 값은?

① 12 ② 16 ③ 20
④ 24 ⑤ 28

347

Hard

자연수 전체의 집합에서 정의된 함수 f에 대하여

$$f(1)=10,\ \sum_{k=1}^{n} f(k)=n^2 f(n)$$

일 때, $f(200)$의 값은?

① $\frac{1}{2000}$ ② $\frac{1}{2010}$ ③ $\frac{1}{2020}$
④ $\frac{1}{2030}$ ⑤ $\frac{1}{2040}$

348

수열 $\{a_n\}$의 첫째항부터 제n항까지의 합을 S_n이라 할 때, 2 이상의 자연수 n에 대하여

$$2S_n=S_{n+1}+S_{n-1}-2n$$

을 만족시킨다. a_7-a_3의 값을 구하시오.

349

모든 항이 양수인 수열 $\{a_n\}$은 $a_1=a_2=1$이고, $S_n=\sum_{k=1}^{n}a_k$라 할 때, 모든 자연수 n에 대하여

$$a_{n+1}=\frac{S_n^{\ 2}}{S_{n-1}}+(2n-1)S_n\ (n\geq2)$$

을 만족시킨다. 다음은 일반항 a_n을 구하는 과정이다.

> $a_{n+1}=S_{n+1}-S_n$이므로 주어진 식에서
>
> $$S_{n+1}=\frac{S_n^{\ 2}}{S_{n-1}}+2nS_n\ (n\geq2)$$
>
> 양변을 S_n으로 나누면
>
> $$\frac{S_{n+1}}{S_n}=\frac{S_n}{S_{n-1}}+2n$$
>
> $b_n=\frac{S_{n+1}}{S_n}$이라 하면 $b_1=2$이고
>
> $$b_n=b_{n-1}+2n\ (n\geq2)$$
>
> 수열 $\{b_n\}$의 일반항은
>
> $$b_n=\boxed{(가)}\times(n+1)\ (n\geq1)$$
>
> 이므로
>
> $$S_n=\boxed{(가)}\times\{(n-1)!\}^2\ (n\geq1)$$
>
> 따라서 $a_1=1$이고, $n\geq2$일 때
>
> $$a_n=S_n-S_{n-1}$$
> $$=(\boxed{(나)})\times\{(n-2)!\}^2$$

위의 (가), (나)에 알맞은 식을 각각 $f(n)$, $g(n)$이라 할 때, $f(3)+g(10)$의 값을 구하시오.

>> 해답 88쪽

350

Hard

수열 $\{a_n\}$의 첫째항부터 제n항까지의 합을 S_n이라 할 때, 모든 자연수 n에 대하여

$$S_n=2-(n+1)a_n$$

을 만족시킨다. 이때 $\sum_{k=1}^{10}\frac{2}{a_k}$의 값은?

① 255　② 265　③ 275　④ 285　⑤ 295

351

Hard

모든 항이 양수인 수열 $\{a_n\}$의 첫째항부터 제n항까지의 합을 S_n이라 할 때, 모든 자연수 n에 대하여

$$S_n=\frac{1}{2}\left(a_n+\frac{1}{a_n}\right)$$

을 만족시킨다. $a_{25}=p-q\sqrt{6}$일 때, 자연수 p, q에 대하여 pq의 값을 구하시오.

유형 5 수열의 귀납적 정의의 도형에의 활용

352

$n \geq 4$인 자연수 n에 대하여 n각형의 대각선의 개수를 a_n이라 하면 $a_{n+1}=a_n+f(n)$이다. 이때 $f(20)$의 값을 구하시오.

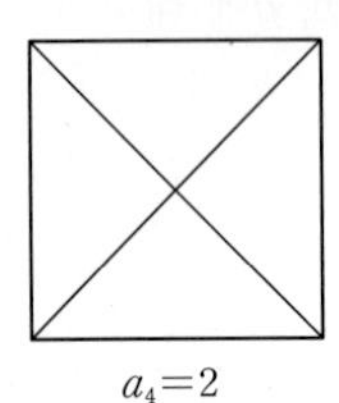
$a_4=2$

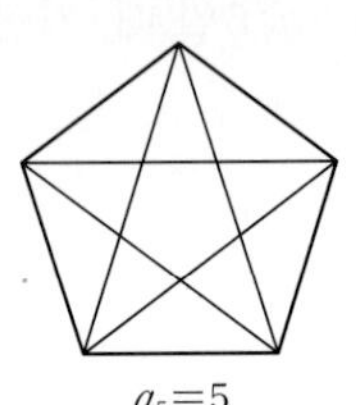
$a_5=5$

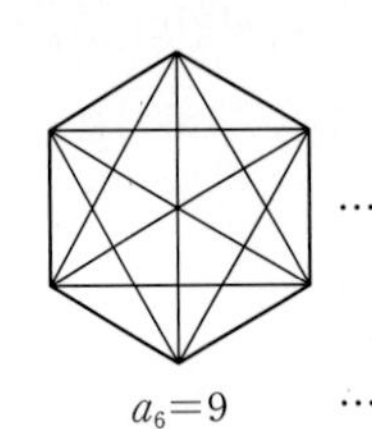
$a_6=9$ …

353

그림과 같은 모양으로 4층 탑을 쌓으려면 크기가 같은 44개의 정육면체가 필요하다. 이와 같은 방법으로 8층 탑을 쌓을 때 필요한 정육면체의 개수를 구하시오.

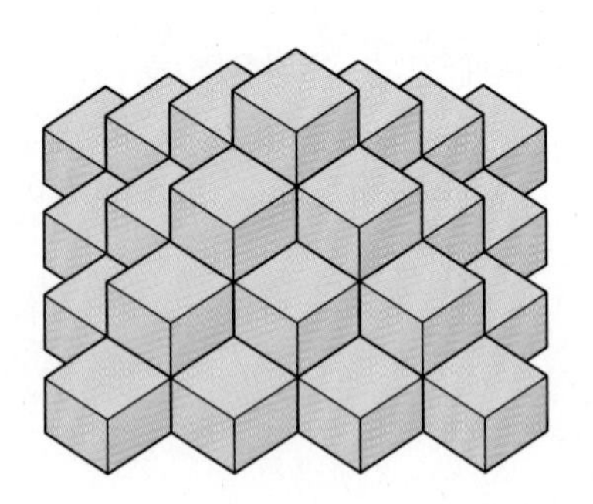

354

자연수 n에 대하여 x축 위의 점 P_n을 다음과 같은 규칙에 따라 정한다.

> [규칙 1] 점 P_1의 좌표는 $(0, 0)$이다.
> [규칙 2] $\overline{P_1P_2}=1$
> [규칙 3] $\overline{P_{n+1}P_{n+2}}=\frac{n}{n+2}\overline{P_nP_{n+1}}$ $(n=1, 2, 3, \cdots)$

점 P_n에서 직선 $y=1$에 내린 수선의 발을 Q_n, 선분 Q_nQ_{n+1}의 중점을 R_n이라 하자. 사다리꼴 $Q_nP_nP_{n+1}R_n$의 넓이를 S_n이라 할 때, $\sum_{n=1}^{15} 32S_n$의 값을 구하시오.

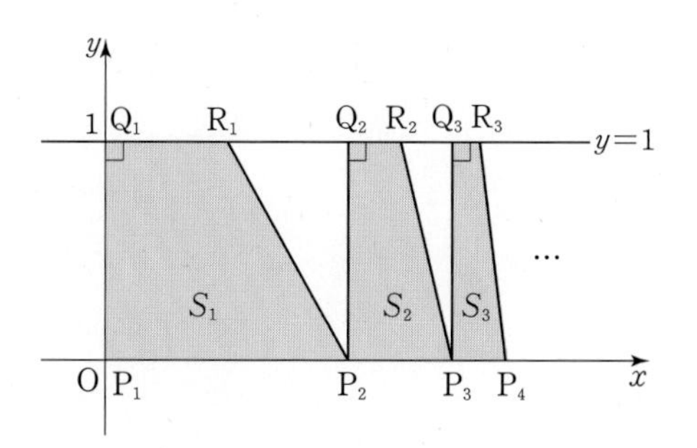

유형 6 수열의 귀납적 정의의 활용

355

두 개의 그릇 A, B에 밀가루가 각각 1 kg씩 들어 있다. 그릇 A에 담긴 밀가루의 $\frac{1}{3}$을 그릇 B에 담은 다음 그릇 B에 담긴 밀가루의 절반을 그릇 A에 담는 것을 1회 시행이라 하자. n회 시행 후 그릇 A에 담긴 밀가루의 양을 a_n kg이라 할 때, 모든 자연수 n에 대하여

$$a_{n+1}=pa_n+q$$

가 성립한다. 이때 상수 p, q에 대하여 $\frac{q}{p}$의 값을 구하시오.

356

6 %의 소금물 100 L가 있다. 매일 아침 50 L씩 사용을 하고 6 %의 소금물 60 L를 다시 채워 넣는데 다음날 아침까지 하루 동안 물 10 L가 증발한다고 한다. 오늘 아침부터 이와 같은 과정이 매일 반복될 때, n일 후의 소금물의 농도를 a_n %라 하자. a_n과 a_{n+1} 사이의 관계식으로 옳은 것은?

① $a_{n+1}=\frac{2}{3}a_n+\frac{5}{18}$

② $a_{n+1}=\frac{1}{3}a_n+\frac{18}{5}$

③ $a_{n+1}=\frac{1}{3}a_n-\frac{18}{5}$

④ $a_{n+1}=\frac{1}{2}a_n+\frac{18}{5}$

⑤ $a_{n+1}=\frac{1}{2}a_n-\frac{18}{5}$

357 Hard

흰 바둑돌과 검은 바둑돌로 구성된 바둑돌 n개를 일렬로 나열하되 검은 바둑돌끼리는 서로 이웃하지 않도록 나열하는 경우의 수를 a_n으로 정의하자. 예를 들어, $a_1=2$, $a_2=3$이다. a_8의 값을 구하시오. (단, 검은 바둑돌이 존재하지 않는 경우도 검은 바둑돌끼리 서로 이웃하지 않는다고 생각한다.)

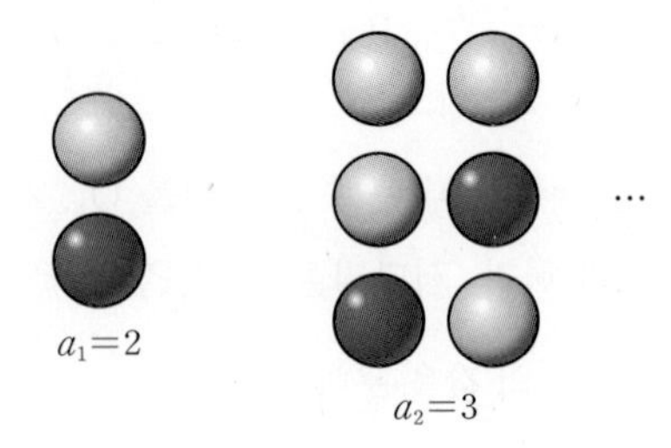

유형 7 수학적 귀납법 – 등식의 증명

358

다음은 모든 자연수 n에 대하여 n^3+3n^2+2n이 3의 배수임을 수학적 귀납법으로 증명하는 과정이다.

증명

(i) $n=1$일 때

$1^3+3\times1^2+2\times1=6$이므로 3의 배수이다.

(ii) $n=k$일 때

k^3+3k^2+2k가 3의 배수, 즉

$k^3+3k^2+2k=3m$ (m은 자연수)이라 하면

$n=k+1$일 때

$(k+1)^3+3(k+1)^2+2(k+1)$

$=(\boxed{(가)})+3k^2+9k+6$

$=3(m+\boxed{(나)})$

이므로 $n=k+1$일 때도 3의 배수이다.

(i), (ii)에 의하여 모든 자연수 n에 대하여 n^3+3n^2+2n은 3의 배수이다.

위의 (가), (나)에 알맞은 식을 각각 $f(k)$, $g(k)$라 할 때, $f(2)-g(3)$의 값을 구하시오.

359

다음은 모든 자연수 n에 대하여 등식

$$\left(\frac{1}{n}\right)^2-\left(\frac{2}{n}\right)^2+\left(\frac{3}{n}\right)^2-\cdots+(-1)^{n+1}\times\left(\frac{n}{n}\right)^2$$
$$=(-1)^{n+1}\times\frac{n+1}{2n}$$

이 성립함을 수학적 귀납법으로 증명하는 과정이다.

증명

(i) $n=1$일 때

(좌변)$=(-1)^2\times1^2=1$,

(우변)$=(-1)^2\times\frac{1+1}{2}=1$

이므로 주어진 등식이 성립한다.

(ii) $n=k$일 때 주어진 등식이 성립한다고 가정하면

$$\left(\frac{1}{k}\right)^2-\left(\frac{2}{k}\right)^2+\left(\frac{3}{k}\right)^2-\cdots+(-1)^{k+1}\times\left(\frac{k}{k}\right)^2$$
$$=(-1)^{k+1}\times\frac{k+1}{2k}$$

$$\therefore \left(\frac{1}{k+1}\right)^2-\left(\frac{2}{k+1}\right)^2+\left(\frac{3}{k+1}\right)^2-\cdots+(-1)^{k+2}\times\left(\frac{k+1}{k+1}\right)^2$$
$$=\boxed{(가)}\left\{\left(\frac{1}{k}\right)^2-\left(\frac{2}{k}\right)^2+\left(\frac{3}{k}\right)^2-\cdots+(-1)^{k+2}\times\left(\frac{k+1}{k}\right)^2\right\}$$
$$=\boxed{(가)}\times(-1)^{k+2}\times\frac{k+1}{k}\times\boxed{(나)}$$
$$=(-1)^{(k+1)+1}\times\frac{(k+1)+1}{2(k+1)}$$

따라서 $n=k+1$일 때도 주어진 등식이 성립한다.

(i), (ii)에 의하여 모든 자연수 n에 대하여 주어진 등식이 성립한다.

위의 (가), (나)에 알맞은 식을 각각 $f(k)$, $g(k)$라 할 때, $f(3)\times g(6)$의 값을 구하시오.

360

다음은 모든 자연수 n에 대하여 등식

$$\sum_{k=1}^{n}(n-k+1)2^{k-1}=2^{n+1}-n-2$$

가 성립함을 수학적 귀납법으로 증명하는 과정이다.

증명

(i) $n=1$일 때

(좌변)$=1\times2^{0}=1$, (우변)$=2^{1+1}-1-2=1$

이므로 주어진 등식이 성립한다.

(ii) $n=m$일 때 주어진 등식이 성립한다고 가정하면

$$\sum_{k=1}^{m}(m-k+1)2^{k-1}=2^{m+1}-m-2$$

$n=m+1$일 때

$$\sum_{k=1}^{m+1}(\boxed{\text{(가)}})2^{k-1}$$

$$=\sum_{k=1}^{m}(m-k+1)2^{k-1}+\boxed{\text{(나)}}$$

$$=2^{m+1}-m-2+\boxed{\text{(나)}}$$

$$=2^{m+2}-m-3$$

이므로 $n=m+1$일 때도 성립한다.

(i), (ii)에 의하여 모든 자연수 n에 대하여 주어진 등식은 성립한다.

$k=10$일 때, (가), (나)에 알맞은 식을 각각 $f(m)$, $g(m)$이라 하자. $f(10)+g(2)$의 값을 구하시오.

361

다음은 수열 $\{a_n\}$이 $a_n=\sum_{k=1}^{n}\frac{1}{k}$을 만족시킬 때, $n\geq2$인 모든 자연수 n에 대하여 등식

$$a_n=1+\frac{a_1+a_2+a_3+\cdots+a_{n-1}}{n} \quad \cdots\cdots (*)$$

이 성립함을 수학적 귀납법으로 증명하는 과정이다.

증명

(i) $n=2$일 때

(좌변)$=\sum_{k=1}^{2}\frac{1}{k}=\frac{3}{2}$, (우변)$=1+\frac{a_1}{2}=\frac{3}{2}$

이므로 등식 $(*)$이 성립한다.

(ii) $n=m\ (m\geq2)$일 때 등식 $(*)$이 성립한다고 가정하면

$$a_m=1+\frac{a_1+a_2+a_3+\cdots+a_{m-1}}{m}$$

위의 등식의 양변에 $\boxed{\text{(가)}}$를 더하면

$$a_m+\boxed{\text{(가)}}=1+\frac{a_1+a_2+a_3+\cdots+a_{m-1}}{m}+\boxed{\text{(가)}}$$

$$a_{m+1}=1+\frac{a_1+a_2+a_3+\cdots+a_{m-1}}{m}+\frac{a_m-\boxed{\text{(나)}}}{m+1}$$

$$=1+\frac{(m+1)(a_1+a_2+a_3+\cdots+a_{m-1})}{m(m+1)}+\frac{ma_m-m\times\boxed{\text{(나)}}}{m(m+1)}$$

$$=1+\frac{a_1+a_2+a_3+\cdots+a_{m-1}+a_m}{m+1}$$

따라서 $n=m+1$일 때도 등식 $(*)$이 성립한다.

(i), (ii)에 의하여 $n\geq2$인 모든 자연수 n에 대하여 등식 $(*)$이 성립한다.

위의 (가), (나)에 알맞은 식을 각각 $f(m)$, $g(m)$이라 할 때, $f\left(\frac{1}{11}\right)\times g(4)=\frac{q}{p}$이다. $p+q$의 값을 구하시오.

(단, p와 q는 서로소인 자연수이다.)

유형 8 수학적 귀납법 - 부등식의 증명

362

다음은 모든 자연수 n에 대하여 부등식

$$2^{n+1}>n(n+1)+1$$

이 성립함을 수학적 귀납법으로 증명하는 과정이다.

증명

(i) $n=1$일 때

(좌변)$=2^2=4$, (우변)$=2+1=3$

이므로 주어진 부등식이 성립한다.

(ii) $n=k$ $(k\geq 2)$일 때 부등식

$2^{k+1}>$ (가) $+1$ ...... ㉠

이 성립한다고 가정하자.

㉠의 양변에 2를 곱하면

$2^{k+2}>2(k^2+k+1)$

이때

$2(k^2+k+1)-\{$ (나) $\}=$ (다)

$k\geq 2$일 때 (다) >0이므로

$2^{k+2}>2(k^2+k+1)>$ (나)

$\therefore\ 2^{k+2}>$ (나)

따라서 $n=k+1$일 때도 주어진 부등식이 성립한다.

(i), (ii)에 의하여 모든 자연수 n에 대하여 주어진 부등식이 성립한다.

위의 (가), (나), (다)에 알맞은 식을 각각 $f(k)$, $g(k)$, $h(k)$라 할 때, $f(4)-g(2)+h(1)$의 값을 구하시오.

363

다음은 모든 자연수 n에 대하여 부등식

$$\{n(n-1)(n-2)\times\cdots\times 1\}^3\times 27^n$$
$$>3n(3n-1)(3n-2)\times\cdots\times 1 \quad \cdots\cdots ㉠$$

이 성립함을 수학적 귀납법으로 증명하는 과정이다.

증명

(i) $n=1$일 때

(좌변)$=27$, (우변)$=$ (가)

이므로 부등식 ㉠이 성립한다.

(ii) $n=k$일 때 부등식 ㉠이 성립한다고 가정하면

$\{k(k-1)(k-2)\times\cdots\times 1\}^3\times 27^k$

$>3k(3k-1)(3k-2)\times\cdots\times 1$ ...... ㉡

㉡의 양변에 (나) 를 곱하면

$\{(k+1)k(k-1)\times\cdots\times 1\}^3\times 27^{k+1}$

$>$ (나) $\times 3k(3k-1)(3k-2)\times\cdots\times 1$

$>(3k+3)(3k+2)(3k+1)\times\cdots\times 1$

따라서 $n=k+1$일 때도 부등식 ㉠이 성립한다.

(i), (ii)에 의하여 모든 자연수 n에 대하여 부등식 ㉠이 성립한다.

위의 (가)에 알맞은 수를 a, (나)에 알맞은 식을 $f(k)$라 할 때, $f(a-4)$의 값을 구하시오.

364

2 이상의 자연수 n에 대하여 부등식 $\left(1+\frac{1}{n}\right)^n>2$가 성립함이 알려져 있다. 다음은 이 사실을 이용하여 $n\geq6$인 모든 자연수 n에 대하여 부등식

$$\left(\frac{n}{2}\right)^n>n(n-1)(n-2)\times\cdots\times1$$

이 성립함을 수학적 귀납법으로 증명하는 과정이다.

증명

(i) $n=6$일 때

(좌변)$=3^6=729$,

(우변)$=6\times5\times4\times3\times2\times1=720$

이므로 주어진 부등식이 성립한다.

(ii) $n=k\ (k\geq6)$일 때 주어진 부등식이 성립한다고 가정하면

$$\left(\frac{k}{2}\right)^k>k(k-1)(k-2)\times\cdots\times1$$

$$\therefore \left(\frac{k+1}{2}\right)^{k+1}=\frac{k+1}{2^{k+1}}\times\frac{(k+1)^k}{k^k}\times\boxed{(가)}$$

$$=\frac{k+1}{2}\times\frac{1}{2^k}\times\left(\frac{k+1}{k}\right)^k\times\boxed{(가)}$$

$$=\frac{k+1}{2}\times\left(1+\frac{1}{k}\right)^k\times\boxed{(나)}$$

$$>\frac{k+1}{2}\times\boxed{(다)}$$

$$=(k+1)k(k-1)\times\cdots\times1$$

따라서 $n=k+1$일 때도 주어진 부등식이 성립한다.

(i), (ii)에 의하여 $n\geq6$인 모든 자연수 n에 대하여 주어진 부등식이 성립한다.

위의 (가), (나), (다)에 알맞은 식을 각각 $f(k)$, $g(k)$, $h(k)$라 할 때, $f(1)+g(4)+h(3)$의 값을 구하시오.

365

다음은 $n\geq2$인 모든 자연수 n에 대하여 부등식

$$1+\frac{1}{\sqrt{2}}+\frac{1}{\sqrt{3}}+\cdots+\frac{1}{\sqrt{n^2}}>n \quad \cdots\cdots ㉠$$

이 성립함을 수학적 귀납법으로 증명하는 과정이다.

증명

(i) $n=\boxed{(가)}$일 때

(좌변)$=1+\frac{1}{\sqrt{2}}+\frac{1}{\sqrt{3}}+\frac{1}{\sqrt{4}}$, (우변)$=2$

이므로 $n=\boxed{(가)}$일 때 부등식 ㉠이 성립한다.

(ii) $n=m\ (m\geq2)$일 때 부등식 ㉠이 성립한다고 가정하면

$$1+\frac{1}{\sqrt{2}}+\frac{1}{\sqrt{3}}+\cdots+\frac{1}{\sqrt{m^2}}>m$$

$n=m+1$일 때

$$1+\frac{1}{\sqrt{2}}+\frac{1}{\sqrt{3}}+\cdots+\frac{1}{\sqrt{(m+1)^2}}$$

$$=1+\frac{1}{\sqrt{2}}+\frac{1}{\sqrt{3}}+\cdots+\frac{1}{\sqrt{m^2}}+\sum_{k=1}^{\boxed{(나)}}\frac{1}{\sqrt{m^2+k}}$$

$$>m+\sum_{k=1}^{\boxed{(나)}}\frac{1}{\sqrt{m^2+k}}$$

이때

$$\sum_{k=1}^{\boxed{(나)}}\frac{1}{\sqrt{m^2+k}}>\sum_{k=1}^{\boxed{(나)}}\frac{1}{\sqrt{m^2+\boxed{(나)}}}$$

$$=\boxed{(다)}>1$$

이므로

$$1+\frac{1}{\sqrt{2}}+\frac{1}{\sqrt{3}}+\cdots+\frac{1}{\sqrt{(m+1)^2}}>m+1$$

따라서 $n=m+1$일 때도 부등식 ㉠이 성립한다.

(i), (ii)에 의하여 $n\geq2$인 모든 자연수 n에 대하여 부등식 ㉠이 성립한다.

위의 (가)에 알맞은 수를 a, (나), (다)에 알맞은 식을 각각 $f(m)$, $g(m)$이라 할 때, $a+f(4)\times g(8)$의 값을 구하시오.

수열

실전에서 *시간 단축을 위한*

스페셜 특강

SPECIAL LECTURE

TOPIC 1 일차함수와 등차수열의 관계

TOPIC 2 등차수열의 일반항과 S_n 해석하기

TOPIC 3 $a_{k+1}-a_k$ 꼴의 합

TOPIC 4 $a_{n+1}+a_n=pn+q$ 꼴이 주어졌을 때

TOPIC 1 일차함수와 등차수열의 관계

TOPIC 1 일차함수와 등차수열의 관계

등차수열의 일반항은 n에 대한 일차함수 꼴이므로 산술평균을 통해 그 합을 쉽게 구할 수 있다.

수열 $\{a_n\}$이 등차수열일 때

$$a_1+a_2+a_3+\cdots+a_n=n\times a_{\frac{n+1}{2}}$$

[확장]

(1) 수열 $\{a_{2n}\}$도 등차수열이므로

$$a_2+a_4+a_6+\cdots+a_{2m}=m\times a_{m+1}$$

(2) a_1이 아닌 a_l부터의 합도 동일한 방법으로 해석하면

$$a_l+a_{l+1}+a_{l+2}+\cdots+a_m=(m-l+1)\times a_{\frac{m+l}{2}}$$

예 일반항이 $a_n=2n+1$인 등차수열 $\{a_n\}$에 대하여

(1) $a_1+a_2+a_3+\cdots+a_8=8\times a_{4.5}=8\times 10=80$

$\left(※ \text{ 편의상 실전에서는 } \dfrac{a_4+a_5}{2}=a_{4.5}\text{로 계산해도 무방하다.}\right)$

(2) $a_2+a_4+a_6+\cdots+a_{20}=10\times a_{11}=10\times 23=230$

(3) $a_3+a_4+a_5+\cdots+a_{10}=8\times a_{6.5}=8\times 14=112$

PROOF

일차함수 $f(x)$는 두 가지 성질이 있다.

(1) $f(1)+f(2)+f(3)+\cdots+f(n)=n\times\left\{\dfrac{f(n)+f(1)}{2}\right\}$

(2) $\dfrac{f(x_1)+f(x_2)}{2}=f\left(\dfrac{x_1+x_2}{2}\right)$

오른쪽 그림과 같이 등차수열 $\{a_n\}$은 n의 값이 커짐에 따라 a_n의 값이 일정하게 증가하거나 감소하는 n에 대한 일차함수로 해석할 수 있으므로

$$a_1+a_2+a_3+\cdots+a_m=m\times\left\{\frac{f(m)+f(1)}{2}\right\}$$
$$=m\times f\left(\frac{m+1}{2}\right)$$

이때 $f\left(\dfrac{m+1}{2}\right)=a_{\frac{m+1}{2}}$로 해석하면

$$a_1+a_2+a_3+\cdots+a_m=m\times a_{\frac{m+1}{2}}$$

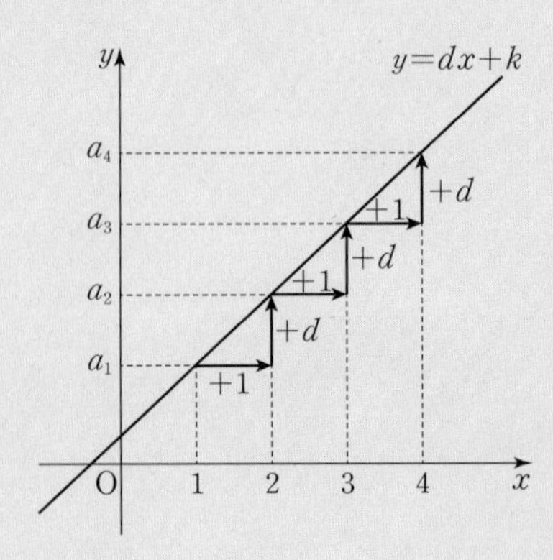

스페셜
EXAMPLE

157쪽 282번

등차수열 $\{a_n\}$의 공차를 $d\ (d>0)$라 할 때, $a_1=d$이다. 수열 $\{b_n\}$을

$$b_n=\frac{1}{n}(a_1+a_2+a_3+\cdots+a_n)$$

이라 하자. 수열 $\{c_n\}$이 다음 조건을 만족시킬 때, c_{17}의 값을 구하시오.

(가) $a_nb_n=c_1+c_2+c_3+\cdots+c_n$
(나) $a_9=c_3$

SOLUTION

$a_n=dn$이므로

$$b_n=\frac{1}{n}(a_1+a_2+a_3+\cdots+a_n)$$
$$=\frac{1}{n}\times n\times a_{\frac{n+1}{2}}=a_{\frac{n+1}{2}}$$
$$=\frac{d}{2}(n+1)$$

$$\therefore c_1+c_2+c_3+\cdots+c_n=dn\times\frac{d}{2}(n+1)$$
$$=\frac{d^2}{2}n(n+1)$$

이때 $c_1+c_2+c_3+\cdots+c_n=S_n$이라 하면 $S_n=\frac{d^2}{2}n(n+1)$이므로 $n\geq2$일 때

$$c_n=S_n-S_{n-1}$$
$$=\frac{d^2}{2}n(n+1)-\frac{d^2}{2}(n-1)n$$
$$=d^2n$$

따라서 $c_3=3d^2$, $a_9=9d$이므로 조건 (나)에서

$9d=3d^2$

$\therefore d=3\ (\because d>0)$

즉, $c_n=9n\ (n\geq2)$이므로

$c_{17}=9\times17=153$

답 153

스페셜 적용하기

366

155쪽 277번

공차가 자연수인 등차수열 $\{a_n\}$에 대하여

$$a_4+a_6+a_8=36,\ a_4a_8=80$$

일 때, $2a_1+3a_2+2a_3+3a_4+\cdots+2a_{15}+3a_{16}$의 값을 구하시오.

367

두 자연수 p, q $(p<q)$에 대하여 $a_2=1$이고 공차가 2 이상의 자연수인 등차수열 $\{a_n\}$이

$$a_p+a_{p+2}+a_{p+4}=48,\ a_q+a_{q+4}+a_{q+8}=84$$

를 만족시킨다. p와 q의 등차중항을 k라 할 때, a_k의 값을 구하시오. (단, k는 자연수이다.)

TOPIC 2 등차수열의 일반항과 S_n 해석하기

(1) 첫째항이 a이고, 공차가 d $(d\neq0)$인 등차수열 $\{a_n\}$의 첫째항부터 제n항까지의 합 S_n은

$$S_n=\frac{d}{2}n^2+\left(a-\frac{d}{2}\right)n$$

즉, S_n은 n에 대한 이차함수로 해석할 수 있다.

(2) 수열 $\{a_n\}$의 첫째항부터 제n항까지의 합 S_n에 대하여

① $S_n=an^2+bn$ (a, b는 상수)

➡ 수열 $\{a_n\}$은 첫째항부터 공차가 $2a$인 등차수열을 이룬다.

➡ $a_n=2an+(b-a)$ $(n\geq1)$

② $S_n=an^2+bn+c$ (a, b, c는 상수, $c\neq0$)

➡ 수열 $\{a_n\}$은 제2항부터 공차가 $2a$인 등차수열을 이룬다.

➡ $a_n=\begin{cases} a+b+c & (n=1) \\ 2an+(b-a) & (n\geq2) \end{cases}$

예 ① $S_n=2n^2+3n$이면 $a_n=2\times2n+(3-2)=4n+1$ $(n\geq1)$

② $S_n=2n^2+3n+1$이면 $a_n=\begin{cases} 6 & (n=1) \\ 4n+1 & (n\geq2) \end{cases}$

PROOF

(1) 첫째항이 a이고 공차가 d $(d\neq0)$인 등차수열 $\{a_n\}$에 대하여

$$S_n=\frac{n\{2a+(n-1)d\}}{2}=\frac{d}{2}n^2+\left(a-\frac{d}{2}\right)n$$

➡ S_n은 n에 대한 이차함수로 해석할 수 있다.

(2) ① $S_n=an^2+bn$ (a, b는 상수)이면

(i) $n=1$일 때, $a_1=S_1=a+b$

(ii) $n\geq2$일 때

$$a_n=S_n-S_{n-1}=an^2+bn-a(n-1)^2-b(n-1)=2an-a+b$$

(i), (ii)에 의하여 $a_n=2an+(b-a)$ $(n\geq1)$

② $S_n=an^2+bn+c$ (a, b, c는 상수, $c\neq0$)이면

(i) $n=1$일 때, $a_1=S_1=a+b+c$

(ii) $n\geq2$일 때

$$a_n=S_n-S_{n-1}=an^2+bn+c-a(n-1)^2-b(n-1)-c=2an-a+b$$

(i), (ii)에 의하여 $a_n=\begin{cases} a+b+c & (n=1) \\ 2an+(b-a) & (n\geq2) \end{cases}$

스페셜 EXAMPLE

모의고사 기출 158쪽 284번

공차가 d_1, d_2인 두 등차수열 $\{a_n\}$, $\{b_n\}$의 첫째항부터 제n항까지의 합을 각각 S_n, T_n이라 하자.

$$S_nT_n=n^2(n^2-1)$$

일 때, **보기**에서 항상 옳은 것을 모두 고른 것은?

보기

ㄱ. $a_n=n$이면 $b_n=4n-4$이다.

ㄴ. $d_1d_2=4$

ㄷ. $a_1\neq0$이면 $a_n=n$이다.

① ㄱ　② ㄴ　③ ㄱ, ㄴ　④ ㄱ, ㄷ　⑤ ㄱ, ㄴ, ㄷ

SOLUTION

S_n과 T_n은 각각 첫째항부터 등차수열을 이루는 수열의 제n항까지의 합이고, $S_nT_n=n^2(n^2-1)$이므로

$S_n=kn(n-1)$, $T_n=\frac{1}{k}n(n+1)$ 또는 $S_n=\frac{1}{k}n(n+1)$, $T_n=kn(n-1)$ (단, k는 0이 아닌 상수)

ㄱ. $a_n=n$이면 $S_n=\frac{1}{2}n(n+1)$이므로

$T_n=2n(n-1)=2n^2-2n$

$\therefore b_n=2\times2n+(-2-2)=4n-4$ (참)

ㄴ. 합이 $kn(n-1)=kn^2-kn$이면 수열의 공차는 $2k$

합이 $\frac{1}{k}n(n+1)=\frac{1}{k}n^2+\frac{1}{k}n$이면 수열의 공차는 $\frac{2}{k}$

$\therefore d_1d_2=2k\times\frac{2}{k}=4$ (참)

ㄷ. [반례] $a_n=2n$, $b_n=2n-2$이면 $S_n=n(n+1)$, $T_n=n(n-1)$이므로

$S_nT_n=n^2(n^2-1)$

따라서 $a_1\neq0$이지만 $a_n\neq n$이다. (거짓)

따라서 옳은 것은 ㄱ, ㄴ이다.

답 ③

» 해답 93쪽

스페셜
적용하기

368

156쪽 278번

등차수열 $\{a_n\}$의 첫째항부터 제n항까지의 합 S_n에 대하여 $S_1>0$, $S_{20}=S_{40}$일 때, **보기**에서 옳은 것만을 있는 대로 고른 것은?

보기

ㄱ. $a_1>-(a_{21}+a_{22}+\cdots+a_{40})$

ㄴ. $|a_{25}|=|a_{36}|$

ㄷ. 모든 자연수 n에 대하여 $S_{30}\geq S_n$을 만족시킨다.

① ㄱ　② ㄴ　③ ㄱ, ㄴ　④ ㄴ, ㄷ　⑤ ㄱ, ㄴ, ㄷ

369

첫째항이 c이고 공차가 d인 등차수열 $\{a_n\}$에서 첫째항부터 제n항까지의 합을 S_n이라 하자. $\frac{S_{3n}}{S_n}$의 값이 n의 값에 관계없이 항상 일정할 때, $\frac{c}{d}$의 값은? (단, $d\neq0$)

① $\frac{1}{3}$　② $\frac{1}{2}$　③ 1　④ 2　⑤ 3

TOPIC 3 $a_{k+1}-a_k$ 꼴의 합

(1) $\displaystyle\sum_{k=1}^{n}\frac{1}{k(k+1)(k+2)}=\frac{1}{2}\left\{\frac{1}{2}-\frac{1}{(n+1)(n+2)}\right\}$

(2) $\displaystyle\sum_{k=1}^{n}k(k+1)=\frac{n(n+1)(n+2)}{3}$

(3) $\displaystyle\sum_{k=1}^{n}k(k-1)=\frac{(n-1)n(n+1)}{3}$

(4) $\displaystyle\sum_{k=1}^{n}\frac{k}{(k+1)!}=1-\frac{1}{(n+1)!}$

(5) $\displaystyle\sum_{k=1}^{n}k\times k!=(n+1)!-1$

(6) $\displaystyle\sum_{i=1}^{k}a_i=S_k$일 때, $\displaystyle\sum_{k=1}^{n}\frac{a_{k+1}}{S_{k+1}S_k}=\frac{1}{S_1}-\frac{1}{S_{n+1}}$

PROOF

(1) $$\begin{aligned}\sum_{k=1}^{n}\frac{1}{k(k+1)(k+2)}&=\sum_{k=1}^{n}\frac{1}{2}\left\{\frac{1}{k(k+1)}-\frac{1}{(k+1)(k+2)}\right\}\\&=\frac{1}{2}\left[\left(\frac{1}{1\times2}-\frac{1}{2\times3}\right)+\left(\frac{1}{2\times3}-\frac{1}{3\times4}\right)\right.\\&\qquad\left.+\cdots+\left\{\frac{1}{n(n+1)}-\frac{1}{(n+1)(n+2)}\right\}\right]\\&=\frac{1}{2}\left\{\frac{1}{2}-\frac{1}{(n+1)(n+2)}\right\}\end{aligned}$$

(2) $$\begin{aligned}\sum_{k=1}^{n}k(k+1)&=\sum_{k=1}^{n}\frac{3}{3}\times k(k+1)\\&=\sum_{k=1}^{n}\frac{\{(k+2)-(k-1)\}k(k+1)}{3}\\&=\sum_{k=1}^{n}\left\{\frac{k(k+1)(k+2)}{3}-\frac{(k-1)k(k+1)}{3}\right\}\\&=\left(\frac{1\times2\times3}{3}-\frac{0\times1\times2}{3}\right)+\left(\frac{2\times3\times4}{3}-\frac{1\times2\times3}{3}\right)\\&\qquad+\cdots+\left\{\frac{n(n+1)(n+2)}{3}-\frac{(n-1)n(n+1)}{3}\right\}\\&=\frac{n(n+1)(n+2)}{3}\end{aligned}$$

(3) $\sum_{k=1}^{n} k(k-1) = \sum_{k=1}^{n} \frac{3}{3} \times k(k-1)$

$= \sum_{k=1}^{n} \frac{\{(k+1)-(k-2)\}k(k-1)}{3}$

$= \sum_{k=1}^{n} \left\{ \frac{(k-1)k(k+1)}{3} - \frac{(k-2)(k-1)k}{3} \right\}$

$= \left\{ \frac{0\times1\times2}{3} - \frac{(-1)\times0\times1}{3} \right\} + \left(\frac{1\times2\times3}{3} - \frac{0\times1\times2}{3} \right)$

$+ \cdots + \left\{ \frac{(n-1)n(n+1)}{3} - \frac{(n-2)(n-1)n}{3} \right\}$

$= \frac{(n-1)n(n+1)}{3}$

(4) $\sum_{k=1}^{n} \frac{k}{(k+1)!} = \sum_{k=1}^{n} \frac{k+1-1}{(k+1)!}$

$= \sum_{k=1}^{n} \left\{ \frac{1}{k!} - \frac{1}{(k+1)!} \right\}$

$= \left(1 - \frac{1}{2!}\right) + \left(\frac{1}{2!} - \frac{1}{3!}\right) + \cdots + \left\{ \frac{1}{n!} - \frac{1}{(n+1)!} \right\}$

$= 1 - \frac{1}{(n+1)!}$

(5) $\sum_{k=1}^{n} k \times k! = \sum_{k=1}^{n} \{(k+1)-1\} \times k!$

$= \sum_{k=1}^{n} \{(k+1)! - k!\}$

$= (2!-1) + (3!-2!) + \cdots + \{(n+1)! - n!\}$

$= (n+1)! - 1$

(6) $\sum_{i=1}^{k} a_i = S_k$에서 $a_{k+1} = S_{k+1} - S_k$이므로

$\sum_{k=1}^{n} \frac{a_{k+1}}{S_{k+1}S_k} = \sum_{k=1}^{n} \frac{S_{k+1} - S_k}{S_{k+1}S_k}$

$= \sum_{k=1}^{n} \left(\frac{1}{S_k} - \frac{1}{S_{k+1}} \right)$

$= \left(\frac{1}{S_1} - \frac{1}{S_2} \right) + \left(\frac{1}{S_2} - \frac{1}{S_3} \right) + \cdots + \left(\frac{1}{S_n} - \frac{1}{S_{n+1}} \right)$

$= \frac{1}{S_1} - \frac{1}{S_{n+1}}$

스페셜
EXAMPLE

174쪽 324번

수열 $\{a_n\}$의 첫째항부터 제n항까지의 합을 S_n이라 하자. $a_n=\dfrac{2n}{(n+1)!}$이고 $S_m=\dfrac{119}{60}$일 때, 자연수 m의 값은?

① 4 ② 5 ③ 6 ④ 7 ⑤ 8

SOLUTION

$\displaystyle\sum_{k=1}^{n}\frac{k}{(k+1)!}=1-\frac{1}{(n+1)!}$이므로

$$S_n=\sum_{k=1}^{n}a_k=\sum_{k=1}^{n}\frac{2k}{(k+1)!}$$

$$=2\sum_{k=1}^{n}\frac{k}{(k+1)!}=2\left\{1-\frac{1}{(n+1)!}\right\}$$

즉, $S_m=\dfrac{119}{60}$에서 $2-\dfrac{2}{(m+1)!}=\dfrac{119}{60}$

$$1-\frac{1}{(m+1)!}=\frac{119}{120}$$

$(m+1)!=120=5\times4\times3\times2\times1=5!$

$\therefore m=4$

답 ①

스페셜
적용하기

370

함수 $f(n)=\displaystyle\sum_{k=1}^{n}(k^2+k)$에 대하여 $\displaystyle\sum_{n=1}^{6}\frac{4}{f(n)}$의 값은?

① $\dfrac{18}{7}$ ② $\dfrac{75}{28}$ ③ $\dfrac{39}{14}$ ④ $\dfrac{81}{28}$ ⑤ 3

371

첫째항이 2인 등차수열 $\{a_n\}$의 첫째항부터 제n항까지의 합을 S_n이라 하자. $\displaystyle\sum_{k=1}^{12}\frac{13a_{k+1}}{S_{k+1}S_k}=-\frac{9}{2}$일 때, a_7의 값은?

① $\dfrac{1}{22}$ ② $\dfrac{1}{11}$ ③ $\dfrac{3}{22}$ ④ $\dfrac{2}{11}$ ⑤ $\dfrac{5}{22}$

TOPIC 4 $a_{n+1}+a_n=pn+q$ 꼴이 주어졌을 때

TOPIC4 $a_{n+1}+a_n=pn+q$ 꼴이 주어졌을 때

수열 $\{a_n\}$이 모든 자연수 n에 대하여

$a_{n+1}+a_n=pn+q$ (p, q는 상수)

꼴이면 두 수열 $\{a_{2n-1}\}$과 $\{a_{2n}\}$은 각각 공차가 p인 등차수열을 이룬다.

즉, 짝수 번째 항은 짝수 번째 항끼리, 홀수 번째 항은 홀수 번째 항끼리 등차수열을 이루므로

$a_{n+2}=a_n+p$

를 만족시킨다.

PROOF

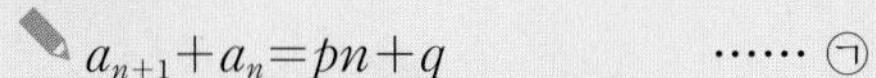

$a_{n+1}+a_n=pn+q$ ...... ㉠

㉠에 n 대신 $n+1$을 대입하면

$a_{n+2}+a_{n+1}=pn+(p+q)$ ...... ㉡

㉡－㉠을 하면

$a_{n+2}-a_n=p$

$\therefore a_{n+2}=a_n+p$

따라서 두 수열 $\{a_{2n-1}\}$과 $\{a_{2n}\}$은 각각 공차가 p인 등차수열을 이룬다.

참고

일차식을 포함한 모든 함수 $f(n)$에 대하여

$a_{n+1}+a_n=f(n)$

꼴의 형태는 $a_{n+2}-a_n=f(n+1)-f(n)$으로 해석하여 문제에 접근할 수 있다.

>> 해답 94쪽

스페셜 EXAMPLE

183쪽 343번

첫째항이 모두 1인 두 수열 $\{a_n\}$, $\{b_n\}$이 모든 자연수 n에 대하여

$$a_{n+1}+a_n=2n,\ b_{n+1}=b_n+4n$$

을 만족시킨다. 수열 $\{c_n\}$을 $c_n=a_n+b_n$이라 할 때, c_{20}의 값을 구하시오.

SOLUTION

$a_{n+1}+a_n=2n$에서 $a_{n+2}=a_n+2$

$n=1$을 대입하면 $a_2+a_1=2$이므로 $a_2=1$

$\therefore a_{2n}=a_2+(n-1)\times 2=2n-1$

또, $b_{n+1}=b_n+4n$에 $n=1, 2, 3, \cdots, 19$를 차례대로 대입하면

$b_2=b_1+4\times 1,\ b_3=b_2+4\times 2,\ b_4=b_3+4\times 3,\ \cdots,\ b_{20}=b_{19}+4\times 19$

위의 식의 양변을 각각 더하면

$$b_{20}=b_1+\sum_{k=1}^{19}4k=1+4\times\frac{19\times 20}{2}=761$$

$\therefore c_{20}=a_{20}+b_{20}=19+761=780$

답 780

스페셜 적용하기

372

수열 $\{a_n\}$이 모든 자연수 n에 대하여

$$a_n+a_{n+1}=3n+7$$

을 만족시킬 때, $\sum_{n=1}^{15}(-1)^n(a_{2n-1}+a_{2n})$의 값을 구하시오.

373

수열 $\{a_n\}$이 모든 자연수 n에 대하여

$$a_1=-1,\ a_n+a_{n+1}=n^2$$

을 만족시킬 때, **보기**에서 옳은 것만을 있는 대로 고른 것은?

보기

ㄱ. $\sum_{n=1}^{11}a_n=219$

ㄴ. $a_{14}-a_{13}=15$

ㄷ. $\sum_{n=1}^{20}(a_{2n}-a_{2n-1})=440$

① ㄱ ② ㄱ, ㄴ ③ ㄱ, ㄷ ④ ㄴ, ㄷ ⑤ ㄱ, ㄴ, ㄷ

수열

1등급 쟁취를 위한

등차수열

예제

374

첫째항이 45이고 공차가 $-d$인 등차수열 $\{a_n\}$의 첫째항부터 제n항까지의 합을 S_n이라 할 때, 등식 $S_{m+k+1}-S_m=0$을 만족시키는 두 자연수 m, k가 존재하도록 하는 자연수 d의 최댓값을 구하시오.

해결 전략

1단계 ▸ $S_{m+k+1}-S_m$이 등차수열의 합임을 이용하여 식을 세운다.

2단계 ▸ m, k가 자연수이므로 d가 90의 약수가 됨을 이해한다.

>> 해답 95쪽

유제

375

첫째항이 -56이고 공차가 d인 등차수열 $\{a_n\}$의 첫째항부터 제n항까지의 합을 S_n이라 할 때, 등식 $S_m=S_k\ (m<k)$를 만족시키는 두 자연수 $m,\ k$가 존재하도록 하는 모든 자연수 d의 값의 합을 구하시오.

등차수열

예제

376

등차수열 $\{a_n\}$의 첫째항부터 제n항까지의 합을 S_n이라 할 때, $S_k>S_{k+1}$을 만족시키는 가장 작은 자연수 k에 대하여 $S_k=80$이다. $a_7=-\frac{4}{3}a_4$이고 $|a_4a_5a_6|=-a_4a_5a_6$일 때, a_3의 값은?

① 16 ② 18 ③ 20 ④ 22 ⑤ 24

해결 전략

1단계 ▸ $a_k\geq 0$, $a_{k+1}<0$임을 파악하고 주어진 조건들을 활용하여 식을 세운다.

2단계 ▸ a_5, a_6의 부호에 따라 경우를 나누어 등차수열 $\{a_n\}$의 첫째항과 공차를 구한다.

>> 해답 95쪽

유제 **377**

공차가 양수인 등차수열 $\{a_n\}$에 대하여 $|a_8|=|a_{12}|$, $|a_7|+|a_{11}|+|a_{15}|=36$이다. 등차수열 $\{a_n\}$의 첫째항부터 제n항까지의 합을 S_n이라 할 때, $S_n>660$을 만족시키는 자연수 n의 최솟값을 구하시오.

등차수열

예제

378

첫째항이 -13이고 공차가 정수인 등차수열 $\{a_n\}$에 대하여

$$S_n=\sum_{k=1}^{n} a_k,\ T_n=\sum_{k=1}^{n} |a_k|$$

라 하자. $S_{k-1}>S_k$, $S_k<S_{k+1}$을 만족시키는 자연수 k에 대하여 $n\geq k$일 때, $T_n=S_n+70$이다. S_6+T_6의 값을 구하시오. (단, $k\neq 1$)

해결 전략

1단계 ▶ 공차가 양수이고 $n\geq k$이면 S_n이 증가, $n<k$이면 S_n이 감소함을 알아낸다.

2단계 ▶ $n<k$일 때 $a_n\leq 0$임을 이용하여 $S_k=-35$임을 파악한다.

3단계 ▶ 공차가 정수임을 이용하여 조건을 만족시키는 k의 값을 구한다.

>> 해답 96쪽

유제 **379**

등차수열 $\{a_n\}$과 모든 자연수 n에 대하여

$$S_n=\sum_{k=1}^{n}a_k,\ T_n=\sum_{k=1}^{n}|a_k|$$

라 하자. S_n과 T_n이 다음 조건을 만족시킬 때, a_{20}의 값은?

(가) $S_{15}+S_{30}=15\times a_{23}$

(나) $n\geq 8$일 때, $T_n=S_n+280$

① 30 ② 40 ③ 50 ④ 60 ⑤ 70

등차수열

예제

380

첫째항이 a, 공차가 2인 등차수열 $\{a_n\}$에 대하여 수열 $\{b_n\}$이 다음 조건을 만족시킬 때, 자연수 a의 최댓값을 구하시오.

> (가) 수열 $\{b_n\}$의 각 항은 수열 $\{a_n\}$의 각 항에서 3의 배수가 아닌 모든 항으로 이루어져 있다.
> (나) 모든 자연수 n에 대하여 $b_n < b_{n+1}$이다.
> (다) $b_{40} = 175$

해결 전략

1단계 ▸ 첫째항 a를 $a=3k$, $a=3k-1$, $a=3k-2$인 경우로 나누어 수열 $\{b_n\}$을 구한다.

2단계 ▸ 각각의 경우에 대하여 주어진 조건을 만족시키는 a의 최댓값을 구한다.

>> 해답 97쪽

유제 **381**

첫째항이 a, 공차가 4인 등차수열 $\{a_n\}$과 모든 자연수 n과 임의의 정수 p에 대하여 수열 $\{b_n\}$은

$$b_n=\begin{cases} a_n & (a_n \neq 3^p) \\ 0 & (a_n = 3^p) \end{cases}$$

을 만족시킨다. $\sum_{n=1}^{m}(a_n-b_n)=30$이 되도록 하는 자연수 m의 최댓값이 63일 때, a의 값을 구하시오.

등비수열

예제

382

x에 대한 삼차방정식

$$x^3-(ab+a+b)x^2+ab(a+b+1)x-(ab)^2=0$$

의 세 근 x_1, x_2, x_3을 적절히 배열하여 등비수열과 등차수열을 만들 수 있다. $x_1x_2x_3>0$, $\sum_{n=1}^{3}|x_n|>\left|\sum_{n=1}^{3}x_n\right|$일 때, $a+b$의 최댓값을 M, 최솟값을 m이라 하자. $M-m$의 값을 구하시오. (단, a, b는 상수이다.)

해결 전략

1단계 ▶ 주어진 식을 a에 대한 내림차순으로 정리한 후, 인수분해하여 세 근 x_1, x_2, x_3을 찾는다.

2단계 ▶ 세 근 중 두 근이 음수, 한 근이 양수임을 고려하여 a, b의 부호를 정하고, 각각의 경우에서 a, b의 값을 구한다.

>> 해답 97쪽

유제 **383**

서로 다른 세 실수 a, b, c가 다음 조건을 만족시킨다.

(가) $a^2=\frac{c}{b}$

(나) $abc<0$

a, b, c를 적절히 배열하여 등비수열과 등차수열을 만들 수 있다고 할 때, $a+b+c$의 최댓값을 구하시오.

등비수열

예제

384

자연수 n에 대하여 좌표평면 위의 점 $P_n(x_n, y_n)$을 다음 조건을 만족시키도록 정한다.

> (가) 점 P_1의 좌표는 $(\log 3, 1)$, 점 P_2의 좌표는 $(\log 12, 2)$이다.
> (나) 선분 P_nP_{n+1}의 연장선 위의 점 P_{n+2}에 대하여 점 P_{n+1}은 선분 P_nP_{n+2}의 중점이다.

10^{x_n}이 y_n의 배수가 되도록 하는 자연수 n의 값을 크기가 작은 것부터 순서대로 a_1, a_2, a_3, $\cdots$이라 하자. a_6의 값을 구하시오.

해결 전략

1단계 ▸ 조건 (나)를 이용하여 x_n, x_{n+1}, x_{n+2} 및 y_n, y_{n+1}, y_{n+2} 사이의 관계식을 세운다.

2단계 ▸ 수열 $\{10^{x_n}\}$이 등비수열임을 파악한 후, 10^{x_n}의 약수를 나열하여 a_6의 값을 구한다.

>> 해답 99쪽

유제

385

자연수 n에 대하여 곡선 $y=\log_2 x$ 위의 점 P_n과 점 Q_n을 다음 조건을 만족시키도록 정한다.

> (가) 점 P_1의 좌표는 $(2, 1)$이고, 점 Q_n은 점 P_n을 x축에 내린 수선의 발이다.
> (나) 선분 P_nQ_n의 길이를 l_n이라 하면 $2l_{n+1}=l_n+l_{n+2}$이다.
> (다) 삼각형 $P_nQ_nQ_{n+1}$의 넓이를 S_n이라 하면 $S_{n+1}=\frac{2(n+1)}{n}S_n$이다.

점 P_n의 좌표를 (x_n, y_n)이라 할 때, $5x_n$이 y_n의 배수가 되도록 하는 자연수 n의 값을 크기가 작은 것부터 순서대로 a_1, a_2, a_3, $\cdots$이라 하자. a_6의 값을 구하시오. (단, 점 P_n은 제1사분면 위의 점이다.)

수열의 합

예제

386

좌표평면에서 2 이상의 두 자연수 k, n에 대하여 두 곡선 $y=\frac{n}{x}$, $y=-\frac{n}{x}+2n$과 직선 $x=k$로 둘러싸인 부분의 내부 또는 그 경계선 위에 있고 x좌표와 y좌표가 모두 자연수인 점의 개수가 15 이상이 되도록 하는 자연수 k의 최솟값을 $f(n)$이라 하자. 예를 들어 $f(2)=6$이다. $\sum_{n=2}^{25} f(n)$의 값은?

① 66 ② 67 ③ 68 ④ 69 ⑤ 70

해결 전략

1단계 ▸ $n=2$인 경우에 $x=1, 2, 3, \cdots$일 때의 y의 값의 범위를 이용하여 $f(2)$의 값을 구한다.

2단계 ▸ 같은 방법으로 $n=3, 4, 5, \cdots$인 경우에 $f(n)$의 값을 구한다.

>> 해답 99쪽

유제 **387**

좌표평면에서 한 변의 길이가 자연수 n인 정사각형 $A_nB_nC_nD_n$이 다음 조건을 만족시킨다.

(가) 꼭짓점 A_n은 곡선 $y=\sqrt{2x}$ 위의 점이고, 꼭짓점 B_n은 직선 $y=-\frac{1}{2}x$ 위의 점이다.

(나) 두 변 A_nD_n, B_nC_n은 x축에 평행하고, 두 변 A_nB_n, D_nC_n은 y축에 평행하다.

정사각형 $A_nB_nC_nD_n$의 내부 또는 그 경계선 위에 있는 점 중 x좌표와 y좌표가 모두 정수인 점의 개수를 a_n이라 할 때, $\sum_{k=1}^{15} a_k$의 값은? (단, 꼭짓점 D_n의 x좌표는 꼭짓점 A_n의 x좌표보다 크다.)

① 1290 ② 1295 ③ 1300 ④ 1305 ⑤ 1310

수열의 합

예제

388

모든 자연수 n에 대하여 $xy-2y-3x=2(2^{2n-1}-3)$을 만족시키는 정수 x, y의 순서쌍 (x, y)의 개수를 a_n으로 정의할 때, $\frac{1}{a_1}+\frac{1}{3a_2}+\frac{1}{5a_3}+\cdots+\frac{1}{99a_{50}}=\frac{q}{p}$이다. $p+q$의 값을 구하시오.

(단, p와 q는 서로소인 자연수이다.)

해결 전략

1단계 ▸ 주어진 식의 변형을 통해 x, y 사이의 관계식을 찾는다.

2단계 ▸ 관계식을 만족시키는 정수 x, y의 개수를 이용하여 일반항 a_n을 구한다.

3단계 ▸ 부분분수로 변형하여 수열의 합을 계산한다.

≫ 해답 101쪽

유제 **389**

모든 자연수 n에 대하여 $xy-3y-3x=9(9^{n-1}-1)$을 만족시키는 정수 x, y의 순서쌍 (x, y)의 개수를 a_n으로 정의할 때, $\sum_{k=1}^{24}\frac{1}{{a_k}^2-4a_k}=\frac{q}{p}$이다. $p+q$의 값을 구하시오. (단, p와 q는 서로소인 자연수이다.)

수열의 합

예제

390

양의 실수로 이루어진 수열 $\{a_n\}$이 $\sum_{k=1}^{n} a_k{}^3 = \left(\sum_{k=1}^{n} a_k\right)^2$을 만족시킬 때, a_{50}의 값을 구하시오.

해결 전략

1단계 ▶ 수열의 합과 일반항 사이의 관계를 통해 $a_n{}^3 = \left(\sum_{k=1}^{n} a_k\right)^2 - \left(\sum_{k=1}^{n-1} a_k\right)^2$임을 파악한다.

2단계 ▶ $a_n{}^2 = 2\left(\sum_{k=1}^{n} a_k\right) - a_n$에서 수열의 합과 일반항 사이의 관계를 이용하기 위해 $n-1$을 대입하여 원래의 식과 대입한 식의 차를 통해 간단한 식을 얻는다.

3단계 ▶ 모든 항이 양수임을 고려하여 일반항 a_n을 구한다.

>> 해답 101쪽

유제 **391**

모든 자연수 n에 대하여 수열 $\{a_n\}$이 $2\sum_{k=1}^{n}\left(\sum_{i=1}^{k}a_i\right)=\left(\sum_{k=1}^{n}a_k\right)^2+\sum_{k=1}^{n}a_k$를 만족시킬 때, $\sum_{k=1}^{100}{a_k}^2$의 최댓값을 구하시오.

수열의 합

예제

392

자연수 x_1, x_2, x_3, $\cdots$이 모든 자연수 n에 대하여 부등식

$$0<\frac{1}{3}-\sum_{k=1}^{n}x_k\times5^{-k}<\frac{1}{5^n}$$

을 만족시킬 때, $x_{10}-x_9$의 값을 구하시오.

해결 전략

1단계 ▸ $\sum_{k=1}^{n}x_k\times5^{-k}$의 범위를 구한다.

2단계 ▸ 5를 곱해 가면서 수열 $\{x_n\}$을 추론한다.

>> 해답 102쪽

유제 **393**

자연수 a_1, a_2, a_3, $\cdots$이 모든 자연수 n에 대하여 부등식

$$0<\frac{1}{3}-\sum_{k=1}^{n}\frac{a_k}{4^k}<\frac{1}{2^{2n}}$$

을 만족시킬 때, $\sum_{n=1}^{50}a_n$의 값은?

① 50 ② 60 ③ 70 ④ 80 ⑤ 90

수열의 합

예제

394

모든 자연수 n에 대하여 부등식 $0<x-n\leq\sqrt{x}$를 만족시키는 정수 x의 개수를 a_n이라 하자. 수열 $\{a_n\}$의 첫째항부터 제n항까지의 합을 S_n이라 할 때, S_{20}의 값을 구하시오.

해결 전략

1단계 ▶ $\sqrt{x}=t$로 놓고 주어진 부등식을 t에 대한 이차부등식으로 해석하여 t의 값의 범위를 찾는다.

2단계 ▶ 위의 조건을 바탕으로 x의 값의 범위를 구하고, 범위를 만족시키는 정수의 개수를 k로 놓는다.

3단계 ▶ k를 n에 대한 식으로 나타내어 수열 $\{a_n\}$을 추론한 후, S_{20}의 값을 구한다.

≫ 해답 103쪽

유제 **395**

모든 항이 자연수인 수열 $\{a_n\}$에 대하여 부등식 $2<\frac{a_n}{k}<4$를 만족시키는 자연수 k의 개수를 a_{n+1}이라 하자.

$a_3=2$일 때, a_1의 최댓값을 구하시오.

수열의 귀납적 정의

예제

396

두 함수 $y=x$와 $y=\log_2(1+x)$의 그래프가 오른쪽 그림과 같다.
다음은 오른쪽 그래프를 이용하여 $n\ge6$인 모든 자연수 n에 대하여 부등식

$$n(\log_2 n-1)>\sum_{k=1}^{n}\log_2 k \quad \cdots\cdots (*)$$

가 성립함을 수학적 귀납법으로 증명하는 과정이다.

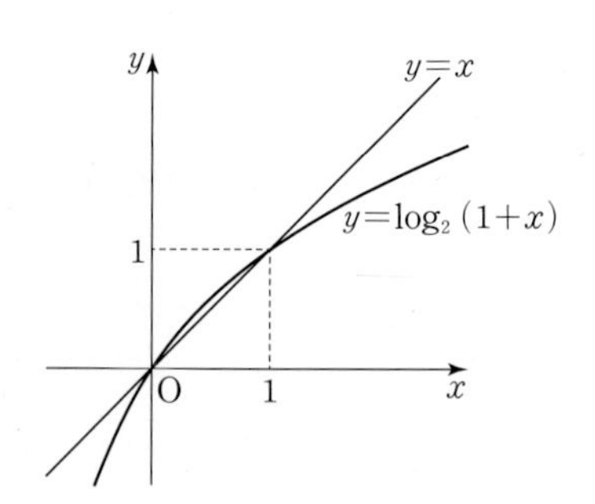

증명

(i) $n=6$일 때

$(좌변)=6(\log_2 6-1)=\log_2$ (가), $(우변)=\sum_{k=1}^{6}\log_2 k=\log_2$ (나)

이므로 $(*)$이 성립한다.

(ii) $n=m\ (m\ge6)$일 때 $(*)$이 성립한다고 가정하면

$$m(\log_2 m-1)>\sum_{k=1}^{m}\log_2 k$$

$(m+1)\{\log_2(m+1)-1\}=\log_2(\text{(다)})^m+\log_2(\text{(다)})-(\text{(다)})$

이때 그래프에서 $0<x\le1$이면 $\log_2(1+x)\ge x$이므로 $x=$ (라) 일 때, $\log_2(1+\text{(라)})\ge$ (라)

위의 식의 양변에 m을 곱한 후 정리하면

$$m\log_2(m+1)\ge1+m\log_2 m$$

$\log_2(m+1)^m\ge1+m\log_2 m$이므로

$$\begin{aligned}\log_2(\text{(다)})^m+\log_2(\text{(다)})-(\text{(다)})&\ge1+m\log_2 m+\log_2(m+1)-m-1\\&=m(\log_2 m-1)+\log_2(m+1)\\&>\sum_{k=1}^{m}\log_2 k+\log_2(m+1)\\&=\sum_{k=1}^{m+1}\log_2 k\end{aligned}$$

따라서 $n=m+1$일 때도 $(*)$이 성립한다.

(i), (ii)에 의하여 모든 자연수 n에 대하여 $(*)$이 성립한다.

위의 (가), (나)에 알맞은 수를 각각 p, q, (다), (라)에 알맞은 식을 각각 $f(m)$, $g(m)$이라 할 때, $f(p)-g\left(\frac{1}{q}\right)$의 값을 구하시오.

해결 전략

1단계 ▸ 주어진 부등식에 $n=6$을 대입하여 (가)와 (나)에 알맞은 수를 찾는다.

2단계 ▸ 식을 변형해 나가는 과정을 읽으면서 (다)와 (라)에 알맞은 식을 찾는다.

>> 해답 104쪽

유제

397

수열 $\{a_n\}$이 다음 조건을 만족시킨다.

- $a_1=2$이고, $a_n < a_{n+1}$이다.
- $b_n=\dfrac{n^2+4n+3}{2n+4}$ $(n \geq 1)$이라 할 때, 좌표평면에서 네 직선 $x=a_n$, $x=a_{n+1}$, $y=0$, $y=b_n x$에 동시에 접하는 원 T_n이 존재한다.

다음은 일반항 a_n을 구하는 과정이다.

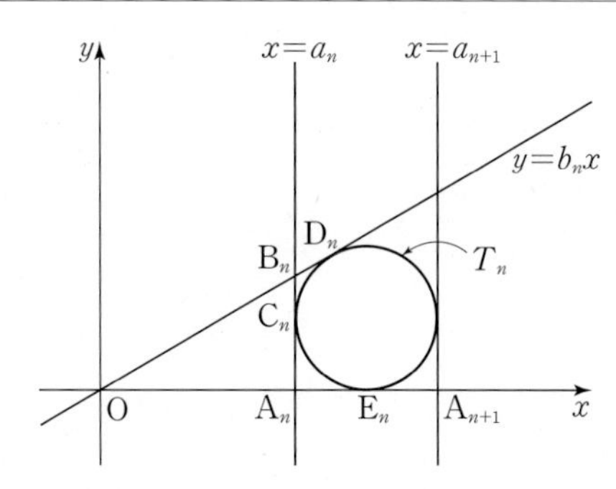

원점을 O라 하고, 원 T_n의 반지름의 길이를 r_n이라 하자.

직선 $x=a_n$과 두 직선 $y=0$, $y=b_n x$의 교점을 각각 A_n, B_n이라 하고, 원 T_n과 세 직선 $x=a_n$, $y=b_n x$, $y=0$의 접점을 각각 C_n, D_n, E_n이라 하면 $\overline{\mathrm{A}_n\mathrm{B}_n}=a_n b_n$이므로

$$\overline{\mathrm{OB}_n}=a_n\sqrt{\boxed{(가)}+b_n^2}$$

$$\overline{\mathrm{OD}_n}=\overline{\mathrm{OB}_n}+\overline{\mathrm{B}_n\mathrm{D}_n}=\overline{\mathrm{OB}_n}+\overline{\mathrm{B}_n\mathrm{C}_n}$$

$$=a_n\sqrt{\boxed{(가)}+b_n^2}+a_n b_n-r_n$$

$\overline{\mathrm{OE}_n}=a_n+r_n$이고, $\overline{\mathrm{OD}_n}=\overline{\mathrm{OE}_n}$이므로

$$r_n=\frac{a_n\left(b_n-1+\sqrt{\boxed{(가)}+b_n^2}\right)}{2}$$

$$\therefore a_{n+1}=a_n+2r_n=\left(\boxed{(나)}\right)\times a_n \ (n \geq 1)$$

이때 $a_1=2$이고

$$a_n=\boxed{}\times a_{n-1}=\boxed{}\times a_{n-2}=\cdots=\boxed{}\times a_1$$

이므로 $a_n=\boxed{(다)}$

위의 (가)에 알맞은 수를 p, (나), (다)에 알맞은 식을 각각 $f(n)$, $g(n)$이라 할 때, $p+f(3)+g(3)$의 값은?

① 28　② 29　③ 30　④ 31　⑤ 32

시험직전

R

Rehearsal

397제

정답과 해설

수학 I

정답과 해설

빠른 정답

Ⅰ. 지수함수와 로그함수

1. 지수와 로그

● 1등급을 위한 필수 유형

001 ③	002 12	003 ⑤	004 ①	005 ②	006 ③	007 ②	008 ④	009 8	010 ②
011 $3\sqrt{5}$	012 50	013 ②	014 ①	015 14	016 12	017 ②	018 21	019 ④	020 $\frac{1}{2}$
021 61	022 380	023 ⑤	024 60	025 ③	026 ⑤	027 ②	028 ②	029 ④	030 36

2. 지수함수와 로그함수

● 1등급을 위한 필수 유형

031 ③	032 ④	033 ④	034 25	035 8	036 $\frac{256}{625}$	037 54	038 ①	039 $\frac{3}{2}$	040 ⑤
041 ①	042 ③	043 ②	044 $\frac{11}{18}$	045 ②	046 2	047 ④	048 ④	049 6	050 ④
051 -3	052 14	053 3	054 ③	055 ③	056 $k\geq 12$	057 ③	058 7	059 ③	060 -9
061 ③	062 17	063 $\frac{63}{2}$	064 $\frac{1}{15}<a\leq\frac{1}{3}$ 또는 $\frac{125}{3}\leq a<\frac{625}{3}$				065 $x\geq 2$	066 ③	067 $a<1$
068 ⑤	069 1	070 ⑤	071 ③	072 1	073 ③	074 ③	075 ⑤	076 ④	077 16
078 ②	079 ①	080 $\frac{15}{2}+\sqrt{2}$		081 192	082 ②	083 ②	084 ②	085 -8	086 4
087 ②	088 $\frac{1}{3}$	089 125	090 $\frac{4}{3}$	091 32	092 $\frac{1}{18}$	093 3	094 ④	095 10	096 ③
097 $2<k<\frac{9}{4}$		098 -6	099 7	100 ①	101 $\frac{3}{2}$	102 12	103 105	104 25	105 30
106 3	107 ③								

스페셜 특강

108 99	109 4045	110 $\frac{49}{2}$	111 $\frac{3}{2}$	112 30	113 2	114 64

킬링 파트

115 ⑤	116 ④	117 ④	118 ⑤	119 6	120 11	121 31	122 12	123 1	124 ⑤
125 10	126 14	127 ⑤	128 ⑤	129 62	130 16	131 45	132 ②	133 ③	134 ②
135 ⑤	136 ⑤								

Ⅱ. 삼각함수

1. 삼각함수의 정의와 그래프

● 1등급을 위한 필수 유형

137 12	138 ①	139 $\frac{\pi}{4}$	140 ④	141 -9	142 ③	143 0	144 24	145 ⑤	146 20
147 제1사분면		148 ③	149 ①	150 ②	151 ②	152 ④	153 ③	154 $\frac{2}{3}$	155 12
156 ③	157 $\sqrt{3}$	158 ⑤	159 ①	160 ②	161 48	162 21	163 18	164 $-\frac{8}{3\pi}<a<-\frac{8}{7\pi}$	
165 ④	166 2	167 3	168 4	169 ④	170 ⑤	171 -1	172 $\frac{27}{2}$	173 $\frac{75\sqrt{3}}{2}$	174 ③
175 $-\frac{3}{5}$	176 ②	177 ⑤	178 ②	179 $a=\pi,\ k=-2$		180 24	181 ③	182 ③	183 ③
184 1	185 $-1,\ 1$	186 24	187 ③	188 ⑤	189 ④	190 ④	191 ②	192 $\frac{3}{4}\pi<\theta<\frac{5}{4}\pi$	

2. 삼각함수의 활용

1등급을 위한 필수 유형

193 5	194 ②	195 ②	196 238	197 ②	198 ③	199 $4\sqrt{2}$	200 ④	201 ③	202 ⑤
203 ①	204 ①	205 ①	206 ①	207 ⑤	208 ①	209 ⑤	210 $60°$	211 $\frac{\sqrt{21}}{14}$	212 $\frac{1}{3}$
213 $4\sqrt{17}$	214 $\frac{\pi}{4}$	215 $\frac{25}{36}$	216 $\frac{2\sqrt{3}}{3}$	217 74	218 ④	219 ③	220 ⑤	221 19	222 6
223 ①	224 $12\sqrt{3}$ m	225 ③	226 $\frac{5}{6}$	227 $\frac{169\sqrt{3}}{21}$	228 $\frac{5\sqrt{7}}{14}$	229 $5\sqrt{2}$	230 ②		
231 $x=3$, $\cos C=\frac{3}{5}$	232 ③	233 $\sqrt{7}$	234 $\frac{\sqrt{2}+\sqrt{6}}{2}$	235 5	236 ④	237 49			

스페셜 특강

238 $\frac{2}{15}\pi$	239 $\frac{1}{6}$	240 7	241 ③	242 ①	243 ④

킬링 파트

244 제2사분면, 제3사분면, 제4사분면	245 $\frac{7}{6}\pi$	246 13	247 ③	248 $\frac{5}{8}$	249 $3-2\sqrt{2}$		
250 9	251 8	252 72	253 $-2\sqrt{11}$	254 ③	255 ②	256 $\frac{11\sqrt{10}}{30}$	257 $\frac{3}{8}\pi$
258 ②	259 ④	260 ⑤	261 25	262 192	263 126	264 26	265 6

Ⅲ. 수열

1. 등차수열과 등비수열

1등급을 위한 필수 유형

266 15	267 ③	268 ④	269 20	270 144	271 43	272 3	273 18	274 128	275 239
276 ②	277 896	278 ⑤	279 ①	280 111	281 ③	282 153	283 29	284 ③	285 ④
286 ⑤	287 5	288 10	289 150	290 17	291 ③	292 ④	293 11	294 35	295 85
296 14	297 13	298 ①	299 ④	300 32	301 ③				

2. 수열의 합

1등급을 위한 필수 유형

302 ④	303 180	304 260	305 ④	306 ③	307 10	308 ⑤	309 ④	310 ③	311 16
312 ①	313 ②	314 465	315 400	316 ②	317 ⑤	318 ①	319 146	320 ②	321 ③
322 ③	323 ⑤	324 ①	325 119	326 ②	327 $\frac{1}{101}$	328 ⑤	329 ④	330 ②	

3. 수열의 귀납적 정의와 증명

1등급을 위한 필수 유형

331 ②	332 ③	333 ⑤	334 ④	335 ③	336 ⑤	337 ③	338 ④	339 ⑤	340 202
341 ④	342 42	343 780	344 ②	345 ①	346 ④	347 ②	348 36	349 804	350 ④
351 10	352 19	353 344	354 45	355 3	356 ④	357 55	358 4	359 $\frac{3}{8}$	360 9
361 287	362 6	363 729	364 29	365 19					

스페셜 특강

366 896	367 13	368 ⑤	369 ②	370 ④	371 ②	372 -52	373 ⑤

킬링 파트

374 30	375 136	376 ①	377 31	378 4	379 ④	380 59	381 -9	382 $\frac{9}{2}$	383 3
384 8	385 10	386 ②	387 ②	388 126	389 55	390 50	391 397	392 2	393 ①
394 64	395 52	396 10	397 ③						

I 지수함수와 로그함수

1. 지수와 로그

≫ 본문 8~16쪽

001 ① 8의 세제곱근은 방정식 $x^3=8$을 만족시키는 x의 값이므로 $x=2$ 또는 $x=-1\pm\sqrt{3}i$이다.

② 방정식 $x^4=-81$을 만족시키는 실수 x의 값은 존재하지 않으므로 -81의 네제곱근 중 실수인 것은 없다.

③ n이 홀수일 때, 3의 n제곱근 중 실수인 것은 방정식 $x^n=3$의 실근이므로 1개이다.

④ -8의 세제곱근 중 실수인 것은 -2이다.

⑤ 81의 네제곱근은 방정식 $x^4=81$을 만족시키는 x의 값이므로 $x=\pm3$ 또는 $x=\pm3i$이다. 답 ③

002 $(-2)^2=2^2=4$, $(-3)^2=3^2=9$, $(-4)^2=4^2=16$이므로

$B=\{4, 9, 16\}$

(i) b가 짝수일 때

$\sqrt[b]{a}$가 실수가 되려면 $a\ge0$이어야 하므로

$b=4$일 때, $a=2, 3, 4$

$b=16$일 때, $a=2, 3, 4$

따라서 순서쌍 (a, b)의 개수는 6이다.

(ii) b가 홀수일 때

a의 값의 부호에 관계없이 $\sqrt[b]{a}$는 항상 실수이므로

$b=9$일 때, $a=-4, -3, -2, 2, 3, 4$

따라서 순서쌍 (a, b)의 개수는 6이다.

(i), (ii)에 의하여 구하는 순서쌍 (a, b)의 개수는

$6+6=12$ 답 12

003 ㄱ. $\sqrt[5]{a}\sqrt{b}=1$의 양변을 10제곱하면

$a^2b^5=1$ (참)

ㄴ. $a^3b^4=a^2b^5\times\dfrac{a}{b}=\dfrac{a}{b}$ ($\because$ ㄱ)

이때 $0<a<b$에서 $0<\dfrac{a}{b}<1$이므로

$0<a^3b^4<1$

$\therefore a^{-3}b^{-4}=\dfrac{1}{a^3b^4}>1$ (참)

ㄷ. $\dfrac{\sqrt[5]{a}\times\sqrt[4]{b}}{\sqrt[4]{a}\times\sqrt[5]{b}}=\sqrt[20]{\dfrac{a^4b^5}{a^5b^4}}=\sqrt[20]{\dfrac{b}{a}}$

이때 $0<a<b$에서 $\dfrac{b}{a}>1$이므로

$\sqrt[20]{\dfrac{b}{a}}>1$

즉, $\dfrac{\sqrt[5]{a}\times\sqrt[4]{b}}{\sqrt[4]{a}\times\sqrt[5]{b}}>1$이므로

$\sqrt[5]{a}\times\sqrt[4]{b}>\sqrt[4]{a}\times\sqrt[5]{b}$ (참)

따라서 ㄱ, ㄴ, ㄷ 모두 옳다. 답 ⑤

004 $\dfrac{A}{B}=\dfrac{a^{\frac{n+2}{n}}\times b}{a\times b^{\frac{n}{n+2}}}=a^{\frac{2}{n}}\times b^{\frac{2}{n+2}}$

$ab<1$에서 $a<b^{-1}$이므로

$a^{\frac{2}{n}}\times b^{\frac{2}{n+2}}<(b^{-1})^{\frac{2}{n}}\times b^{\frac{2}{n+2}}=b^{\frac{2}{n+2}-\frac{2}{n}}=b^{-\frac{4}{n(n+2)}}<1$

$\therefore A<B$ ...... ㉠

$\dfrac{C}{B}=\dfrac{a^{\frac{n}{n+2}}\times b^{\frac{n+2}{n}}}{a\times b^{\frac{n}{n+2}}}=a^{-\frac{2}{n+2}}\times b^{\frac{4n+4}{n(n+2)}}$

$ab<1$에서 $b<a^{-1}$이므로

$a^{-\frac{2}{n+2}}\times b^{\frac{4n+4}{n(n+2)}}>b^{\frac{2}{n+2}}\times b^{\frac{4n+4}{n(n+2)}}=b^{\frac{6n+4}{n(n+2)}}>1$

$\therefore C>B$ ...... ㉡

㉠, ㉡에서 $A<B<C$ 답 ①

005 조건 (가)에서 $a^2=\sqrt[4]{b}$이므로

$a=b^{\frac{1}{8}}$

조건 (나)에서 $b^5=\sqrt[3]{c}$이므로

$c=b^{15}$

따라서 $ac=b^{\frac{1}{8}}\times b^{15}=b^{\frac{121}{8}}$이므로

$k=\dfrac{121}{8}$ 답 ②

006 $\sqrt{2^a}=3$에서 $2^a=3^2$

$\sqrt[3]{12^b}=2$에서 $12^b=2^3$

ㄱ. $12^{ab}=(12^b)^a=(2^3)^a$

$=(2^a)^3=(3^2)^3$

$=3^6=729$ (참)

ㄴ. $2^{a-2b}=\dfrac{2^a}{2^{2b}}=\dfrac{2^a}{4^b}=\dfrac{2^a}{\frac{12^b}{3^b}}=\dfrac{3^2}{\frac{2^3}{3^b}}=\dfrac{9}{8}\times3^b$

$12^b=2^3=8$에서 $b<1$이므로 $3^b<3$

$\therefore 2^{a-2b}=\dfrac{9}{8}\times3^b<\dfrac{9}{8}\times3=\dfrac{27}{8}<4$ (거짓)

ㄷ. $2^a=9$이므로 $3<a<4$

$12^b=8$이므로 $0<b<1$

$3<a+b<5$, $3^3<3^{a+b}<3^5$

$\therefore 3\sqrt{3}<\sqrt{3^{a+b}}<9\sqrt{3}$ (참)

따라서 옳은 것은 ㄱ, ㄷ이다. 답 ③

007 (i) $m=1$일 때

$\sqrt[3]{n}=n^{\frac{1}{3}}$이 자연수가 되려면 n은 어떤 자연수의 세제곱이어야 하므로

$n=1$ 또는 $n=8$ 또는 $n=27$

(ii) $m=2$일 때

$\sqrt[3]{n^2}=n^{\frac{2}{3}}$이 자연수가 되려면 n은 어떤 자연수의 세제곱이어야 하므로

$n=1$ 또는 $n=8$ 또는 $n=27$

(iii) $m=3$일 때

$\sqrt[3]{n^3}=n$은 항상 자연수이므로

$n=1, 2, 3, \cdots, 27$

(i), (ii), (iii)에 의하여 구하는 순서쌍 (m, n)의 개수는

$3+3+27=33$

답 ②

008 $4^{\frac{m+2}{n}}\times\sqrt[3]{3^{4n+1}}=2^{\frac{2(m+2)}{n}}\times3^{\frac{4n+1}{3}}$이 자연수가 되려면 2와 3이 서로소이므로 $\frac{2(m+2)}{n}$와 $\frac{4n+1}{3}$이 모두 자연수가 되어야 한다.

$\frac{4n+1}{3}$이 자연수가 되려면 $4n+1$이 3의 배수가 되어야 하므로 n의 값은 2, 5, 8이다.

(i) $n=2$일 때

$\frac{2(m+2)}{2}=m+2$가 자연수가 되도록 하는 m의 값은

1, 2, 3, $\cdots$, 10의 10개

(ii) $n=5$일 때

$\frac{2(m+2)}{5}$가 자연수가 되려면 $m+2$가 5의 배수가 되어야 하므로 m의 값은 3, 8의 2개

(iii) $n=8$일 때

$\frac{2(m+2)}{8}=\frac{m+2}{4}$가 자연수가 되려면 $m+2$가 4의 배수가 되어야 하므로 m의 값은 2, 6, 10의 3개

(i), (ii), (iii)에 의하여 구하는 순서쌍 (m, n)의 개수는

$10+2+3=15$

답 ④

009 $\sqrt[14]{n}$이 자연수 m의 n제곱근이라 하면

$(\sqrt[14]{n})^n=m$

$n^{\frac{n}{14}}=m$

$\therefore n^n=m^{14}$

$n=k^p$일 때, $(k^p)^{k^p}=k^{pk^p}=m^{14}$이므로 p는 2의 배수 또는 7의 배수이어야 한다.

따라서 $n=k^2$ 꼴 또는 $n=k^7$ 꼴이다. (단, k는 자연수)

(i) $n=k^2$인 경우

$(k^2)^{\frac{k^2}{14}}=k^{\frac{k^2}{7}}$이 자연수이어야 하므로 k는 7의 배수이다.

$\therefore k=7, 14, 21, \cdots$

이때 n은 100 이하의 자연수이므로

$n=7^2=49$

(ii) $n=k^7$인 경우

$(k^7)^{\frac{k^7}{14}}=k^{\frac{k^7}{2}}$이 자연수이어야 하므로 k는 2의 배수이다.

$\therefore k=2, 4, 6, \cdots$

이때 n은 100 이하의 자연수이므로 $n=k^7$을 만족시키는 k의 값은 존재하지 않는다.

따라서 $n=k^7$인 경우 n의 값은 존재하지 않는다.

(iii) $n\neq k^p$인 경우

$n^{\frac{n}{14}}=m$이므로 n은 14의 배수이어야 하고 100 이하의 자연수이므로

$n=14, 28, 42, 56, 70, 84, 98$

(i), (ii), (iii)에 의하여 구하는 n의 개수는

$1+7=8$

답 8

010 $f(x)=\frac{(a^x-a^{-x})a^x}{(a^x+a^{-x})a^x}=\frac{a^{2x}-1}{a^{2x}+1}$

$f(\alpha)=\frac{a^{2\alpha}-1}{a^{2\alpha}+1}=\frac{3}{4}$에서

$4(a^{2\alpha}-1)=3(a^{2\alpha}+1)$

$\therefore a^{2\alpha}=7 \quad \cdots\cdots ㉠$

$f(\beta)=\frac{a^{2\beta}-1}{a^{2\beta}+1}=\frac{1}{2}$에서

$2(a^{2\beta}-1)=a^{2\beta}+1$

$\therefore a^{2\beta}=3 \quad \cdots\cdots ㉡$

㉠, ㉡에 의하여

$a^{2(\alpha-\beta)}=a^{2\alpha-2\beta}=\frac{a^{2\alpha}}{a^{2\beta}}=\frac{7}{3}$

$\therefore f(\alpha-\beta)=\frac{a^{2(\alpha-\beta)}-1}{a^{2(\alpha-\beta)}+1}=\frac{\frac{7}{3}-1}{\frac{7}{3}+1}=\frac{2}{5}$

답 ②

011 $\frac{a^{6x}+a^{-6x}}{a^{2x}+a^{-2x}}+\frac{a^{6x}-a^{-6x}}{a^{2x}-a^{-2x}}$

$=\frac{(a^{2x}+a^{-2x})(a^{4x}-1+a^{-4x})}{a^{2x}+a^{-2x}}+\frac{(a^{2x}-a^{-2x})(a^{4x}+1+a^{-4x})}{a^{2x}-a^{-2x}}$

$=(a^{4x}-1+a^{-4x})+(a^{4x}+1+a^{-4x})$

$=2(a^{4x}+a^{-4x})$

즉, $2(a^{4x}+a^{-4x})=14$이므로

$a^{4x}+a^{-4x}=7$

이때 $(a^{4x}-a^{-4x})^2=(a^{4x}+a^{-4x})^2-4$이므로

$(a^{4x}-a^{-4x})^2=7^2-4=45$

$a^{4x}=(a^{2x})^2>1$에서 $a^{-4x}=\frac{1}{a^{4x}}<1$이므로

$a^{4x}-a^{-4x}>0$

$\therefore a^{4x}-a^{-4x}=3\sqrt{5}$

답 $3\sqrt{5}$

다른풀이

$(a^{2x}+a^{-2x})^2=a^{4x}+a^{-4x}+2=9$,

$(a^{2x}-a^{-2x})^2=a^{4x}+a^{-4x}-2=5$

이므로

$a^{2x}+a^{-2x}=3$, $a^{2x}-a^{-2x}=\sqrt{5}$

$\therefore a^{4x}-a^{-4x}=(a^{2x}+a^{-2x})(a^{2x}-a^{-2x})=3\sqrt{5}$

012 함수 $f(x)=\dfrac{9^x}{9^x+3}$에서

$f(1-x)=\dfrac{9^{1-x}}{9^{1-x}+3}=\dfrac{9}{9+3\times 9^x}=\dfrac{3}{9^x+3}$

$\therefore f(x)+f(1-x)=\dfrac{9^x}{9^x+3}+\dfrac{3}{9^x+3}=\dfrac{9^x+3}{9^x+3}=1$

즉, $f\left(\dfrac{1}{101}\right)+f\left(\dfrac{100}{101}\right)=1$, $f\left(\dfrac{2}{101}\right)+f\left(\dfrac{99}{101}\right)=1$,

$f\left(\dfrac{3}{101}\right)+f\left(\dfrac{98}{101}\right)=1$, $\cdots$, $f\left(\dfrac{50}{101}\right)+f\left(\dfrac{51}{101}\right)=1$이므로

$f\left(\dfrac{1}{101}\right)+f\left(\dfrac{2}{101}\right)+f\left(\dfrac{3}{101}\right)+\cdots+f\left(\dfrac{100}{101}\right)$

$=\left\{f\left(\dfrac{1}{101}\right)+f\left(\dfrac{100}{101}\right)\right\}+\left\{f\left(\dfrac{2}{101}\right)+f\left(\dfrac{99}{101}\right)\right\}$

$+\cdots+\left\{f\left(\dfrac{50}{101}\right)+f\left(\dfrac{51}{101}\right)\right\}$

$=1\times 50=50$ 답 50

013 $a^{-2}=2$에서 $a=2^{-\frac{1}{2}}$

$b^{-4}=8=2^3$에서 $b=2^{-\frac{3}{4}}$

$c^{-6}=16=2^4$에서 $c=2^{-\frac{2}{3}}$

$ab^2c^3=2^{-\frac{1}{2}}\times 2^{-\frac{3}{2}}\times 2^{-2}=2^{-4}$이므로

$f(n)=\left(\dfrac{1}{ab^2c^3}\right)^n=\left(\dfrac{1}{2^{-4}}\right)^n=2^{4n}$

$\therefore f(4)\times\dfrac{1}{f(2)}=2^{16}\times\dfrac{1}{2^8}=2^8=256$ 답 ②

014 $2^a=196$에서 $2=196^{\frac{1}{a}}$

$7^b=196$에서 $7=196^{\frac{1}{b}}$

$196=14^2=2^2\times 7^2$이므로

$196=196^{\frac{2}{a}}\times 196^{\frac{2}{b}}=196^{\frac{2}{a}+\frac{2}{b}}$

$\therefore \dfrac{2}{a}+\dfrac{2}{b}=1$

$\dfrac{2}{a}+\dfrac{2}{b}=\dfrac{2a+2b}{ab}=1$에서 $ab=2(a+b)$이므로

$a^3+b^3=(a+b)^3-3ab(a+b)$

$=(a+b)^3-6(a+b)^2$

$\therefore \dfrac{8(a^3+b^3)-a^3b^3}{3(a+b)^2}=\dfrac{8\{(a+b)^3-6(a+b)^2\}-8(a+b)^3}{3(a+b)^2}$

$=-16$ 답 ①

015 $2^a=14^b=7^c=k\ (k>0)$라 하면 $abc\neq 0$에서 $k\neq 1$

$2^a=k$에서 $2=k^{\frac{1}{a}}$ …… ㉠

$14^b=k$에서 $14=k^{\frac{1}{b}}$ …… ㉡

$7^c=k$에서 $7=k^{\frac{1}{c}}$ …… ㉢

㉠÷㉡×㉢을 하면

$2\div 14\times 7=k^{\frac{1}{a}}\div k^{\frac{1}{b}}\times k^{\frac{1}{c}}$

$\therefore k^{\frac{1}{a}-\frac{1}{b}+\frac{1}{c}}=1$

이때 $k\neq 1$이므로

$\dfrac{1}{a}-\dfrac{1}{b}+\dfrac{1}{c}=0$

$\dfrac{1}{b}=\dfrac{a+c}{ac}$

$\therefore b=\dfrac{ac}{a+c}$ …… ㉣

한편, $(a-14)(c-14)=196$에서

$ac-14a-14c=0$

$\therefore ac=14(a+c)$

따라서 ㉣에서

$b=\dfrac{14(a+c)}{a+c}=14$ 답 14

016 $216=6^3$이므로 216의 양의 약수를 작은 수부터 차례로 x_1, x_2, x_3, $\cdots$, x_{16}이라 하면

$x_1x_{16}=x_2x_{15}=x_3x_{14}=\cdots=x_8x_9=6^3$

$\therefore \log_6\sqrt{x_1}+\log_6\sqrt{x_2}+\log_6\sqrt{x_3}+\cdots+\log_6\sqrt{x_{16}}$

$=\dfrac{1}{2}\log_6(x_1x_2x_3\times\cdots\times x_{16})$

$=\dfrac{1}{2}\log_6\{(x_1x_{16})(x_2x_{15})(x_3x_{14})\times\cdots\times(x_8x_9)\}$

$=\dfrac{1}{2}\log_6(6^3)^8$

$=\dfrac{1}{2}\log_6 6^{24}=12$ 답 12

017 $A=\log_{\sqrt{2}}8+\log_{27}81$

$=\log_{2^{\frac{1}{2}}}2^3+\log_{3^3}3^4$

$=6+\dfrac{4}{3}=\dfrac{22}{3}$

$B=5^{\log_{\sqrt{5}}3}=3^{\log_{\sqrt{5}}5}=3^2=9$

$C=\log_4 16\times\log_{\sqrt{3}}9$

$=\log_{2^2}2^4\times\log_{3^{\frac{1}{2}}}3^2$

$=2\times 4=8$

$\therefore A<C<B$ 답 ②

018 $ab=8$의 양변에 밑이 2인 로그를 취하면

$\log_2 ab=\log_2 8$

$\therefore \log_2 a+\log_2 b=3$

$b^{\log_2 a}=\sqrt[3]{4}$의 양변에 밑이 2인 로그를 취하면

$\log_2 b^{\log_2 a}=\log_2\sqrt[3]{4}$

$\therefore \log_2 a\times\log_2 b=\dfrac{2}{3}$

$\log_2 a=A$, $\log_2 b=B$라 하면

$A+B=3$, $AB=\dfrac{2}{3}$

$\therefore (\log_2 a)^3+(\log_2 b)^3=(A+B)^3-3AB(A+B)$

$=3^3-3\times\dfrac{2}{3}\times 3$

$=27-6=21$ 답 21

019 $f(x)=\log_a \sqrt{1+\frac{6}{3x-1}}=\frac{1}{2}\log_a \frac{3x+5}{3x-1}$이므로

$f(1)+f(2)+f(3)+\cdots+f(21)$

$=\frac{1}{2}\log_a \frac{8}{2}+\frac{1}{2}\log_a \frac{11}{5}+\frac{1}{2}\log_a \frac{14}{8}$

$+\cdots+\frac{1}{2}\log_a \frac{65}{59}+\frac{1}{2}\log_a \frac{68}{62}$

$=\frac{1}{2}\log_a \left(\frac{8}{2}\times\frac{11}{5}\times\frac{14}{8}\times\cdots\times\frac{65}{59}\times\frac{68}{62}\right)$

$=\frac{1}{2}\log_a 442$

즉, $\frac{1}{2}\log_a 442=1$이므로

$\log_a 442=2$, $a^2=442$

$\therefore a=\sqrt{442}$ ($\because a>0$)

따라서 $a=\sqrt{442}=\sqrt{2}\times\sqrt{13}\times\sqrt{17}$이므로

$l+m+n=32$

답 ④

020 $\log_a \sqrt{b}+\log_{b^8} a=\frac{1}{2}\log_a b+\frac{1}{\log_a b^8}$

$=\frac{1}{2}\log_a b+\frac{1}{8\log_a b}$

이때 $1<b<a$이므로 $\log_a b>0$

즉, $\frac{1}{2}\log_a b>0$, $\frac{1}{8\log_a b}>0$이므로 산술평균과 기하평균의 관계에 의하여

$\frac{1}{2}\log_a b+\frac{1}{8\log_a b}\ge 2\sqrt{\frac{1}{2}\log_a b\times\frac{1}{8\log_a b}}$

$=2\sqrt{\frac{1}{16}}$

$=\frac{1}{2}$ $\left(\text{단, 등호는 } \log_a b=\frac{1}{2}\text{일 때 성립}\right)$

따라서 구하는 최솟값은 $\frac{1}{2}$이다.

답 $\frac{1}{2}$

021 $\log_a b=4\log_b a$에서

$\log_a b=\frac{4}{\log_a b}$, $(\log_a b)^2=4$

$\log_a b=2$ 또는 $\log_a b=-2$

$\therefore b=a^2$ 또는 $b=\frac{1}{a^2}$

이때 $a^2\ne b$이므로 $b=\frac{1}{a^2}$

$a^2+2>0$, $b+6>0$이므로 산술평균과 기하평균의 관계에 의하여

$(a^2+2)(b+6)=(a^2+2)\left(\frac{1}{a^2}+6\right)$

$=1+6a^2+\frac{2}{a^2}+12$

$\ge 13+2\sqrt{6a^2\times\frac{2}{a^2}}$

$=13+2\sqrt{12}$

$=13+\sqrt{48}$ $\left(\text{단, 등호는 } a^2=\frac{1}{\sqrt{3}}\text{일 때 성립}\right)$

따라서 $m=13$, $n=48$이므로

$m+n=13+48=61$

답 61

022 $\log_a b=\alpha$, $\log_b c=\beta$, $\log_c a=\gamma$라 하자.

조건 (가)에서

$3(\log_a b+\log_b c+\log_c a)=60$

$\therefore \alpha+\beta+\gamma=20$ ...... ㉠

조건 (나)에서

$\frac{1}{2}(\log_b a+\log_c b+\log_a c)=5$

$\frac{1}{\log_a b}+\frac{1}{\log_b c}+\frac{1}{\log_c a}=10$

$\frac{1}{\alpha}+\frac{1}{\beta}+\frac{1}{\gamma}=10$

$\therefore \frac{\alpha\beta+\beta\gamma+\gamma\alpha}{\alpha\beta\gamma}=10$

이때 $\alpha\beta\gamma=\log_a b\times\log_b c\times\log_c a=1$이므로

$\alpha\beta+\beta\gamma+\gamma\alpha=10$ ...... ㉡

$\therefore (\log_a b)^2+(\log_b c)^2+(\log_c a)^2$

$=\alpha^2+\beta^2+\gamma^2$

$=(\alpha+\beta+\gamma)^2-2(\alpha\beta+\beta\gamma+\gamma\alpha)$

$=20^2-2\times10$ ($\because$ ㉠, ㉡)

$=380$

답 380

023 조건 (가)에서

$\log_2 120abc=9$, $120abc=2^9$

$\therefore 15abc=2^6$ ...... ㉠

$\therefore \log_a 15bc+\log_b 15ca+\log_c 15ab$

$=\log_a \frac{2^6}{a}+\log_b \frac{2^6}{b}+\log_c \frac{2^6}{c}$ ($\because$ ㉠)

$=\log_a 2^6+\log_b 2^6+\log_c 2^6-3$

$=6(\log_a 2+\log_b 2+\log_c 2)-3$

$=6\times2-3$ ($\because$ 조건 (나))

$=9$

답 ⑤

024 $70<a<120$이므로

$\log_2 70<\log_2 a<\log_2 120$ ...... ㉠

$\log_2 \sqrt[3]{a}-[\log_2 \sqrt[3]{a}]=\log_2 a^2-[\log_2 a^2]$에서

$\log_2 \sqrt[3]{a}$의 소수 부분과 $\log_2 a^2$의 소수 부분이 서로 같으므로

$\log_2 a^2-\log_2 \sqrt[3]{a}=\frac{5}{3}\log_2 a$는 정수이다.

㉠에서 $\frac{5}{3}\log_2 70<\frac{5}{3}\log_2 a<\frac{5}{3}\log_2 120$이므로

$\frac{5}{3}\log_2 a=11$

즉, $\log_2 a=\frac{33}{5}=6+\frac{3}{5}$이므로

$100(\log_2 a-[\log_2 a])=100\times\frac{3}{5}=60$

답 60

025 조건 (가)에서 $P(x)=2$이므로

$2 \le \log x < 3$ ...... ㉠

조건 (나)에서 $Q(x^2)+Q(x^3)=1$이므로

$\log x^2+\log x^3=2\log x+3\log x=5\log x$이고, $5\log x$는 정수이다.

㉠의 각 변에 5를 곱하면

$10 \le 5\log x < 15$

$5\log x=10, 11, 12, 13, 14$

$\log x=2, \frac{11}{5}, \frac{12}{5}, \frac{13}{5}, \frac{14}{5}$

$\therefore x=10^2, 10^{\frac{11}{5}}, 10^{\frac{12}{5}}, 10^{\frac{13}{5}}, 10^{\frac{14}{5}}$

한편, $x=10^2$이면 $\log x^2=4$, $\log x^3=6$이므로

$Q(x^2)+Q(x^3)=0$이 되어 조건 (나)를 만족시키지 않는다.

$\therefore x=10^{\frac{11}{5}}, 10^{\frac{12}{5}}, 10^{\frac{13}{5}}, 10^{\frac{14}{5}}$

따라서 모든 실수 x의 값의 곱은

$10^{\frac{11}{5}+\frac{12}{5}+\frac{13}{5}+\frac{14}{5}}=10^{10}$ 답 ③

026 한 원에서 길이가 같은 현에 대한 원주각의 크기는 같으므로

$\angle PQA=\angle PQB$

따라서 $\overline{PQ}$는 $\angle AQB$의 이등분선이므로 삼각형 AQB에서

$\overline{AQ}:\overline{BQ}=\overline{AR}:\overline{BR}$

$=8\sqrt[5]{3}:6\sqrt[5]{3}=4:3$

삼각형 AQB는 $\angle AQB=90°$인 직각삼각형이므로

$\overline{AQ}=4k$, $\overline{BQ}=3k$ $(k>0)$라 하면

$\overline{AB}=\sqrt{(4k)^2+(3k)^2}=5k$

이때 $\overline{AB}=\overline{AR}+\overline{BR}=8\sqrt[5]{3}+6\sqrt[5]{3}=14\sqrt[5]{3}$이므로

$5k=14\sqrt[5]{3}$ $\quad\therefore k=\frac{14}{5}\sqrt[5]{3}$

$\therefore \frac{5}{14}\overline{BQ}=\frac{5}{14}\times 3k=\frac{5}{14}\times 3\times\frac{14}{5}\sqrt[5]{3}$

$=3\sqrt[5]{3}=\sqrt[5]{729}$ 답 ⑤

027 $\overline{AB}/\!/\overline{CD}$에서

$\angle DCA=\angle BAC$, $\angle CDB=\angle ABD$ (엇각)

따라서 두 삼각형 ABP, CDP는 서로 닮음이고 닮음비는 $7:4$이므로

$\overline{AP}:\overline{CP}=\log_a b:\overline{CP}=7:4$

$\therefore \overline{CP}=\frac{4}{7}\log_a b$

$\overline{BP}:\overline{CP}=2:1$이므로

$\log_c b:\frac{4}{7}\log_a b=2:1$

$\log_c b=\frac{8}{7}\log_a b$

$\frac{\log_c b}{\log_a b}=\frac{8}{7}$, $\frac{\log_b a}{\log_b c}=\frac{8}{7}$ $\quad\therefore \log_c a=\frac{8}{7}$

$\therefore \log_a c+\log_c a=\frac{7}{8}+\frac{8}{7}=\frac{113}{56}$ 답 ②

028 조건 (가)에서

$x^{\frac{1}{a}}=y^{\frac{2}{b}}=6^3$

$\therefore x=6^{3a}$, $y=6^{\frac{3b}{2}}$ ...... ㉠

조건 (나)에서

$(xy)^{\frac{1}{3}}=(2\times 3)^{20}$

$\therefore xy=6^{60}$ ...... ㉡

㉠, ㉡에 의하여 $6^{3a+\frac{3}{2}b}=6^{60}$이므로

$3a+\frac{3}{2}b=60$

$\therefore 2a+b=40$

따라서 1보다 큰 두 자연수 a, b의 순서쌍 (a, b)는

$(2, 36), (3, 34), (4, 32), \cdots, (19, 2)$

의 18개이다. 답 ②

029 조건 (가)에서 $a^2\times b^{11}=2^{2015}$이므로 1보다 큰 두 자연수 a, b는 2의 거듭제곱 꼴이다.

$a=2^p$, $b=2^q$ (p, q는 자연수)이라 하면

$a^2\times b^{11}=2^{2p}\times 2^{11q}=2^{2p+11q}=2^{2015}$

$\therefore 2p+11q=2015$

이때 $2p$는 짝수이므로 $11q$는 홀수이다.

조건 (나)에서 $2^{2p}<2^{4q}$이므로

$2p<4q$, $2p+11q<15q$

즉, $2015<15q$이므로

$q>\frac{403}{3}$ ...... ㉠

$2p+11q=2015$에서

$11q=2015-2p\le 2013$

$\therefore q\le 183$ ...... ㉡

㉠, ㉡에 의하여 q는 $\frac{403}{3}<q\le 183$을 만족시키는 홀수이므로

$q=135, 137, 139, \cdots, 183$

순서쌍 (a, b)의 개수는 순서쌍 (p, q)의 개수와 같고, 순서쌍 (p, q)의 개수는 q의 개수와 같다.

따라서 순서쌍 (a, b)의 개수는 25이다. 답 ④

030 조건 (나)에 의하여 $\log_a b=\frac{q}{p}$ (p, q는 서로 다른 자연수)라 하면

$b=a^{\frac{q}{p}}$

$\therefore b^p=a^q$

a, b가 1보다 큰 자연수이므로

$a=n^p$, $b=n^q$ (n은 1보다 큰 자연수)

으로 놓을 수 있다.

또, 조건 (가)에서 $ab<300$이므로

$n^p n^q=n^{p+q}<300$

(i) $n=2$일 때

$2^{p+q}<300$에서 $3\le p+q\le 8$

$p+q=3$일 때, 순서쌍 (p, q)는
$(1, 2), (2, 1)$
의 2개
$p+q=4$일 때, 순서쌍 (p, q)는
$(1, 3), (3, 1)$
의 2개
$p+q=5$일 때, 순서쌍 (p, q)는
$(1, 4), (2, 3), (3, 2), (4, 1)$
의 4개
$p+q=6$일 때, 순서쌍 (p, q)는
$(1, 5), (2, 4), (4, 2), (5, 1)$
의 4개
$p+q=7$일 때, 순서쌍 (p, q)는
$(1, 6), (2, 5), (3, 4), (4, 3), (5, 2), (6, 1)$
의 6개
$p+q=8$일 때, 순서쌍 (p, q)는
$(1, 7), (2, 6), (3, 5), (5, 3), (6, 2), (7, 1)$
의 6개
따라서 순서쌍 (p, q)의 개수는
$2+2+4+4+6+6=24$

(ii) $n=3$일 때
$3^{p+q}<300$에서 $3\le p+q\le 5$
(i)과 같은 방법으로 하면 순서쌍 (p, q)의 개수는
$2+2+4=8$

(iii) $n=4$일 때
$4^{p+q}<300$에서 $3\le p+q\le 4$
$p+q=3$일 때, 순서쌍 (p, q)는
$(1, 2), (2, 1)$
$p+q=4$일 때, 순서쌍 (p, q)는
$(1, 3), (3, 1)$
그런데 이것은 (i)의 순서쌍 $(2, 4), (4, 2), (2, 6), (6, 2)$와 중복된다.

(iv) $n=5$일 때
$5^{p+q}<300$에서 $p+q=3$이므로 순서쌍 (p, q)는
$(1, 2), (2, 1)$
의 2개

(v) $n=6$일 때
$6^{p+q}<300$에서 $p+q=3$이므로 순서쌍 (p, q)는
$(1, 2), (2, 1)$
의 2개

(vi) $n>6$일 때
주어진 조건을 만족시키는 순서쌍 (p, q)는 존재하지 않는다.

순서쌍 (a, b)의 개수는 순서쌍 (p, q)의 개수와 같으므로
(i)~(vi)에 의하여 순서쌍 (a, b)의 개수는
$24+8+2+2=36$

답 36

2. 지수함수와 로그함수

>> 본문 18~42쪽

031 임의의 두 실수 x_1, x_2에 대하여 $f(x_1)>g(x_2)$이려면 함수 $y=f(x)$의 그래프의 점근선 $y=3k$가 함수 $y=g(x)$의 그래프의 점근선 $y=k^2-10$과 일치하거나 위쪽에 있어야 한다.
즉, $3k\ge k^2-10$이므로
$k^2-3k-10\le 0$, $(k+2)(k-5)\le 0$
$\therefore -2\le k\le 5$
따라서 조건을 만족시키는 자연수 k는 $1, 2, \cdots, 5$의 5개이다.

답 ③

032 ㄱ. $f(-1)<1$에서
$\frac{1}{a}<1 \quad \therefore a>1$
$1<g(-1)$에서
$1<\frac{1}{b} \quad \therefore b<1$
따라서 $b<1<a$이므로 조건을 만족시키지 않는다. (거짓)

ㄴ. (i) $1<a<b$일 때

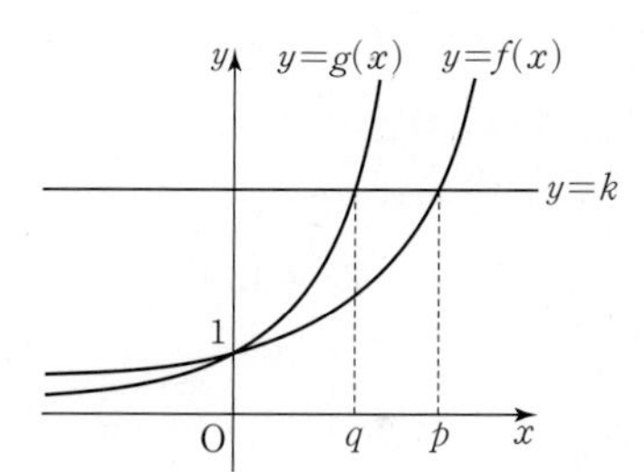

$\therefore p>q$

(ii) $0<a<1<b$일 때

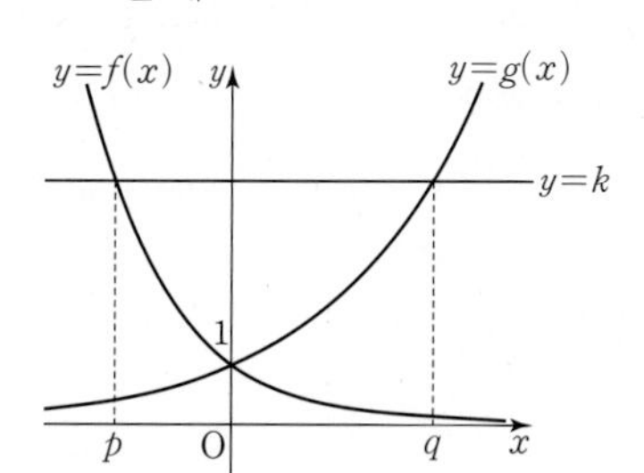

$pq<0$이므로 조건을 만족시키지 않는다.

(iii) $0<a<b<1$일 때

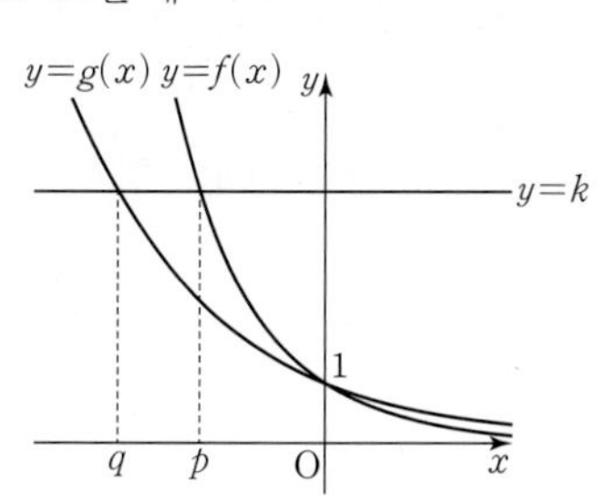

$\therefore p>q$

(i), (ii), (iii)에 의하여 $p>q$ (참)

ㄷ. $ab=1$이면 $b=\frac{1}{a}$이므로

$0<a<1<b$

$f(a)=a^a$, $g(-b)=b^{-b}=\left(\frac{1}{a}\right)^{-b}=a^b$

$0<a<1$, $a<b$이므로 $a^a>a^b$

즉, $f(a)>g(-b)$ (참)

따라서 옳은 것은 ㄴ, ㄷ이다. 답 ④

033 함수 $y=f(x)$의 그래프는 곡선 $y=a^x$을 x축의 방향으로 b만큼 평행이동한 것과 같으므로

$f(x)=a^{x-b}$

이때 $x\geq3$에서 함수 $f(x)$의 최솟값이 243이므로 $a>1$이고

$f(3)=a^{3-b}=243$ …… ㉠

한편,

$f(\alpha)f(\beta)=a^{\alpha-b}\times a^{\beta-b}=a^{\alpha+\beta-2b}$,

$f(\alpha+\beta)=a^{\alpha+\beta-b}$

이므로 $f(\alpha)f(\beta)=9f(\alpha+\beta)$에서

$a^{\alpha+\beta-2b}=9a^{\alpha+\beta-b}$

$\therefore a^{-b}=9$ …… ㉡

㉠÷㉡을 하면

$a^3=27$ $\therefore a=3$

이를 ㉡에 대입하면

$3^{-b}=9$ $\therefore b=-2$

$\therefore a^2+b^2=3^2+(-2)^2=13$ 답 ④

다른풀이

$f(3)=a^{3-b}=243=3^5$ …… ㉢

$f(3)f(3)=9f(6)$이므로

$3^5\times3^5=3^2f(6)$

$\therefore f(6)=3^8$ …… ㉣

㉣÷㉢을 하면

$f(6)\div f(3)=a^{6-b}\div a^{3-b}=27$

$a^3=27$ $\therefore a=3$

이를 ㉢에 대입하면

$3^{3-b}=3^5$ $\therefore b=-2$

034 함수 $y=5^{-x+2}$의 그래프는 함수 $y=5^{-x-2}$의 그래프를 x축의 방향으로 4만큼 평행이동한 것이므로

$\overline{PQ}=4$

$5^{-q+2}=k$에서 $-q+2=\log_5 k$이므로

$q=2-\log_5 k$

$5^{r-2}=k$에서 $r-2=\log_5 k$이므로

$r=2+\log_5 k$

$\overline{QR}=\overline{PQ}=4$에서

$(2+\log_5 k)-(2-\log_5 k)=4$, $\log_5 k=2$

$\therefore k=5^2=25$ 답 25

다른풀이

두 함수 $y=5^{-x-2}$, $y=5^{x-2}$의 그래프는 y축에 대하여 서로 대칭이므로 $\overline{PQ}=\overline{QR}$를 만족시키는 점 Q는 y축 위의 점이다.

즉, 함수 $y=5^{-x+2}$의 그래프가 점 $(0,\ k)$를 지나야 하므로

$k=5^2=25$

035 두 함수 $y=a^x$, $y=\left(\frac{1}{a}\right)^x$의 그래프는 직선 $x=0$에 대하여 서로 대칭이므로 두 그래프를 x축의 방향으로 m만큼 평행이동한 두 함수 $y=a^{x-m}$, $y=\left(\frac{1}{a}\right)^{x-m}$의 그래프는 직선 $x=m$에 대하여 서로 대칭이다.

$\therefore m=4$

따라서 $f(x)=a^{x-4}$, $g(x)=\left(\frac{1}{a}\right)^{x-4}=a^{4-x}$이므로

$f(3)=a^{3-4}=\frac{1}{a}$, $g(3)=a$

즉, $P\left(3,\ \frac{1}{a}\right)$, $Q(3,\ a)$이므로 $\overline{PQ}=\frac{3}{2}$에서

$a-\frac{1}{a}=\frac{3}{2}$, $2a^2-3a-2=0$

$(2a+1)(a-2)=0$

$\therefore a=2$ ($\because a>1$)

$\therefore am=2\times4=8$ 답 8

036 다음 그림과 같이 x축 위에 있는 직사각형 A의 두 꼭짓점의 좌표를 각각 $(a,\ 0)$, $(a+4,\ 0)$이라 하면 직사각형 A의 가로, 세로의 길이는 각각 4, $\left(\frac{5}{4}\right)^a$이고, 직사각형 B의 세로의 길이는 $\left(\frac{5}{4}\right)^{a+4}$이다.

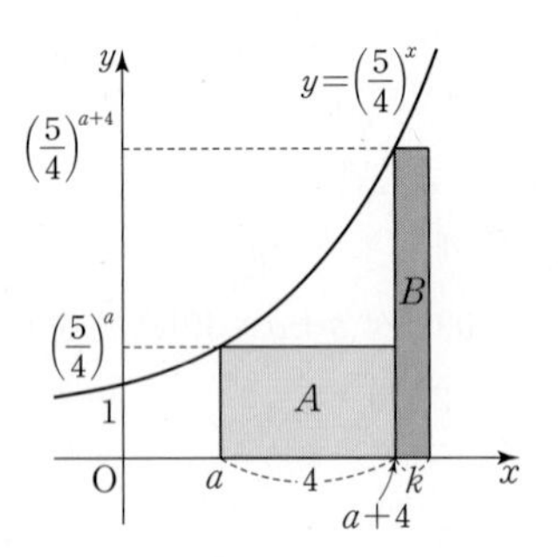

이때 직사각형 B의 가로의 길이를 k라 하고 두 직사각형 A, B의 넓이를 각각 S_A, S_B라 하면

$S_A=4\times\left(\frac{5}{4}\right)^a$, $S_B=k\times\left(\frac{5}{4}\right)^{a+4}$

$4S_B=S_A$에서

$4\times k\times\left(\frac{5}{4}\right)^{a+4}=4\times\left(\frac{5}{4}\right)^a$, $k\times\left(\frac{5}{4}\right)^4=1$

$\therefore k=\left(\frac{4}{5}\right)^4=\frac{256}{625}$

따라서 직사각형 B의 가로의 길이는 $\frac{256}{625}$이다. 답 $\frac{256}{625}$

037 $A_k(k,\ 2^{k+1})$, $B_{k+1}(k+1,\ 2^{k+1})$, $A_{k+1}(k+1,\ 2^{k+2})$이므로

$\overline{A_kB_{k+1}}=(k+1)-k=1$,

$\overline{A_{k+1}B_{k+1}}=2^{k+2}-2^{k+1}=2^{k+1}$

$\therefore S(k)=\frac{1}{2}\times\overline{A_kB_{k+1}}\times\overline{A_{k+1}B_{k+1}}$

$=\frac{1}{2}\times1\times2^{k+1}=2^k$

$\therefore S(1)S(2)S(3)\times\cdots\times S(10)=2^1\times2^2\times2^3\times\cdots\times2^{10}$

$=2^{1+2+3+\cdots+10}=2^{55}$

즉, $f(a)=2^{a+1}=2^{55}$이므로

$a+1=55\qquad\therefore a=54$

답 54

038 곡선 $y=a^{x-8}$은 곡선 $y=a^x$을 x축의 방향으로 8만큼 평행이동한 것이므로

$\overline{BC}=8$

$\overline{AB}=\overline{BC}=8$이고, 곡선 $y=a^{-x}$은 곡선 $y=a^x$을 y축에 대하여 대칭이동한 것이므로 점 A의 x좌표는 -4, 점 B의 x좌표는 4, 점 C의 x좌표는 12이다.

$\therefore A(-4,\ a^4)$, $C(12,\ a^4)$

한편, 방정식 $a^{-x}=a^{x-8}$에서 $-x=x-8$

$\therefore x=4$

즉, 점 D의 x좌표는 4이므로

$D\left(4,\ \frac{1}{a^4}\right)$

삼각형 ACD의 넓이가 12이므로

$\frac{1}{2}\times16\times\left(a^4-\frac{1}{a^4}\right)=12,\ a^4-\frac{1}{a^4}=\frac{3}{2}$

이때 $a^4=t\ (t>0)$로 놓으면

$t-\frac{1}{t}=\frac{3}{2},\ 2t^2-3t-2=0$

$(2t+1)(t-2)=0$

$\therefore t=2\ (\because t>0)$

즉, $a^4=2$이므로

$a=\sqrt[4]{2}\ (\because a>1)$

답 ①

039 $\overline{AB}=2$이므로 점 A의 x좌표를 a라 하면 점 B의 x좌표는 $a+2$이고, 두 점 A, B의 y좌표는 서로 같으므로

$16^a=4^{a+2},\ 4^{2a}=4^{a+2}$

$2a=a+2\qquad\therefore a=2$

$\therefore k=16^2=256$

따라서 $\frac{k}{4}=64$이므로 직선 $y=64$와 두 곡선이 만나는 두 점 C, D의 x좌표를 각각 c, d라 하면

$16^c=64,\ 4^d=64$

$4^{2c}=4^3$에서 $2c=3\qquad\therefore c=\frac{3}{2}$

$4^d=4^3$에서 $d=3$

$\therefore \overline{CD}=d-c=3-\frac{3}{2}=\frac{3}{2}$

답 $\frac{3}{2}$

040 두 점 P, Q의 x좌표의 비가 1 : 3이므로 점 P의 x좌표를 a라 하면 점 Q의 x좌표는 $3a$이다.

점 P는 두 곡선 $y=k\times2^x$, $y=2^{-2x}$의 교점이므로

$k\times2^a=2^{-2a}$

$\therefore 2^{3a}=\frac{1}{k}\qquad\cdots\cdots$ ㉠

또, 점 Q는 두 곡선 $y=k\times2^x$, $y=-4\times2^x+8$의 교점이므로

$k\times2^{3a}=-4\times2^{3a}+8\qquad\cdots\cdots$ ㉡

㉠을 ㉡에 대입하면

$k\times\frac{1}{k}=-4\times\frac{1}{k}+8$

$1=-\frac{4}{k}+8$

$\frac{4}{k}=7,\ 7k=4$

$\therefore 70k=40$

답 ⑤

041 y축과 평행한 직선의 방정식을 $x=k$ (k는 상수)라 하고, 직선 $x=k$와 x축이 만나는 점을 C라 하자.

이때 삼각형 AOB는 $\overline{OA}=\overline{OB}$인 이등변삼각형이므로

$\overline{AC}=\overline{BC}$

즉, $3^k=9^{k-2}$이므로

$3^k=3^{2k-4}$

$k=2k-4$

$\therefore k=4$

따라서 $\overline{AB}=2\overline{AC}=2\times3^4$, $\overline{OC}=4$이므로 삼각형 AOB의 넓이는

$\frac{1}{2}\times\overline{AB}\times\overline{OC}=\frac{1}{2}\times2\times3^4\times4=3^4\times4$

답 ①

042 부등식 $\frac{1}{4}<\left(\frac{1}{4}\right)^a<\left(\frac{1}{4}\right)^b<1$에서

$0<b<a<1$

ㄱ. $0<a<1$이므로 함수 $y=a^x$은 x의 값이 증가하면 y의 값은 감소한다.

즉, y의 값이 증가하면 x의 값은 감소하므로 임의의 두 실수 x_1, x_2에 대하여

$a^{x_1}<a^{x_2}$이면 $x_1>x_2$ (참)

ㄴ. [반례] $a^x<b^x$의 양변에 $x=1$을 대입하면

$a<b$ (거짓)

ㄷ. $0<b<a<1$일 때, 두 함수 $y=a^x$, $y=b^x$의 그래프는 오른쪽 그림과 같으므로

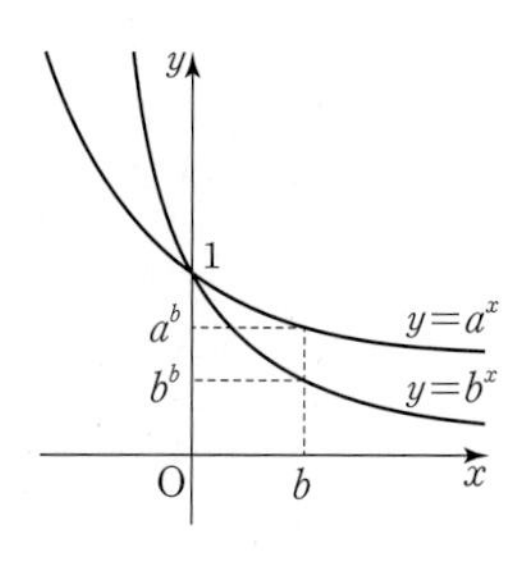

$b^b<a^b\qquad\cdots\cdots$ ㉠

또, $0<b<1$이고 $a>b$이므로

$b^a<b^b\qquad\cdots\cdots$ ㉡

㉠, ㉡에서 $b^a<b^b<a^b$ (참)

따라서 옳은 것은 ㄱ, ㄷ이다.

답 ③

043 $6^b=24$, $7^c=22$에서 $7^c<6^b<7^b$이므로

$7^c<7^b$

$\therefore c<b$

$4<5<4\sqrt{4}$이므로 $4^1<4^a<4^{\frac{3}{2}}$에서

$1<a<\frac{3}{2}$ …… ㉠

$7\sqrt{7}<22<49$이므로 $7^{\frac{3}{2}}<7^c<7^2$에서

$\frac{3}{2}<c<2$ …… ㉡

㉠, ㉡에서 $a<c$

$\therefore a<c<b$

답 ②

044 $y=-|x-1|+2=\begin{cases} x+1 & (x<1) \\ -x+3 & (x\ge1) \end{cases}$이므로

$f(x)=3^{-|x-1|+2}=\begin{cases} 3^{x+1} & (x<1) \\ 3^{-x+3} & (x\ge1) \end{cases}$

즉, 함수 $y=f(x)$의 그래프는 다음 그림과 같다.

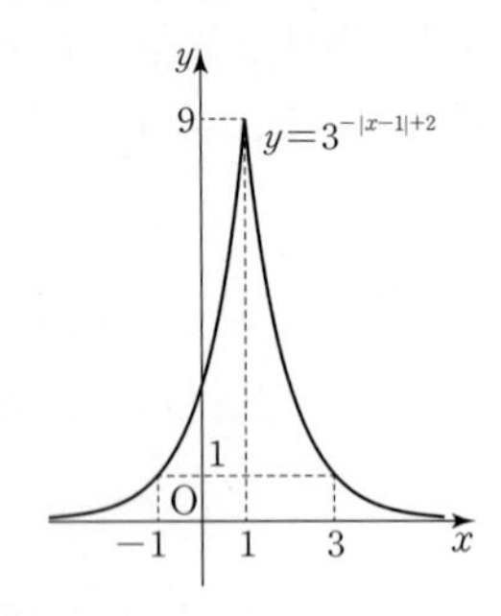

(i) $-1<a<1$일 때

$-1\le x\le a$에서 함수 $f(x)$는

$x=a$일 때 최댓값 $M=3^{a+1}$,

$x=-1$일 때 최솟값 $m=3^0=1$

을 갖는다.

$M+m=\frac{17}{6}$에서 $3^{a+1}+1=\frac{17}{6}$

$\therefore 3^a=\frac{11}{18}$

(ii) $1\le a\le3$일 때

$-1\le x\le a$에서 함수 $f(x)$는

$x=1$일 때 최댓값 $M=3^2=9$,

$x=-1$일 때 최솟값 $m=3^0=1$

을 갖는다.

그런데 $M+m=9+1=10$이므로 조건을 만족시키지 않는다.

(iii) $a>3$일 때

$-1\le x\le a$에서 함수 $f(x)$는

$x=1$일 때 최댓값 $M=3^2=9$,

$x=a$일 때 최솟값 $m=3^{-a+3}$

을 갖는다.

$M+m=\frac{17}{6}$에서 $9+3^{-a+3}=\frac{17}{6}$

$\therefore 3^{-a+3}=-\frac{37}{6}$

이를 만족시키는 a의 값은 존재하지 않는다.

(i), (ii), (iii)에 의하여 $3^a=\frac{11}{18}$

답 $\frac{11}{18}$

045 임의의 두 실수 a, b에 대하여 $-2\le a<b\le2$라 하자.

$f(x)=3^x-\left(\frac{1}{3}\right)^x$이라 하면

$f(b)-f(a)=3^b-\left(\frac{1}{3}\right)^b-3^a+\left(\frac{1}{3}\right)^a$

$=3^b-3^a+\left(\frac{1}{3}\right)^a-\left(\frac{1}{3}\right)^b$ …… ㉠

이때 $3^a<3^b$, $\left(\frac{1}{3}\right)^b<\left(\frac{1}{3}\right)^a$이므로

$3^b-3^a>0$, $\left(\frac{1}{3}\right)^a-\left(\frac{1}{3}\right)^b>0$

㉠에서 $f(b)-f(a)>0$이므로

$f(a)<f(b)$

즉, 함수 $y=3^x-\left(\frac{1}{3}\right)^x$은 x의 값이 증가하면 y의 값도 증가한다.

따라서 함수 $y=3^x-\left(\frac{1}{3}\right)^x$은

$x=2$일 때 최댓값 $3^2-\left(\frac{1}{3}\right)^2=\frac{80}{9}$,

$x=-2$일 때 최솟값 $3^{-2}-\left(\frac{1}{3}\right)^{-2}=-\frac{80}{9}$

을 가지므로

$M=\frac{80}{9}$, $m=-\frac{80}{9}$

$\therefore M-m=\frac{80}{9}-\left(-\frac{80}{9}\right)=\frac{160}{9}$

답 ②

046 $x^2-4x+5=(x-2)^2+1$은 $0\le x\le3$에서

$x=2$일 때 최솟값 1, $x=0$일 때 최댓값 5

를 갖는다.

(i) $0<a<1$인 경우

x^2-4x+5가 최소일 때, a^{x^2-4x+5}이 최대이므로 함수 $y=a^{x^2-4x+5}$은 $x=2$일 때 최댓값 $a^1=32$를 갖는다.

이는 주어진 조건을 만족시키지 않는다.

(ii) $a>1$인 경우

x^2-4x+5가 최대일 때, a^{x^2-4x+5}이 최대이므로 함수 $y=a^{x^2-4x+5}$은 $x=0$일 때 최댓값 $a^5=32$를 갖는다.

$\therefore a=2$

(i), (ii)에 의하여 $a=2$

답 2

047 $x^2-6x+11=(x-3)^2+2$는 $1\le x\le4$에서

$x=3$일 때 최솟값 2, $x=1$일 때 최댓값 6

을 갖는다.

(i) $0<a<1$인 경우

$x^2-6x+11$이 최소일 때, $f(x)$가 최대이므로

$f(3)=a^2=9 \qquad \therefore a=3$

이는 주어진 조건을 만족시키지 않는다.

(ii) $a>1$인 경우

$x^2-6x+11$이 최대일 때, $f(x)$가 최대이므로

$f(1)=a^6=9 \qquad \therefore a=\sqrt[3]{3}$

$x^2-6x+11$이 최소일 때, $f(x)$가 최소이므로

$m=f(3)=a^2=\sqrt[3]{9}$

(i), (ii)에 의하여 $m=\sqrt[3]{9}$이므로

$m^3=9$

답 ④

048 $y=4^x-3\times 2^{x+1}+6$

$=(2^x)^2-6\times 2^x+6$

이때 $2^x=t$ $(t>0)$로 놓으면 주어진 함수는

$y=t^2-6t+6=(t-3)^2-3$

한편, $\log_2 \frac{2}{3}\le x\le 1$이므로

$\frac{2}{3}\le 2^x\le 2$

$\therefore \frac{2}{3}\le t\le 2$

따라서 $\frac{2}{3}\le t\le 2$에서 함수 $y=(t-3)^2-3$의 그래프는 오른쪽 그림과 같으므로 함수 $y=(t-3)^2-3$은 $t=\frac{2}{3}$일 때 최댓값 $\frac{22}{9}$, $t=2$일 때 최솟값 -2를 갖는다.

$\therefore M=\frac{22}{9},\ m=-2$

$\therefore M+m=\frac{22}{9}+(-2)=\frac{4}{9}$

답 ④

049 $2^x+2^{2-x}=t$로 놓으면 $2^x>0$, $2^{-x}>0$이므로 산술평균과 기하평균의 관계에 의하여

$t=2^x+2^{2-x}\ge 2\sqrt{2^x\times 2^{2-x}}=4$

(단, 등호는 $2^x=2^{2-x}$, 즉 $x=1$일 때 성립)

한편, $4^x+4^{2-x}=(2^x+2^{2-x})^2-2\times 2^2$이므로 함수 $f(x)$를 t에 대하여 나타낸 함수를 $g(t)$라 하면

$g(t)=t^2+kt-2k-8$

$=\left(t+\frac{k}{2}\right)^2-\frac{k^2}{4}-2k-8\ (t\ge 4)$

양수 k에 대하여 $g(t)$는 증가함수이므로 $t=4$일 때 최솟값을 갖는다.

따라서 함수 $f(x)$는 $x=1$일 때 최솟값을 가지므로

$f(1)=8+4k-2k=2k+8=20$

$\therefore k=6$

답 6

050 $2^x-2^{-x}=4$의 양변에 2^x을 곱하면

$2^{2x}-1=4\times 2^x$

$2^{2x}-4\times 2^x-1=0$

$2^x=t$ $(t>0)$로 놓으면

$t^2-4t-1=0$

$\therefore t=2+\sqrt{5}\ (\because t>0)$

즉, $2^x=2+\sqrt{5}$이므로

$8^x=(2^3)^x=(2^x)^3$

$=(2+\sqrt{5})^3$

$=8+3\times 4\times\sqrt{5}+3\times 2\times 5+5\sqrt{5}$

$=38+17\sqrt{5}$

따라서 $a=38$, $b=17$이므로

$a+b=38+17=55$

답 ④

051 $f(1)=16$이므로 $b=1$일 때

$f(a)=\{f(1)\}^a=16^a=2^{4a}$

$\therefore f\left(\frac{1}{2}\right)=2^{4\times\frac{1}{2}}=2^2=4,$

$f\left(\frac{x}{3}\right)=2^{4\times\frac{x}{3}}=2^{\frac{4}{3}x},$

$f\left(\frac{x}{6}\right)=2^{4\times\frac{x}{6}}=2^{\frac{2}{3}x}$

따라서 주어진 방정식은

$4\times 2^{\frac{4}{3}x}-2^{\frac{2}{3}x}=0$

$2^{2+\frac{4}{3}x}=2^{\frac{2}{3}x}$

$2+\frac{4}{3}x=\frac{2}{3}x,\ \frac{2}{3}x=-2$

$\therefore x=-3$

답 -3

052 $9^x-3^{-x}=5(3^x-1)$에서

$3^{2x}-5\times 3^x+5-3^{-x}=0$

위의 식의 양변에 3^x을 곱하면

$3^{3x}-5\times 3^{2x}+5\times 3^x-1=0$

$3^x=t$ $(t>0)$로 놓으면

$t^3-5t^2+5t-1=0$

$(t-1)(t^2-4t+1)=0$

$\therefore t=1$ 또는 $t=2-\sqrt{3}$ 또는 $t=2+\sqrt{3}$

이때 $0<2-\sqrt{3}<1<2+\sqrt{3}$이므로

$3^a=2+\sqrt{3},\ 3^b=2-\sqrt{3}$

$\therefore 9^a+9^b=(3^a)^2+(3^b)^2$

$=(2+\sqrt{3})^2+(2-\sqrt{3})^2$

$=14$

답 14

053 $4^x=2^{x+1}$에서 $2^{2x}=2^{x+1}$

$2x=x+1 \qquad \therefore x=1$

따라서 두 함수 $y=4^x$, $y=2^{x+1}$의 그래프의 교점의 x좌표는 1이므로 주어진 두 함수의 그래프는 다음 그림과 같다.

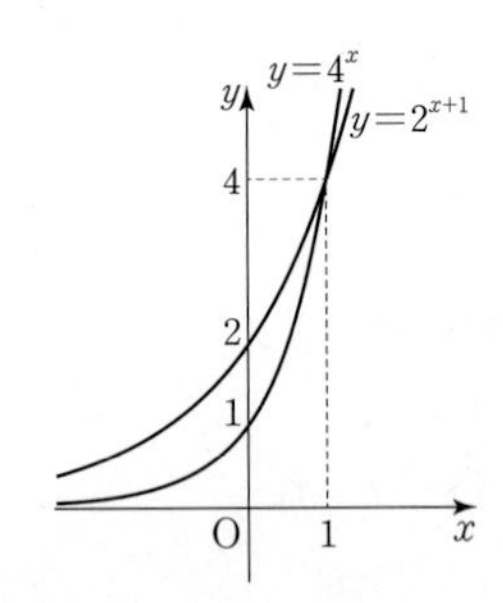

이때 $\mathrm{A}(k,\ 4^k)$, $\mathrm{B}(k,\ 2^{k+1})$

(i) $k>1$인 경우

$\overline{\mathrm{AB}}=4^k-2^{k+1}=48$이므로 $2^k=t\ (t>0)$로 놓으면

$t^2-2t-48=0$, $(t+6)(t-8)=0$

$\therefore t=8\ (\because t>0)$

즉, $2^k=8$이므로

$k=3$

(ii) $k<1$인 경우

$\overline{\mathrm{AB}}=2^{k+1}-4^k=48$이므로 $2^k=t\ (t>0)$로 놓으면

$2t-t^2=48 \qquad \therefore t^2-2t+48=0$

이때 t에 대한 이차방정식의 판별식을 D라 하면

$\frac{D}{4}=(-1)^2-48=-47<0$

이므로 실근을 갖지 않는다.

따라서 $\overline{\mathrm{AB}}=48$을 만족시키는 상수 k가 존재하지 않는다.

(i), (ii)에 의하여 $k=3$

답 3

054 $9^x+9^{-x}=(3^x+3^{-x})^2-2$이므로 주어진 방정식은

$(3^x+3^{-x})^2+3(3^x+3^{-x})-18=0$

$3^x+3^{-x}=t$로 놓으면

$t^2+3t-18=0$, $(t+6)(t-3)=0$

$\therefore t=-6$ 또는 $t=3$

이때 $3^x>0$, $3^{-x}>0$이므로 산술평균과 기하평균의 관계에 의하여

$t=3^x+3^{-x}\ge 2\sqrt{3^x\times 3^{-x}}=2$

(단, 등호는 $3^x=3^{-x}$, 즉 $x=0$일 때 성립)

$\therefore 3^x+3^{-x}=3$

위의 식의 양변에 3^{-x}을 곱하면

$1+3^{-2x}=3\times 3^{-x}$

$3^{-2x}-3\times 3^{-x}+1=0$

$3^{-x}=p\ (p>0)$로 놓으면

$p^2-3p+1=0$

이 이차방정식의 두 근이 $3^{-\alpha}$, $3^{-\beta}$이므로 근과 계수의 관계에 의하여

$3^{-\alpha}+3^{-\beta}=3$, $3^{-\alpha}\times 3^{-\beta}=1$

$\therefore 9^{-\alpha}+9^{-\beta}=(3^{-\alpha}+3^{-\beta})^2-2\times 3^{-\alpha}\times 3^{-\beta}$

$=3^2-2\times 1=7$

답 ③

055 $9^{2x}+a\times 9^{x+1}+15-9a=0$에서

$(9^x)^2+9a\times 9^x+15-9a=0 \quad \cdots\cdots$ ㉠

$9^x=t\ (t>0)$로 놓으면

$t^2+9at+15-9a=0 \quad \cdots\cdots$ ㉡

방정식 ㉠의 두 근을 m, $2m\ (m\ne 0)$이라 하면 방정식 ㉡의 두 근은 9^m, 9^{2m}이므로 근과 계수의 관계에 의하여

$9^m+9^{2m}=-9a$, $9^m\times 9^{2m}=15-9a$

$9^m=k\ (k>0)$로 놓으면

$k+k^2=-9a$, $k^3=15-9a$

즉, $k^3=15+k+k^2$이므로

$k^3-k^2-k-15=0$, $(k-3)(k^2+2k+5)=0$

$\therefore k=3\ (\because k^2+2k+5>0)$

따라서 $k+k^2=-9a$에서

$-9a=3+3^2=12$

$\therefore a=-\frac{4}{3}$

답 ③

참고 방정식 ㉡은 서로 다른 두 양의 실근을 갖는다.

(i) 이차방정식 ㉡의 판별식을 D라 하면

$D=(9a)^2-4(15-9a)=(9a)^2+4\times 9a-6\times 10$

$=(9a+10)(9a-6)>0$

$\therefore a<-\frac{10}{9}$ 또는 $a>\frac{2}{3}$

(ii) 이차방정식 ㉡의 두 근의 합이 양수이므로

$9^m+9^{2m}=-9a>0 \qquad \therefore a<0$

(iii) 이차방정식 ㉡의 두 근의 곱이 양수이므로

$9^m\times 9^{2m}=15-9a>0 \qquad \therefore a<\frac{5}{3}$

(i), (ii), (iii)에 의하여 a의 값의 범위는 $a<-\frac{10}{9}$

056 $3^x+3^{-x}=t$로 놓으면 $3^x>0$, $3^{-x}>0$이므로 산술평균과 기하평균의 관계에 의하여

$t=3^x+3^{-x}\ge 2\sqrt{3^x\times 3^{-x}}=2$

(단, 등호는 $3^x=3^{-x}$, 즉 $x=0$일 때 성립)

또, $9^x+9^{-x}=(3^x+3^{-x})^2-2=t^2-2$이므로

$9^x+9^{-x}+4(3^x+3^{-x})-k+2=0$에서

$(t^2-2)+4t-k+2=0$

$\therefore t^2+4t=k \quad \cdots\cdots$ ㉠

주어진 방정식이 적어도 하나의 실근을 가지려면 $t\ge 2$에서 방정식 ㉠이 적어도 하나의 실근을 가져야 한다.

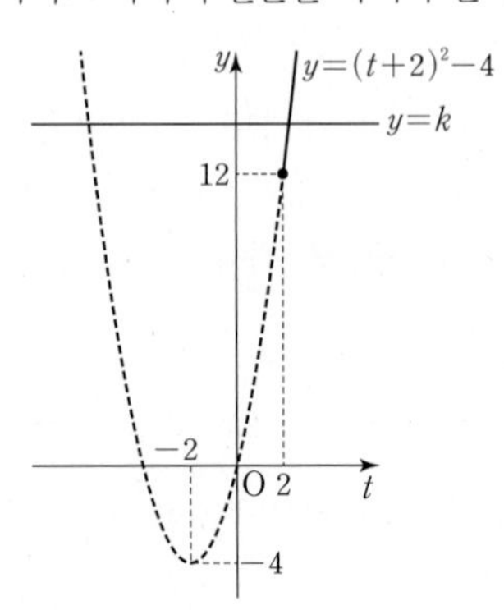

이때 $t\ge 2$에서 함수 $y=t^2+4t=(t+2)^2-4$의 그래프가 위의 그림과 같으므로

$k\ge 12$

답 $k\ge 12$

057 $2^x=t\ (t>0)$로 놓으면 주어진 방정식은

$t^2-2(a+4)t-3a^2+24a=0$ ...... ㉠

주어진 방정식의 서로 다른 두 실근이 양수이려면

$t=2^x>1$

즉, 방정식 ㉠의 서로 다른 두 실근이 모두 1보다 크면 된다.

(i) 이차방정식 ㉠의 판별식을 D라 하면

$\frac{D}{4}=(a+4)^2-(-3a^2+24a)=4(a^2-4a+4)$

$=4(a-2)^2>0$

$\therefore a\neq2$인 모든 실수

(ii) 이차함수 $y=t^2-2(a+4)t-3a^2+24a$의 그래프의 축의 방정식은 $t=a+4$이므로

$a+4>1$

$\therefore a>-3$

(iii) $f(t)=t^2-2(a+4)t-3a^2+24a$라 하면

$f(1)>0$이어야 하므로

$1-2(a+4)-3a^2+24a>0$

$3a^2-22a+7<0,\ (3a-1)(a-7)<0$

$\therefore \frac{1}{3}<a<7$

(i), (ii), (iii)에 의하여

$\frac{1}{3}<a<2$ 또는 $2<a<7$

따라서 정수 a는 1, 3, 4, 5, 6의 5개이다. **답** ③

058 방정식 $|7^x-4|=k$의 실근은 함수 $y=|7^x-4|$의 그래프와 직선 $y=k$의 교점의 x좌표와 같다.

함수 $y=|7^x-4|$의 그래프와 직선 $y=k$는 오른쪽 그림과 같으므로 두 교점의 x좌표 x_1, x_2의 부호가 서로 다르기 위해서는

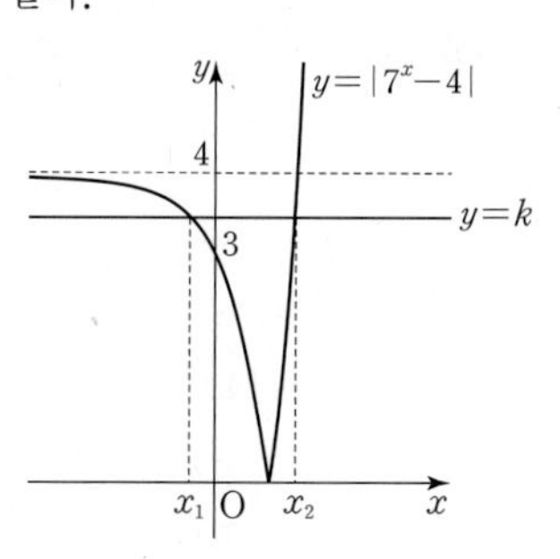

$3<k<4$

따라서 $\alpha=3$, $\beta=4$이므로

$\alpha+\beta=3+4=7$ **답** 7

059 함수 $y=3^{x+3}-4$의 그래프는 함수 $y=3^x$의 그래프를 x축의 방향으로 -3만큼, y축의 방향으로 -4만큼 평행이동한 것이므로 함수 $y=|3^{x+3}-4|$의 그래프는 오른쪽 그림과 같다.

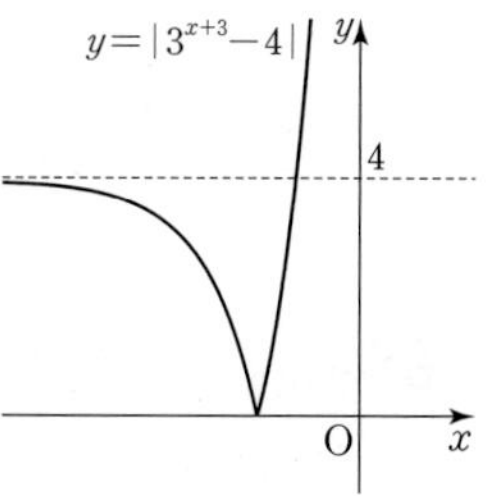

이때 직선 $y=k$가 함수 $y=|3^{x+3}-4|$의 그래프와 오직 한 점에서 만나도록 하는 실수 k의 값 또는 범위는

$k=0$ 또는 $k\geq4$

따라서 8보다 작은 정수 k는 0, 4, 5, 6, 7의 5개이다.

답 ③

060 $13^{(x-2)^2}\leq\sqrt{13^{5-x}}$에서

$13^{(x-2)^2}\leq13^{\frac{5-x}{2}}$

밑이 1보다 크므로

$(x-2)^2\leq\frac{5-x}{2}$

$2(x^2-4x+4)\leq5-x$

$2x^2-7x+3\leq0$

$(2x-1)(x-3)\leq0$

$\therefore \frac{1}{2}\leq x\leq3$

$\therefore A=\left\{x\middle|\frac{1}{2}\leq x\leq3\right\}$

집합 B에서 $f(x)=x^2+ax+4$라 하면

$f\left(\frac{1}{2}\right)\leq0$에서

$\frac{1}{4}+\frac{1}{2}a+4\leq0,\ \frac{1}{2}a\leq-\frac{17}{4}$

$\therefore a\leq-\frac{17}{2}$ ...... ㉠

$f(3)\leq0$에서

$9+3a+4\leq0,\ 3a\leq-13$

$\therefore a\leq-\frac{13}{3}$ ...... ㉡

㉠, ㉡에서 $A\subset B$를 만족시키는 a의 값의 범위는

$a\leq-\frac{17}{2}$

따라서 정수 a의 최댓값은 -9이다. **답** -9

061 $\left(\frac{2}{5}\right)^{x+2}<\left(\frac{2}{5}\right)^{x^2}$에서 밑이 1보다 작으므로

$x+2>x^2,\ x^2-x-2<0$

$(x+1)(x-2)<0$

$\therefore -1<x<2$

$\therefore A=\{x|-1<x<2\}$

또, $3^{|x-2|}\leq3^a$에서 밑이 1보다 크므로

$|x-2|\leq a,\ -a\leq x-2\leq a$

$\therefore 2-a\leq x\leq2+a$

$\therefore B=\{x|2-a\leq x\leq2+a\}$

$A\cap B=A$에서 $A\subset B$이므로

$2-a\leq-1,\ a+2\geq2$

$\therefore a\geq3$

따라서 양수 a의 최솟값은 3이다. **답** ③

062 $-2\leq x\leq2$에서

$\left(\frac{1}{2}\right)^2\leq\left(\frac{1}{2}\right)^x\leq\left(\frac{1}{2}\right)^{-2}$

$\therefore \frac{1}{4}\leq\left(\frac{1}{2}\right)^x\leq4$ ...... ㉠

(i) $a\times\left(\frac{1}{2}\right)^x\leq\left(\frac{1}{2}\right)^{2x-1}$에서 양변을 $\left(\frac{1}{2}\right)^x$으로 나누면

$a \le 2\times\left(\frac{1}{2}\right)^x$

㉠에서 $\left(\frac{1}{2}\right)^x$의 최솟값이 $\frac{1}{4}$이므로

$a \le 2\times\frac{1}{4}=\frac{1}{2}$

(ii) $\left(\frac{1}{2}\right)^{2x-1} \le b\times 8^{-x}$에서 양변을 $\left(\frac{1}{2}\right)^{2x}$으로 나누면

$2 \le b\times\left(\frac{1}{2}\right)^x$ $\quad\therefore b \ge 2\times\left(\frac{1}{2}\right)^{-x}=2\times 2^x$

㉠에서 $\frac{1}{4}\le 2^x \le 4$이므로 2^x의 최댓값은 4이다.

$\therefore b \ge 2\times 4=8$

(i), (ii)에 의하여 $b-a \ge 8-\frac{1}{2}=\frac{15}{2}$

따라서 $p=2$, $q=15$이므로

$p+q=2+15=17$

답 17

063 $f(x)=x(x-2)$, $g(x)=m(x-2)$ $(m<0)$라 하면

$\left(\frac{1}{8}\right)^{f(x)} > 4^{g(x)}$에서

$2^{-3x^2+6x} > 2^{2mx-4m}$

이때 밑이 1보다 크므로

$-3x^2+6x > 2mx-4m$

$3x^2+2(m-3)x-4m<0$

$(x-2)(3x+2m)<0$

$-\frac{2m}{3}<2$이면 부등식의 해가 $-\frac{2m}{3}<x<2$이므로 4개의 자연수를 포함하는 범위가 될 수 없다.

따라서 $-\frac{2m}{3}>2$이므로 부등식의 해는

$2<x<-\frac{2m}{3}$

10보다 작은 자연수 x의 개수가 4이므로 부등식의 해는 3, 4, 5, 6이어야 한다.

즉, $6<-\frac{2m}{3}\le 7$이므로 $-\frac{21}{2}\le m<-9$

이때 $g(-1)=-3m$이므로

$27<g(-1)\le\frac{63}{2}$

따라서 $g(-1)$의 최댓값은 $\frac{63}{2}$이다.

답 $\frac{63}{2}$

064 $5^{2x}-(3a+10)5^x+30a\le 0$에서 $5^x=t$ $(t>0)$로 놓으면

$t^2-(3a+10)t+30a\le 0$

$(t-3a)(t-10)\le 0$

(i) $0<3a<10$, 즉 $0<a<\frac{10}{3}$일 때

$3a\le t\le 10$

즉, $3a\le 5^x\le 10$이므로 정수 x의 개수가 2이려면

$\frac{1}{5}<3a\le 1$

$\therefore \frac{1}{15}<a\le\frac{1}{3}$

(ii) $3a\ge 10$, 즉 $a\ge\frac{10}{3}$일 때

$10\le t\le 3a$

즉, $10\le 5^x\le 3a$이므로 정수 x의 개수가 2이려면

$125\le 3a<625$

$\therefore \frac{125}{3}\le a<\frac{625}{3}$

(i), (ii)에 의하여

$\frac{1}{15}<a\le\frac{1}{3}$ 또는 $\frac{125}{3}\le a<\frac{625}{3}$

답 $\frac{1}{15}<a\le\frac{1}{3}$ 또는 $\frac{125}{3}\le a<\frac{625}{3}$

065 $15\times 4^{x-2}+1\le 16^{x-1}$에서

$15\times 4^{x-2}+1\le 4^{2x-2}$

$\therefore \frac{1}{16}\times 4^{2x}-\frac{15}{16}\times 4^x-1\ge 0$

$4^x=t$ $(t>0)$로 놓으면

$\frac{1}{16}t^2-\frac{15}{16}t-1\ge 0$

$t^2-15t-16\ge 0$

$(t+1)(t-16)\ge 0$

$\therefore t\ge 16$ $(\because t>0)$

즉, $4^x\ge 4^2$이고 밑이 1보다 크므로

$x\ge 2$

답 $x\ge 2$

066 $7-4\sqrt{3}=\frac{1}{7+4\sqrt{3}}$이므로 $a=7+4\sqrt{3}$이라 하면 주어진 부등식은

$a^x+a^{-x}\le 14$

위의 식의 양변에 a^x을 곱하면

$a^{2x}+1\le 14a^x$

$a^{2x}-14a^x+1\le 0$

$a^x=t$ $(t>0)$로 놓으면

$t^2-14t+1\le 0$

$\therefore 7-4\sqrt{3}\le t\le 7+4\sqrt{3}$

즉, $7-4\sqrt{3}\le(7+4\sqrt{3})^x\le 7+4\sqrt{3}$이므로

$-1\le x\le 1$

따라서 정수 x는 -1, 0, 1의 3개이다.

답 ③

067 $f(x)=x^2-2(3^a+1)x+3^a+13$이라 하자.

모든 실수 x에 대하여 이차부등식 $f(x)>0$이 성립하려면 이차함수 $y=f(x)$의 그래프가 오른쪽 그림과 같아야 한다.

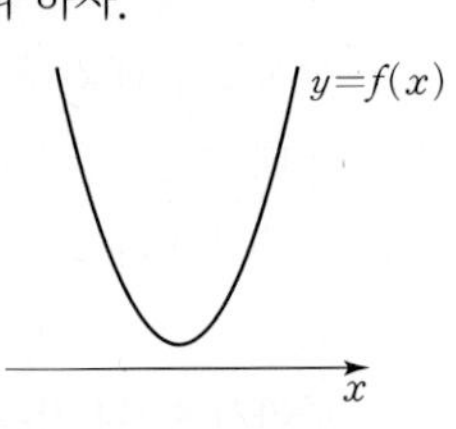

즉, 이차방정식 $f(x)=0$의 판별식을 D라 하면

$\frac{D}{4}=(3^a+1)^2-(3^a+13)$

$=(3^a)^2+3^a-12<0$

이때 $3^a=t\ (t>0)$로 놓으면

$t^2+t-12<0,\ (t+4)(t-3)<0$

$\therefore\ -4<t<3$

이때 $t>0$이므로

$0<t<3$

즉, $0<3^a<3^1$이고 밑이 1보다 크므로

$a<1$ **답** $a<1$

068 $2\times3^{x+1}+3^{2x+1}+7-k>0$에서

$3\times(3^x)^2+6\times3^x+7-k>0$

$3^x=t\ (t>0)$로 놓으면

$3t^2+6t+7-k>0$ …… ㉠

$f(t)=3t^2+6t+7-k$

$=3(t+1)^2+4-k$

라 하자.

이차부등식 ㉠이 $t>0$인 모든 실수 t에 대하여 성립하려면 함수 $y=f(t)$의 그래프가 오른쪽 그림과 같아야 한다.

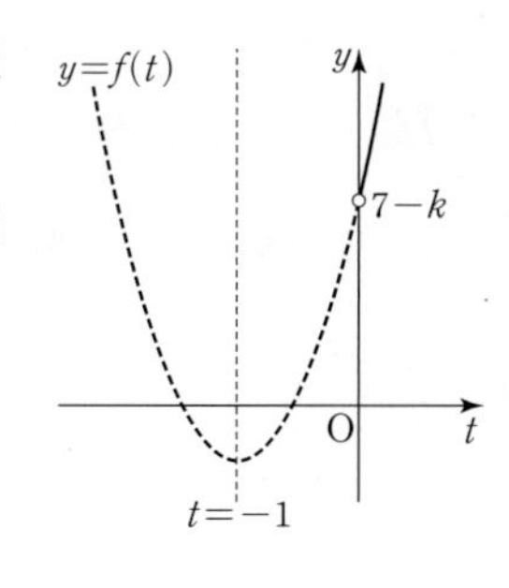

즉, $f(0)=7-k\geq0$

$\therefore\ k\leq7$

따라서 정수 k의 최댓값은 7이다.

답 ⑤

069 $4^x-6a\times2^x+9\geq0$에서

$(2^x)^2-6a\times2^x+9\geq0$

$2^x=t\ (t>0)$로 놓으면

$t^2-6at+9\geq0$

$\therefore\ (t-3a)^2-9a^2+9\geq0$ …… ㉠

이차부등식 ㉠이 $t>0$인 모든 실수 t에 대하여 성립하려면 다음과 같다.

(i) $a>0$일 때

$t=3a$에서 최솟값을 가지므로

$-9a^2+9\geq0$

$a^2-1\leq0$

$(a+1)(a-1)\leq0$

$\therefore\ -1\leq a\leq1$

이때 $a>0$이므로 $0<a\leq1$

(ii) $a\leq0$일 때

$t=0$에서 최솟값을 가지므로 ㉠에서 $9\geq0$

즉, $t>0$인 모든 실수 t에 대하여 부등식 ㉠이 성립한다.

(i), (ii)에 의하여 $a\leq1$

따라서 실수 a의 최댓값은 1이다. **답** 1

070 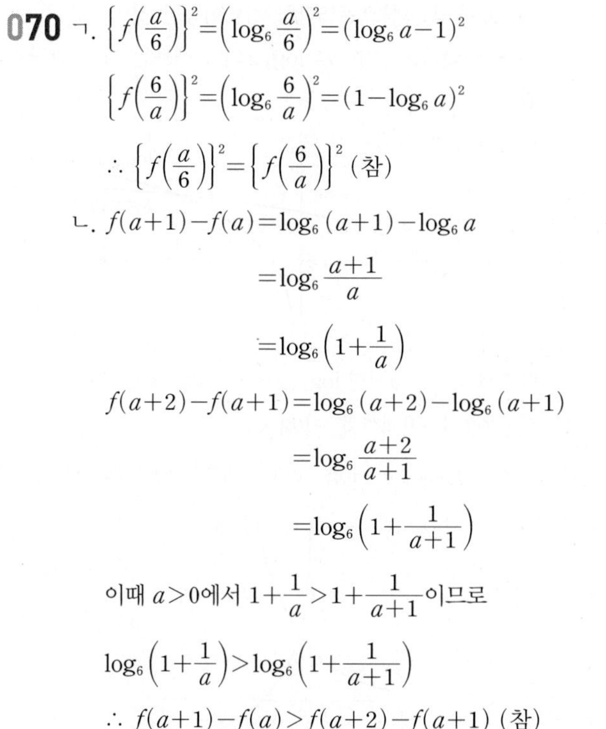

ㄱ. $\left\{f\left(\frac{a}{6}\right)\right\}^2=\left(\log_6\frac{a}{6}\right)^2=(\log_6 a-1)^2$

$\left\{f\left(\frac{6}{a}\right)\right\}^2=\left(\log_6\frac{6}{a}\right)^2=(1-\log_6 a)^2$

$\therefore\ \left\{f\left(\frac{a}{6}\right)\right\}^2=\left\{f\left(\frac{6}{a}\right)\right\}^2$ (참)

ㄴ. $f(a+1)-f(a)=\log_6(a+1)-\log_6 a$

$=\log_6\frac{a+1}{a}$

$=\log_6\left(1+\frac{1}{a}\right)$

$f(a+2)-f(a+1)=\log_6(a+2)-\log_6(a+1)$

$=\log_6\frac{a+2}{a+1}$

$=\log_6\left(1+\frac{1}{a+1}\right)$

이때 $a>0$에서 $1+\frac{1}{a}>1+\frac{1}{a+1}$이므로

$\log_6\left(1+\frac{1}{a}\right)>\log_6\left(1+\frac{1}{a+1}\right)$

$\therefore\ f(a+1)-f(a)>f(a+2)-f(a+1)$ (참)

ㄷ. (밑)$=6>1$이므로 함수 $y=f(x)$는 x의 값이 증가하면 y의 값도 증가한다.

즉, y의 값이 증가하면 x의 값도 증가하므로

$f(a)<f(b)$이면 $a<b$ …… ㉠

$y=\log_6 x$에서

$x=6^y$

x와 y를 서로 바꾸면

$y=6^x$

$\therefore\ f^{-1}(x)=6^x$

$\therefore\ f^{-1}(-x)=6^{-x}=\left(\frac{1}{6}\right)^x$

이때 (밑)$=\frac{1}{6}<1$이므로 함수 $y=f^{-1}(-x)$는 x의 값이 증가하면 y의 값은 감소한다.

즉, $a<b$이면 $f^{-1}(-a)>f^{-1}(-b)$ …… ㉡

㉠, ㉡에 의하여 $f(a)<f(b)$이면 $f^{-1}(-a)>f^{-1}(-b)$이다. (참)

따라서 ㄱ, ㄴ, ㄷ 모두 옳다. **답** ⑤

071 ㄱ. 두 함수 $y=\log_2 x$, $y=\log_3 x$의 그래프는 다음 그림과 같다.

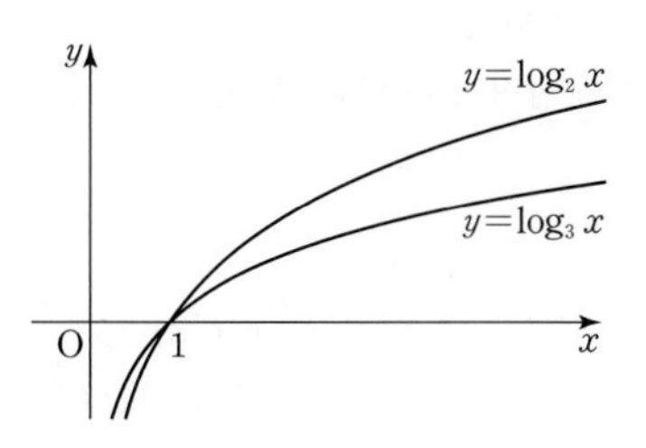

따라서 $x<1$이면 $\log_2 x<\log_3 x$ (참)

ㄴ. 함수 $y=\log_2(x-5)$의 그래프는 함수 $y=\log_2 x$의 그래

프를 x축의 방향으로 5만큼 평행이동한 것이므로 두 함수 $y=\log_2(x-5)$, $y=\log_3 x$의 그래프는 다음 그림과 같다.

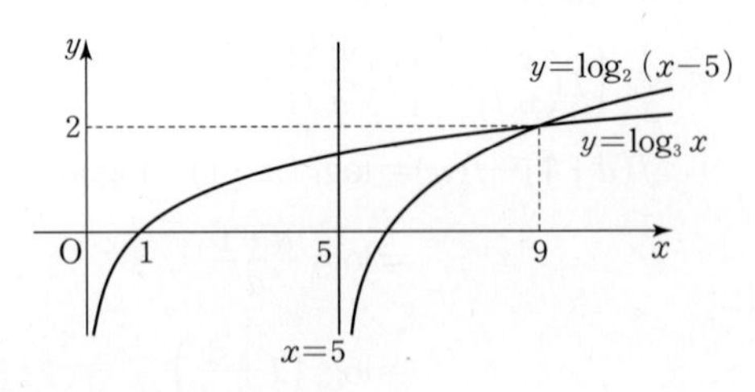

따라서 $5<x<9$이면 $\log_2(x-5)<\log_3 x$ (참)

ㄷ. $3^x+\log_3 x=0$에서 $3^x=\log_{\frac{1}{3}} x$

두 함수 $y=3^x$, $y=\log_{\frac{1}{3}} x$의 그래프는 다음 그림과 같다.

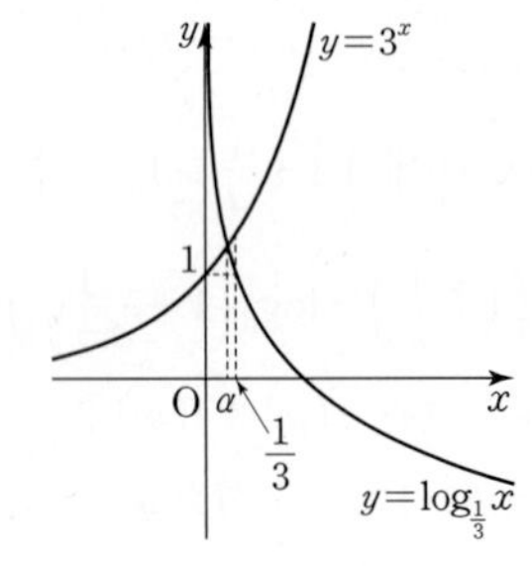

$0<x<\alpha$일 때, $3^x<\log_{\frac{1}{3}} x$

$x>\alpha$일 때, $3^x>\log_{\frac{1}{3}} x$

한편, $x=\frac{1}{3}$일 때, $3^{\frac{1}{3}}>\log_{\frac{1}{3}}\frac{1}{3}=1$이므로

$0<\alpha<\frac{1}{3}$ (거짓)

따라서 옳은 것은 ㄱ, ㄴ이다. **답** ③

072 곡선 $y=\log_3 x$를 y축에 대하여 대칭이동하면 곡선 $y=\log_3(-x)$이고, 곡선 $y=\log_3(-x)$를 x축의 방향으로 4만큼 평행이동하면 곡선 $y=\log_3(-x+4)$이다.

$\therefore f(x)=\log_3(-x+4)$

한편, 두 점 $\mathrm{O}(0, 0)$, $\mathrm{A}(2, 0)$에 대하여 삼각형 OAB가 $\overline{\mathrm{OB}}=\overline{\mathrm{AB}}$인 이등변삼각형이려면 점 B는 선분 OA의 수직이등분선 위의 점이어야 한다.

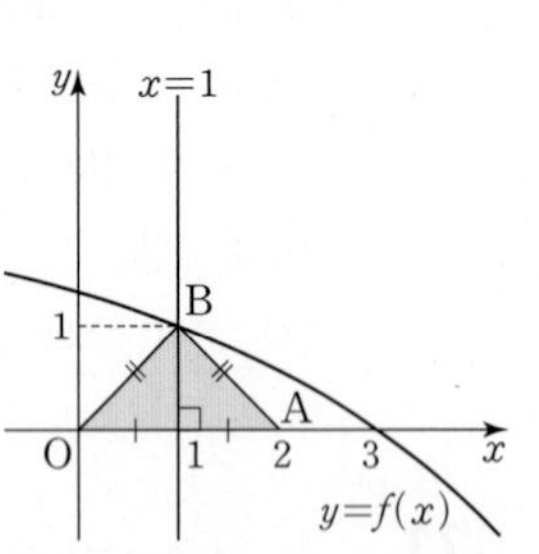

선분 OA의 수직이등분선은 $x=1$이므로 점 B는 x좌표가 1이고 곡선 $y=f(x)$ 위의 점이다.

$\therefore \mathrm{B}(1, 1)$

따라서 삼각형 OAB의 넓이는

$\frac{1}{2}\times2\times1=1$ **답** 1

073 곡선 $y=f(x)$와 x축과의 교점의 x좌표는

$\log_a(bx-2)=0$, $bx-2=1$

$\therefore x=\frac{3}{b}$

따라서 곡선 $y=f(x)$와 x축과의 교점의 좌표는

$\left(\frac{3}{b}, 0\right)$

$g(x)=\log_b(ax-2)=\log_b a\left(x-\frac{2}{a}\right)$

$=\log_b\left(x-\frac{2}{a}\right)+\log_b a$

이므로 곡선 $y=g(x)$는 곡선 $y=\log_b x$를 x축의 방향으로 $\frac{2}{a}$만큼, y축의 방향으로 $\log_b a$만큼 평행이동한 것이다.

따라서 곡선 $y=g(x)$의 점근선의 방정식은

$x=\frac{2}{a}$

이때 점 $\left(\frac{3}{b}, 0\right)$이 직선 $x=\frac{2}{a}$ 위에 있어야 하므로

$\frac{3}{b}=\frac{2}{a}$ $\quad\therefore b=\frac{3}{2}a$

한편, $b>1$에서 $\frac{3}{2}a>1$ $\quad\therefore a>\frac{2}{3}$

$\therefore \frac{2}{3}<a<1$ **답** ③

074 $0<a<\frac{1}{3}$인 실수 a에 대하여 직선 $y=x$와 두 함수 $y=\log_a x$, $y=\log_{3a} x$의 그래프는 다음 그림과 같다.

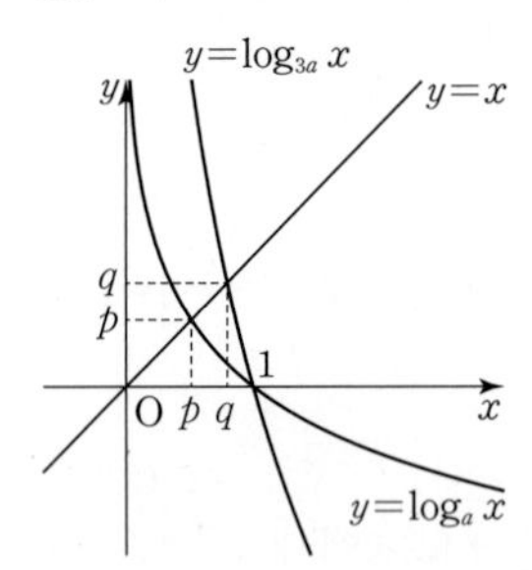

ㄱ. $p=\log_a p$에서 $p=\frac{1}{2}$이면 $a^{\frac{1}{2}}=\frac{1}{2}$

$\therefore a=\frac{1}{4}$ (참)

ㄴ. 위의 그림에서 $p<q$ (거짓)

ㄷ. $p=\log_a p$에서 $a^p=p$

$q=\log_{3a} q$에서 $(3a)^q=q$, $a^q=\frac{q}{3^q}$

$\therefore a^{p+q}=a^p\times a^q=\frac{pq}{3^q}$ (참)

따라서 옳은 것은 ㄱ, ㄷ이다. **답** ③

075 $y=\log_3\left(\frac{x}{9}+a\right)=\log_3\left(\frac{x+9a}{9}\right)$

$=\log_3(x+9a)-\log_3 9$

이므로 곡선 $y=\log_3\left(\frac{x}{9}+a\right)$의 점근선의 방정식은

$x=-9a$ $\quad\therefore k=9a$

두 곡선 $y=\log_3 x$, $y=\log_3\left(\frac{x}{9}+a\right)$와 두 직선 $x=-k$, $x=k$는 다음 그림과 같다.

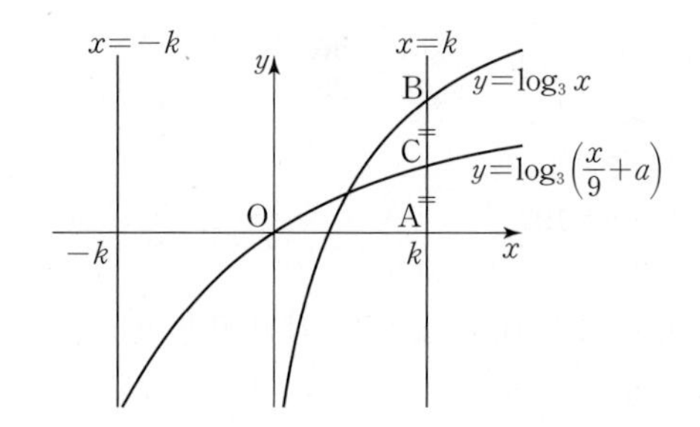

$\overline{\mathrm{AC}}=\overline{\mathrm{BC}}$에서 $\overline{\mathrm{AB}}=2\overline{\mathrm{AC}}$이므로

$\log_3 k=2\log_3\left(\dfrac{k}{9}+a\right)$

$\log_3 9a=2\log_3\left(\dfrac{9a}{9}+a\right)$

$9a=(2a)^2\qquad\therefore a=\dfrac{9}{4}\ (\because a>0)$

$\therefore k-a=9a-a=8a=8\times\dfrac{9}{4}=18$ **답** ⑤

076 $\mathrm{A}'(0,\ \log_3 a)$, $\mathrm{B}'(0,\ \log_{\sqrt{3}} 5b)$이므로 $\overline{\mathrm{OA}'}:\overline{\mathrm{OB}'}=3:5$에서

$\log_3 a:\log_{\sqrt{3}} 5b=3:5$

$3\log_{\sqrt{3}} 5b=5\log_3 a$

$6\log_3 5b=5\log_3 a$

$\log_3 (5b)^6=\log_3 a^5$

$5^6b^6=a^5$

$\therefore \dfrac{a^5}{b^6}=5^6$ **답** ④

077 점 A의 좌표를 $(k,\ k)\ (k>0)$라 하면 사각형 COBA의 넓이가 64이므로

$k^2=64$

$\therefore k=8\ (\because k>0)$

점 $\mathrm{A}(8,\ 8)$이 함수 $y=f(x)$의 그래프 위의 점이므로

$\log_a 9=8$

$\therefore f(80)=\log_a 81=2\log_a 9=2\times8=16$ **답** 16

078 $\mathrm{A}(k,\ 4)$, $\mathrm{B}(k,\ 3)$, $\mathrm{C}(k,\ -4)$, $\mathrm{D}(k,\ -(4+n))$이므로

$\log_a k=4$에서 $a^4=k\qquad\therefore a=k^{\frac{1}{4}}$

$\log_b k=3$에서 $b^3=k\qquad\therefore b=k^{\frac{1}{3}}$

$\log_c k=-4$에서 $c^{-4}=k\qquad\therefore c=k^{-\frac{1}{4}}$

$\log_d k=-(4+n)$에서 $d^{-(4+n)}=k\qquad\therefore d=4^{-\frac{1}{4+n}}$

$b^2\sqrt{c}>\dfrac{a}{d^3}$에서

$b^2\sqrt{c}=k^{\frac{2}{3}}\times\left(k^{-\frac{1}{4}}\right)^{\frac{1}{2}}=k^{\frac{13}{24}}$,

$\dfrac{a}{d^3}=k^{\frac{1}{4}}\times\left(k^{-\frac{1}{4+n}}\right)^{-3}=k^{\frac{1}{4}+\frac{3}{4+n}}$

이므로 $k^{\frac{13}{24}}>k^{\frac{1}{4}+\frac{3}{4+n}}$

이때 $k>1$이므로

$\dfrac{13}{24}>\dfrac{1}{4}+\dfrac{3}{4+n},\ \dfrac{3}{4+n}<\dfrac{7}{24}$

$4+n>\dfrac{72}{7}$

$\therefore n>\dfrac{44}{7}$

따라서 자연수 n의 최솟값은 7이다. **답** ②

079 두 함수 $y=\log_2(x-a)+b$, $y=f(x)$의 그래프가 직선 $y=x$에 대하여 서로 대칭이므로 $\mathrm{B}(0,\ 1)$이고, 점 A는 직선 $y=x$ 위에 있다.

$\overline{\mathrm{BC}}=\sqrt{2}$이고, 점 A에서 선분 BC에 내린 수선의 발을 H라 하면 삼각형 ABC의 넓이는

$\dfrac{1}{2}\times\overline{\mathrm{BC}}\times\overline{\mathrm{AH}}=\dfrac{1}{2}\times\sqrt{2}\times\overline{\mathrm{AH}}=\dfrac{5}{2}$

$\therefore \overline{\mathrm{AH}}=\dfrac{5\sqrt{2}}{2}$

따라서 $\overline{\mathrm{OA}}=\overline{\mathrm{OH}}+\overline{\mathrm{AH}}=\dfrac{\sqrt{2}}{2}+\dfrac{5\sqrt{2}}{2}=3\sqrt{2}$이므로

$\mathrm{A}(3,\ 3)$

두 점 $\mathrm{A}(3,\ 3)$, $\mathrm{B}(0,\ 1)$이 함수 $y=\log_2(x-a)+b$의 그래프 위의 점이므로

$3=\log_2(3-a)+b\qquad\cdots\cdots$ ㉠

$1=\log_2(-a)+b\qquad\cdots\cdots$ ㉡

㉠−㉡을 하면

$2=\log_2(3-a)-\log_2(-a)$

$\log_2\dfrac{3-a}{-a}=2,\ \dfrac{3-a}{-a}=4$

$3-a=-4a\qquad\therefore a=-1$

$a=-1$을 ㉡에 대입하면

$1=\log_2 1+b\qquad\therefore b=1$

$\therefore a+b=-1+1=0$ **답** ①

080 다음 그림과 같이 두 함수 $y=a^x$, $y=\log_a x$는 서로 역함수 관계이므로 두 함수의 그래프는 직선 $y=x$에 대하여 서로 대칭이다.

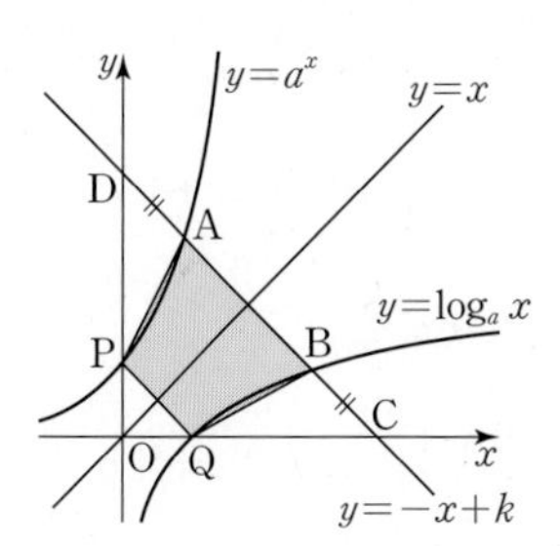

따라서 직선 $y=-x+k$가 y축과 만나는 점을 D라 하면

$\overline{\mathrm{DA}}=\overline{\mathrm{BC}}$

즉, $\overline{\mathrm{CD}}=2\overline{\mathrm{AB}}$이므로

$\triangle\mathrm{OCD}=2\times\triangle\mathrm{OAB}=2\times8=16$

또, 삼각형 OCD의 넓이는 $\dfrac{1}{2}k^2$이므로

$\dfrac{1}{2}k^2=16$

$\therefore k=4\sqrt{2}$ ($\because k>0$)

따라서 $C(4\sqrt{2},\ 0)$, $D(0,\ 4\sqrt{2})$이고, 두 점 A, B는 각각 선분 CD를 $3:1$, $1:3$으로 내분하는 점이므로

$A(\sqrt{2},\ 3\sqrt{2})$, $B(3\sqrt{2},\ \sqrt{2})$

$\therefore \overline{AB}=\sqrt{(2\sqrt{2})^2+(-2\sqrt{2})^2}=4$

$P(0,\ 1)$, $Q(1,\ 0)$이므로

$\overline{PQ}=\sqrt{2}$

직선 AB와 원점 사이의 거리는 4, 직선 PQ와 원점 사이의 거리는 $\frac{\sqrt{2}}{2}$이므로 두 직선 AB, PQ 사이의 거리는

$4-\frac{\sqrt{2}}{2}$

따라서 사다리꼴 APQB의 넓이는

$\frac{1}{2}\times(\sqrt{2}+4)\times\left(4-\frac{\sqrt{2}}{2}\right)=\frac{15}{2}+\sqrt{2}$ 답 $\frac{15}{2}+\sqrt{2}$

081 곡선 $y=a^{x-1}$은 곡선 $y=a^x$을 x축의 방향으로 1만큼 평행이동한 것이고, 곡선 $y=\log_a(x-1)$은 곡선 $y=\log_a x$를 x축의 방향으로 1만큼 평행이동한 것이므로 두 곡선 $y=a^{x-1}$, $y=\log_a(x-1)$은 직선 $y=x-1$에 대하여 서로 대칭이다.

다음 그림과 같이 두 직선 $y=x-1$과 $y=-x+4$의 교점을 P라 하면 $P\left(\frac{5}{2},\ \frac{3}{2}\right)$

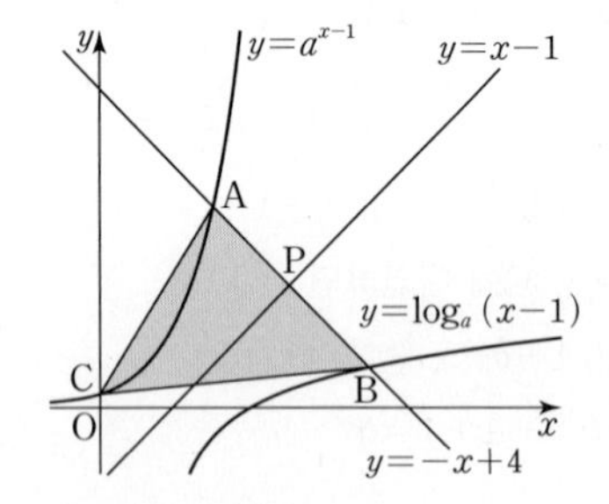

또, 점 P는 선분 AB의 중점이므로

$\overline{AP}=\sqrt{2}$

점 A의 좌표를 $(k,\ -k+4)$라 하면

$\sqrt{\left(k-\frac{5}{2}\right)^2+\left\{(-k+4)-\frac{3}{2}\right\}^2}=\sqrt{2}$

$\sqrt{2\left(k-\frac{5}{2}\right)^2}=\sqrt{2}$, $k-\frac{5}{2}=\pm1$

$\therefore k=\frac{3}{2}$ $\left(\because k<\frac{5}{2}\right)$

즉, $A\left(\frac{3}{2},\ \frac{5}{2}\right)$이고 점 A가 곡선 $y=a^{x-1}$ 위의 점이므로

$a^{\frac{1}{2}}=\frac{5}{2}$ $\qquad\therefore a=\frac{25}{4}$

이때 점 C의 좌표는 $\left(0,\ \frac{1}{a}\right)$, 즉 $\left(0,\ \frac{4}{25}\right)$이고, 점 C와 직선 $y=-x+4$, 즉 $x+y-4=0$ 사이의 거리는

$\frac{\left|\frac{4}{25}-4\right|}{\sqrt{1^2+1^2}}=\frac{96}{25\sqrt{2}}$

따라서 삼각형 ABC의 넓이는

$S=\frac{1}{2}\times2\sqrt{2}\times\frac{96}{25\sqrt{2}}=\frac{96}{25}$

이므로

$50\times S=192$ 답 192

082 ㄱ. $b<1$일 때, $0<a<c$의 각 변에 밑이 b인 로그를 취하면

$\log_b a>\log_b c$ (거짓)

ㄴ. $c=1$이면

$0<a<b<1$ ...... ㉠

㉠의 각 변에 밑이 a인 로그를 취하면

$\log_a a>\log_a b>\log_a 1$

$\therefore 0<\log_a b<1$

또, ㉠의 각 변에 밑이 b인 로그를 취하면

$\log_b a>\log_b b>\log_b 1$

$\therefore \log_b a>1$

$\therefore \log_a b<\log_b a$ (참)

ㄷ. $c-a>0$, $b-a>0$이므로 부등식

$(c-a)(\log b-a)<(b-a)(\log c-a)$의 양변을

$(c-a)(b-a)$로 나누면

$\frac{\log b-a}{b-a}<\frac{\log c-a}{c-a}$

이때 $\frac{\log b-a}{b-a}$의 값은 두 점 $(a,\ a)$, $(b,\ \log b)$를 잇는 직선의 기울기와 같고, $\frac{\log c-a}{c-a}$의 값은 두 점 $(a,\ a)$, $(c,\ \log c)$를 잇는 직선의 기울기와 같다.

직선 $y=x$와 곡선 $y=\log x$가 다음 그림과 같으므로 a, b, c의 값에 따라 $\frac{\log b-a}{b-a}>\frac{\log c-a}{c-a}$가 될 수 있다.

(거짓)

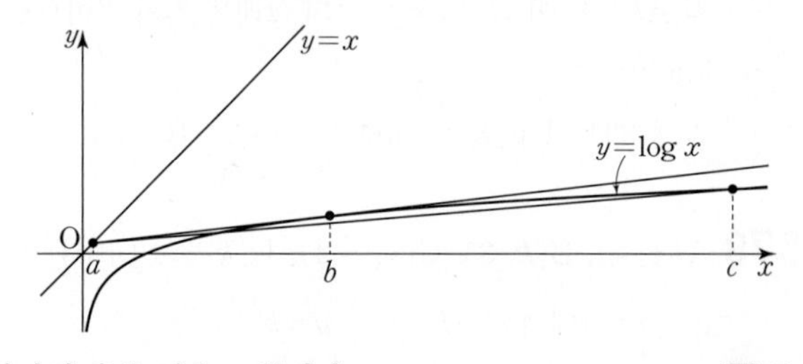

따라서 옳은 것은 ㄴ뿐이다. 답 ②

083 $\alpha<\beta<1$의 각 변에 밑이 α인 로그를 취하면

$\log_\alpha 1<\log_\alpha \beta<\log_\alpha \alpha$

$\therefore 0<\log_\alpha \beta<1$ ...... ㉠

또, $\alpha<\beta<1$의 각 변에 밑이 β인 로그를 취하면

$\log_\beta 1<\log_\beta \beta<\log_\beta \alpha$

$\therefore \log_\beta \alpha>1$

$\log_\alpha \frac{\beta}{\alpha}=\log_\alpha \beta-\log_\alpha \alpha=\log_\alpha \beta-1$이므로 ㉠에서

$-1<\log_\alpha \beta-1<0$

$\therefore -1<\log_\alpha \frac{\beta}{\alpha}<0$

$\log_{\alpha}\frac{\alpha}{\beta}=\log_{\alpha}\alpha-\log_{\alpha}\beta=1-\log_{\alpha}\beta$이므로 ㉠에서

$-1<-\log_{\alpha}\beta<0,\ 0<1-\log_{\alpha}\beta<1$

$\therefore\ 0<\log_{\alpha}\frac{\alpha}{\beta}<1$

따라서 가장 큰 값은 $\log_{\beta}\alpha$, 가장 작은 값은 $\log_{\alpha}\frac{\beta}{\alpha}$이다.

답 ②

084 $f(x)=\log_3 x,\ g(x)=\log_4(x+1)$이라 하면 두 함수 $y=f(x),\ y=g(x)$의 그래프는 다음 그림과 같다.

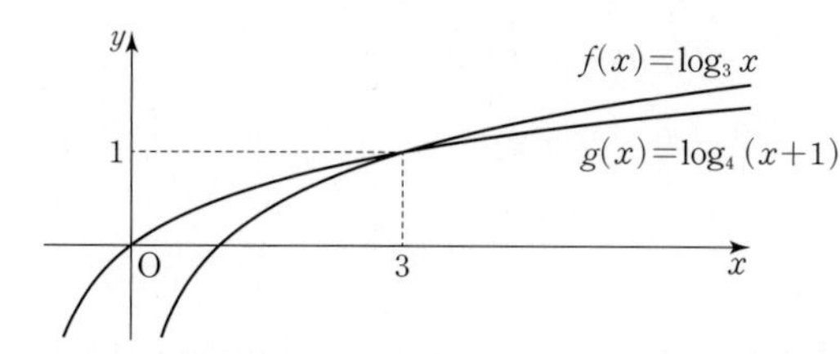

ㄱ. 위의 그래프에서 $x>3$일 때 $f(x)>g(x)$

$a+3>3$이므로 $f(a+3)>g(a+3)$

$\therefore\ \log_3(a+3)>\log_4(a+4)$ (참)

ㄴ. $\log_3(a+2)>\log_4(a+3)$에서 $f(a+2)>g(a+2)$

위의 그래프에서 $f(x)>g(x)$가 성립하려면 $x>3$이어야 하므로

$a+2>3\qquad\therefore\ a>1$ (참)

ㄷ. [반례] $a=1,\ b=1$이면

$\log_3(a+2)=\log_3 3=1,\ \log_4(b+3)=\log_4 4=1$

즉, $\log_3(a+2)=\log_4(b+3)$을 만족시키지만 $a>b$는 아니다. (거짓)

따라서 옳은 것은 ㄱ, ㄴ이다.

답 ②

085 $1\le x\le 4$에서 $0\le\log_2 x\le 2$이므로

$0\le 2\log_2 x\le 4,\ -2\le 2\log_2 x-2\le 2$

$\therefore\ -2\le f(x)\le 2$

$f(x)=t\ (-2\le t\le 2)$로 놓으면

$(g\circ f)(x)=g(f(x))=g(t)$

$=t^2-4t+a$

$=(t-2)^2+a-4$

따라서 $-2\le t\le 2$에서 함수 $g(t)$는 $t=-2$일 때 최댓값 $12+a$를 갖는다.

즉, $12+a=4$이므로

$a=-8$

답 -8

086 $2\log_x y-\log_y x+1=0$, 즉 $2\log_x y-\frac{1}{\log_x y}+1=0$에서

$\log_x y=t$로 놓으면 $x>1,\ y>1$이므로 $t>0$이고

$2t-\frac{1}{t}+1=0,\ 2t^2+t-1=0$

$(t+1)(2t-1)=0\qquad\therefore\ t=\frac{1}{2}\ (\because\ t>0)$

즉, $\log_x y=\frac{1}{2}$이므로 $y=\sqrt{x}$

$\therefore\ 4y^2-x^2=4x-x^2$

$=-(x-2)^2+4$

따라서 $4y^2-x^2$은 $x=2$일 때 최댓값 4를 갖는다.

답 4

087 $f(x)=3x^{-4+\log_3 x}$의 양변에 밑이 3인 로그를 취하면

$\log_3 f(x)=\log_3 3+\log_3 x^{-4+\log_3 x}$

$=1+(-4+\log_3 x)\times\log_3 x$

$=(\log_3 x)^2-4\log_3 x+1$

$\log_3 x=t$로 놓으면 (밑)$=3>1$이므로

$\frac{1}{3}\le x\le 9$에서 $\log_3\frac{1}{3}\le\log_3 x\le\log_3 9$

$\therefore\ -1\le t\le 2$

$\log_3 f(3^t)=t^2-4t+1=(t-2)^2-3$에서

$f(3^t)=3^{(t-2)^2-3}\ (-1\le t\le 2)$ ...... ㉠

(밑)$=3>1$이므로 ㉠은 $(t-2)^2-3$이 최대일 때 최댓값을 갖고, $(t-2)^2-3$이 최소일 때 최솟값을 갖는다.

이때 $g(t)=(t-2)^2-3$이라 하면 $-1\le t\le 2$에서 함수 $g(t)$는 $t=-1$일 때 최댓값 6, $t=2$일 때 최솟값 -3을 가지므로 함수 $f(x)$의 최댓값은 $M=3^6$, 최솟값은 $m=3^{-3}$이다.

$\therefore\ Mm=3^6\times 3^{-3}=3^3=27$

답 ②

088 $y=\frac{x^{-2\log_3 x}}{9x^4}$의 양변에 밑이 3인 로그를 취하면

$\log_3 y=\log_3\frac{x^{-2\log_3 x}}{9x^4}$

$=\log_3 x^{-2\log_3 x}-\log_3 9x^4$

$=-2(\log_3 x)^2-4\log_3 x-2$

$=-2(\log_3 x+1)^2$

$\log_3 y$에서 (밑)$=3>1$이므로 y가 최대일 때, $\log_3 y$도 최대이다.

따라서 $\log_3 x=-1$일 때, $\log_3 y$의 최댓값은 0이다.

즉, 주어진 함수는 $x=\frac{1}{3}$일 때 최댓값 1을 가지므로

$a=\frac{1}{3},\ b=1$

$\therefore\ ab=\frac{1}{3}\times 1=\frac{1}{3}$

답 $\frac{1}{3}$

089 $y=ax^{2-\log_5 x}$의 양변에 밑이 5인 로그를 취하면

$\log_5 y=\log_5 a+(2-\log_5 x)\log_5 x$

$=-(\log_5 x)^2+2\log_5 x+\log_5 a$

$\log_5 x=t$로 놓으면

$\log_5 y=-t^2+2t+\log_5 a$

$=-(t-1)^2+1+\log_5 a$

이때 $5\le x\le 125$에서 $1\le t\le 3$이므로

$-3+\log_5 a\le\log_5 y\le 1+\log_5 a$

즉, $1+\log_5 a=\log_5 625$이므로

$\log_5 a=3$

$\therefore a=125$

또, $-3+\log_5 125=\log_5 m$이므로

$\log_5 m=0 \qquad \therefore m=1$

$\therefore am=125\times1=125$

답 125

090 조건 ㈎에서

$\log_2 \dfrac{x^2-6xy+5y^2}{x^2-xy+y^2}=2$

$\dfrac{x^2-6xy+5y^2}{x^2-xy+y^2}=4$

$x^2-6xy+5y^2=4(x^2-xy+y^2)$

$3x^2+2xy-y^2=0$

$(x+y)(3x-y)=0$

$\therefore x=-y$ 또는 $x=\dfrac{1}{3}y$

이때 조건 ㈏에서 진수의 조건에 의하여 두 실수 x, y는 양수이므로

$x=\dfrac{1}{3}y \qquad \cdots\cdots$ ㉠

조건 ㈏에서

$\log_a x=\pm\log_a y$

$\therefore x=y$ 또는 $x=\dfrac{1}{y}$

이때 $x=y$이면 ㉠을 만족시키지 않으므로

$x=\dfrac{1}{y}$

$\therefore xy=1 \qquad \cdots\cdots$ ㉡

㉠을 ㉡에 대입하면

$\dfrac{1}{3}y^2=1 \qquad \therefore y^2=3$

$\therefore x^2+\dfrac{1}{3}y^2=\left(\dfrac{1}{3}y\right)^2+\dfrac{1}{3}y^2$ ($\because$ ㉠)

$=\dfrac{4}{9}y^2$

$=\dfrac{4}{9}\times3=\dfrac{4}{3}$

답 $\dfrac{4}{3}$

091 조건 ㈎에서

$\log_a b+\dfrac{1}{\log_a b}=\dfrac{53}{14}$

위의 식의 양변에 $14\log_a b$를 곱하면

$14(\log_a b)^2-53\log_a b+14=0$

$\log_a b=t$로 놓으면

$14t^2-53t+14=0$, $(7t-2)(2t-7)=0$

$\therefore t=\dfrac{2}{7}$ 또는 $t=\dfrac{7}{2}$

즉, $\log_a b=\dfrac{2}{7}$ 또는 $\log_a b=\dfrac{7}{2}$

이때 $a>b>1$의 각 변에 밑이 a인 로그를 취하면

$\log_a a>\log_a b>\log_a 1$

즉, $0<\log_a b<1$이므로

$\log_a b=\dfrac{2}{7} \qquad \therefore b=a^{\frac{2}{7}}$

이를 조건 ㈏에 대입하면

$\log_2 a+\log_4 a^{\frac{2}{7}}=8$

$\log_2 a+\dfrac{1}{7}\log_2 a=8$

$\dfrac{8}{7}\log_2 a=8$, $\log_2 a=7$

$\therefore a=2^7$, $b=(2^7)^{\frac{2}{7}}=2^2$

$\therefore \dfrac{a}{b}=\dfrac{2^7}{2^2}=2^5=32$

답 32

092 방정식 $(\log_3 x)^2-9a\log_3 x+a+2=0$의 서로 다른 두 근을 α, α^2이라 하자.

$\log_3 x=t$로 놓으면 주어진 방정식은

$t^2-9at+a+2=0 \qquad \cdots\cdots$ ㉠

t에 대한 이차방정식 ㉠의 두 실근을 t_1, t_2라 하면

$t_1=\log_3 \alpha$, $t_2=\log_3 \alpha^2=2\log_3 \alpha=2t_1$

즉, 이차방정식 ㉠의 두 실근이 t_1, $2t_1$이므로 근과 계수의 관계에 의하여

$t_1+2t_1=9a$에서

$3t_1=9a \qquad \therefore t_1=3a$

$t_1\times2t_1=a+2$에서

$3a\times6a=a+2$

$\therefore 18a^2-a-2=0 \qquad \cdots\cdots$ ㉡

이때 이차방정식 ㉡의 판별식을 D라 하면

$D=(-1)^2-4\times18\times(-2)=145>0$

이므로 이차방정식 ㉡은 서로 다른 두 실근을 갖고, 이차방정식의 근과 계수의 관계에 의하여 상수 a의 값의 합은 $\dfrac{1}{18}$이다.

답 $\dfrac{1}{18}$

참고 t에 대한 이차방정식 ㉠의 판별식을 D'이라 하면
$D'=(-9a)^2-4(a+2)=81a^2-4a-8$
이고, 방정식 $18a^2-a-2=0$을 만족시키는 a에 대하여
$81a^2-4a-8=9a^2+4(18a^2-a-2)=9a^2>0$ ($\because a\neq0$)
이므로 t에 대한 이차방정식 ㉠은 서로 다른 두 실근을 갖는다.

093 진수의 조건에서 $-x+2>0$, $2x-a>0$이므로

$x<2$, $x>\dfrac{a}{2}$

이때 실근이 존재하려면 $\dfrac{a}{2}<2$이어야 하므로

$a<4 \qquad \cdots\cdots$ ㉠

따라서 x의 값의 범위는

$\frac{a}{2}<x<2$

$\log_3(-x+2)=\log_9(2x-a)$에서

$\log_3(-x+2)=\frac{1}{2}\log_3(2x-a)$

$\therefore \log_3(-x+2)^2=\log_3(2x-a)$

즉, $(-x+2)^2=2x-a$이므로

$x^2-6x+4+a=0$

$f(x)=x^2-6x+4+a$라 하면

$f(x)=(x-3)^2-5+a$

$\frac{a}{2}<x<2$에서 방정식 $f(x)=0$이 실근을 가지려면

$f\left(\frac{a}{2}\right)>0,\ f(2)<0$

$f\left(\frac{a}{2}\right)>0$에서

$\frac{a^2}{4}-2a+4>0,\ a^2-8a+16>0$

$(a-4)^2>0$

$\therefore a\neq 4$ ...... ㉡

$f(2)<0$에서

$a-4<0$

$\therefore a<4$ ...... ㉢

㉠, ㉡, ㉢에서 $a<4$

따라서 정수 a의 최댓값은 3이다. **답** 3

094 $(\log_2 x)^2-\log_2 x^4+k=0$에서

$(\log_2 x)^2-4\log_2 x+k=0$

$\log_2 x=t$로 놓으면 주어진 방정식은

$t^2-4t+k=0$

이때 주어진 방정식의 두 근이 $\frac{1}{2}$과 8 사이에 있고

$\log_2\frac{1}{2}=-1,\ \log_2 8=3$이므로 t에 대한 이차방정식

$t^2-4t+k=0$의 두 근이 -1과 3 사이에 있어야 한다.

$f(t)=t^2-4t+k$라 하면 함수 $y=f(t)$의 그래프는 오른쪽 그림과 같아야 하므로 다음과 같다.

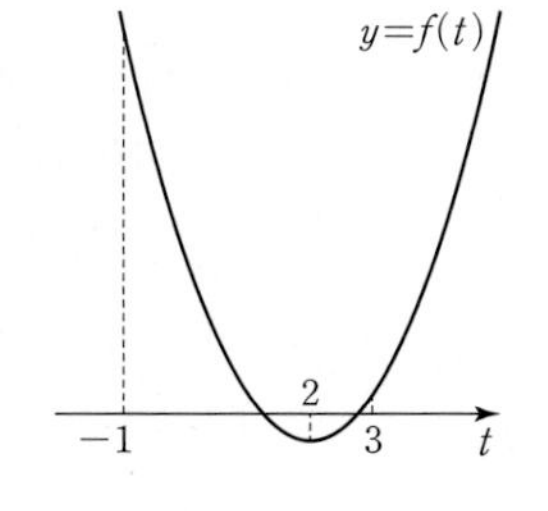

(i) 이차방정식 $t^2-4t+k=0$의 판별식을 D라 하면

$\frac{D}{4}=(-2)^2-k\geq 0$

$\therefore k\leq 4$

(ii) $f(-1)>0$에서 $5+k>0$이므로

$k>-5$ ...... ㉠

$f(3)>0$에서 $-3+k>0$이므로

$k>3$ ...... ㉡

㉠, ㉡의 공통 범위를 구하면 $k>3$

(i), (ii)에 의하여 $3<k\leq 4$ **답** ④

095 진수의 조건에서 $x+3>0,\ 10x+14>0$이므로

$x>-3,\ x>-\frac{7}{5}$

$\therefore x>-\frac{7}{5}$ ...... ㉠

주어진 부등식은 $\log_a(x+3)^2>\log_a(10x+14)$이고

$0<a<1$이므로

$(x+3)^2<10x+14$

$x^2+6x+9<10x+14$

$x^2-4x-5<0$

$(x+1)(x-5)<0$

$\therefore -1<x<5$ ...... ㉡

㉠, ㉡의 공통 범위를 구하면 $-1<x<5$

따라서 정수 x의 값의 합은

$0+1+2+3+4=10$ **답** 10

096 $\left(\frac{1}{2}\right)^{2x^2-2x}-\left(\frac{1}{2}\right)^{11x-6}\geq 0$에서

$\left(\frac{1}{2}\right)^{2x^2-2x}\geq\left(\frac{1}{2}\right)^{11x-6}$

(밑)$=\frac{1}{2}<1$이므로

$2x^2-2x\leq 11x-6$

$2x^2-13x+6\leq 0$

$(2x-1)(x-6)\leq 0$

$\therefore \frac{1}{2}\leq x\leq 6$

$\therefore A=\{1, 2, 3, 4, 5, 6\}$

$-\log_{\frac{1}{3}}(5x+6)-\frac{2}{\log_x 3}>0$에서 로그의 정의에 의하여

$5x+6>0,\ x>0,\ x\neq 1$ ...... ㉠

또, $\log_3(5x+6)-2\log_3 x>0$이므로

$\log_3(5x+6)-\log_3 x^2>0$

$\log_3(5x+6)>\log_3 x^2$

(밑)$=3>1$이므로

$5x+6>x^2$

$x^2-5x-6<0,\ (x+1)(x-6)<0$

$\therefore -1<x<6$ ...... ㉡

㉠, ㉡에 의하여

$B=\{2, 3, 4, 5\}$

따라서 $A-B=\{1, 6\}$이므로 집합 $A-B$의 모든 원소의 곱은

$1\times 6=6$ **답** ③

097 (i) 이차방정식 $x^2+3x+k=0$이 두 실근을 가지므로 이 이차방정식의 판별식을 D라 하면

$D=3^2-4k\geq 0$

$\therefore k\leq\frac{9}{4}$

(ii) 부등식 $\log_2(\alpha+2)+\log_2(\beta+2)<-2$의 진수의 조건에서

$\alpha+2>0$, $\beta+2>0$

$\therefore \alpha>-2$, $\beta>-2$

이때 $f(x)=x^2+3x+k$라 하면 방정식 $f(x)=0$의 두 실근 α, β가 모두 -2보다 크므로 함수 $y=f(x)$의 그래프는 다음 그림과 같다.

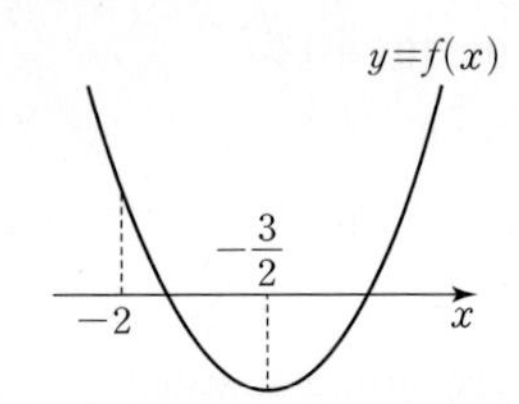

따라서 $f(-2)>0$이므로

$-2+k>0$ $\quad\therefore k>2$

(iii) $\log_2(\alpha+2)+\log_2(\beta+2)<-2$에서

$\log_2(\alpha+2)(\beta+2)<\log_2 2^{-2}$

(밑)$=2>1$이므로

$(\alpha+2)(\beta+2)<\frac{1}{4}$

$\alpha\beta+2(\alpha+\beta)+4<\frac{1}{4}$ $\quad\cdots\cdots$ ㉠

이때 이차방정식 $x^2+3x+k=0$의 두 실근이 α, β이므로 근과 계수의 관계에 의하여

$\alpha+\beta=-3$, $\alpha\beta=k$

이것을 ㉠에 대입하면

$k+2\times(-3)+4<\frac{1}{4}$

$\therefore k<\frac{9}{4}$

(i), (ii), (iii)에 의하여

$2<k<\frac{9}{4}$

답 $2<k<\frac{9}{4}$

098

$5^{x(x-2)}\le 5^{2x-3}$에서 (밑)$=5>1$이므로

$x(x-2)\le 2x-3$

$x^2-4x+3\le 0$

$(x-1)(x-3)\le 0$

$\therefore 1\le x\le 3$

$\therefore A=\{x|1\le x\le 3\}$

$\log_{\frac{1}{2}}(x^2+ax+b)\ge\log_{\frac{1}{2}}2x$에서 (밑)$=\frac{1}{2}<1$이므로

$x^2+ax+b\le 2x$

$\therefore x^2+(a-2)x+b\le 0$ $\quad\cdots\cdots$ ㉠

이때 $A=B$이므로 부등식 ㉠의 해가 $1\le x\le 3$이어야 한다.

따라서 부등식 ㉠이

$(x-1)(x-3)\le 0$, 즉 $x^2-4x+3\le 0$

과 같아야 하므로

$a-2=-4$, $b=3$

$\therefore a=-2$, $b=3$

$\therefore ab=(-2)\times 3=-6$

답 -6

참고 부등식 $\log_{\frac{1}{2}}(x^2+ax+b)\ge\log_{\frac{1}{2}}2x$의 진수의 조건에서

$x^2+ax+b>0$ $\quad\cdots\cdots$ ㉡

이때 $a^2-4b<0$이므로 모든 실수 x에 대하여 부등식 ㉡이 성립한다.

또, $2x>0$에서 $x>0$

따라서 $1\le x\le 3$은 진수의 조건을 모두 만족시킨다.

099

(i) $1-\log_4 a=0$, 즉 $a=4$일 때

주어진 부등식은 $1>0$

따라서 모든 실수 x에 대하여 주어진 부등식이 성립한다.

(ii) $1-\log_4 a\ne 0$, 즉 $a\ne 4$일 때

모든 실수 x에 대하여 주어진 부등식이 성립하려면

$1-\log_4 a>0$에서 $\log_4 a<1$

$\therefore a<4$ $\quad\cdots\cdots$ ㉠

이차방정식 $(1-\log_4 a)x^2+2(1-\log_4 a)x+\log_4 a=0$의 판별식을 D라 하면

$\frac{D}{4}=(1-\log_4 a)^2-(1-\log_4 a)\log_4 a<0$

$(1-\log_4 a)(1-2\log_4 a)<0$

$(\log_4 a-1)(2\log_4 a-1)<0$

$\frac{1}{2}<\log_4 a<1$

$\therefore 2<a<4$ $\quad\cdots\cdots$ ㉡

㉠, ㉡의 공통 범위를 구하면

$2<a<4$

(i), (ii)에 의하여 $2<a\le 4$

따라서 자연수 a의 값의 합은

$3+4=7$

답 7

100

$x^2-9x+8\le 0$에서

$(x-1)(x-8)\le 0$

$\therefore 1\le x\le 8$

$\therefore A=\{x|1\le x\le 8\}$

$(\log_2 x)^2+2k\log_2 x+k^2-1\le 0$에서

$(\log_2 x)^2+2k\log_2 x+(k+1)(k-1)\le 0$

$(\log_2 x+k+1)(\log_2 x+k-1)\le 0$

$-k-1\le\log_2 x\le -k+1$

$\therefore 2^{-k-1}\le x\le 2^{-k+1}$

$\therefore B=\{x|2^{-k-1}\le x\le 2^{-k+1}\}$

이때 $A\cap B\ne\varnothing$이어야 하므로

$2^{-k+1}\ge 1$이고 $2^{-k-1}\le 8$

즉, $-k+1\ge 0$이고 $-k-1\le 3$이므로

$-4\le k\le 1$

따라서 정수 k는 -4, -3, -2, -1, 0, 1의 6개이다.

답 ①

101 주어진 부등식에서

$\left(a-\frac{1}{2}\log_3 x\right)(\log_3 x-\log_3 4)>0$

이때 $\log_3 x=t$로 놓으면

$\left(a-\frac{1}{2}t\right)(t-\log_3 4)>0$

$(t-2a)(t-\log_3 4)<0$

(i) $2a<\log_3 4$, 즉 $a<\log_3 2$일 때

$2a<t<\log_3 4$이므로 $2a<\log_3 x<\log_3 4$

$\therefore 3^{2a}<x<4$

이때 $3^{2a}>0$이므로 주어진 부등식을 만족시키는 정수 x의 개수가 22일 수 없다.

(ii) $2a>\log_3 4$, 즉 $a>\log_3 2$일 때

$\log_3 4<t<2a$이므로 $\log_3 4<\log_3 x<2a$

$\therefore 4<x<3^{2a}$

주어진 부등식을 만족시키는 정수 x의 개수가 22이려면

$26<3^{2a}\le 27$

각 변에 밑이 3인 로그를 취하면

$\log_3 26<2a\le 3 \qquad \therefore \log_3\sqrt{26}<a\le\frac{3}{2}$

(i), (ii)에 의하여 $\log_3\sqrt{26}<a\le\frac{3}{2}$

따라서 a의 최댓값은 $\frac{3}{2}$이다. 답 $\frac{3}{2}$

102 $\log_2 m^3+\log_5 n^2\le 3$에서 m, n이 자연수이므로

$\log_2 m^3\ge 0$, $\log_5 n^2\ge 0$

즉, $0\le\log_2 m^3\le 3$이므로

$1\le m^3\le 8$

$\therefore m=1$ 또는 $m=2$

(i) $m=1$일 때

$\log_2 1+\log_5 n^2\le 3$

$\therefore \log_5 n^2\le 3$

즉, $n^2\le 125$이므로 자연수 n의 개수는 11이다.

(ii) $m=2$일 때

$\log_2 2^3+\log_5 n^2\le 3$

$\therefore \log_5 n^2\le 0$

즉, $n^2\le 1$이므로 자연수 n의 개수는 1이다.

(i), (ii)에 의하여 자연수 m, n의 순서쌍 (m, n)의 개수는

$11+1=12$ 답 12

103 $|\log_3 a-\log_3 5|+\log_3 b\le 2$에서

$|\log_3 a-\log_3 5|\le 2-\log_3 b$

$\left|\log_3\frac{a}{5}\right|\le\log_3\frac{9}{b}$

$-\log_3\frac{9}{b}\le\log_3\frac{a}{5}\le\log_3\frac{9}{b}$

$\frac{b}{9}\le\frac{a}{5}\le\frac{9}{b} \qquad \therefore \frac{5}{9}b\le a\le\frac{45}{b}$

(i) $b=1$일 때

$\frac{5}{9}\le a\le 45$이므로 자연수 a의 개수는 45이다.

(ii) $b=2$일 때

$\frac{10}{9}\le a\le\frac{45}{2}$이므로 자연수 a의 개수는 21이다.

(iii) $b=3$일 때

$\frac{5}{3}\le a\le 15$이므로 자연수 a의 개수는 14이다.

(iv) $b=4$일 때

$\frac{20}{9}\le a\le\frac{45}{4}$이므로 자연수 a의 개수는 9이다.

(v) $b=5$일 때

$\frac{25}{9}\le a\le 9$이므로 자연수 a의 개수는 7이다.

(vi) $b=6$일 때

$\frac{10}{3}\le a\le\frac{15}{2}$이므로 자연수 a의 개수는 4이다.

(vii) $b=7$일 때

$\frac{35}{9}\le a\le\frac{45}{7}$이므로 자연수 a의 개수는 3이다.

(viii) $b=8$일 때

$\frac{40}{9}\le a\le\frac{45}{8}$이므로 자연수 a의 개수는 1이다.

(ix) $b=9$일 때

$a=5$이므로 자연수 a의 개수는 1이다.

(i)~(ix)에 의하여 자연수 a, b의 순서쌍 (a, b)의 개수는

$45+21+14+9+7+4+3+1+1=105$ 답 105

104 $\mathrm{P}(p, \log_a p)$, $\mathrm{Q}(q, \log_a q)$ $(p>q)$라 하면 선분 PQ의 중점이 원의 중심 $\left(\frac{13}{5}, 0\right)$과 일치하므로

$\frac{p+q}{2}=\frac{13}{5}$에서

$p+q=\frac{26}{5}$ …… ㉠

$\frac{\log_a p+\log_a q}{2}=0$에서 $\log_a pq=0$

$\therefore pq=1$ …… ㉡

㉠, ㉡을 연립하여 풀면

$p=5$, $q=\frac{1}{5}$ ($\because p>q$)

$\therefore \mathrm{P}(5, \log_a 5)$, $\mathrm{Q}\left(\frac{1}{5}, -\log_a 5\right)$

한편, 선분 PQ의 길이가 원의 지름의 길이와 같으므로

$\left(5-\frac{1}{5}\right)^2+\{\log_a 5-(-\log_a 5)\}^2=\left(\frac{\sqrt{601}}{5}\right)^2$

$4(\log_a 5)^2=1$, $(\log_a 5)^2=\frac{1}{4}$

$\therefore \log_a 5=\frac{1}{2}$ ($\because a>1$)

즉, $\sqrt{a}=5$이므로 $a=25$ 답 25

105 B(p, 0), C(q, 0)이므로

$\overline{AB}=\log_3 p$, $\overline{GC}=\log_3 q$

조건 (가)에 의하여

$\overline{DG}=\log_3 q-\log_3 p=1$

$\log_3 \frac{q}{p}=\log_3 3 \quad \therefore q=3p$

따라서 $\overline{BC}=q-p=2p$이므로

$\overline{CE}=3p$

$\therefore r=\overline{OB}+\overline{BC}+\overline{CE}=p+2p+3p=6p$

조건 (나)에 의하여

$\overline{GC}\times\overline{CE}=3\overline{AB}\times\overline{BC}$

$\log_3 3p\times 3p=3\log_3 p\times 2p$, $1+\log_3 p=2\log_3 p$

$\log_3 p=1$

따라서 $p=3$, $q=3p=9$, $r=6p=18$이므로

$p+q+r=3+9+18=30$ 답 30

106 진수의 조건에서

$x\neq a$, $x>3$ …… ㉠

$\log_3|x-a|=\log_9(x-3)$에서

$\log_3|x-a|=\frac{1}{2}\log_3(x-3)$

$2\log_3|x-a|=\log_3(x-3)$

$\therefore \log_3(x-a)^2=\log_3(x-3)$

즉, $(x-a)^2=x-3$이므로

$x^2-(2a+1)x+a^2+3=0$

$\therefore x=\frac{2a+1\pm\sqrt{(2a+1)^2-4(a^2+3)}}{2}$

$=\frac{2a+1\pm\sqrt{4a-11}}{2}$ …… ㉡

(i) $a=0, 1, 2$일 때

$4a-11<0$이므로 ㉡에서 실근이 존재하지 않는다.

$\therefore f(0)=f(1)=f(2)=0$

(ii) $a=3$일 때

㉠에서 $x>3$

㉡에서 $x=3$ 또는 $x=4$

따라서 주어진 방정식의 실근은 $x=4$의 1개이므로

$f(3)=1$

(iii) $a=4$일 때

㉠에서 $3<x<4$ 또는 $x>4$

㉡에서 $x=\frac{9-\sqrt{5}}{2}$ 또는 $x=\frac{9+\sqrt{5}}{2}$

따라서 주어진 방정식의 실근은 $x=\frac{9-\sqrt{5}}{2}$ 또는 $x=\frac{9+\sqrt{5}}{2}$의 2개이므로

$f(4)=2$

(i), (ii), (iii)에 의하여

$f(0)+f(1)+f(2)+f(3)+f(4)=3$ 답 3

107 곡선 $y=\log_3(ax+27)$은 곡선 $y=\log_3 ax$를 x축의 방향으로 $-\frac{27}{a}$만큼 평행이동한 것이다.

$a>0$, $a<0$일 때, 곡선 $y=\log_3(ax+27)$의 그래프는 다음 그림과 같다.

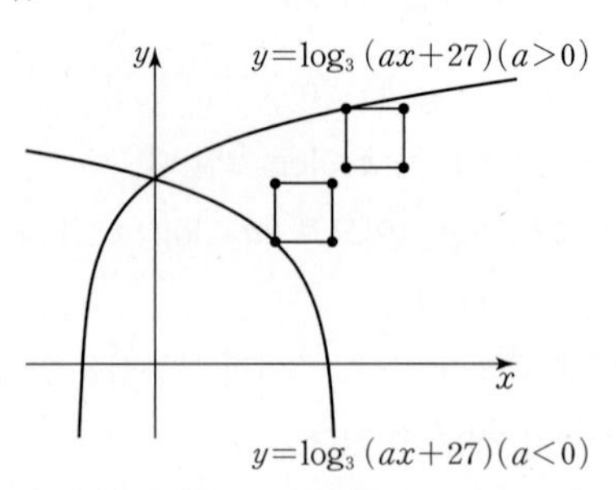

이때 점 (4, 4)를 대각선의 교점으로 하고 한 변의 길이가 2인 정사각형의 네 꼭짓점의 좌표는

(3, 3), (3, 5), (5, 3), (5, 5)

이므로 곡선 $y=\log_3(ax+27)$이 점 (3, 5)를 지날 때 a의 값이 최대이다.

즉, $5=\log_3(3a+27)$이므로

$3^5=3a+27 \quad \therefore a=72$

$\therefore M(4)=72$

마찬가지로 점 (2, 2)를 대각선의 교점으로 하고 한 변의 길이가 2인 정사각형의 네 꼭짓점의 좌표는

(1, 1), (1, 3), (3, 1), (3, 3)

이므로 곡선 $y=\log_3(ax+27)$이 점 (1, 1)을 지날 때 a의 값이 최소이다.

즉, $1=\log_3(a+27)$이므로

$3=a+27 \quad \therefore a=-24$

$\therefore m(2)=-24$

$\therefore M(4)+m(2)=72+(-24)=48$ 답 ③

스페셜 특강

SPECIAL

≫ 본문 45~52쪽

108 함수 $f(x)=\frac{4}{16^x+4}=\frac{4}{4^{2x}+4}$이므로

$f(x)+f(1-x)=1$

$\therefore f\left(\frac{1}{199}\right)+f\left(\frac{2}{199}\right)+f\left(\frac{3}{199}\right)+\cdots+f\left(\frac{198}{199}\right)$

$=\left\{f\left(\frac{1}{199}\right)+f\left(\frac{198}{199}\right)\right\}+\left\{f\left(\frac{2}{199}\right)+f\left(\frac{197}{199}\right)\right\}$

$+\cdots+\left\{f\left(\frac{99}{199}\right)+f\left(\frac{100}{199}\right)\right\}$

$=\underbrace{1+1+\cdots+1}_{99개}=99$ 답 99

109 함수 $f(x)=\dfrac{4^x}{4^x+4^{1-x}}$이므로

$f(x)+f(1-x)=1$

자연수 m에 대하여

(i) $k=2m-1$일 때

$$f\left(\frac{1}{k}\right)+f\left(\frac{2}{k}\right)+f\left(\frac{3}{k}\right)+\cdots+f\left(\frac{k-1}{k}\right)$$
$$=\left\{f\left(\frac{1}{k}\right)+f\left(\frac{k-1}{k}\right)\right\}+\left\{f\left(\frac{2}{k}\right)+f\left(\frac{k-2}{k}\right)\right\}+\cdots+\left\{f\left(\frac{m-1}{k}\right)+f\left(\frac{m}{k}\right)\right\}$$
$$=\underbrace{1+1+\cdots+1}_{(m-1)\text{개}}$$
$$=m-1$$

즉, $m-1=2022$이므로 $m=2023$

$\therefore k=4045$

(ii) $k=2m$일 때

$$f\left(\frac{1}{k}\right)+f\left(\frac{2}{k}\right)+f\left(\frac{3}{k}\right)+\cdots+f\left(\frac{k-1}{k}\right)$$
$$=\left\{f\left(\frac{1}{k}\right)+f\left(\frac{k-1}{k}\right)\right\}+\left\{f\left(\frac{2}{k}\right)+f\left(\frac{k-2}{k}\right)\right\}+\cdots+\left\{f\left(\frac{m-1}{k}\right)+f\left(\frac{m+1}{k}\right)\right\}+f\left(\frac{m}{k}\right)$$
$$=\underbrace{1+1+\cdots+1}_{(m-1)\text{개}}+f\left(\frac{1}{2}\right)$$
$$=m-1+\frac{1}{2}=m-\frac{1}{2}$$

즉, $m-\dfrac{1}{2}=2022$이므로 $m=2022+\dfrac{1}{2}$

그런데 m은 자연수라는 조건을 만족시키지 않는다.

(i), (ii)에 의하여 $k=4045$

답 4045

110 함수 $f(x)=\dfrac{9}{9^x+9}=\dfrac{3^2}{3^{2x}+3^2}$이므로

$f(x)+f(2-x)=1$

$$\therefore f\left(\frac{1}{25}\right)+f\left(\frac{2}{25}\right)+f\left(\frac{3}{25}\right)+\cdots+f\left(\frac{49}{25}\right)$$
$$=\left\{f\left(\frac{1}{25}\right)+f\left(\frac{49}{25}\right)\right\}+\left\{f\left(\frac{2}{25}\right)+f\left(\frac{48}{25}\right)\right\}+\cdots+\left\{f\left(\frac{24}{25}\right)+f\left(\frac{26}{25}\right)\right\}+f\left(\frac{25}{25}\right)$$
$$=\underbrace{1+1+\cdots+1}_{24\text{개}}+f(1)$$
$$=24+\frac{1}{2}=\frac{49}{2}$$

답 $\dfrac{49}{2}$

111 점 B의 y좌표가 k이므로

$B(\log_4 k,\ k)$

점 D의 y좌표가 $\dfrac{k}{4}$이므로

$D\left(\log_4 \dfrac{k}{4},\ \dfrac{k}{4}\right)$

한편, 오른쪽 그림과 같이 점 A가 곡선 $y=16^x$ 위의 점이고 점 B가 곡선 $y=4^x$ 위의 점이므로 직선 $y=k$가 y축과 만나는 점을 E라 하면

$\overline{BE}:\overline{AE}=\log 16:\log 4$

$=2:1$

따라서 점 A는 선분 BE의 중점이므로

$\overline{BE}=2\times\overline{AB}=4=\log_4 k$ ······ ㉠

마찬가지로 직선 $y=\dfrac{k}{4}$가 y축과 만나는 점을 F라 하면 점 C가 선분 DF의 중점이므로

$$\overline{CD}=\frac{1}{2}\times\overline{DF}=\frac{1}{2}\times\log_4\frac{k}{4}$$
$$=\frac{1}{2}(\log_4 k-1)$$
$$=\frac{1}{2}\times(4-1)\ (\because ㉠)$$
$$=\frac{3}{2}$$

답 $\dfrac{3}{2}$

112 다음 그림과 같이 직선 $y=a$와 y축이 만나는 점을 G, 직선 $y=b$와 y축이 만나는 점을 H라 하자.

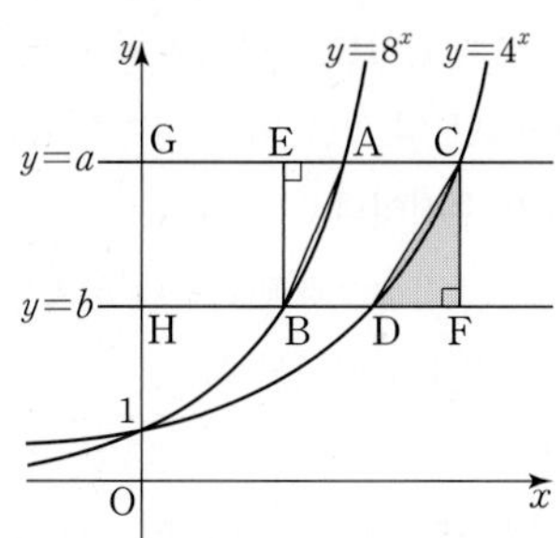

$\overline{AE}=\overline{AG}-\overline{EG}=\overline{AG}-\overline{BH}$ ······ ㉠

$\overline{DF}=\overline{FH}-\overline{DH}=\overline{CG}-\overline{DH}$ ······ ㉡

한편, 점 A가 곡선 $y=8^x$ 위의 점이고 점 C가 곡선 $y=4^x$ 위의 점이므로

$\overline{CG}:\overline{AG}=\log 8:\log 4=3:2$

$\therefore 3\overline{AG}=2\overline{CG}$

마찬가지로 점 B가 곡선 $y=8^x$ 위의 점이고 점 D가 곡선 $y=4^x$ 위의 점이므로

$\overline{DH}:\overline{BH}=\log 8:\log 4=3:2$

$\therefore 3\overline{BH}=2\overline{DH}$

따라서

$3\overline{AE}=3\overline{AG}-3\overline{BH}\ (\because ㉠)$

$=2\overline{CG}-2\overline{DH}=2\overline{DF}\ (\because ㉡)$

이므로

$\overline{AE}:\overline{DF}=2:3$

따라서 삼각형 AEB와 삼각형 CDF의 넓이의 비는 2 : 3이므로 삼각형 CDF의 넓이는 30이다.

답 30

113 점 A$(3,\ a)$에 대하여 삼각형 ABC의 빗변의 길이가 a이므로

C$\left(3+\frac{a}{2},\ \frac{a}{2}\right)$

다음 그림과 같이 두 함수 $y=a^{x-2}$, $y=\log_a(x-2)$의 그래프는 직선 $y=x-2$에 대하여 서로 대칭이므로 두 점 A, C는 직선 $y=x-2$에 대하여 서로 대칭이다.

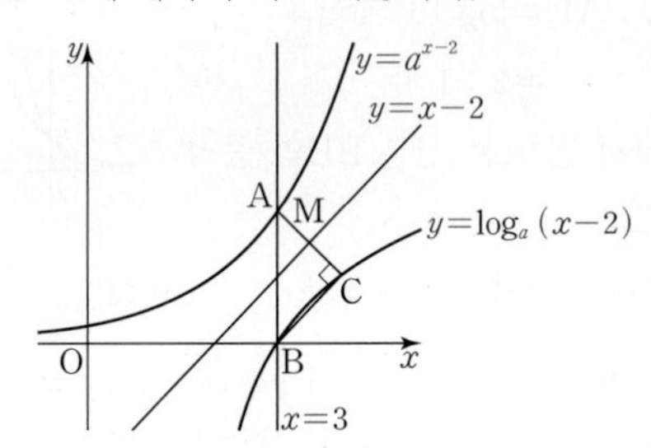

따라서 선분 AC의 중점을 M이라 하면

M$\left(3+\frac{a}{4},\ \frac{3}{4}a\right)$

이때 점 M은 직선 $y=x-2$ 위의 점이므로

$\frac{3}{4}a=3+\frac{a}{4}-2$

$\frac{a}{2}=1$

$\therefore a=2$

답 2

114 두 함수 $y=a^x+k$, $y=\log_a x+k$의 그래프는 직선 $y=x+k$에 대하여 서로 대칭이므로 점 A는 직선 $y=x+k$ 위의 점이다.

한편, 직선 AB의 기울기가 -1이므로 직선 AB와 직선 $y=x+k$가 수직이다.

직선 $y=x+k$가 y축과 만나는 점을 C라 할 때, 삼각형 ABC는 직각이등변삼각형이므로

$\overline{AB}=\overline{AC}$

다음 그림과 같이 $\overline{BC}=1$이므로

A$\left(\frac{1}{2},\ \frac{1}{2}+k\right)$

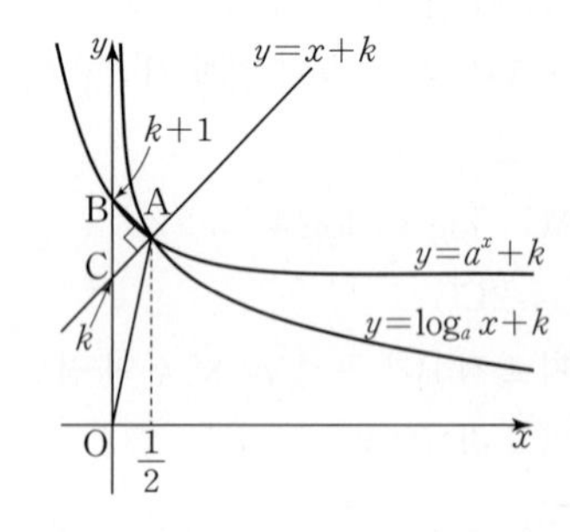

이때 $a^{\frac{1}{2}}+k=\frac{1}{2}+k$이므로

$a=\frac{1}{4}$

또, 삼각형 OAB의 넓이가 1이므로

$\frac{1}{2}\times\frac{1}{2}\times(k+1)=1$

$k+1=4\qquad\therefore k=3$

$\therefore \left(\frac{1}{a}\right)^k=4^3=64$

답 64

115 $2^a=\frac{m}{b}$에서 $m=2^a\times b$

ㄱ. A_4는 $4=2^a\times b$인 자연수 a, b의 순서쌍 $(a,\ b)$를 원소로 갖는 집합이다.

따라서 $4=2^1\times2$, $4=2^2\times1$이므로

$A_4=\{(1,\ 2),\ (2,\ 1)\}$ (참)

ㄴ. $m=2^k$ (k는 자연수)일 때, A_m은 $2^k=2^a\times b$인 자연수 a, b의 순서쌍 $(a,\ b)$를 원소로 갖는 집합이므로

$A_m=\{(1,\ 2^{k-1}),\ (2,\ 2^{k-2}),\ (3,\ 2^{k-3}),\ \cdots,\ (k,\ 2^0)\}$

$\therefore n(A_m)=k$ (참)

ㄷ. A_m은 $m=2^a\times b$인 자연수 a, b의 순서쌍 $(a,\ b)$를 원소로 갖는 집합이다.

$n(A_m)=1$이려면 $a=1$이고, b는 홀수이어야 하므로 $m=2\times$(홀수) 꼴이어야 한다.

두 자리 자연수 중에서 $2\times$(홀수) 꼴인 자연수는

$2\times5,\ 2\times7,\ 2\times9,\ \cdots,\ 2\times49$

따라서 $n(A_m)=1$을 만족시키는 두 자리 자연수 m의 개수는 5, 7, 9, $\cdots$, 49의 개수와 같다.

$5=2\times2+1,\ 7=2\times3+1,\ 9=2\times4+1,\ \cdots,$

$49=2\times24+1$

이므로 조건을 만족시키는 m의 개수는

$24-2+1=23$ (참)

따라서 ㄱ, ㄴ, ㄷ 모두 옳다.

답 ⑤

116 $3^{-a+b}=\frac{m}{b}$에서 $b=3^{a-b}\times m$

ㄱ. A_9는 $b=3^{a-b+2}$인 자연수 a, b의 순서쌍 $(a,\ b)$를 원소로 갖는 집합이다.

따라서 $b=9$이면 $a=9$, $b=3$이면 $a=2$이므로

$A_9=\{(2,\ 3),\ (9,\ 9)\}$ (참)

ㄴ. $m=3^k$ (k는 자연수)일 때, A_m은 $b=3^{a-b+k}$인 자연수 a, b의 순서쌍 $(a,\ b)$를 원소로 갖는 집합이므로

$b=3^k$이면 $a=b$

$b=3^{k-1}$이면 $a=b-1$

$b=3^{k-2}$이면 $a=b-2$

$\vdots$

$b=3^2$이면 $a=b-k+2=11-k$

$b=3$이면 $a=b-k+1=4-k$

따라서 $4-k\le0$, 즉 $k\ge4$일 때

$n(A_m)<k$ (거짓)

ㄷ. $n(A_m)\ne1$을 만족시키는 100 이하의 자연수 m의 개수를 이용하여 $n(A_m)=1$을 만족시키는 100 이하의 자연수 m의 개수를 구하면 된다.

자연수 N에 대하여

(i) $m=3N$일 때

$3^{-a+b}=\frac{3N}{b}$, $3^{-a+b-1}=\frac{N}{b}$

$b=N$이면 $a=b-1$

$b=3N$이면 $a=b$

이므로 2 이상의 자연수 N에 대하여

$n(A_m)\ge 2$

(ii) $m\ne 3N$일 때

$A_m=\{(m, m)\}$이므로

$n(A_m)=1$

(i), (ii)에 의하여 m이 6 이상의 3의 배수일 때에만 $n(A_m)\ne 1$이므로 이를 만족시키는 100 이하의 자연수 m의 개수는 32이다.

따라서 $n(A_m)=1$을 만족시키는 100 이하의 자연수 m의 개수는

$100-32=68$ (참)

따라서 옳은 것은 ㄱ, ㄷ이다. 답 ④

117 $\log_9 x-\log_3 n=\log_3\sqrt{x}-\log_3 n$

$=\log_3\frac{\sqrt{x}}{n}$

$\log_3\frac{\sqrt{x}}{n}$의 값이 자연수가 되려면 $\frac{\sqrt{x}}{n}=3^k$ (k는 자연수) 꼴이어야 한다.

ㄱ. $x=9$일 때, $\frac{3}{n}=3^k$에서 $n=\frac{3}{3^k}$

n이 자연수이므로

$k=1$

$\therefore f(9)=1$ (참)

ㄴ. $\frac{\sqrt{x}}{n}=3^k$에서 $n=\frac{\sqrt{x}}{3^k}$

이때 자연수 n의 값이 존재하려면 $\sqrt{x}$가 3의 배수이어야 하므로

$\sqrt{x}=3, 6, 9, 12$

$\therefore x=9, 36, 81, 144$

즉, $f(x)\ne 0$을 만족시키는 x의 값이 4개이므로 방정식 $f(x)=0$의 서로 다른 실근의 개수는

$200-4=196$ (거짓)

ㄷ. $x=9$일 때, $f(9)=1$ ($\because$ ㄱ)

$x=36$일 때, $n=\frac{\sqrt{36}}{3^k}=\frac{6}{3^k}$의 값이 자연수가 되도록 하는 k의 값은 1이므로

$f(36)=1$

$x=81$일 때, $n=\frac{\sqrt{81}}{3^k}=\frac{9}{3^k}$의 값이 자연수가 되도록 하는 k의 값은 1, 2이므로

$f(81)=2$

$x=144$일 때, $n=\frac{\sqrt{144}}{3^k}=\frac{12}{3^k}$의 값이 자연수가 되도록 하는 k의 값은 1이므로

$f(144)=1$

따라서 $f(x)$의 최댓값은 2이다. (참)

따라서 옳은 것은 ㄱ, ㄷ이다. 답 ④

118 $\log_4 n-\log_8 k=\log_2\sqrt{n}-\log_2\sqrt[3]{k}$

$=\log_2\frac{\sqrt{n}}{\sqrt[3]{k}}$

$\log_2\frac{\sqrt{n}}{\sqrt[3]{k}}$의 값이 정수가 되려면 $\frac{\sqrt{n}}{\sqrt[3]{k}}=2^p$ (p는 정수) 꼴이어야 한다.

ㄱ. $n=1$일 때, $\frac{1}{\sqrt[3]{k}}=2^p$에서 $k=\frac{1}{2^{3p}}$

k가 자연수이므로

$p=0, -1, -2$

$\therefore f(1)=3$ (참)

ㄴ. $\frac{\sqrt{n}}{\sqrt[3]{k}}=2^p$에서 $\sqrt{n}=2^p\times\sqrt[3]{k}$

한편, k는 400 이하의 자연수이므로 $\sqrt[3]{k}$가 될 수 있는 가장 큰 자연수는 7이다. ($\because 7^3=343$)

따라서 $\sqrt[3]{k}=q$ (q는 1 이상 7 이하의 자연수)라 하면 $\sqrt{n}=2^p\times q$ 꼴이고, n은 400 이하의 자연수이므로

$\sqrt{n}=2^p\times q\le 20$

즉, $\sqrt{n}=1, 2, 3, 4, 5, 6, 7, 8, 10, 12, 14, 16, 20$이고, $f(n)\ne 0$을 만족시킨다.

따라서 $f(n)\ne 0$을 만족시키는 자연수 n의 개수는 13이므로 $f(n)=0$을 만족시키는 400 이하의 자연수 n의 개수는

$400-13=387$ (참)

ㄷ. (i) $\sqrt{n}$이 2의 거듭제곱 꼴이 아닌 경우

$\frac{\sqrt{n}}{\sqrt[3]{k}}=2^p$에서 $\sqrt{n}$은 3 이상의 소인수 r를 갖는다.

따라서 $\frac{\sqrt[3]{k}}{r}$가 2의 거듭제곱 꼴이 되도록 하는 1 이상 7 이하의 자연수 $\sqrt[3]{k}$의 개수는 3 미만이다.

(ii) $\sqrt{n}$이 2의 거듭제곱 꼴인 경우

$\sqrt{n}=2^m$ (m은 0 이상 4 이하의 정수)이라 하면

$\frac{\sqrt{n}}{\sqrt[3]{k}}=2^p$에서 $\sqrt[3]{k}=2^{m-p}$

따라서 1 이상 7 이하의 자연수 $\sqrt[3]{k}$의 값은 1, 2, 4의 3개이므로

$f(n)=3$

(i), (ii)에 의하여 $f(n)=3$을 만족시키는 n의 최댓값은 256이다. (참)

따라서 ㄱ, ㄴ, ㄷ 모두 옳다. 답 ⑤

119 두 함수 $y=3^x$, $y=\left(\frac{1}{3}\right)^{x-n}$의 그래프의 교점의 좌표는

$\left(\frac{n}{2},\ 3^{\frac{n}{2}}\right)$이므로 두 그래프는 다음 그림과 같다.

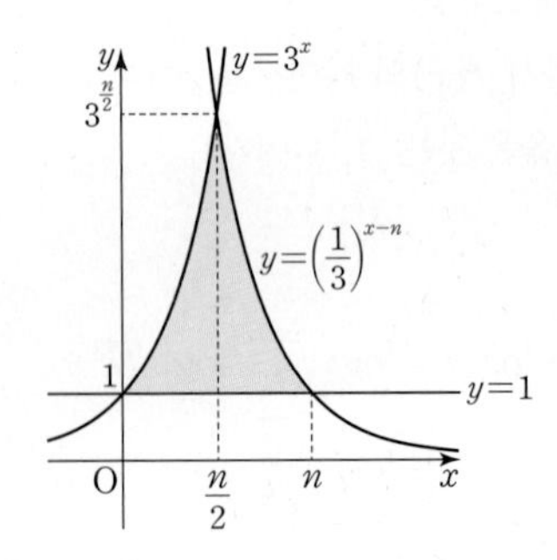

(i) $n=1$일 때

색칠한 부분의 내부에 포함되는 점 중 x좌표와 y좌표가 모두 자연수인 점이 없으므로

$S(1)=0$

(ii) $n=2$일 때

교점의 좌표가 $(1,\ 3)$이므로 색칠한 부분의 내부에 포함되는 점 중 x좌표와 y좌표가 모두 자연수인 점은 $(1,\ 2)$의 1개

$\therefore S(2)=1$

(iii) $n=3$일 때

색칠한 부분의 내부에 포함되는 점의 x좌표는 1, 2이므로 x좌표와 y좌표가 모두 자연수인 점의 개수는

$S(3)=(3-2)+\left\{\left(\frac{1}{3}\right)^{2-3}-2\right\}=2$

(iv) $n=4$일 때

색칠한 부분의 내부에 포함되는 점의 x좌표는 1, 2, 3이므로 x좌표와 y좌표가 모두 자연수인 점의 개수는

$S(4)=(3-2)+(3^2-2)+\left\{\left(\frac{1}{3}\right)^{3-4}-2\right\}=9$

(v) $n=5$일 때

색칠한 부분의 내부에 포함되는 점의 x좌표는 1, 2, 3, 4이므로 x좌표와 y좌표가 모두 자연수인 점의 개수는

$$S(5)=(3-2)+(3^2-2)+\left\{\left(\frac{1}{3}\right)^{3-5}-2\right\}+\left\{\left(\frac{1}{3}\right)^{4-5}-2\right\}=16$$

(vi) $n=6$일 때

색칠한 부분의 내부에 포함되는 점의 x좌표는 1, 2, 3, 4, 5이므로 x좌표와 y좌표가 모두 자연수인 점의 개수는

$$S(6)=(3-2)+(3^2-2)+(3^3-2)+\left\{\left(\frac{1}{3}\right)^{4-6}-2\right\}+\left\{\left(\frac{1}{3}\right)^{5-6}-2\right\}=41$$

(i)~(vi)에 의하여 $S(n)>35$를 만족시키는 n의 최솟값은 6이다.

답 6

120 다음 그림과 같이 두 함수 $y=2^{x+2}$, $y=a^{-x+3}$의 그래프와 직선 $y=1$로 둘러싸인 부분의 내부 또는 그 경계선을 S라 하자.

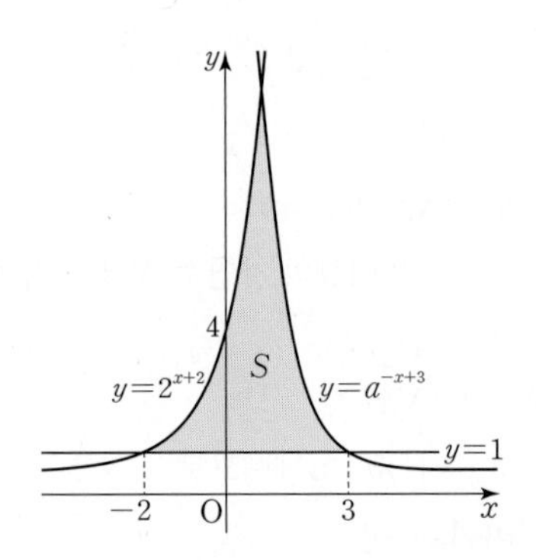

$f(x)=2^{x+2}$, $g(x)=a^{-x+3}$이라 하고, 정수 n에 대하여 $f(n)$과 $g(n)$ 중 크지 않은 값을 $h(n)$이라 하면 S에 포함되는 x좌표와 y좌표가 모두 정수인 점의 개수는

$x=n$ $(n=-2,\ -1,\ 0,\ 1,\ 2,\ 3)$일 때 S에 포함되는 y좌표가 정수인 점의 개수의 합과 같으므로

$h(-2)+h(-1)+\cdots+h(3)$의 값과 같다.

따라서 $17\le h(-2)+h(-1)+\cdots+h(3)\le 29$가 되도록 하는 자연수 a의 값을 찾으면 된다.

1이 아닌 자연수 a에 대하여 $f(0)<g(0)$이므로

$$h(-2)+h(-1)+h(0)=f(-2)+f(-1)+f(0)=1+2+4=7$$

(i) $h(1)=g(1)$인 경우

$g(1)\le f(1)$이어야 하므로

$a^2\le 8$ $\quad\therefore a=2$

$\therefore h(-2)+h(-1)+\cdots+h(3)=7+2^2+2^1+2^0=14$

따라서 조건을 만족시키지 않는다.

(ii) $h(1)=f(1)$, $h(2)=g(2)$인 경우

$f(1)\le g(1)$, $g(2)\le f(2)$이어야 하므로

$a^2\ge 8$, $a\le 16$

$\therefore 3\le a\le 16$ $\quad\cdots\cdots$ ㉠

$h(-2)+h(-1)+\cdots+h(3)=7+2^3+a+a^0=a+16$

이므로

$17\le h(-2)+h(-1)+\cdots+h(3)\le 29$에서

$17\le a+16\le 29$

$\therefore 1\le a\le 13$ $\quad\cdots\cdots$ ㉡

㉠, ㉡의 공통 범위를 구하면

$3\le a\le 13$

(iii) $h(2)=f(2)$, $h(3)=g(3)$인 경우

$f(2)\le g(2)$, $g(3)\le f(3)$이어야 하므로

$a\ge 16$, $a^0\le 32$

$\therefore a\ge 16$

$\therefore h(-2)+h(-1)+\cdots+h(3)=7+2^3+2^4+a^0=32$

따라서 조건을 만족시키지 않는다.

(i), (ii), (iii)에 의하여 $3\le a\le 13$

따라서 자연수 a의 개수는 11이다.

답 11

121 $h(t)=|f(t)-g(t)|$는 두 함수 $y=f(x)$, $y=g(x)$의 그래프와 직선 $x=t$의 두 교점 사이의 거리를 의미한다.

함수 $y=f(x)$의 그래프는 두 점 $(0, a)$, $(1, a^2)$을 지나고, 함수 $y=g(x)$의 그래프는 두 점 $(0, 1)$, $(1, b)$를 지난다.

$2\le a\le 9$, $2\le b\le 9$인 두 자연수 a, b에 대하여 다음과 같다.

(i) $a\ge b$일 때

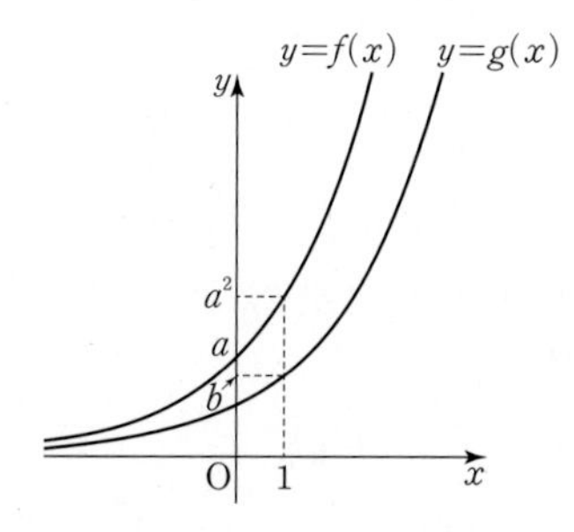

$h(k)\ge h(1)=|f(1)-g(1)|=a^2-b$

$h(k)\le 10$에서 $a^2-b\le 10$

이를 만족시키는 자연수 a, b의 순서쌍 (a, b)는

$(2, 2)$, $(3, 2)$, $(3, 3)$

의 3개

(ii) $a<b<a^2$일 때

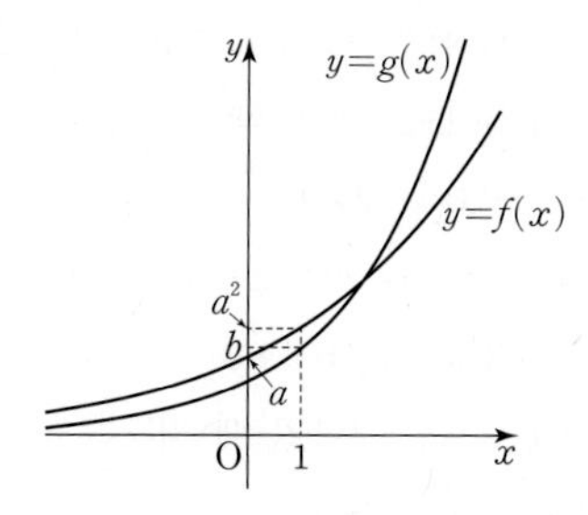

두 함수 $y=f(x)$, $y=g(x)$의 그래프의 교점의 x좌표가 1보다 크므로 $h(k)=0$을 만족시키는 1 이상의 실수 k가 존재한다.

즉, $a<b<a^2$일 때 $h(k)\le 10$을 만족시키는 1 이상의 실수 k가 항상 존재한다.

이를 만족시키는 자연수 a, b의 순서쌍 (a, b)는

$(2, 3)$, $(3, 4)$, $(3, 5)$, $(3, 6)$, $(3, 7)$, $(3, 8)$, $(4, 5)$, $(4, 6)$, $(4, 7)$, $(4, 8)$, $(4, 9)$, $(5, 6)$, $(5, 7)$, $(5, 8)$, $(5, 9)$, $(6, 7)$, $(6, 8)$, $(6, 9)$, $(7, 8)$, $(7, 9)$, $(8, 9)$

의 21개

(iii) $a^2\le b$일 때

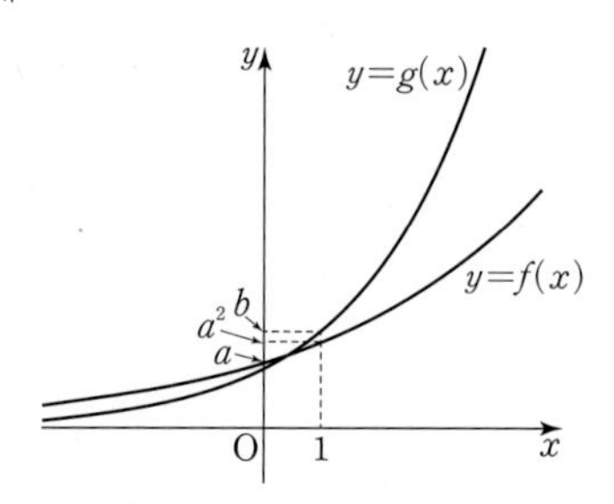

두 함수 $y=f(x)$, $y=g(x)$의 그래프의 교점의 x좌표가 1보다 작거나 같으므로

$h(k)\ge h(1)=|f(1)-g(1)|=b-a^2$

$h(k)\le 10$에서 $b-a^2\le 10$

이를 만족시키는 자연수 a, b의 순서쌍 (a, b)는

$(2, 4)$, $(2, 5)$, $(2, 6)$, $(2, 7)$, $(2, 8)$, $(2, 9)$, $(3, 9)$

의 7개

(i), (ii), (iii)에 의하여 구하는 순서쌍의 개수는

$3+21+7=31$

답 31

122 네 점 P_k, P_{k+1}, Q_k, Q_{k+1}을 꼭짓점으로 하는 사각형의 넓이는

$\frac{1}{2}\times(\overline{P_kQ_k}+\overline{P_{k+1}Q_{k+1}})$

따라서 조건을 만족시키려면 $\overline{P_kQ_k}+\overline{P_{k+1}Q_{k+1}}\le 80$인 자연수 k가 존재해야 한다.

(i) $a<10$일 때

두 함수 $y=a^{x+1}$, $y=10^x$의 그래프는 제1사분면에서 만난다.

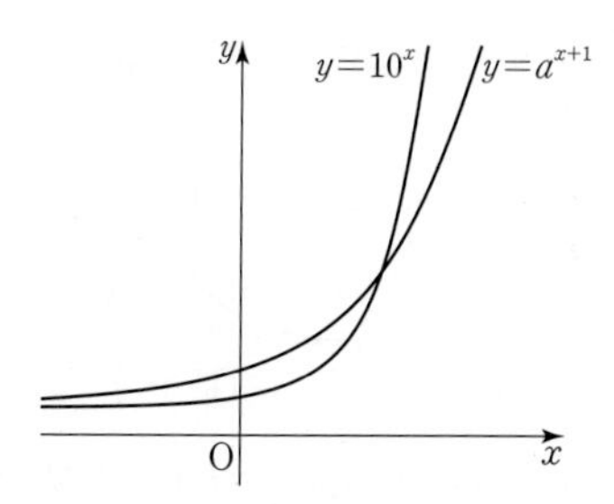

① $1<a\le 3$일 때

$a^2<10$이므로 두 함수 $y=a^{x+1}$, $y=10^x$의 그래프의 교점의 x좌표는 1보다 작다.

$\therefore \overline{P_kQ_k}+\overline{P_{k+1}Q_{k+1}}\ge\overline{P_1Q_1}+\overline{P_2Q_2}$

$a=2$일 때

$\overline{P_1Q_1}+\overline{P_2Q_2}=(10-4)+(100-8)$

$=98>80$

이므로 조건을 만족시키는 자연수 k의 값은 존재하지 않는다.

$a=3$일 때

$\overline{P_1Q_1}+\overline{P_2Q_2}=(10-9)+(100-27)$

$=74\le 80$

이므로 조건을 만족시키는 자연수 k의 값은 존재한다.

② $a=4$일 때

$a^2>10$, $a^3<100$이므로 두 함수 $y=a^{x+1}$, $y=10^x$의 그래프의 교점의 x좌표는 1보다 크고 2보다 작다.

$\therefore \overline{P_kQ_k}+\overline{P_{k+1}Q_{k+1}}\ge\overline{P_1Q_1}+\overline{P_2Q_2}$

$=(16-10)+(100-64)$

$=42\le 80$

따라서 조건을 만족시키는 자연수 k의 값은 존재한다.

③ $a=5$일 때

$a^3>100$, $a^4<1000$이므로 두 함수 $y=a^{x+1}$, $y=10^x$의 그래프의 교점의 x좌표는 2보다 크고 3보다 작다.

$\overline{P_2Q_2}+\overline{P_3Q_3}=(125-100)+(1000-625)=400$,

$\overline{P_1Q_1}+\overline{P_2Q_2}=(25-10)+(125-100)$

$=40\le 80$

이므로 조건을 만족시키는 자연수 k의 값이 존재한다.

④ $6\le a<10$일 때

$a=6$일 때 모든 자연수 k에 대하여

$\overline{P_kQ_k}+\overline{P_{k+1}Q_{k+1}}=|6^{k+1}-10^k|+|6^{k+2}-10^{k+1}|$

>80

이므로 조건을 만족시키는 자연수 k의 값은 존재하지 않는다.

마찬가지로 $6<a<10$일 때, 조건을 만족시키는 자연수 k의 값은 존재하지 않는다.

(ii) $a\ge 10$일 때

두 함수 $y=a^{x+1}$, $y=10^x$의 그래프는 제1사분면에서 서로 만나지 않는다.

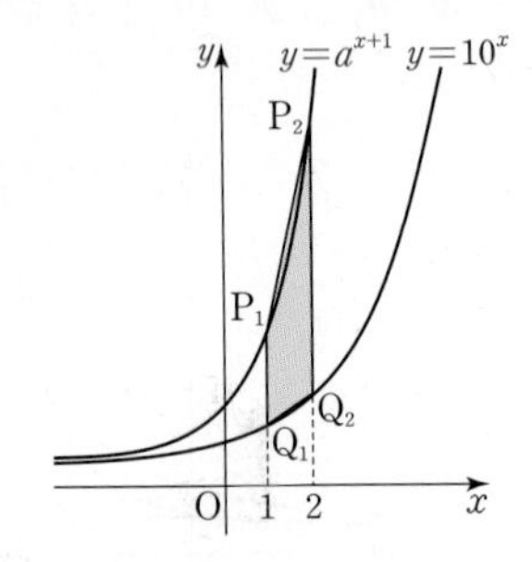

따라서 사각형의 넓이는 $k=1$일 때 최솟값을 갖는다.

$\overline{P_1Q_1}+\overline{P_2Q_2}=(a^2-10)+(a^3-10^2)$

$=a^3+a^2-110$

$a\ge 10$일 때, $\overline{P_1Q_1}+\overline{P_2Q_2}>80$이므로 조건을 만족시키는 자연수 k의 값은 존재하지 않는다.

(i), (ii)에 의하여

$a=3$ 또는 $a=4$ 또는 $a=5$

따라서 모든 a의 값의 합은

$3+4+5=12$ **답** 12

123 조건 (가)에서 $f(x)$는 $x=1$에서 최댓값을 가지므로

$f(x)=-3(x-1)^2+k$ (k는 상수)

라 하면 조건 (나)에 의하여 $f(0)=3$이므로

$-3+k=3 \quad \therefore k=6$

$\therefore f(x)=-3(x-1)^2+6$

$-1\le x\le 2$에서 $-6\le f(x)\le 6$

(i) $0<a<1$일 때

$f(g(x))=-3(a^x-1)^2+6$에서 $a^x=t$ $(a^2\le t\le a^{-1})$로 놓으면

$f(t)=-3(t-1)^2+6$

따라서 함수 $f(g(x))$는 $t=1$일 때, 즉 $x=0$일 때 최댓값 6을 갖는다.

또, $g(f(x))=a^{f(x)}$에서 $0<a<1$이므로 $f(x)=-6$일 때 최댓값 a^{-6}을 갖는다.

이때 두 함수 $f(g(x))$, $g(f(x))$의 최댓값이 같아야 하므로

$a^{-6}=6 \quad \therefore a=6^{-\frac{1}{6}}$

(ii) $a>1$일 때

$f(g(x))=-3(a^x-1)^2+6$에서 $a^x=t$ $(a^{-1}\le t\le a^2)$로 놓으면 (i)과 마찬가지로 $t=1$, 즉 $x=0$일 때 최댓값 6을 갖는다.

또, $g(f(x))=a^{f(x)}$에서 $a>1$이므로 $f(x)=6$일 때 최댓값 a^6을 갖는다.

이때 두 함수 $f(g(x))$, $g(f(x))$의 최댓값이 같아야 하므로

$a^6=6 \quad \therefore a=6^{\frac{1}{6}}$

(i), (ii)에 의하여

$p=6^{-\frac{1}{6}}$, $q=6^{\frac{1}{6}}$ ($\because p<q$)

$\therefore |\log_p q|=|\log_{6^{-\frac{1}{6}}} 6^{\frac{1}{6}}|=|-1|=1$ **답** 1

124 조건 (가)에 의하여 $x\le 1$에서 $f(x)=3x+1$이므로

$f(x)-x-3=2x-2$

조건 (나)에서 함수 $y=f(x)-x-3$의 그래프는 직선 $x=1$에 대하여 대칭이므로 $x\ge 1$에서

$f(x)-x-3=-2x+2$

즉, $f(x)-x-3=-2|x-1|$이므로

$f(x)=-2|x-1|+x+3$

따라서 $f(x)$는 $x=1$일 때 최댓값 4, $x=-1$일 때 최솟값 -2를 갖는다.

(i) $0<a<1$일 때

$-1\le x\le 4$에서 $a^4\le a^x\le a^{-1}$이고, $a^4<1<a^{-1}$이므로 함수 $f(g(x))$의 최댓값은 4이다.

또, $g(f(x))=a^{f(x)}$은 $f(x)=-2$일 때 최댓값 a^{-2}을 갖는다.

이때 두 함수 $f(g(x))$, $g(f(x))$의 최댓값이 같아야 하므로

$a^{-2}=4 \quad \therefore a=4^{-\frac{1}{2}}$

(ii) $a>1$일 때

$-1\le x\le 4$에서 $a^{-1}\le a^x\le a^4$이고, $a^{-1}<1<a^4$이므로 함수 $f(g(x))$의 최댓값은 4이다.

또, $g(f(x))=a^{f(x)}$은 $f(x)=4$일 때 최댓값 a^4을 갖는다.

이때 두 함수 $f(g(x))$, $g(f(x))$의 최댓값이 같아야 하므로

$a^4=4 \quad \therefore a=4^{\frac{1}{4}}$

(i), (ii)에 의하여

$a=4^{-\frac{1}{2}}$ 또는 $a=4^{\frac{1}{4}}$

따라서 모든 a의 값의 곱은

$4^{-\frac{1}{2}}\times 4^{\frac{1}{4}}=4^{-\frac{1}{4}}=\frac{\sqrt{2}}{2}$ **답** ⑤

125 $g(x)=3^{x+\log_3 2(a-3)}=3^x\times 3^{\log_3 2(a-3)}=2(a-3)3^x$

진수의 조건에 의하여

$a>3$

조건 (나)에서 $a+b\le 9$이므로

$4\le a\le 8$, $1\le b\le 5$

조건 (가)에서 모든 실수 x에 대하여 $f(x)\ge g(x)$이므로

$9^x+b+6\ge 2(a-3)3^x$

$\therefore 9^x-2(a-3)3^x+b+6\ge 0$

$3^x=t$ $(t>0)$로 놓으면

$t^2-2(a-3)t+b+6\ge 0$ …… ㉠

$h(t)=t^2-2(a-3)t+b+6$이라 하면 곡선 $y=h(t)$의 축의 방정식은

$t=a-3>0$

따라서 $t>0$에서 함수 $h(t)$는 $t=a-3$일 때 최솟값을 가지므로 부등식 ㉠이 성립하려면

$h(a-3)=(a-3)^2-2(a-3)^2+b+6\ge 0$

$\therefore (a-3)^2\le b+6$

(i) $a=4$일 때

$1\le b+6$, $b\le 5$이므로

$b=1, 2, 3, 4, 5$

(ii) $a=5$일 때

$4\le b+6$, $b\le 4$이므로

$b=1, 2, 3, 4$

(iii) $a=6$일 때

$9\le b+6$, $b\le 3$이므로

$b=3$

(iv) $7\le a\le 8$일 때

조건을 만족시키는 b의 값은 존재하지 않는다.

(i)~(iv)에 의하여 a, b의 순서쌍 (a, b)의 개수는

$5+4+1=10$ 답 10

126 $g(x)=2^{x+\log_2 2(b-2)}=2^x\times 2^{\log_2 2(b-2)}=2(b-2)2^x$

진수의 조건에 의하여

$b>2$ …… ㉠

한편, 방정식 $f(x)=g(x)$에서

$4^x-2^{x+3}+a+4=2(b-2)2^x$

$\therefore 4^x-2(b+2)2^x+a+4=0$

$2^x=t$ $(t>0)$로 놓으면

$t^2-2(b+2)t+a+4=0$

이때 방정식 $f(x)=g(x)$의 모든 실근이 1보다 크고 3보다 작으므로 t에 대한 이차방정식 $t^2-2(b+2)t+a+4=0$의 모든 실근은 2보다 크고 8보다 작다.

이때 $h(t)=t^2-2(b+2)t+a+4$라 하고, 이차방정식 $h(t)=0$의 판별식을 D라 하면

$\frac{D}{4}=(b+2)^2-a-4\ge 0$

$\therefore a\le b^2+4b$ …… ㉡

이차함수 $y=h(t)$의 그래프의 축의 방정식 $t=b+2$이므로

$2<b+2<8$

$\therefore 0<b<6$ …… ㉢

또, $h(2)>0$, $h(8)>0$이므로

$a-4b>0$, $a-16b+36>0$

$\therefore a>4b$, $a>16b-36$ …… ㉣

㉠, ㉢에서

$b=3, 4, 5$

㉡, ㉣에서

$16b-36<a\le b^2+4b$

(i) $b=3$일 때

$12<a\le 21$이므로 자연수 a의 개수는 9이다.

(ii) $b=4$일 때

$28<a\le 32$이므로 자연수 a의 개수는 4이다.

(iii) $b=5$일 때

$44<a\le 45$이므로 자연수 a의 개수는 1이다.

(i), (ii), (iii)에 의하여 a, b의 순서쌍 (a, b)의 개수는

$9+4+1=14$ 답 14

127 ㄱ. $f(16)=f(13+3)$

$=f(13)+1$

$=f(10)+2$

$=f(7)+3$

$=f(4)+4$

$=2+4=6$

$\therefore f(16)=6$ (참)

ㄴ. $f(2)=\log_4(4\times 2)=\log_4 8$이고 $g(x)$는 $f(x)$의 역함수이므로

$g(\log_4 8)=2$

또, $f(4)=2$이므로

$g(2)=4$

$\therefore g(g(\log_4 8))=g(2)=4$ (참)

ㄷ. 방정식 $3f(x)-x=2$에서 $f(x)=\frac{1}{3}(x+2)$

주어진 방정식의 실근은 두 함수 $y=f(x)$, $y=\frac{1}{3}(x+2)$의 그래프의 교점의 x좌표와 같다.

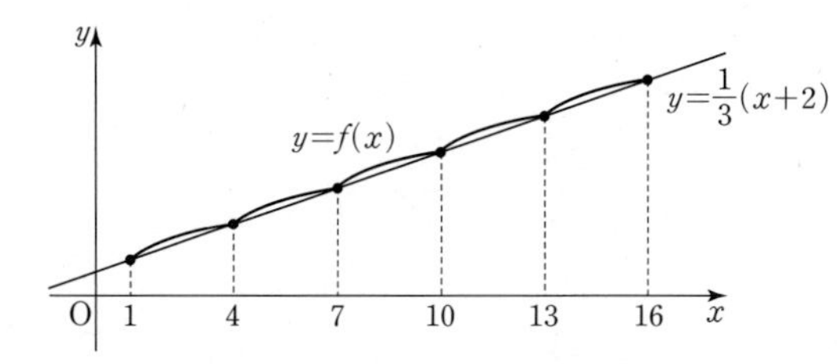

따라서 위의 그림에서 두 그래프의 교점의 개수가 6이므로 주어진 방정식의 서로 다른 실근의 개수는 6이다. (참)

따라서 ㄱ, ㄴ, ㄷ 모두 옳다. 답 ⑤

128 조건 ㈎에 의하여 $0 \le x < 6$일 때 함수 $y=f(x)$의 그래프는 다음 그림과 같이 직선 $x=3$에 대하여 대칭이다.

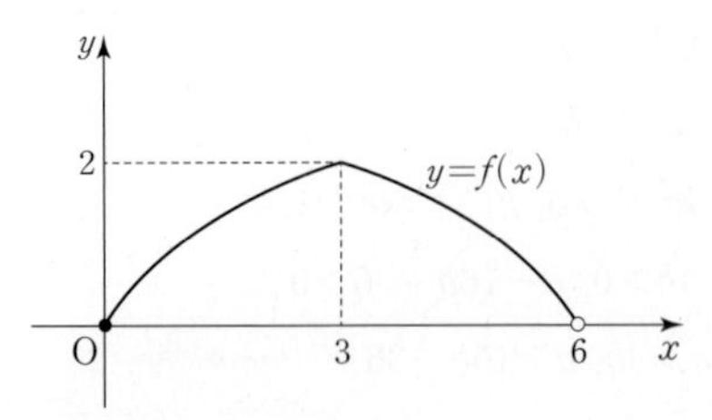

또, 조건 ㈏에 의하여 함수 $f(x)$는 주기가 6인 주기함수이다.
방정식 $2f(x)-3=0$의 실근은 함수 $y=f(x)$의 그래프와 직선 $y=\frac{3}{2}$의 교점의 x좌표와 같다.

$0 \le x < 6$일 때, 함수 $y=f(x)$의 그래프와 직선 $y=\frac{3}{2}$의 교점의 x좌표를 $x=3-\alpha$ 또는 $x=3+\alpha$라 하면

$\log_2 \{(3-\alpha)+1\} = \log_2 (4-\alpha) = \frac{3}{2}$

$4-\alpha = 2^{\frac{3}{2}} = 2\sqrt{2}$ $\quad \therefore \alpha = 4-2\sqrt{2}$

따라서 $0 \le x \le 27$에서 방정식 $2f(x)-3=0$의 모든 실근의 합은

$$\{(3-\alpha)+(3+\alpha)\}+\{(3+6\times1-\alpha)+(3+6\times1+\alpha)\}$$
$$+\{(3+6\times2-\alpha)+(3+6\times2+\alpha)\}$$
$$+\{(3+6\times3-\alpha)+(3+6\times3+\alpha)\}$$
$$+(3+6\times4-\alpha)$$
$$=119+2\sqrt{2}$$

답 ⑤

참고 함수 $y=f(x)$에서 정의역에 속하는 모든 x에 대하여 $f(x+p)=f(p)$를 만족시키는 0이 아닌 상수 p가 존재할 때, $y=f(x)$를 주기함수라 하고, 최소의 양수 p를 그 함수의 주기라 한다.

129 두 함수 $y=4^x-n$, $y=\log_4(x+n)$은 서로 역함수 관계이므로 그 그래프는 직선 $y=x$에 대하여 서로 대칭이다.
즉, 두 함수 $y=4^x-n$, $y=\log_4(x+n)$의 그래프로 둘러싸인 부분이 직선 $y=x$에 대하여 대칭이므로 점 (a, b)가 주어진 부분에 포함되면 점 (b, a)도 포함된다.
$n=61$일 때, 두 함수 $y=4^x-61$, $y=\log_4(x+61)$의 그래프로 둘러싸인 부분은 다음 그림과 같으므로 둘러싸인 부분의 내부에 포함되고 x좌표와 y좌표가 모두 자연수인 점은 $(1, 1)$, $(2, 2)$, $(2, 1)$, $(1, 2)$의 4개이다.

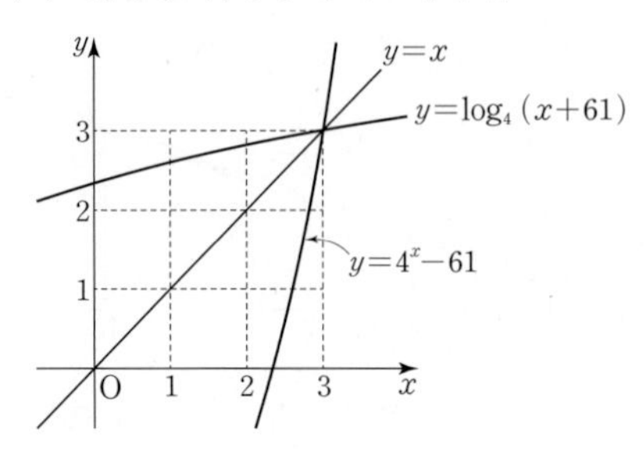

n의 값이 커지면 함수 $y=4^x-n$의 그래프는 아래로 이동하고, 함수 $y=\log_4(x+n)$의 그래프는 왼쪽으로 이동한다.

둘러싸인 부분의 내부에 포함되는 점의 개수가 5일 때의 네 점은 $(1, 1)$, $(2, 2)$, $(2, 1)$, $(1, 2)$, $(3, 3)$이다.
둘러싸인 부분의 내부에 점 $(3, 3)$이 포함되려면
$n>61$ $\quad \cdots\cdots$ ㉠
한편, $n=63$일 때 $4^3-63=1<2$, $\log_4(2+63)>3$이므로 둘러싸인 부분의 내부에 두 점 $(3, 2)$, $(2, 3)$이 포함된다.
즉, $n \ge 63$일 때 둘러싸인 부분의 내부에 x좌표와 y좌표가 모두 자연수인 점의 개수는 5보다 크므로
$n<63$ $\quad \cdots\cdots$ ㉡
㉠, ㉡에 의하여 $n=62$

답 62

130 두 함수 $y=3^x-24$, $y=\log_3(x+24)$는 서로 역함수 관계이므로 그 그래프는 다음 그림과 같이 직선 $y=x$에 대하여 서로 대칭이다.

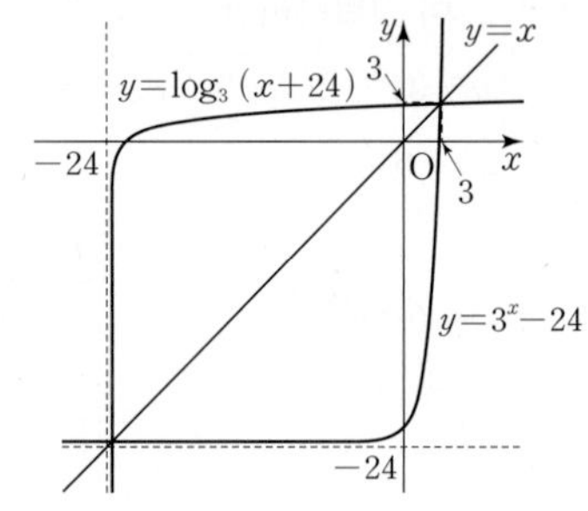

x좌표와 y좌표의 합이 k인 점은 직선 $y=-x+k$ 위의 점이므로 $f(0)$의 값은 두 함수 $y=3^x-24$, $y=\log_3(x+24)$의 그래프와 직선 $y=-x$로 둘러싸인 부분의 내부 또는 그 경계선 위에 있는 점 중에서 x좌표와 y좌표가 모두 정수인 점의 개수와 같다.

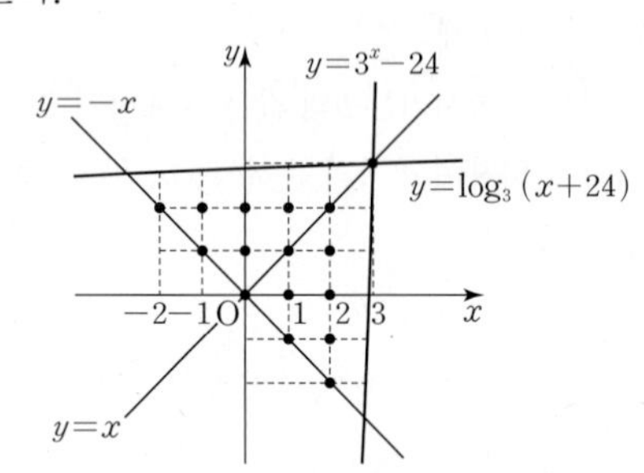

따라서 위의 그림에서 $f(0)=16$

답 16

131 점 P의 x좌표를 $-p$ $(p>0)$라 하면 점 P는 곡선 $y=-\frac{n}{x}$ 위의 점이므로

$\mathrm{P}\left(-p, \frac{n}{p}\right)$

점 A의 y좌표는 $\frac{n}{p}$이고, 점 A는 곡선 $y=\left(\frac{1}{n}\right)^x$ 위의 점이므로

$\frac{n}{p}=\left(\frac{1}{n}\right)^x$에서

$x=\log_{\frac{1}{n}}\frac{n}{p}=-\log_n\frac{n}{p}=-1+\log_n p$

$\therefore \mathrm{A}\left(-1+\log_n p, \frac{n}{p}\right)$

점 B의 x좌표는 $-p$이고, 점 B는 곡선 $y=\log_n(-x)$ 위의 점이므로

$B(-p, \log_n p)$

따라서 직사각형 APBC의 둘레의 길이는

$$2\times(\overline{AP}+\overline{PB})=2\times\left\{(-1+\log_n p+p)+\left(\frac{n}{p}-\log_n p\right)\right\}$$
$$=2\times\left(p+\frac{n}{p}-1\right)$$

$p>0$, $n>0$이므로 산술평균과 기하평균의 관계에 의하여

$p+\frac{n}{p}\geq 2\sqrt{p\times\frac{n}{p}}=2\sqrt{n}$ $\left(\text{단, 등호는 } p=\frac{n}{p}\text{일 때 성립}\right)$

즉, 직사각형 APBC의 둘레의 길이의 최솟값은

$2\times(2\sqrt{n}-1)$이므로

$2\times(2\sqrt{n}-1)=14$ $\quad\therefore n=16$

두 곡선 $y=\left(\frac{1}{16}\right)^x$, $y=\log_{16}(-x)$의 그래프는 직선 $y=-x$에 대하여 서로 대칭이고, 곡선 $y=-\frac{16}{x}$의 그래프도 직선 $y=-x$에 대하여 대칭이다.

또, 직선 $y=-x$와 곡선 $y=-\frac{16}{x}$이 만나는 점의 좌표는 $(-4, 4)$

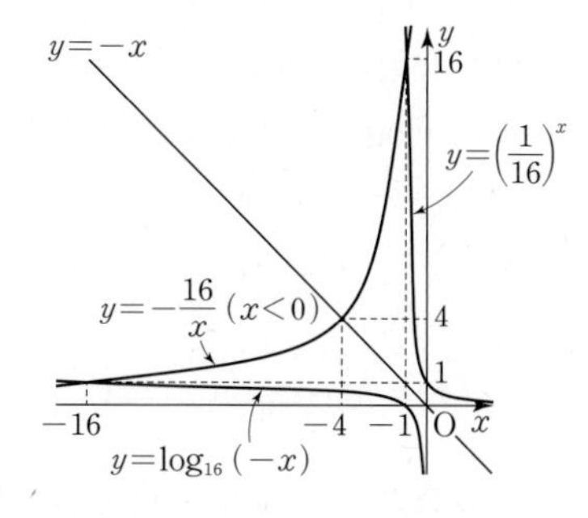

두 곡선 $y=-\frac{16}{x}$, $y=\log_{16}(-x)$와 x축 및 직선 $y=-x$로 둘러싸인 부분의 내부에 포함되고 x좌표와 y좌표가 모두 정수인 점의 개수를 구하면

(i) $-\frac{16}{x}=3$에서 $x=-\frac{16}{3}$이므로 y좌표가 3이고 직선 $y=-x$의 아래쪽에 있는 점은 $(-5, 3)$, $(-4, 3)$의 2개

(ii) $-\frac{16}{x}=2$에서 $x=-8$이므로 y좌표가 2이고 직선 $y=-x$의 아래쪽에 있는 점은 $(-7, 2)$, $(-6, 2)$, $\cdots$, $(-3, 2)$의 5개

(iii) $-\frac{16}{x}=1$에서 $x=-16$이므로 y좌표가 1이고 직선 $y=-x$의 아래쪽에 있는 점은 $(-15, 1)$, $(-14, 1)$, $\cdots$, $(-2, 1)$의 14개

(i), (ii), (iii)에 의하여 주어진 부분의 내부 중 직선 $y=-x$의 아래쪽에 있는 점의 개수는

$2+5+14=21$

마찬가지로 주어진 부분의 내부 중 직선 $y=-x$의 위쪽에 있는 점의 개수도 21이고, 직선 $y=-x$ 위의 점은 $(-1, 1)$, $(-2, 2)$, $(-3, 3)$의 3개이므로 구하는 점의 개수는

$21+21+3=45$

답 45

132 함수 $y=\log_3(x-1)$은 함수 $y=3^x+1$의 역함수이므로 $g(n)$의 값은 곡선 $y=3^x+1$과 직선 $y=n$ 및 y축으로 둘러싸인 부분의 내부 또는 그 경계선 위에 있고 x좌표와 y좌표가 모두 정수인 점의 개수와 같다.

따라서 $g(n)$의 값은 곡선 $y=3^x-1$과 직선 $y=n-2$ 및 y축으로 둘러싸인 부분의 내부 또는 그 경계선 위에 있고 x좌표와 y좌표가 모두 정수인 점의 개수와 같으므로 $f(n)-g(n)$의 값은 다음 그림에서 색칠된 부분의 내부 또는 그 경계선 위에 있고 x좌표와 y좌표가 모두 정수인 점의 개수와 같다.

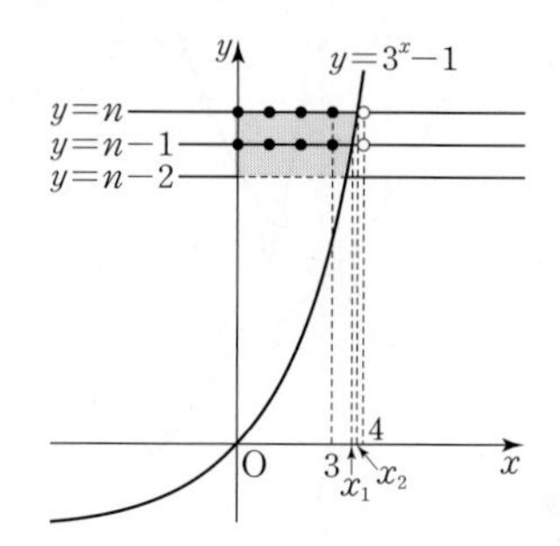

곡선 $y=3^x-1$과 두 직선 $y=n-1$, $y=n$이 만나는 두 점의 x좌표를 각각 x_1, x_2라 하면 $f(n)-g(n)=8$이므로

$3\leq x_1<x_2<4$, $3^3\leq 3^{x_1}<3^{x_2}<3^4$

$3^3-1\leq 3^{x_1}-1<3^{x_2}-1<3^4-1$, $3^3-1\leq n-1<n<3^4-1$

$\therefore 3^3\leq n<3^4-1$

따라서 조건을 만족시키는 자연수 n의 개수는

$(3^4-1)-3^3=80-27=53$

답 ②

133 ㄱ. 두 함수 $f(x)=\left|\log_2\frac{2}{3}x\right|$, $g(x)=3\times2^{-x-1}$에 대하여

$f\left(\frac{1}{2}\right)=\log_2 3$, $g\left(\frac{1}{2}\right)=\frac{3}{2\sqrt{2}}$에서 $g\left(\frac{1}{2}\right)<1<f\left(\frac{1}{2}\right)$이므로

$x_1>\frac{1}{2}$

또, $f\left(\frac{3}{2}\right)=0$, $g\left(\frac{3}{2}\right)=\frac{3}{4\sqrt{2}}$에서 $f\left(\frac{3}{2}\right)<g\left(\frac{3}{2}\right)$이므로

$x_1<\frac{3}{2}$

$\therefore \frac{1}{2}<x_1<\frac{3}{2}$ (참)

ㄴ. 두 함수 $y=\log_2\frac{2}{3}x$와 $y=3\times2^{x-1}$의 그래프는 직선 $y=x$에 대하여 서로 대칭이고, 두 함수 $y=-\log_2\frac{2}{3}x$와 $y=3\times2^{-x-1}$의 그래프는 직선 $y=x$에 대하여 서로 대칭이다.

따라서 두 점 $Q(x_2, y_2)$, $R(x_3, y_3)$은 직선 $y=x$에 대하여 서로 대칭이므로

$x_2=y_3,\ x_3=y_2$

$\therefore\ x_2y_2-x_3y_3=0$ (참)

ㄷ. $\mathrm{S}\left(\frac{3}{2},\ 0\right)$이라 하면

(직선 RS의 기울기)$=\dfrac{y_3}{x_3-\frac{3}{2}}$,

(직선 PS의 기울기)$=\dfrac{y_1}{x_1-\frac{3}{2}}$

이때 다음 그림과 같이 직선 RS의 기울기가 직선 PS의 기울기보다 작으므로

$\dfrac{y_3}{x_3-\frac{3}{2}}<\dfrac{y_1}{x_1-\frac{3}{2}}$

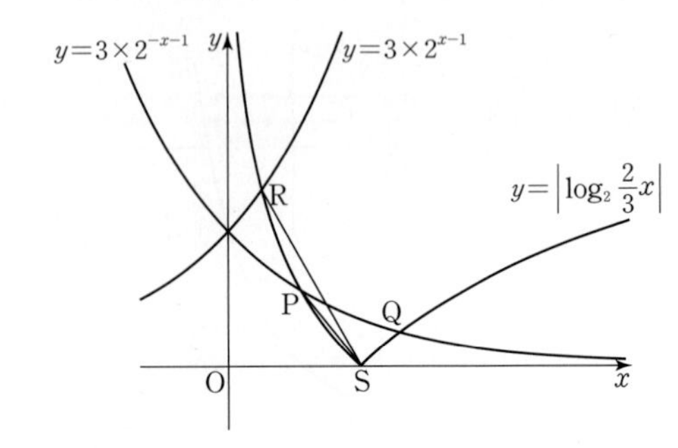

ㄴ에서 $x_2=y_3,\ x_3=y_2$이므로

$\dfrac{x_2}{y_2-\frac{3}{2}}<\dfrac{y_1}{x_1-\frac{3}{2}}$ ...... ㉠

이때 $x_1-\frac{3}{2}<0,\ y_2-\frac{3}{2}<0$이므로

$\left(x_1-\frac{3}{2}\right)\left(y_2-\frac{3}{2}\right)>0$

㉠의 양변에 $\left(x_1-\frac{3}{2}\right)\left(y_2-\frac{3}{2}\right)$을 곱하면

$x_2\left(x_1-\frac{3}{2}\right)<y_1\left(y_2-\frac{3}{2}\right)$ (거짓)

따라서 옳은 것은 ㄱ, ㄴ이다. 답 ③

134 함수 $y=3^x$의 역함수는 $y=\log_3 x$이므로 점 A를 직선 $y=x$에 대하여 대칭이동한 점을 C라 하자.

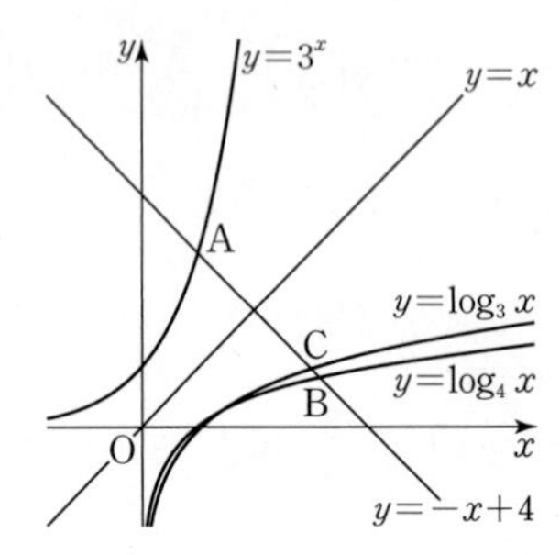

ㄱ. 점 C의 좌표는 $(y_1,\ x_1)$이고, 점 B의 x좌표가 점 C의 x좌표보다 크므로

$y_1<x_2$ (참)

ㄴ. $x_2-1>0,\ y_1-1>0$이므로

$(x_2-1)(y_1-1)>0$

따라서 $x_1(x_2-1)>y_2(y_1-1)$의 양변을 $(x_2-1)(y_1-1)$로 나누면

$\dfrac{x_1}{y_1-1}>\dfrac{y_2}{x_2-1}$

이때 $\dfrac{x_1}{y_1-1}$은 점 $(1,\ 0)$과 점 $\mathrm{C}(y_1,\ x_1)$을 지나는 직선의 기울기이고, $\dfrac{y_2}{x_2-1}$는 점 $(1,\ 0)$과 점 $\mathrm{B}(x_2,\ y_2)$를 지나는 직선의 기울기이므로

$\dfrac{x_1}{y_1-1}>\dfrac{y_2}{x_2-1}$

$\therefore\ x_1(x_2-1)>y_2(y_1-1)$ (참)

ㄷ. 점 B는 함수 $y=\log_4 x$의 그래프와 직선 $y=-x+4$의 교점이므로

$y_2=\log_4 x_2,\ y_2=-x_2+4$

$\therefore\ x_2+\log_4 x_2=4$ ...... ㉠

점 C는 함수 $y=\log_3 x$의 그래프와 직선 $y=-x+4$의 교점이므로

$x_1=\log_3 y_1,\ x_1=-y_1+4$

$\therefore\ y_1+\log_3 y_1=4$ ...... ㉡

㉠+㉡을 하면

$(x_2+y_1)+(\log_4 x_2+\log_3 y_1)=8$

$x_2>1$에서 $\log_4 x_2<\log_3 x_2$이므로

$(x_2+y_1)+(\log_3 x_2+\log_3 y_1)>8$ (거짓)

따라서 옳은 것은 ㄱ, ㄴ이다. 답 ②

135 $f(x)=3^x,\ g(x)=\log_{\frac{1}{3}} x,\ h(x)=3^{x-3}$이라 하자.

ㄱ. $f\left(\frac{1}{3}\right)=\sqrt[3]{3},\ g\left(\frac{1}{3}\right)=1$에서 $f\left(\frac{1}{3}\right)>g\left(\frac{1}{3}\right)$이므로

$b<\frac{1}{3}$

또, 진수의 조건에서 $b>0$이므로

$0<b<\frac{1}{3}$ (참)

ㄴ. 함수 $y=3^x$의 그래프를 x축의 방향으로 3만큼 평행이동하면 함수 $y=3^{x-3}$의 그래프와 일치하고, 함수 $y=\log_{\frac{1}{3}}(x+3)$의 그래프를 x축의 방향으로 3만큼 평행이동하면 함수 $y=\log_{\frac{1}{3}} x$의 그래프와 일치한다.

따라서 두 함수 $y=3^{x-3},\ y=\log_{\frac{1}{3}} x$의 그래프의 교점 C는 점 A를 x축의 방향으로 3만큼 평행이동한 점이므로 두 점 A, C의 y좌표는 같다.

$\therefore\ 3^a=h(c)$

$g\left(\frac{1}{3}\right)=1,\ h\left(\frac{1}{3}\right)=3^{\frac{1}{3}-3}=\dfrac{\sqrt[3]{3}}{27}$에서

$g\left(\frac{1}{3}\right)>h\left(\frac{1}{3}\right)$이므로

$c>\frac{1}{3}$

또, $g(1)=0$, $h(1)=\frac{1}{9}$에서 $g(1)<h(1)$이므로

$c<1$

$\therefore \frac{1}{3}<c<1$

이때 함수 $y=3^{x-3}$은 x의 값이 증가할 때 y의 값도 증가하므로

$\frac{\sqrt[3]{3}}{27}<h(c)<\frac{1}{9}$

$\therefore \frac{\sqrt[3]{3}}{27}<3^a<\frac{1}{9}$ (참)

ㄷ.

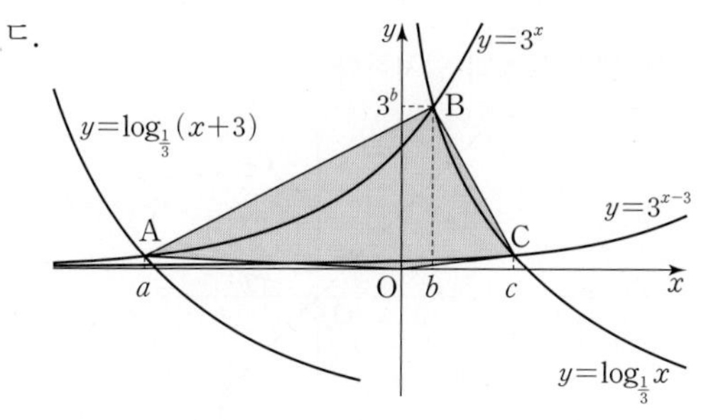

위의 그림과 같이 사각형 OABC의 넓이는

$\frac{1}{2}\times\overline{AC}\times 3^b=\frac{3}{2}\times 3^b$

한편, ㄱ에서 $b<\frac{1}{3}$이므로

$3^b<3^{\frac{1}{3}}=\sqrt[3]{3}$

$\therefore \frac{3}{2}\times 3^b<\frac{3\sqrt[3]{3}}{2}$

따라서 사각형 OABC의 넓이는 $\frac{3\sqrt[3]{3}}{2}$보다 작다. (참)

따라서 ㄱ, ㄴ, ㄷ 모두 옳다. 답 ⑤

136 $f(x)=4^x$, $g(x)=-x+\frac{1}{2}$, $h(x)=-x-\frac{1}{2}$이라 하자.

ㄱ. $f(0)=1$, $g(0)=\frac{1}{2}$에서 $f(0)>g(0)$이므로

$b<0$

또, $f\left(-\frac{1}{4}\right)=\frac{\sqrt{2}}{2}$, $g\left(-\frac{1}{4}\right)=\frac{3}{4}$에서

$f\left(-\frac{1}{4}\right)<g\left(-\frac{1}{4}\right)$이므로

$b>-\frac{1}{4}$

$\therefore -\frac{1}{4}<b<0$ (참)

ㄴ. $f(-1)=\frac{1}{4}$, $h(-1)=\frac{1}{2}$에서 $f(-1)<h(-1)$이므로

$a>-1$

또, $f\left(-\frac{3}{4}\right)=\frac{\sqrt{2}}{4}$, $h\left(-\frac{3}{4}\right)=\frac{1}{4}$에서

$f\left(-\frac{3}{4}\right)>h\left(-\frac{3}{4}\right)$이므로

$a<-\frac{3}{4}$

$\therefore -1<a<-\frac{3}{4}$

이때 함수 $y=4^x$은 x의 값이 증가할 때 y의 값도 증가하므로

$4^{-1}<4^a<4^{-\frac{3}{4}}$

$\therefore \frac{1}{4}<4^a<\frac{\sqrt{2}}{4}$ (참)

ㄷ. 함수 $y=4^x$의 그래프를 x축의 방향으로 1만큼 평행이동하면 함수 $y=4^{x-1}$의 그래프와 일치하고, 직선 $y=-x-\frac{1}{2}$을 x축의 방향으로 1만큼 평행이동하면 직선 $y=-x+\frac{1}{2}$과 일치하므로 두 점 A, C의 y좌표는 같다.

다음 그림과 같이 선분 AC는 x축과 평행하고 길이가 1인 선분이므로 점 B와 직선 AC 사이의 거리를 k라 하면

$S=\frac{1}{2}\times 1\times k=\frac{k}{2}$ …… ㉠

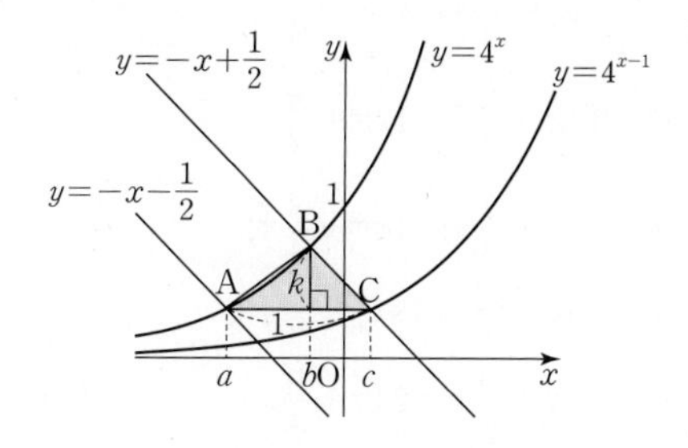

ㄱ에서 $-\frac{1}{4}<b<0$이므로

$\frac{\sqrt{2}}{2}<4^b<1$

또, ㄴ에서 $\frac{1}{4}<4^a<\frac{\sqrt{2}}{4}$이므로

$\frac{\sqrt{2}}{4}<4^b-4^a<\frac{3}{4}$, 즉 $\frac{\sqrt{2}}{4}<k<\frac{3}{4}$ …… ㉡

한편, 직선 BC의 기울기가 -1이므로

$c-b=k$

$-1<a<-\frac{3}{4}$, $a=c-1$이므로

$0<c<\frac{1}{4}$

$-\frac{1}{4}<b<0$이므로

$0<c-b<\frac{1}{2}$, 즉 $0<k<\frac{1}{2}$ …… ㉢

㉡, ㉢의 공통 범위를 구하면

$\frac{\sqrt{2}}{4}<k<\frac{1}{2}$

㉠에서

$\frac{\sqrt{2}}{8}<S<\frac{1}{4}$ (참)

따라서 ㄱ, ㄴ, ㄷ 모두 옳다. 답 ⑤

1. 삼각함수의 정의와 그래프

» 본문 78~96쪽

137 동경 OP_n이 나타내는 각의 크기를 θ_n이라 하면

$\theta_1=2\pi-\frac{\pi}{2}=\frac{3}{2}\pi,$

$\theta_2=5\pi+\frac{3}{4}\pi=4\pi+\frac{7}{4}\pi,$

$\theta_3=8\pi-\pi=6\pi+\pi,$

$\theta_4=11\pi+\frac{5}{4}\pi=12\pi+\frac{\pi}{4},$

$\theta_5=14\pi-\frac{3}{2}\pi=12\pi+\frac{\pi}{2},$

$\theta_6=17\pi+\frac{7}{4}\pi=18\pi+\frac{3}{4}\pi,$

$\theta_7=20\pi-2\pi=18\pi,$

$\theta_8=23\pi+\frac{9}{4}\pi=24\pi+\frac{5}{4}\pi,$

$\theta_9=26\pi-\frac{5}{2}\pi=22\pi+\frac{3}{2}\pi,$

$\vdots$

위의 식에서 동경 OP_n이 동경 OP_1과 일치하려면

$n=8m+1$ (m은 자연수)

꼴이어야 하므로

$n=9,\ 17,\ \cdots,\ 97$

따라서 구하는 동경의 개수는 12이다. 답 12

138 $\frac{n+1}{6}\pi$가 제2사분면의 각이려면

$2k\pi+\frac{\pi}{2}<\frac{n+1}{6}\pi<2k\pi+\pi$ (단, k는 음이 아닌 정수)

$\therefore\ 12k+2<n<12k+5$

n은 자연수이므로 $n=12k+3$ 또는 $n=12k+4$

따라서 모든 음이 아닌 정수 k에 대하여 자연수 n은 2개씩 존재하고 $k=8$일 때 $n=99,\ 100$이므로 100 이하의 자연수 n의 개수는 $2\times9=18$

$\therefore\ p=18$

또, $\frac{n}{4}\pi$가 제4사분면의 각이려면

$2t\pi+\frac{3}{2}\pi<\frac{n}{4}\pi<2t\pi+2\pi$ (단, t는 음이 아닌 정수)

$\therefore\ 8t+6<n<8t+8$

n은 자연수이므로 $n=8t+7$

따라서 모든 음이 아닌 정수 t에 대하여 자연수 n은 1개씩 존재하고 $t=11$일 때 $n=95$이므로 100 이하의 자연수 n의 개수는 $1\times12=12$

즉, $\frac{n}{4}\pi$가 제4사분면의 각이 아니기 위한 100 이하의 자연수 n의 개수는 $100-12=88$

$\therefore\ q=88$

$\therefore\ q-p=88-18=70$ 답 ①

139 다음 그림과 같이 각 θ를 나타내는 동경과 직선 $y=-x$에 대하여 대칭인 동경을 OP라 할 때, 동경 OP는 각 $-\left(\frac{\pi}{2}+\theta\right)$를 나타내는 동경과 일치한다.

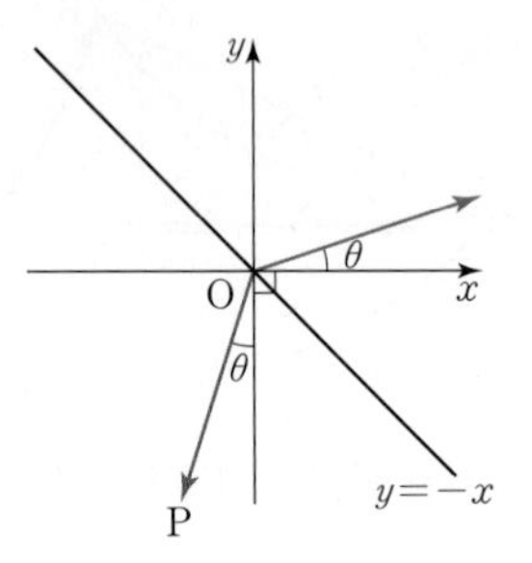

또, 다음 그림과 같이 각 θ를 나타내는 동경과 일직선 위에 있고 반대 방향에 위치하는 동경을 OQ라 할 때, 동경 OQ는 각 $\pi+\theta$를 나타내는 동경과 일치한다.

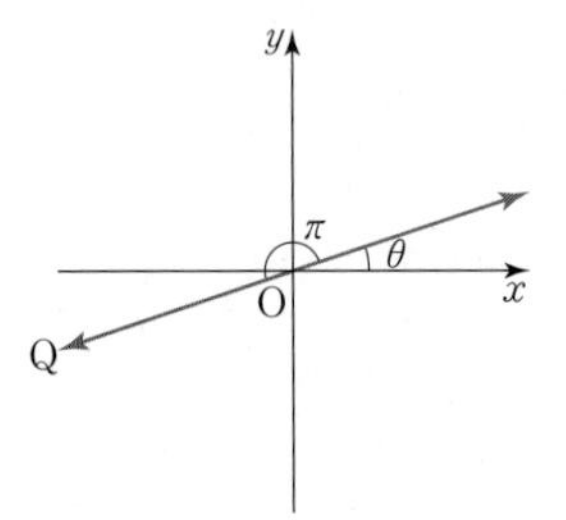

따라서 정수 $n,\ m$에 대하여

$\alpha=2n\pi-\left(\frac{\pi}{2}+\theta\right),\ \beta=2m\pi+(\pi+\theta)$

$\therefore\ \alpha-\beta=2(n-m)\pi-\left(\frac{3}{2}\pi+2\theta\right)$ …… ㉠

이때 각 α와 각 β를 나타내는 동경이 일치하므로 정수 l에 대하여

$\alpha-\beta=2l\pi$ …… ㉡

㉠, ㉡에서

$2(n-m)\pi-\left(\frac{3}{2}\pi+2\theta\right)=2l\pi$

$2\theta=2(n-m-l)\pi-\frac{3}{2}\pi$

$\therefore\ \theta=(n-m-l)\pi-\frac{3}{4}\pi$

따라서 $0<\theta<\frac{\pi}{2}$이므로 $\theta=\frac{\pi}{4}$ 답 $\frac{\pi}{4}$

140 부채꼴 AOB의 호의 길이는

$l=4\times\frac{\pi}{3}=\frac{4}{3}\pi$

이때 원의 둘레의 길이가 $l=\frac{4}{3}\pi$이므로 원의 반지름의 길이는 $\frac{2}{3}$이다.

오른쪽 그림과 같이 원의 중심을 C라 하면 삼각형 OPC는

$\overline{CP}=\frac{2}{3}$, $\angle POC=\frac{\pi}{6}$인 직각삼각형이므로

$$\overline{OP}=\frac{\overline{CP}}{\tan\frac{\pi}{6}}=\frac{\frac{2}{3}}{\frac{1}{\sqrt{3}}}=\frac{2\sqrt{3}}{3}$$

따라서 삼각형 OPC의 넓이는

$$\frac{1}{2}\times\frac{2}{3}\times\frac{2\sqrt{3}}{3}=\frac{2\sqrt{3}}{9}$$

$\angle POQ=\frac{\pi}{3}$에서 $\angle PCQ=\frac{2}{3}\pi$이므로 부채꼴 PCQ의 넓이는

$$\frac{1}{2}\times\left(\frac{2}{3}\right)^2\times\frac{2}{3}\pi=\frac{4}{27}\pi$$

$\therefore S_2=2\times$(삼각형 OPC의 넓이)$-$(부채꼴 PCQ의 넓이)

$$=\frac{4\sqrt{3}}{9}-\frac{4}{27}\pi$$

한편, 부채꼴 AOB의 넓이는 $\frac{1}{2}\times4^2\times\frac{\pi}{3}=\frac{8}{3}\pi$이므로

$S_1+S_2=$(부채꼴 AOB의 넓이)$-$(원의 넓이)

$$=\frac{8}{3}\pi-\left(\frac{2}{3}\right)^2\pi=\frac{20}{9}\pi$$

$$\therefore S_1-S_2=(S_1+S_2)-2S_2$$

$$=\frac{20}{9}\pi-2\times\left(\frac{4\sqrt{3}}{9}-\frac{4}{27}\pi\right)$$

$$=\frac{68}{27}\pi-\frac{8\sqrt{3}}{9}$$

답 ④

141 큰 원에 내접하는 작은 원들의 중심을 모두 잇고 큰 원의 중심과 작은 원의 중심을 모두 이으면 다음 그림과 같이 정삼각형 6개와 중심각의 크기가 $\frac{4}{3}\pi$인 부채꼴 6개가 만들어진다.

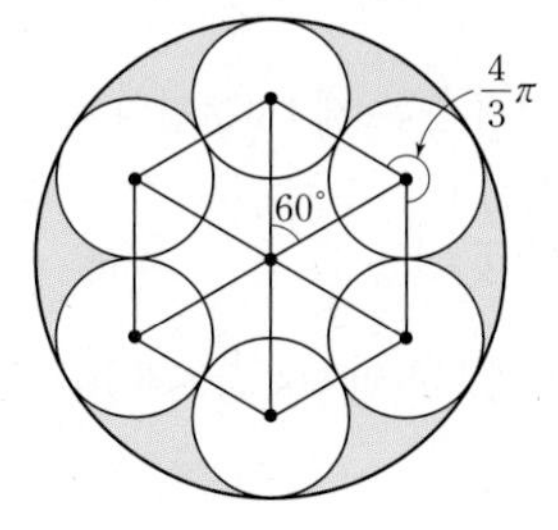

내접하는 작은 원의 반지름의 길이를 r라 하면 정삼각형의 한 변의 길이는 $9-r=2r$이므로

$r=3$

구하는 넓이는 큰 원의 넓이에서 한 변의 길이가 6인 정삼각형 6개의 넓이와 반지름의 길이가 3이고 중심각의 크기가 $\frac{4}{3}\pi$인 부채꼴 6개의 넓이를 뺀 것과 같으므로

$$S=9^2\pi-\frac{\sqrt{3}}{4}\times6^2\times6-\frac{1}{2}\times3^2\times\frac{4}{3}\pi\times6=45\pi-54\sqrt{3}$$

따라서 $p=45$, $q=-54$이므로

$p+q=45+(-54)=-9$

답 -9

142 부채꼴 AOB의 중심각의 이등분선은 내접원의 중심 O′을 지나므로

$\overline{OO'}=3-r$

점 O′에서 선분 OA에 내린 수선의 발을 C라 하면 직각삼각형 O′OC에서

$\sin\theta=\frac{r}{3-r}$, $(3-r)\sin\theta=r$

$(1+\sin\theta)r=3\sin\theta$

$\therefore r=\frac{3\sin\theta}{1+\sin\theta}$

답 ③

143 주어진 그림에서 점 P_2와 점 P_{12}, 점 P_3과 점 P_{11}, 점 P_4와 점 P_{10}, 점 P_5와 점 P_9, 점 P_6과 점 P_8은 각각 x축에 대하여 대칭이므로 이 점들의 y좌표는 절댓값이 같고 부호가 서로 반대이다.

이때 점 P_2의 y좌표는 $\sin\theta$, 점 P_{12}의 y좌표는 $\sin 11\theta$이므로

$\sin\theta+\sin 11\theta=0$

같은 방법으로 하면

$\sin 2\theta+\sin 10\theta=0$, $\sin 3\theta+\sin 9\theta=0$,

$\sin 4\theta+\sin 8\theta=0$, $\sin 5\theta+\sin 7\theta=0$,

$\sin 6\theta=\sin 12\theta=0$

$\therefore \sin\theta+\sin 2\theta+\sin 3\theta+\cdots+\sin 12\theta=0$

답 0

144 원 $x^2+y^2=1$에 내접하는 정48각형의 각 꼭짓점을 $P_n(a_n, b_n)$ $(n=1, 2, 3, \cdots, 48)$이라 하면

$\angle P_nOP_{n+1}=\frac{\pi}{24}$ $(n=1, 2, 3, \cdots, 47)$, $\angle P_1OP_{48}=\frac{\pi}{24}$

동경 OP_n이 x축의 양의 방향과 이루는 각을 θ_n이라 하면 점 P_n이 원 $x^2+y^2=1$ 위의 점이므로

$b_n=\sin\theta_n$

이때 $\angle P_nOP_{n+24}=\frac{\pi}{24}\times24=\pi$이므로

$b_{n+24}{}^2=\sin^2(\theta_n+\pi)=\sin^2\theta_n=b_n{}^2$

$\therefore b_1{}^2+b_2{}^2+b_3{}^2+\cdots+b_{48}{}^2$

$=b_1{}^2+b_2{}^2+b_3{}^2+\cdots+b_{24}{}^2+b_1{}^2+b_2{}^2+b_3{}^2+\cdots+b_{24}{}^2$

$=2(b_1{}^2+b_2{}^2+b_3{}^2+\cdots+b_{24}{}^2)$ …… ㉠

또, $\angle P_nOP_{n+12}=\frac{\pi}{24}\times12=\frac{\pi}{2}$이므로

$b_n{}^2+b_{n+12}{}^2=\sin^2\theta_n+\sin^2\left(\theta_n+\frac{\pi}{2}\right)$

$=\sin^2\theta_n+\cos^2\theta_n=1$

$\therefore b_1^2+b_2^2+b_3^2+\cdots+b_{24}^2$

$=(b_1^2+b_{13}^2)+(b_2^2+b_{14}^2)+\cdots+(b_{12}^2+b_{24}^2)$

$=\underbrace{1+1+\cdots+1}_{12\text{개}}=12$

따라서 ㉠에서

$b_1^2+b_2^2+b_3^2+\cdots+b_{48}^2=2\times12=24$ 답 24

145 $\angle POC=\theta$라 하면

$\overline{PC}=\sin\theta$, $\overline{AQ}=\tan\theta$

ㄱ. 직각삼각형 ROD에서 $\tan\theta=\frac{\overline{DR}}{\overline{OD}}=\frac{1}{\overline{OD}}$이므로

$\overline{OD}=\frac{1}{\tan\theta}$

$\therefore \overline{AQ}\times\overline{OD}=\tan\theta\times\frac{1}{\tan\theta}=1$ (참)

ㄴ. 직각삼각형 ROD에서 $\sin\theta=\frac{\overline{RD}}{\overline{OR}}=\frac{1}{\overline{OR}}$이므로

$\overline{OR}=\frac{1}{\sin\theta}$

$\therefore \overline{OR}\times\overline{PC}=\frac{1}{\sin\theta}\times\sin\theta=1$ (참)

ㄷ. $\overline{AQ}\times\overline{OR}=\tan\theta\times\frac{1}{\sin\theta}$

$=\frac{\sin\theta}{\cos\theta}\times\frac{1}{\sin\theta}$

$=\frac{1}{\cos\theta}$

직각삼각형 QOA에서 $\cos\theta=\frac{\overline{OA}}{\overline{OQ}}=\frac{1}{\overline{OQ}}$이므로

$\overline{OQ}=\frac{1}{\cos\theta}$

$\therefore \overline{AQ}\times\overline{OR}=\overline{OQ}$ (참)

따라서 ㄱ, ㄴ, ㄷ 모두 옳다. 답 ⑤

146 $A=\{1, 2, 3, 4, 5, 6\}$이므로

$2\le a+b\le 12$

$\therefore \frac{\pi}{3}\le\frac{a+b}{6}\pi\le 2\pi$

이때 $\sin\frac{a+b}{6}\pi<0$에서 $\pi<\frac{a+b}{6}\pi<2\pi$

$\therefore 6<a+b<12$

(i) $a+b=7$일 때, a, b의 순서쌍 (a, b)는 $(1, 6)$, $(2, 5)$, $(3, 4)$, $(4, 3)$, $(5, 2)$, $(6, 1)$의 6개

(ii) $a+b=8$일 때, a, b의 순서쌍 (a, b)는 $(2, 6)$, $(3, 5)$, $(4, 4)$, $(5, 3)$, $(6, 2)$의 5개

(iii) $a+b=9$일 때, a, b의 순서쌍 (a, b)는 $(3, 6)$, $(4, 5)$, $(5, 4)$, $(6, 3)$의 4개

(iv) $a+b=10$일 때, a, b의 순서쌍 (a, b)는 $(4, 6)$, $(5, 5)$, $(6, 4)$의 3개

(v) $a+b=11$일 때, a, b의 순서쌍 (a, b)는 $(5, 6)$, $(6, 5)$의 2개

(i)~(v)에 의하여 x의 값이 음수가 되도록 하는 a, b의 순서쌍 (a, b)의 개수는

$6+5+4+3+2=20$ 답 20

147 (i) θ가 제1사분면의 각일 때

$f(\sin\theta)+f(\cos\theta)+f(\tan\theta)=1+1+1=3$

(ii) θ가 제2사분면의 각일 때

$f(\sin\theta)+f(\cos\theta)+f(\tan\theta)=1-\frac{1}{2}-\frac{1}{2}=0$

(iii) θ가 제3사분면의 각일 때

$f(\sin\theta)+f(\cos\theta)+f(\tan\theta)=-\frac{1}{2}-\frac{1}{2}+1=0$

(iv) θ가 제4사분면의 각일 때

$f(\sin\theta)+f(\cos\theta)+f(\tan\theta)=-\frac{1}{2}+1-\frac{1}{2}=0$

(i)~(iv)에 의하여 조건을 만족시키는 θ는 제1사분면의 각이다.

답 제1사분면

148 $\tan\theta+\frac{1}{\tan\theta}>0$에서 $\tan\theta>0$이므로 θ는 제3사분면의 각이다.

따라서 정수 n에 대하여

$360^\circ\times n+180^\circ<\theta<360^\circ\times n+270^\circ$ ...... ㉠

ㄱ. $\sin\theta<0$, $\cos\theta<0$이므로

$\sin\theta\cos\theta>0$ (참)

ㄴ. ㉠에서

$360^\circ\times\frac{n}{2}+90^\circ<\frac{\theta}{2}<360^\circ\times\frac{n}{2}+135^\circ$

(i) $n=2k$ (k는 정수)일 때

$360^\circ\times k+90^\circ<\frac{\theta}{2}<360^\circ\times k+135^\circ$

따라서 $\frac{\theta}{2}$는 제2사분면의 각이므로

$\cos\frac{\theta}{2}<0$

(ii) $n=2k+1$ (k는 정수)일 때

$360^\circ\times k+270^\circ<\frac{\theta}{2}<360^\circ\times k+315^\circ$

따라서 $\frac{\theta}{2}$는 제4사분면의 각이므로

$\cos\frac{\theta}{2}>0$

(i), (ii)에 의하여 $\cos\frac{\theta}{2}<0$ 또는 $\cos\frac{\theta}{2}>0$

한편, ㉠에서

$360^\circ\times(2n+1)<2\theta<360^\circ\times2n+540^\circ$

$\therefore 360^\circ\times(2n+1)<2\theta<360^\circ\times(2n+1)+180^\circ$

따라서 2θ는 제1사분면의 각 또는 제2사분면의 각 또는 90°이므로

$\sin2\theta>0$

$\therefore \cos\frac{\theta}{2}\sin2\theta<0$ 또는 $\cos\frac{\theta}{2}\sin2\theta>0$ (거짓)

ㄷ. $\tan\theta+\dfrac{\cos\theta}{1+\sin\theta}=\dfrac{\sin\theta}{\cos\theta}+\dfrac{\cos\theta}{1+\sin\theta}$

$$=\frac{\sin\theta(1+\sin\theta)+\cos^2\theta}{\cos\theta(1+\sin\theta)}$$

$$=\frac{\sin\theta+\sin^2\theta+\cos^2\theta}{\cos\theta(1+\sin\theta)}$$

$$=\frac{\sin\theta+1}{\cos\theta(1+\sin\theta)}$$

$$=\frac{1}{\cos\theta}<0 \text{ (참)}$$

따라서 옳은 것은 ㄱ, ㄷ이다. 답 ③

149 θ가 제4사분면의 각일 때, $\sin\theta<0$, $\cos\theta>0$이므로

$\sin\theta-\cos\theta<0$

$$\sqrt{1-2\sin\theta\cos\theta}=\sqrt{\sin^2\theta+\cos^2\theta-2\sin\theta\cos\theta}$$

$$=\sqrt{(\sin\theta-\cos\theta)^2}$$

$$=|\sin\theta-\cos\theta|$$

$$=-\sin\theta+\cos\theta$$

$$\sqrt{1-\cos^2\theta}=\sqrt{\sin^2\theta}=|\sin\theta|=-\sin\theta$$

$$\therefore \sqrt{1-2\sin\theta\cos\theta}-\sqrt{1-\cos^2\theta}$$

$$=-\sin\theta+\cos\theta+\sin\theta$$

$$=\cos\theta$$

답 ①

150 $0<\sin\theta<\cos\theta$이므로

$0<\dfrac{\sin\theta}{\cos\theta}<1$, 즉 $0<\tan\theta<1$

$$\therefore \sqrt{\frac{1}{\cos^2\theta}+2\tan\theta}-\sqrt{\frac{1}{\cos^2\theta}-2\tan\theta}$$

$$=\sqrt{\frac{1+2\sin\theta\cos\theta}{\cos^2\theta}}-\sqrt{\frac{1-2\sin\theta\cos\theta}{\cos^2\theta}}$$

$$=\sqrt{\frac{(\sin\theta+\cos\theta)^2}{\cos^2\theta}}-\sqrt{\frac{(\sin\theta-\cos\theta)^2}{\cos^2\theta}}$$

$$=\sqrt{\left(\frac{\sin\theta+\cos\theta}{\cos\theta}\right)^2}-\sqrt{\left(\frac{\sin\theta-\cos\theta}{\cos\theta}\right)^2}$$

$$=|\tan\theta+1|-|\tan\theta-1|$$

$$=\tan\theta+1+\tan\theta-1$$

$$=2\tan\theta$$

답 ②

다른풀이

$\sin^2\theta+\cos^2\theta=1$에서 양변을 $\cos^2\theta$로 나누면

$$\tan^2\theta+1=\frac{1}{\cos^2\theta}$$

$$\therefore \sqrt{\frac{1}{\cos^2\theta}+2\tan\theta}-\sqrt{\frac{1}{\cos^2\theta}-2\tan\theta}$$

$$=\sqrt{\tan^2\theta+1+2\tan\theta}-\sqrt{\tan^2\theta+1-2\tan\theta}$$

$$=\sqrt{(\tan\theta+1)^2}-\sqrt{(\tan\theta-1)^2}$$

$$=|\tan\theta+1|-|\tan\theta-1|$$

$$=\tan\theta+1+\tan\theta-1$$

$$=2\tan\theta$$

151 $f\left(\dfrac{x}{1-x}\right)=x$에서 $A=\dfrac{x}{1-x}$로 놓으면

$\dfrac{1}{A}=\dfrac{1-x}{x}=\dfrac{1}{x}-1$, $\dfrac{1}{x}=\dfrac{1}{A}+1=\dfrac{1+A}{A}$

$\therefore x=\dfrac{A}{1+A}$

즉, $f(A)=\dfrac{A}{1+A}$이므로

$$f\left(\frac{1}{\tan^2\theta}\right)=\frac{\frac{1}{\tan^2\theta}}{1+\frac{1}{\tan^2\theta}}$$

$$=\frac{\frac{\cos^2\theta}{\sin^2\theta}}{1+\frac{\cos^2\theta}{\sin^2\theta}}$$

$$=\frac{\frac{\cos^2\theta}{\sin^2\theta}}{\frac{\sin^2\theta+\cos^2\theta}{\sin^2\theta}}$$

$$=\frac{\cos^2\theta}{\sin^2\theta+\cos^2\theta}=\cos^2\theta$$

답 ②

다른풀이

$\sin^2\theta+\cos^2\theta=1$에서 양변을 $\sin^2\theta$로 나누면

$1+\dfrac{1}{\tan^2\theta}=\dfrac{1}{\sin^2\theta}$, 즉 $\dfrac{1}{\tan^2\theta}=\dfrac{1}{\sin^2\theta}-1$

$$\therefore f\left(\frac{1}{\tan^2\theta}\right)=f\left(\frac{1}{\sin^2\theta}-1\right)=f\left(\frac{1-\sin^2\theta}{\sin^2\theta}\right)$$

$$=f\left(\frac{\cos^2\theta}{1-\cos^2\theta}\right)=\cos^2\theta$$

152 삼각형 OAD에서 $\angle\text{OAD}=\dfrac{\pi}{2}$, $\angle\text{AOD}=\pi-\theta$이므로

$\cos(\pi-\theta)=\dfrac{\overline{\text{OA}}}{\overline{\text{OD}}}=\dfrac{2}{\overline{\text{OD}}}$

$\therefore \overline{\text{OD}}=\dfrac{2}{\cos(\pi-\theta)}=-\dfrac{2}{\cos\theta}$

삼각형 OBC에서

$\overline{\text{BC}}=\overline{\text{OB}}\times\tan(\pi-\theta)=-2\tan\theta$

따라서 삼각형 OCD의 넓이는

$$\frac{1}{2}\times\overline{\text{OD}}\times\overline{\text{BC}}=\frac{1}{2}\times\left(-\frac{2}{\cos\theta}\right)\times(-2\tan\theta)$$

$$=2\times\frac{1}{\cos\theta}\times\frac{\sin\theta}{\cos\theta}$$

$$=\frac{2\sin\theta}{\cos^2\theta}$$

또, 부채꼴 OAB의 넓이는

$\dfrac{1}{2}\times2^2\times(\pi-\theta)=2(\pi-\theta)$

따라서 세 선분 AC, CD, BD 및 호 AB로 둘러싸인 부분의 넓이는

(삼각형 OCD의 넓이)$-$(부채꼴 OAB의 넓이)

$$=\frac{2\sin\theta}{\cos^2\theta}-2(\pi-\theta)=2\left(\frac{\sin\theta}{\cos^2\theta}-\pi+\theta\right)$$

답 ④

153 $\dfrac{\cos\theta+\sin\theta-\sin^3\theta}{\cos\theta+\sin\theta-\cos^3\theta}$

$=\dfrac{\cos\theta+\sin\theta(1-\sin^2\theta)}{\sin\theta+\cos\theta(1-\cos^2\theta)}=\dfrac{\cos\theta+\sin\theta\cos^2\theta}{\sin\theta+\cos\theta\sin^2\theta}$

$=\dfrac{\cos\theta(1+\sin\theta\cos\theta)}{\sin\theta(1+\sin\theta\cos\theta)}=\dfrac{\cos\theta}{\sin\theta}=2$

즉, $\cos\theta=2\sin\theta$이고 $\sin^2\theta+\cos^2\theta=1$이므로

$5\sin^2\theta=1$

$\therefore \sin\theta=\dfrac{\sqrt{5}}{5},\ \cos\theta=\dfrac{2\sqrt{5}}{5}\ \left(\because 0<\theta<\dfrac{\pi}{2}\right)$

$\therefore \cos\theta-\sin\theta=\dfrac{\sqrt{5}}{5}$ 답 ③

154 $\sin\theta+\cos\theta=\dfrac{\sqrt{15}}{3}$의 양변을 제곱하여 정리하면

$1+2\sin\theta\cos\theta=\dfrac{5}{3}\qquad \therefore \sin\theta\cos\theta=\dfrac{1}{3}$

$\therefore \sin^6\theta+\cos^6\theta$

$=(\sin^2\theta+\cos^2\theta)(\sin^4\theta-\sin^2\theta\cos^2\theta+\cos^4\theta)$

$=\sin^4\theta-\sin^2\theta\cos^2\theta+\cos^4\theta$

$=(\sin^2\theta+\cos^2\theta)^2-3\sin^2\theta\cos^2\theta$

$=1^2-3\times\left(\dfrac{1}{3}\right)^2=\dfrac{2}{3}$ 답 $\dfrac{2}{3}$

다른풀이

$\sin^6\theta+\cos^6\theta$

$=(\sin^2\theta+\cos^2\theta)^3-3\sin^2\theta\cos^2\theta(\sin^2\theta+\cos^2\theta)$

$=1^3-3\times\left(\dfrac{1}{3}\right)^2\times1=\dfrac{2}{3}$

155 $\tan(90^\circ-\theta)=\dfrac{1}{\tan\theta}=\dfrac{\cos\theta}{\sin\theta}$이므로

$\left(\dfrac{1}{\sin^2 2^\circ}+\dfrac{1}{\sin^2 4^\circ}+\dfrac{1}{\sin^2 6^\circ}+\cdots+\dfrac{1}{\sin^2 24^\circ}\right)$

$-(\tan^2 66^\circ+\tan^2 68^\circ+\tan^2 70^\circ+\cdots+\tan^2 88^\circ)$

$=\left(\dfrac{1}{\sin^2 2^\circ}+\dfrac{1}{\sin^2 4^\circ}+\dfrac{1}{\sin^2 6^\circ}+\cdots+\dfrac{1}{\sin^2 24^\circ}\right)$

$-\left(\dfrac{1}{\tan^2 24^\circ}+\dfrac{1}{\tan^2 22^\circ}+\dfrac{1}{\tan^2 20^\circ}+\cdots+\dfrac{1}{\tan^2 2^\circ}\right)$

$=\left(\dfrac{1}{\sin^2 2^\circ}+\dfrac{1}{\sin^2 4^\circ}+\dfrac{1}{\sin^2 6^\circ}+\cdots+\dfrac{1}{\sin^2 24^\circ}\right)$

$-\left(\dfrac{\cos^2 24^\circ}{\sin^2 24^\circ}+\dfrac{\cos^2 22^\circ}{\sin^2 22^\circ}+\dfrac{\cos^2 20^\circ}{\sin^2 20^\circ}+\cdots+\dfrac{\cos^2 2^\circ}{\sin^2 2^\circ}\right)$

$=\left(\dfrac{1}{\sin^2 2^\circ}-\dfrac{\cos^2 2^\circ}{\sin^2 2^\circ}\right)+\left(\dfrac{1}{\sin^2 4^\circ}-\dfrac{\cos^2 4^\circ}{\sin^2 4^\circ}\right)$

$+\cdots+\left(\dfrac{1}{\sin^2 24^\circ}-\dfrac{\cos^2 24^\circ}{\sin^2 24^\circ}\right)$

$=\dfrac{1-\cos^2 2^\circ}{\sin^2 2^\circ}+\dfrac{1-\cos^2 4^\circ}{\sin^2 4^\circ}+\cdots+\dfrac{1-\cos^2 24^\circ}{\sin^2 24^\circ}$

$=\dfrac{\sin^2 2^\circ}{\sin^2 2^\circ}+\dfrac{\sin^2 4^\circ}{\sin^2 4^\circ}+\cdots+\dfrac{\sin^2 24^\circ}{\sin^2 24^\circ}$

$=\underbrace{1+1+\cdots+1}_{12\text{개}}=12$ 답 12

156 조건 (가)에서 $f(x-3)=f(x+3)$이므로 x 대신 $x+1$을 대입하면

$f(x-2)=f(x+4)$

$\therefore g(x)=\dfrac{f(x-2)+f(x+4)}{2}$

$=\dfrac{f(x-2)+f(x-2)}{2}$

$=\dfrac{2f(x-2)}{2}=f(x-2)$

즉, 함수 $y=g(x)$의 그래프는 함수 $y=f(x)$의 그래프를 x축의 방향으로 2만큼 평행이동한 것이다.

조건 (나)에서

$f(1)=f(7)=f(13)=\cdots=4$

이므로 $g(9)=f(7)=4$

$f(4)=f(10)=f(16)=\cdots=-3$

이므로 $g(6)=f(4)=-3$

따라서 함수 $g(x)$는 $x=9$에서 최댓값 4, $x=6$에서 최솟값 -3을 가지므로

$a=9,\ b=4,\ c=6,\ d=-3$

$\therefore ad+bc=9\times(-3)+4\times6=-3$ 답 ③

157 함수 $f(x)$의 주기가 p이므로

$f(x+p)=f(x)$ ...... ㉠

㉠의 양변에 $x=0$을 대입하면

$f(p)=f(0)$

$\therefore \sqrt{1+\sin p}+\sqrt{1-\sin p}=2$

위의 식의 양변을 제곱하면

$1+\sin p+2\sqrt{1-\sin^2 p}+1-\sin p=4$

$\sqrt{1-\sin^2 p}=1$

$\therefore |\cos p|=1$

따라서 $p=\pi$이므로

$\tan\left(\pi+\dfrac{p}{3}\right)=\tan\left(\pi+\dfrac{\pi}{3}\right)=\tan\dfrac{\pi}{3}=\sqrt{3}$ 답 $\sqrt{3}$

158 $y=a^2\cos x+(a+2)\sin\left(x+\dfrac{\pi}{2}\right)+2b$

$=a^2\cos x+(a+2)\cos x+2b$

$=(a^2+a+2)\cos x+2b$

$-1\le\cos x\le1$이고 $a^2+a+2>0$이므로

$-a^2-a-2+2b\le y\le a^2+a+2+2b$

주어진 함수의 최댓값이 6이므로

$a^2+a+2+2b=6$ ...... ㉠

주어진 함수의 최솟값이 2이므로

$-a^2-a-2+2b=2$ ...... ㉡

㉠+㉡을 하면

$4b=8\qquad \therefore b=2$

$b=2$를 ㉠에 대입하여 정리하면

$a^2+a=0$, $a(a+1)=0$

$\therefore a=-1$ ($\because a\neq 0$)

$\therefore a+b=-1+2=1$ 답 ⑤

159 $f\left(x-\frac{\pi}{2}\right)=f\left(x+\frac{\pi}{2}\right)$이므로

$f(x)=f(x+\pi)$ …… ㉠

$f(x+\pi)=-f(-x+\pi)$ …… ㉡

ㄱ. $f(x)=\cos\left(2x-\frac{\pi}{2}\right)=\sin 2x$의 주기는 $\frac{2\pi}{2}=\pi$이므로 ㉠을 만족시킨다.

또, $f(x+\pi)=\sin(2x+2\pi)=\sin 2x$,

$-f(-x+\pi)=-\sin(-2x+2\pi)=\sin 2x$이므로 ㉡을 만족시킨다.

ㄴ. $f(x)=2|\tan x|$에서

$f(x+\pi)=2|\tan(x+\pi)|=2|\tan x|$,

$-f(-x+\pi)=-2|\tan(-x+\pi)|=-2|\tan x|$

따라서 ㉡을 만족시키지 않는다.

ㄷ. $f(x)=\sin\left(2x+\frac{\pi}{2}\right)=\cos 2x$에서

$f(x+\pi)=\cos(2x+2\pi)=\cos 2x$,

$-f(-x+\pi)=-\cos(-2x+2\pi)=-\cos 2x$

따라서 ㉡을 만족시키지 않는다.

따라서 주어진 조건을 만족시키는 함수는 ㄱ뿐이다. 답 ①

참고 $f(a+x)+f(a-x)=2b$ …… ㉢

곡선 $y=f(x)$ 위의 두 점 $\mathrm{P}(a+x, f(a+x))$, $\mathrm{Q}(a-x, f(a-x))$에 대하여

$\frac{(a+x)+(a-x)}{2}=a$,

$\frac{f(a+x)+f(a-x)}{2}=\frac{2b}{2}=b$ ($\because$ ㉢)

임의의 실수 x에 대하여 선분 PQ의 중점의 좌표는 (a, b)이므로 ㉢을 만족시키는 함수 $y=f(x)$의 그래프는 점 (a, b)에 대하여 대칭이다.

160 함수 $y=f(x)$의 그래프에서 최댓값은 3, 최솟값은 -1이므로

$a+d=3$, $-a+d=-1$

$\therefore a=2$, $d=1$

또, 함수 $y=f(x)$의 그래프에서 주기가 π이므로

$\frac{2\pi}{b}=\pi$ $\quad\therefore b=2$

$\therefore f(x)=2\sin(2x-c)+1$

이때 함수 $y=f(x)$의 그래프가 점 $(0, -1)$을 지나므로

$f(0)=2\sin(-c)+1=-1$

$\sin(-c)=-1$, $\sin c=1$

$\therefore c=\frac{\pi}{2}$ ($\because 0<c<\pi$)

$\therefore abcd=2\times 2\times\frac{\pi}{2}\times 1=2\pi$ 답 ②

161 함수 $y=a\sin bx$의 그래프의 선대칭 성질에 의하여

$\frac{4+14}{2}=\frac{3}{4}\times\frac{2\pi}{b}$, $9=\frac{3\pi}{2b}$

$\therefore b=\frac{\pi}{6}$

이때 색칠한 부분은 직사각형이고 가로의 길이가 $14-4=10$, 넓이가 $40\sqrt{3}$이므로 세로의 길이는

$\frac{40\sqrt{3}}{10}=4\sqrt{3}$

즉, 함수 $y=a\sin\frac{\pi}{6}x$의 그래프가 점 $(4, 4\sqrt{3})$을 지나므로

$4\sqrt{3}=a\sin\frac{2}{3}\pi$, $4\sqrt{3}=a\times\frac{\sqrt{3}}{2}$

$\therefore a=8$

$\therefore \frac{a\pi}{b}=\frac{8\pi}{\frac{\pi}{6}}=48$ 답 48

162 조건 (가)에서 $0\le x\le 2\pi$일 때, $f(x)\le g(x)$이므로 함수 $y=f(x)$의 그래프가 함수 $y=g(x)$의 그래프보다 아래쪽에 있거나 만나야 한다.

조건 (나)에 의하여 두 함수 $y=f(x)$, $y=g(x)$의 그래프는 $x=0$, $x=\pi$일 때 만나야 하므로 두 함수 $y=f(x)$, $y=g(x)$의 그래프는 다음 그림과 같다.

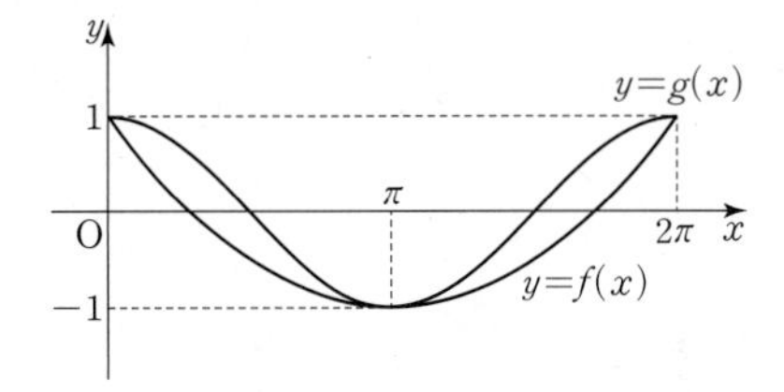

$f(0)=g(0)=1$이므로

$c=1$

함수 $f(x)$가 $x=\pi$에서 최솟값 -1을 가지므로

$-|a|+1=-1$, $|a|=2$

$\therefore a=-2$ ($\because a<0$)

따라서 $f(\pi)=-2\sin b\pi+1=-1$이므로

$\sin b\pi=1$

$\therefore b=\frac{1}{2}$ ($\because 0<b<1$)

$\therefore 4(a^2+b^2+c^2)=4\times\left(4+\frac{1}{4}+1\right)=21$ 답 21

163 $f(x)=a\tan(bx+c)=a\tan b\left(x+\frac{c}{b}\right)$이므로 함수 $y=f(x)$의 그래프는 함수 $y=a\tan bx$의 그래프를 x축의 방향으로 $-\frac{c}{b}$만큼 평행이동한 것이다.

함수 $y=a\tan bx$의 주기는 $\frac{\pi}{b}$이고 조건 (가)에서 함수 $f(x)$의 주기는 $\frac{\pi}{4}$이므로

$b=4$

따라서 $-\frac{c}{4}=\frac{(2k-1)\pi}{8}$ (k는 정수)이고, $0<c\le\frac{\pi}{2}$이므로

$c=\frac{\pi}{2}$

즉, $f(x)=a\tan\left(4x+\frac{\pi}{2}\right)$이므로 조건 (나)에 의하여

$\sqrt{3}=a\tan\left(\frac{2}{3}\pi+\frac{\pi}{2}\right)$

$\sqrt{3}=\frac{a}{\sqrt{3}}$

$\therefore a=3$

$\therefore \frac{a^2bc}{\pi}=\frac{3^2\times4\times\frac{\pi}{2}}{\pi}=18$

답 18

164 $y=2\cos x+|2\cos x|$

$=\begin{cases}4\cos x & (\cos x\ge0)\\ 0 & (\cos x<0)\end{cases}$

직선 $y=ax+4-a\pi=a(x-\pi)+4$는 a의 값에 관계없이 항상 점 $(\pi, 4)$를 지난다.

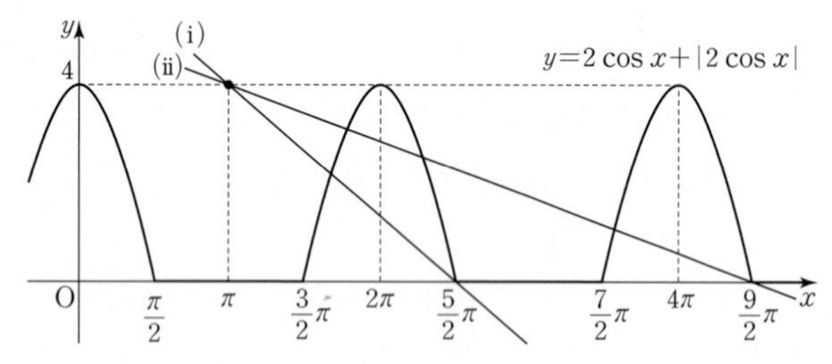

위의 그림에서 함수 $y=2\cos x+|2\cos x|$의 그래프와 직선 $y=ax+4-a\pi$ $(a<0)$가 서로 다른 세 점에서 만나려면 직선이 (i), (ii) 사이에 있어야 한다.

(i) 직선 $y=ax+4-a\pi$가 점 $\left(\frac{5}{2}\pi, 0\right)$을 지날 때

$0=\frac{3}{2}\pi a+4 \qquad \therefore a=-\frac{8}{3\pi}$

(ii) 직선 $y=ax+4-a\pi$가 점 $\left(\frac{9}{2}\pi, 0\right)$을 지날 때

$0=\frac{7}{2}\pi a+4 \qquad \therefore a=-\frac{8}{7\pi}$

(i), (ii)에 의하여

$-\frac{8}{3\pi}<a<-\frac{8}{7\pi}$

답 $-\frac{8}{3\pi}<a<-\frac{8}{7\pi}$

165 ㄱ. $\frac{x}{4}=\frac{2n-1}{2}\pi$ (n은 정수)에서

$x=(4n-2)\pi$

따라서 함수 $f(x)$의 정의역은

$\{x|x\neq(4n-2)\pi, n\text{은 정수}\}$ (거짓)

ㄴ. 함수 $y=3\tan\frac{x}{4}+\sqrt{3}$의 주기는

$\frac{\pi}{\frac{1}{4}}=4\pi$

함수 $y=f(x)$의 그래프는 다음 그림과 같으므로 함수 $f(x)$의 주기도 4π이다.

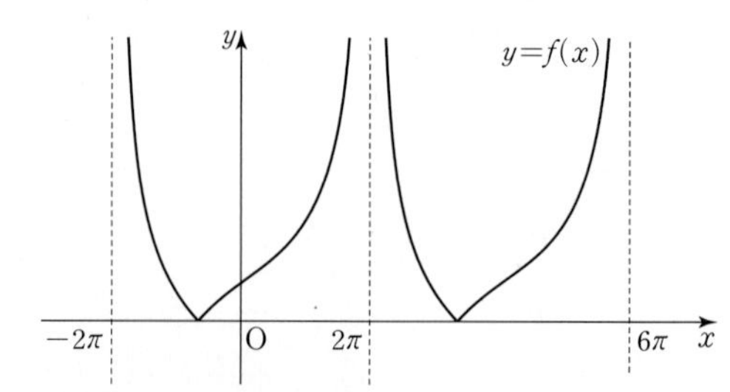

$\therefore f(x+4\pi)=f(x)$ (참)

ㄷ. $f(x)=\left|3\tan\frac{x}{4}+\sqrt{3}\right|=0$에서

$\tan\frac{x}{4}=-\frac{\sqrt{3}}{3}$, $\frac{x}{4}=n\pi-\frac{\pi}{6}$

$\therefore x=4n\pi-\frac{2}{3}\pi$ (단, n은 정수)

$-2\pi\le x\le6\pi$이므로

$x=-\frac{2}{3}\pi$ 또는 $x=\frac{10}{3}\pi$

따라서 $y=f(x)$의 그래프가 x축과 만나는 교점의 x좌표의 합은 $\frac{8}{3}\pi$이다. (참)

따라서 옳은 것은 ㄴ, ㄷ이다.

답 ④

166 $f(x)=x^2+2x+a=(x+1)^2+a-1$

$-b\le g(x)\le b$이므로 함수 $(f\circ g)(x)$는 $g(x)=b$일 때 최댓값 b^2+2b+a, $g(x)=-1$일 때 최솟값 $a-1$을 갖는다.

또, 함수 $(g\circ f)(x)=b\sin f(x)$의 최댓값은 b이고 최솟값은 $-b$이므로

$b^2+2b+a+b=b^2+3b+a=17$ …… ㉠

$a-1-b=-5$에서 $a=b-4$ …… ㉡

㉡을 ㉠에 대입하면

$b^2+4b-21=0$

$(b+7)(b-3)=0$

$\therefore b=3$ ($\because b>1$), $a=-1$

$\therefore a+b=-1+3=2$

답 2

167 조건 (가)에서 함수 $f(x)$의 주기는 2π이므로 주어진 조건을 만족시키는 함수 $y=f(x)$의 그래프와 직선 $y=\frac{3}{2\pi}x$는 다음 그림과 같다.

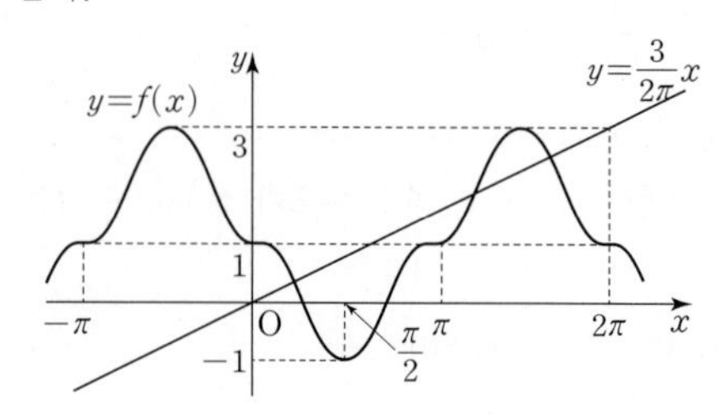

따라서 함수 $y=f(x)$의 그래프와 직선 $y=\frac{3}{2\pi}x$의 교점의 개수는 3이다.

답 3

168 두 점 A, B는 곡선 $f(x)=a\sin\frac{x+\pi}{3}$와 직선 $y=-\frac{a}{2}$의 교점이므로 $a\sin\frac{x+\pi}{3}=-\frac{a}{2}$에서

$\sin\frac{x+\pi}{3}=-\frac{1}{2}$ ($\because a>0$)

이때 $\frac{x+\pi}{3}=t$로 놓으면 $0\le x\le 6\pi$에서 $\frac{\pi}{3}\le t\le\frac{7}{3}\pi$이고

$\sin t=-\frac{1}{2}$

$\frac{\pi}{3}\le t\le\frac{7}{3}\pi$에서 두 함수 $y=\sin t$, $y=-\frac{1}{2}$의 그래프는 다음 그림과 같다.

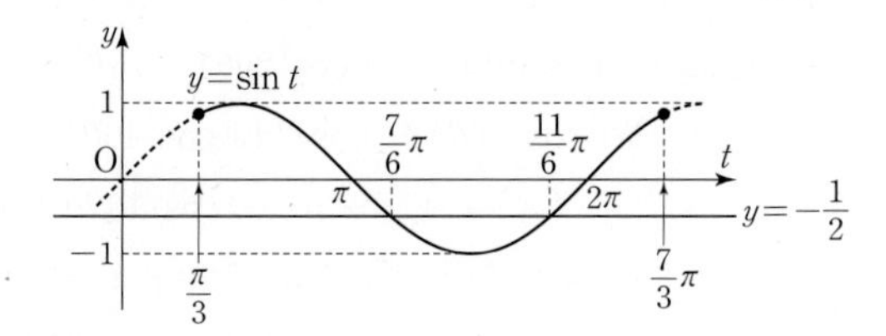

즉, $t=\frac{7}{6}\pi$ 또는 $t=\frac{11}{6}\pi$이므로

$\frac{x+\pi}{3}=\frac{7}{6}\pi$ 또는 $\frac{x+\pi}{3}=\frac{11}{6}\pi$

$\therefore x=\frac{5}{2}\pi$ 또는 $x=\frac{9}{2}\pi$

따라서 $\mathrm{A}\left(\frac{5}{2}\pi, -\frac{a}{2}\right)$, $\mathrm{B}\left(\frac{9}{2}\pi, -\frac{a}{2}\right)$라 하면

$\overline{\mathrm{AB}}=\frac{9}{2}\pi-\frac{5}{2}\pi=2\pi$

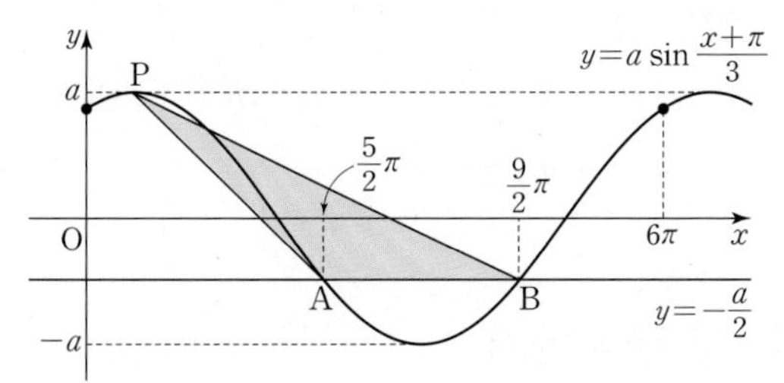

따라서 삼각형 PAB의 넓이가 최대이려면 선분 AB를 밑변으로 볼 때 삼각형 PAB의 높이가 최대이어야 하므로 위의 그림과 같이 점 P의 y좌표가 a이어야 한다.

이때의 삼각형 PAB의 높이는 $\frac{3}{2}a$, 넓이는 6π이므로

$\frac{1}{2}\times2\pi\times\frac{3}{2}a=6\pi$ $\therefore a=4$ **답** 4

169 ㄱ. $\cos\beta=\cos\left(\frac{\pi}{2}-\alpha\right)=\sin\alpha$이므로

$\sin\alpha=\cos\beta$ (거짓)

ㄴ. $\beta-\alpha=\frac{\pi}{2}$에서 $\beta=\alpha+\frac{\pi}{2}$

즉, $0<\alpha+\frac{\pi}{2}<\pi$이므로 $-\frac{\pi}{2}<\alpha<\frac{\pi}{2}$

그런데 $0<\alpha<\pi$이므로 $0<\alpha<\frac{\pi}{2}$, $\frac{\pi}{2}<\beta<\pi$

따라서 $\sin\alpha>0$, $\cos\beta<0$이므로

$\sin\alpha>\cos\beta$ (참)

ㄷ. $\alpha+\beta=\frac{3}{2}\pi$일 때 $\frac{\pi}{2}<\alpha<\pi$, $\frac{\pi}{2}<\beta<\pi$

$\frac{\pi}{2}<x<\pi$에서 함수 $y=\sin x$의 그래프는 항상 함수 $y=\cos x$의 그래프보다 위에 있으므로

$\sin\alpha>\cos\beta$ (참)

따라서 옳은 것은 ㄴ, ㄷ이다. **답** ④

다른풀이

ㄴ. $\beta=\frac{\pi}{2}+\alpha$이므로

$\sin\alpha-\cos\beta=\sin\alpha-\cos\left(\frac{\pi}{2}+\alpha\right)=2\sin\alpha>0$

$\therefore \sin\alpha>\cos\beta$ (참)

ㄷ. $\beta=\frac{3}{2}\pi-\alpha$이므로

$\sin\alpha-\cos\beta=\sin\alpha-\cos\left(\frac{3}{2}\pi-\alpha\right)=2\sin\alpha>0$

$\therefore \sin\alpha>\cos\beta$ (참)

170 ㄱ.

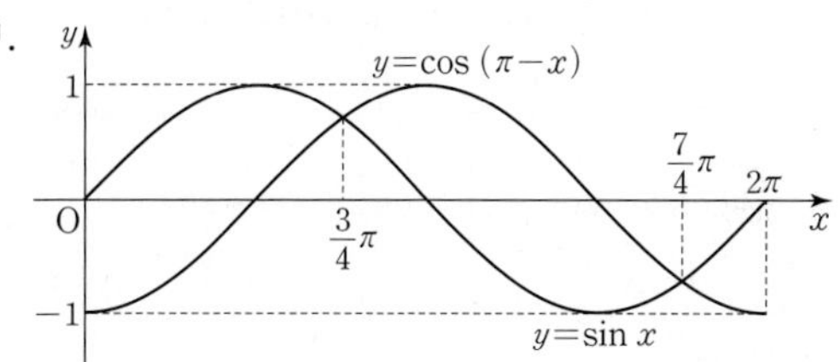

두 함수 $y=\sin x$, $y=\cos(\pi-x)$의 그래프는 위의 그림과 같으므로 $\sin x<\cos(\pi-x)$인 x의 값의 범위는

$\frac{3}{4}\pi<x<\frac{7}{4}\pi$

$\therefore \beta-\alpha\le\frac{7}{4}\pi-\frac{3}{4}\pi=\pi$ (참)

ㄴ.

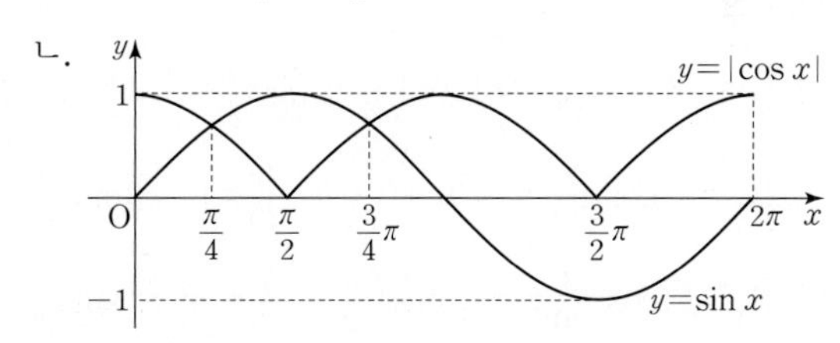

두 함수 $y=|\cos x|$, $y=\sin x$의 그래프는 위의 그림과 같으므로 $|\cos x|<\sin x$인 x의 값의 범위는

$\frac{\pi}{4}<x<\frac{3}{4}\pi$

$\therefore \beta-\alpha\le\frac{3}{4}\pi-\frac{\pi}{4}=\frac{\pi}{2}$ (참)

ㄷ.

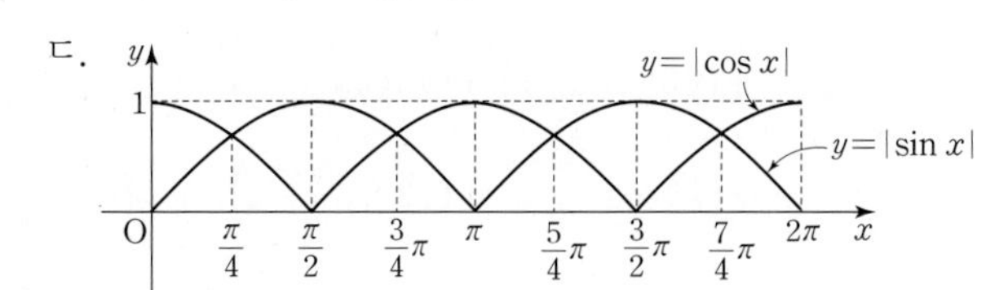

$x=\frac{\pi}{4}$에서 $|\sin x|-|\cos x|=0$이고 $\frac{\pi}{4}<x<\frac{\pi}{2}$에서

$|\sin x|-|\cos x|$의 값이 증가하여 $x=\frac{\pi}{2}$에서

$|\sin x|-|\cos x|=1$이다.

또, $\frac{\pi}{2}<x<\frac{3}{4}\pi$에서 $|\sin x|-|\cos x|$의 값이 감소하여

$x=\frac{3}{4}\pi$에서 $|\sin x|-|\cos x|=0$이므로

$|\sin x|-|\cos x|=\frac{1}{4}$인 x의 값은 $\frac{\pi}{4}<x<\frac{3}{4}\pi$에서

2개 존재한다.

마찬가지로 $\frac{5}{4}\pi<x<\frac{7}{4}\pi$에서도 2개 존재하므로

$|\sin \alpha|-|\cos \alpha|=\frac{1}{4}$인 α의 개수는 4이다. (참)

따라서 ㄱ, ㄴ, ㄷ 모두 옳다. 답 ⑤

171 $\frac{1}{2}\times 20^2\times\theta=4\pi$에서 $50\theta=\pi$

$\therefore \cos\theta+\cos 2\theta+\cos 3\theta+\cdots+\cos 50\theta$

$=(\cos\theta+\cos 49\theta)+(\cos 2\theta+\cos 48\theta)+\cdots+(\cos 24\theta+\cos 26\theta)+\cos 25\theta+\cos 50\theta$

$=\{\cos\theta+\cos(\pi-\theta)\}+\{\cos 2\theta+\cos(\pi-2\theta)\}+\cdots+\{\cos 24\theta+\cos(\pi-24\theta)\}+\cos\frac{\pi}{2}+\cos\pi$

$=(\cos\theta-\cos\theta)+(\cos 2\theta-\cos 2\theta)+\cdots+(\cos 24\theta-\cos 24\theta)+0-1$

$=-1$ 답 -1

172 $\frac{\pi}{2}\times\frac{1}{10}=\frac{\pi}{20}$이므로 점 A_k의 x좌표는 차례로

$\frac{\pi}{20}$, $\frac{2}{20}\pi$, $\frac{3}{20}\pi$, $\cdots$, $\frac{9}{20}\pi$

따라서

$\overline{A_1B_1}=\sqrt{3}\cos\frac{\pi}{20}=\sqrt{3}\cos\left(\frac{\pi}{2}-\frac{9}{20}\pi\right)=\sqrt{3}\sin\frac{9}{20}\pi$,

$\overline{A_2B_2}=\sqrt{3}\cos\frac{2}{20}\pi=\sqrt{3}\cos\left(\frac{\pi}{2}-\frac{8}{20}\pi\right)=\sqrt{3}\sin\frac{8}{20}\pi$,

$\overline{A_3B_3}=\sqrt{3}\cos\frac{3}{20}\pi=\sqrt{3}\cos\left(\frac{\pi}{2}-\frac{7}{20}\pi\right)=\sqrt{3}\sin\frac{7}{20}\pi$,

$\overline{A_4B_4}=\sqrt{3}\cos\frac{4}{20}\pi=\sqrt{3}\cos\left(\frac{\pi}{2}-\frac{6}{20}\pi\right)=\sqrt{3}\sin\frac{6}{20}\pi$

이므로

$\overline{A_1B_1}^2+\overline{A_2B_2}^2+\overline{A_3B_3}^2+\cdots+\overline{A_9B_9}^2$

$=\left(\sqrt{3}\sin\frac{9}{20}\pi\right)^2+\left(\sqrt{3}\sin\frac{8}{20}\pi\right)^2+\left(\sqrt{3}\sin\frac{7}{20}\pi\right)^2+\left(\sqrt{3}\sin\frac{6}{20}\pi\right)^2+\left(\sqrt{3}\cos\frac{5}{20}\pi\right)^2+\left(\sqrt{3}\cos\frac{6}{20}\pi\right)^2+\left(\sqrt{3}\cos\frac{7}{20}\pi\right)^2+\left(\sqrt{3}\cos\frac{8}{20}\pi\right)^2+\left(\sqrt{3}\cos\frac{9}{20}\pi\right)^2$

$=3+3+3+3+\frac{3}{2}=\frac{27}{2}$ 답 $\frac{27}{2}$

173 점 A를 P_0, 점 B를 P_{21}이라 하고, 사분원의 호를 21등분 한 점이 P_k이므로

$\angle P_kOP_{k+1}=\frac{\pi}{2}\times\frac{1}{21}=\frac{\pi}{42}$ (단, $k=0, 1, 2, \cdots, 20$)

즉, $\angle AOP_k=\frac{k}{42}\pi$이므로 직각삼각형 P_kOQ_k에서 사분원의 반지름의 길이를 r라 하면

$\overline{OQ_k}=r\cos\frac{k}{42}\pi$

$\therefore \overline{OQ_1}^2+\overline{OQ_2}^2+\overline{OQ_3}^2+\cdots+\overline{OQ_{20}}^2$

$=r^2\left(\cos^2\frac{\pi}{42}+\cos^2\frac{2}{42}\pi+\cdots+\cos^2\frac{20}{42}\pi\right)$

$\frac{\pi}{42}=\theta$로 놓으면 $21\theta=\frac{\pi}{2}$이므로

$\overline{OQ_1}^2+\overline{OQ_2}^2+\overline{OQ_3}^2+\cdots+\overline{OQ_{20}}^2$

$=r^2(\cos^2\theta+\cos^2 2\theta+\cdots+\cos^2 20\theta)$

$=r^2\{(\cos^2\theta+\cos^2 20\theta)+(\cos^2 2\theta+\cos^2 19\theta)+\cdots+(\cos^2 10\theta+\cos^2 11\theta)\}$

$=r^2[\{\cos^2\theta+\cos^2(21\theta-\theta)\}+\{\cos^2 2\theta+\cos^2(21\theta-2\theta)\}+\cdots+\{\cos^2 10\theta+\cos^2(21\theta-10\theta)\}]$

$=r^2\{(\cos^2\theta+\sin^2\theta)+(\cos^2 2\theta+\sin^2 2\theta)+\cdots+(\cos^2 10\theta+\sin^2 10\theta)\}$

$=10r^2$

따라서 $10r^2=250$이므로

$r^2=25$ $\quad\therefore r=5$ ($\because r>0$)

삼각형 OP_nP_{n+14}에서 $\angle P_nOP_{n+14}=14\theta=\frac{\pi}{3}$이므로

$S(n)=\frac{1}{2}\times 5^2\times\sin\frac{\pi}{3}=\frac{25\sqrt{3}}{4}$

$\therefore S(1)+S(2)+S(3)+S(4)+S(5)+S(6)$

$=6\times\frac{25\sqrt{3}}{4}=\frac{75\sqrt{3}}{2}$ 답 $\frac{75\sqrt{3}}{2}$

174 자연수 k에 대하여

$f(2k)=2\cos\left(4k\pi+\frac{\pi}{3}\right)=2\cos\frac{\pi}{3}=1$,

$f(2k-1)=2\cos\left\{2(2k-1)\pi-\frac{\pi}{3}\right\}=2\cos\left(-\frac{\pi}{3}\right)=1$

$\therefore f(n)=1$

$g(2k)=2\tan\left(k\pi+\frac{\pi}{4}\right)-1=2\tan\frac{\pi}{4}-1=1$,

$g(2k-1)=2\tan\left(k\pi-\frac{\pi}{4}\right)-1=2\tan\left(-\frac{\pi}{4}\right)-1=-3$

$\therefore g(n)=\begin{cases}1 & (n\text{이 짝수})\\ -3 & (n\text{이 홀수})\end{cases}$

$h(n)=f(n)-g(n+1)$에서

$h(2k)=f(2k)-g(2k+1)=1-(-3)=4$,

$h(2k-1)=f(2k-1)-g(2k)=1-1=0$

$\therefore h(1)+h(2)+h(3)+\cdots+h(15)$

$=0+4+0+4+\cdots+4+0$

$=7\times 4$

$=28$ 답 ③

175 $\alpha+\beta=\frac{\pi}{2}$이므로

$\sin(7\alpha+6\beta)=\sin\{6(\alpha+\beta)+\alpha\}$
$=\sin(3\pi+\alpha)$
$=-\sin\alpha$

이때 $\angle APB=\frac{\pi}{2}$이므로

$\overline{AB}=\sqrt{3^2+4^2}=5$

$\therefore \sin(7\alpha+6\beta)=-\sin\alpha=-\frac{3}{5}$ 답 $-\frac{3}{5}$

176 $2\cos\left(\frac{\pi}{2}+\theta\right)=-2\sin\theta$, $2\sin\left(\frac{\pi}{2}+\theta\right)=2\cos\theta$이므로

$Q(-2\sin\theta,\ 2\cos\theta)$

사각형 PQRS가 평행사변형이므로

$\overline{QR}=\overline{PS}=2\sin\theta$

$\therefore R(-2\sin\theta,\ 2\cos\theta-2\sin\theta)$

$\therefore f(\theta)=-2\sin\theta,\ g(\theta)=2\cos\theta-2\sin\theta$

평행사변형 PQRS의 밑변을 선분 PS라 하면 높이는

$2\cos\theta+2\sin\theta$이므로

$s(\theta)=4\sin\theta(\cos\theta+\sin\theta)$

$\therefore \frac{s(\theta)}{f(\theta)g(\theta)}=\frac{4\sin\theta(\cos\theta+\sin\theta)}{-2\sin\theta(2\cos\theta-2\sin\theta)}$
$=-\frac{\cos\theta+\sin\theta}{\cos\theta-\sin\theta}$

즉, $-\frac{\cos\theta+\sin\theta}{\cos\theta-\sin\theta}=-3$이므로

$\cos\theta+\sin\theta=3\cos\theta-3\sin\theta$

$\therefore \cos\theta=2\sin\theta$

$\therefore \tan\theta=\frac{\sin\theta}{\cos\theta}=\frac{1}{2}$ 답 ②

177 직선 $y=\frac{2}{5}x$가 x축의 양의 방향과 이루는 각의 크기를 θ라

하면 $\tan\theta=\frac{2}{5}$이므로

$\sin\theta=\frac{2\sqrt{29}}{29}$, $\cos\theta=\frac{5\sqrt{29}}{29}$

$\angle AOC=\frac{\pi}{2}-\theta$이고 $\angle ABC$는 호 AC에 대한 원주각이므로

$\alpha=\frac{1}{2}\times\angle AOC \quad \therefore 2\alpha=\angle AOC=\frac{\pi}{2}-\theta$

$\angle AOD=\frac{\pi}{2}+\theta$이고 $\angle ACD$는 호 AD에 대한 원주각이므로

$\beta=\frac{1}{2}\times\angle AOD \quad \therefore 2\beta=\angle AOD=\frac{\pi}{2}+\theta$

$\therefore \sin2\alpha+\sin2\beta=\sin\left(\frac{\pi}{2}-\theta\right)+\sin\left(\frac{\pi}{2}+\theta\right)$
$=\cos\theta+\cos\theta$
$=2\cos\theta$
$=\frac{10\sqrt{29}}{29}$ 답 ⑤

178 $\angle AOB=\angle BOC=\angle COD=\frac{\pi}{2}$이므로

$\beta=\frac{\pi}{2}+\alpha,\ \gamma=\pi+\alpha,\ \delta=\frac{3}{2}\pi+\alpha$

ㄱ. $\sin\alpha+\cos\beta=\sin\alpha+\cos\left(\frac{\pi}{2}+\alpha\right)$
$=\sin\alpha-\sin\alpha=0$ (참)

ㄴ. $\cos\alpha+\sin\delta=\cos\alpha+\sin\left(\frac{3}{2}\pi+\alpha\right)$
$=\cos\alpha-\cos\alpha=0$ (참)

ㄷ. $\tan\gamma-\tan\delta=\tan(\pi+\alpha)-\tan\left(\frac{3}{2}\pi+\alpha\right)$
$=\tan\alpha+\frac{1}{\tan\alpha}\geq2$ (거짓)

따라서 옳은 것은 ㄱ, ㄴ이다. 답 ②

참고 $0<\alpha<\frac{\pi}{2}$에서 $\tan\alpha>0$이므로 산술평균과 기하평균의 관계에 의하여

$\tan\alpha+\frac{1}{\tan\alpha}\geq2\sqrt{\tan\alpha\times\frac{1}{\tan\alpha}}=2$

(단, 등호는 $\tan\alpha=1$일 때 성립)

179 $y=2\sin^2x+4k\cos x-3+6k$
$=2(1-\cos^2x)+4k\cos x-3+6k$
$=-2\cos^2x+4k\cos x+6k-1$

$\cos x=t$로 놓으면 $0\leq x<2\pi$에서 $-1\leq t\leq1$이고

$y=-2t^2+4kt+6k-1$
$=-2(t-k)^2+2k^2+6k-1$

$f(t)=-2(t-k)^2+2k^2+6k-1$이라 하면

(i) $k<-1$일 때

$f(t)$의 최댓값은 $f(-1)$이므로

$-3+2k=-7 \quad \therefore k=-2$

(ii) $-1\leq k\leq1$일 때

$f(t)$의 최댓값은 $f(k)$이므로

$2k^2+6k-1=-7 \quad \therefore k^2+3k+3=0$

이를 만족시키는 실수 k는 존재하지 않는다.

(iii) $k>1$일 때

$f(t)$의 최댓값은 $f(1)$이므로

$-3+10k=-7 \quad \therefore k=-\frac{2}{5}$

그런데 $k>1$이므로 조건을 만족시키지 않는다.

(i), (ii), (iii)에 의하여 $k=-2$

따라서 함수 $f(t)$는 $t=-1$, 즉 $\cos x=-1$일 때 최댓값을 가지므로

$x=\pi$ ($\because 0\leq x<2\pi$)

$\therefore \alpha=\pi$ 답 $\alpha=\pi,\ k=-2$

180 $f(x)=\sqrt{4+4\cos x}+\sqrt{4-4\cos x}$
$=2\sqrt{1+\cos x}+2\sqrt{1-\cos x}$

이때 $-1\leq\cos x\leq1$이므로

$0\le 1+\cos x\le 2$, $0\le 1-\cos x\le 2$

$\therefore \{f(x)\}^2=(2\sqrt{1+\cos x}+2\sqrt{1-\cos x})^2$

$=4(1+\cos x)+8\sqrt{1-\cos^2 x}+4(1-\cos x)$

$=8+8\sqrt{\sin^2 x}$

$=8+8|\sin x|$

그런데 $0\le|\sin x|\le 1$이므로

$8\le 8+8|\sin x|\le 16$

$\therefore 8\le\{f(x)\}^2\le 16$

따라서 함수 $y=\{f(x)\}^2$의 최댓값은 16, 최솟값은 8이므로 최댓값과 최솟값의 합은

$16+8=24$ 답 24

181 $a>0$, $b>0$이므로 $a^2+b^2=-4ab\sin\theta$의 양변을 ab로 나누면

$\frac{a}{b}+\frac{b}{a}=-4\sin\theta$

$a>0$, $b>0$이므로 산술평균과 기하평균의 관계에 의하여

$-4\sin\theta=\frac{a}{b}+\frac{b}{a}\ge 2\sqrt{\frac{a}{b}\times\frac{b}{a}}=2$

$\left(\text{단, 등호는 } \frac{a}{b}=\frac{b}{a}\text{, 즉 } a=b\text{일 때 성립}\right)$

$\therefore \sin\theta\le-\frac{1}{2}$ ...... ㉠

이때 $\frac{3}{2}\pi\le\theta<2\pi$이므로

$-1\le\sin\theta<0$ ...... ㉡

㉠, ㉡에서 $-1\le\sin\theta\le-\frac{1}{2}$

$2\cos^2\theta-\sin\theta=2(1-\sin^2\theta)-\sin\theta$

$=-2\sin^2\theta-\sin\theta+2$

이때 $\sin\theta=t$로 놓으면 $-1\le t\le-\frac{1}{2}$이고 주어진 식은

$-2t^2-t+2=-2\left(t+\frac{1}{4}\right)^2+\frac{17}{8}$

$f(t)=-2\left(t+\frac{1}{4}\right)^2+\frac{17}{8}$이라 하면 $-1\le t\le-\frac{1}{2}$에서 함수 $f(t)$는 $t=-\frac{1}{2}$일 때 최댓값을 가지므로 구하는 최댓값은

$f\left(-\frac{1}{2}\right)=2$ 답 ③

182 점 B의 좌표는 $(-\cos\theta, -\sin\theta)$이고 두 점 A, B가 포물선 $y=-x^2+2ax-b$ 위의 점이므로

$\sin\theta=-\cos^2\theta+2a\cos\theta-b$ ...... ㉠

$-\sin\theta=-\cos^2\theta-2a\cos\theta-b$ ...... ㉡

㉠−㉡을 하면

$2\sin\theta=4a\cos\theta$ $\therefore a=\frac{1}{2}\tan\theta$

㉠+㉡을 하면

$0=-2\cos^2\theta-2b$ $\therefore b=-\cos^2\theta$

$\therefore y=-x^2+2ax-b$

$=-(x-a)^2+a^2-b$

$=-\left(x-\frac{1}{2}\tan\theta\right)^2+\frac{1}{4}\tan^2\theta+\cos^2\theta$

이때 포물선의 꼭짓점의 y좌표를 $g(\theta)$라 하면

$g(\theta)=\frac{1}{4}(\tan^2\theta+4\cos^2\theta)$

$=\frac{1}{4}\left(\frac{\sin^2\theta}{\cos^2\theta}+4\cos^2\theta\right)$

$=\frac{1}{4}\left(\frac{1-\cos^2\theta}{\cos^2\theta}+4\cos^2\theta\right)$

$=-\frac{1}{4}+\frac{1}{4}\left(\frac{1}{\cos^2\theta}+4\cos^2\theta\right)$

$\ge-\frac{1}{4}+\frac{1}{4}\times 2\sqrt{\frac{1}{\cos^2\theta}\times 4\cos^2\theta}$

$=-\frac{1}{4}+\frac{1}{4}\times 2\times 2=\frac{3}{4}$

이때 등호는 $\frac{1}{\cos^2\theta}=4\cos^2\theta$일 때 성립하므로

$\cos^4\theta=\frac{1}{4}$, $\cos^2\theta=\frac{1}{2}$

$\cos\theta=\pm\frac{\sqrt{2}}{2}$ $\therefore \theta=\frac{\pi}{4}$ $\left(\because 0<\theta<\frac{\pi}{2}\right)$

즉, 포물선의 꼭짓점의 y좌표는 $\theta=\frac{\pi}{4}$일 때, 최솟값 $\frac{3}{4}$을 가지므로

$p=\frac{\pi}{4}$, $q=\frac{3}{4}$

$\therefore pq=\frac{\pi}{4}\times\frac{3}{4}=\frac{3}{16}\pi$ 답 ③

183 $\cos x=t$로 놓으면 $-1\le t\le 1$

$y=f(x)$라 하면

$y=\frac{1+at}{2-t}=-a+\frac{-2a-1}{t-2}$

(i) $-2a-1>0$, 즉 $a<-\frac{1}{2}$일 때

$-1\le t\le 1$에서 함수 $y=-a+\frac{-2a-1}{t-2}$의 그래프는 다음 그림과 같다.

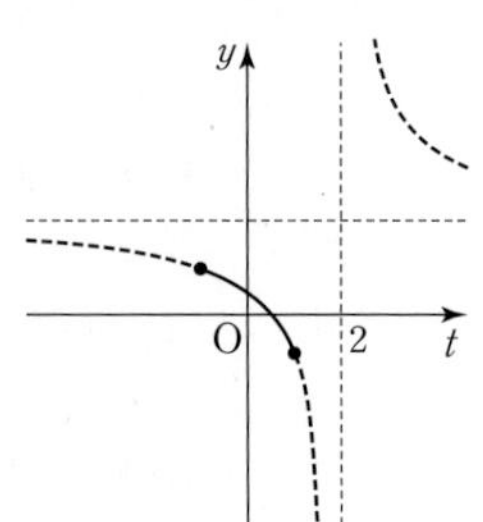

$t=1$에서 최솟값을 가지므로

$-a+\frac{-2a-1}{1-2}=a+1>-2$ $\therefore a>-3$

따라서 조건을 만족시키는 a의 값의 범위는

$-3<a<-\frac{1}{2}$

(ii) $-2a-1<0$, 즉 $a>-\frac{1}{2}$일 때

$-1\le t\le 1$에서 함수 $y=-a+\frac{-2a-1}{t-2}$의 그래프는 다음 그림과 같다.

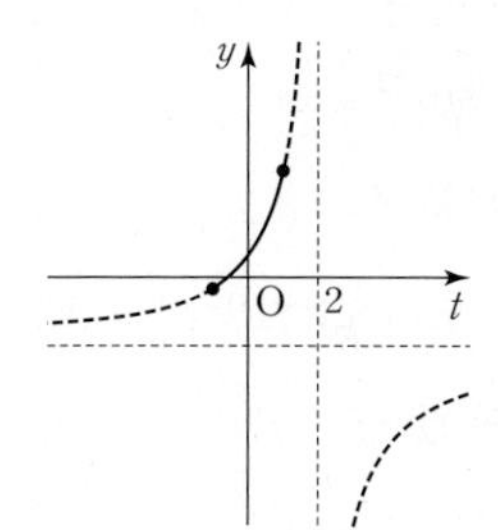

$t=-1$에서 최솟값을 가지므로

$-a+\frac{-2a-1}{-1-2}=-\frac{a}{3}+\frac{1}{3}>-2 \quad \therefore a<7$

따라서 조건을 만족시키는 a의 값의 범위는

$-\frac{1}{2}<a<7$

(iii) $-2a-1=0$, 즉 $a=-\frac{1}{2}$일 때

$y=\frac{1}{2}$이므로 최솟값이 -2보다 크다.

(i), (ii), (iii)에 의하여 $-3<a<7$

따라서 $\alpha=-3$, $\beta=7$이므로

$\beta-\alpha=7-(-3)=10$

답 ③

184 $f^{-1}(x)=t$로 놓으면 $0\le t<\pi$이고, 주어진 방정식은

$g(f^{-1}(x))=g(t)=\frac{\sqrt{2}}{2}$

즉, $\sin t=\frac{\sqrt{2}}{2}$이므로

$t=\frac{\pi}{4}$ 또는 $t=\frac{3}{4}\pi$ ($\because 0\le t<\pi$)

(i) $t=\frac{\pi}{4}$, 즉 $f^{-1}(x)=\frac{\pi}{4}$일 때

$x=f\left(\frac{\pi}{4}\right)=-\cos\frac{\pi}{4}=-\frac{\sqrt{2}}{2}$

(ii) $t=\frac{3}{4}\pi$, 즉 $f^{-1}(x)=\frac{3}{4}\pi$일 때

$x=f\left(\frac{3}{4}\pi\right)=-\cos\frac{3}{4}\pi=\frac{\sqrt{2}}{2}$

(i), (ii)에 의하여 주어진 방정식의 해는

$x=-\frac{\sqrt{2}}{2}$ 또는 $x=\frac{\sqrt{2}}{2}$

$\therefore \alpha^2+\beta^2=\left(-\frac{\sqrt{2}}{2}\right)^2+\left(\frac{\sqrt{2}}{2}\right)^2=1$

답 1

185 $-2\sin^2 x-(2k+\sqrt{3})\cos x+\sqrt{3}k+2=0$에서

$-2(1-\cos^2 x)-(2k+\sqrt{3})\cos x+\sqrt{3}k+2=0$

$2\cos^2 x-(2k+\sqrt{3})\cos x+\sqrt{3}k=0$

$(2\cos x-\sqrt{3})(\cos x-k)=0$

$\therefore \cos x=\frac{\sqrt{3}}{2}$ 또는 $\cos x=k$

$0\le x<2\pi$에서 방정식 $\cos x=\frac{\sqrt{3}}{2}$이 서로 다른 두 개의 실근을 가지므로 주어진 방정식이 서로 다른 세 실근을 가지려면 방정식 $\cos x=k$는 오직 하나의 실근을 가져야 한다.

$\therefore k=-1$ 또는 $k=1$

답 -1, 1

186 함수 $y=\sin kx$의 그래프에서

$\frac{x_1+x_2}{2}=\frac{\pi}{2k}$, $\frac{x_2+x_3}{2}=\frac{3\pi}{2k}$

이므로 $x_1+x_2=\frac{\pi}{k}$, $x_2+x_3=\frac{3\pi}{k}$

$\therefore x_1+2x_2+x_3=(x_1+x_2)+(x_2+x_3)$

$=\frac{\pi}{k}+\frac{3\pi}{k}=\frac{4\pi}{k}$

$2\sin(x_1+2x_2+x_3)=-1$에서

$\sin\frac{4\pi}{k}=-\frac{1}{2}$

$\therefore \frac{4\pi}{k}=\frac{7}{6}\pi, \frac{11}{6}\pi, \frac{19}{6}\pi, \frac{23}{6}\pi, \cdots$

따라서 $\frac{4\pi}{k}=\frac{7}{6}\pi$일 때 k가 최대이므로 $7k$의 최댓값은 24이다.

답 24

187 원의 반지름의 길이를 r라 하고, $\angle\text{POA}=\alpha$라 하면

$\overline{\text{RA}}=r\tan\alpha$

$\overline{\text{QH}}=r\sin\left(\frac{\pi}{2}+\alpha\right)=r\cos\alpha$

$\overline{\text{RA}}:\overline{\text{QH}}=8:3$이므로

$r\tan\alpha : r\cos\alpha=8:3$, $3\tan\alpha=8\cos\alpha$

$\frac{3\sin\alpha}{\cos\alpha}=8\cos\alpha$, $3\sin\alpha=8\cos^2\alpha$

$3\sin\alpha=8(1-\sin^2\alpha)$

$8\sin^2\alpha+3\sin\alpha-8=0$

$\therefore \sin\alpha=\frac{-3+\sqrt{265}}{16}$ ($\because \sin\alpha>0$)

$\therefore \cos(\angle\text{AOQ})=\cos\left(\frac{\pi}{2}+\alpha\right)=-\sin\alpha=\frac{3-\sqrt{265}}{16}$

답 ③

188

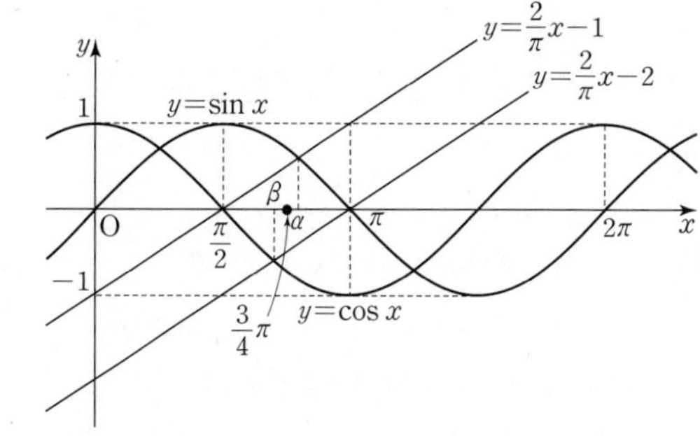

ㄱ. $x=\frac{3}{4}\pi$일 때, $\sin\frac{3}{4}\pi>\frac{2}{\pi}\times\frac{3}{4}\pi-1$

따라서 위의 그림에서

$\frac{3}{4}\pi<\alpha<\pi$ (참)

ㄴ. β는 방정식 $\cos x=\frac{2}{\pi}x-2$의 해이므로

$\cos\beta=\frac{2\beta}{\pi}-2$

$\cos\frac{3}{4}\pi<\frac{2}{\pi}\times\frac{3}{4}\pi-2$이므로 $\beta<\frac{3}{4}\pi$

따라서 $\cos\beta>\cos\frac{3}{4}\pi$이므로

$\frac{2\beta}{\pi}-2>-\frac{\sqrt{2}}{2}$, $\frac{2\beta}{\pi}>\frac{4-\sqrt{2}}{2}$

$\therefore\ \beta>\frac{4-\sqrt{2}}{4}\pi$ (거짓)

ㄷ. $\cos\left(x+\frac{\pi}{2}\right)=\frac{2}{\pi}x-1$에서 $-\sin x=\frac{2}{\pi}x-1$

$\therefore\ \sin x=-\frac{2}{\pi}x+1$

즉, γ는 방정식 $\sin x=-\frac{2}{\pi}x+1$의 실근이다.

이때 두 직선 $y=\frac{2}{\pi}x-1$, $y=-\frac{2}{\pi}x+1$은 직선 $x=\frac{\pi}{2}$에 대하여 대칭이고, $0\le x\le\pi$에서 곡선 $y=\sin x$도 직선 $x=\frac{\pi}{2}$에 대하여 대칭이므로 두 점 $(\alpha, 0)$, $(\gamma, 0)$은 직선 $x=\frac{\pi}{2}$에 대하여 대칭이다.

따라서 $\frac{\alpha+\gamma}{2}=\frac{\pi}{2}$이므로

$\alpha+\gamma=\pi$ (참)

따라서 옳은 것은 ㄱ, ㄷ이다. 답 ⑤

189 $0\le x<2\pi$에서 부등식 $\tan x<-1$의 해는

$\frac{\pi}{2}<x<\frac{3}{4}\pi$ 또는 $\frac{3}{2}\pi<x<\frac{7}{4}\pi$ ······ ㉠

또, $|\sin x|>\frac{\sqrt{2}}{2}$에서

$\sin x>\frac{\sqrt{2}}{2}$ 또는 $\sin x<-\frac{\sqrt{2}}{2}$

$0\le x<2\pi$이므로

$\frac{\pi}{4}<x<\frac{3}{4}\pi$ 또는 $\frac{5}{4}\pi<x<\frac{7}{4}\pi$ ······ ㉡

㉠, ㉡에서 $\frac{\pi}{2}<x<\frac{3}{4}\pi$ 또는 $\frac{3}{2}\pi<x<\frac{7}{4}\pi$

따라서 주어진 연립부등식의 해가 될 수 있는 것은 ④이다.

답 ④

190 $f(x)=x^2-2\sqrt{3}x\sin\theta+4-5\cos^2\theta$

$=x^2-2\sqrt{3}x\sin\theta+4-5(1-\sin^2\theta)$

$=(x-\sqrt{3}\sin\theta)^2+2\sin^2\theta-1$

이므로 함수 $y=f(x)$의 그래프의 꼭짓점의 좌표는

$(\sqrt{3}\sin\theta, 2\sin^2\theta-1)$

이때 꼭짓점과 원점 사이의 거리가 1 이하가 되려면

$\sqrt{3\sin^2\theta+(2\sin^2\theta-1)^2}\le1$에서

$3\sin^2\theta+(2\sin^2\theta-1)^2\le1$

$3\sin^2\theta+4\sin^4\theta-4\sin^2\theta+1\le1$

$\sin^2\theta(4\sin^2\theta-1)\le0$, $0\le\sin^2\theta\le\frac{1}{4}$

$\therefore\ -\frac{1}{2}\le\sin\theta\le\frac{1}{2}$

$0\le\theta\le2\pi$이므로

$0\le\theta\le\frac{\pi}{6}$ 또는 $\frac{5}{6}\pi\le\theta\le\frac{7}{6}\pi$ 또는 $\frac{11}{6}\pi\le\theta\le2\pi$

따라서 θ의 값으로 가능하지 않은 것은 ④이다. 답 ④

191 $f(x)=-x^2+4x\sin^2\theta-2$라 하면 방정식 $f(x)=0$의 두 근 사이에 2가 있고 $f(x)$는 위로 볼록인 이차함수이므로

$f(2)>0$이어야 한다.

즉, $-4+8\sin^2\theta-2>0$에서 $8\sin^2\theta-6>0$

$\sin^2\theta>\frac{3}{4}$

$\therefore\ \sin\theta<-\frac{\sqrt{3}}{2}$ 또는 $\sin\theta>\frac{\sqrt{3}}{2}$

그런데 $0<\theta<\pi$이므로 $\sin\theta>\frac{\sqrt{3}}{2}$

$\therefore\ \frac{\pi}{3}<\theta<\frac{2}{3}\pi$

따라서 $\alpha=\frac{\pi}{3}$, $\beta=\frac{2}{3}\pi$이므로

$\beta-\alpha=\frac{2}{3}\pi-\frac{\pi}{3}=\frac{\pi}{3}$ 답 ②

192 (i) 방정식 $f(x)=0$의 근이 존재하므로 이차방정식 $f(x)=0$의 판별식을 D라 하면

$D=\sin^2\theta+4(\cos\theta+1)\ge0$

$(1-\cos^2\theta)+4\cos\theta+4\ge0$

$(\cos\theta+1)(\cos\theta-5)\le0$ ······ ㉠

이때 $-1\le\cos\theta\le1$이므로 부등식 ㉠이 항상 성립한다.

(ii) $f(-1)=-1-\sin\theta+\cos\theta+1<0$이므로

$\sin\theta>\cos\theta$

$\therefore\ \frac{\pi}{4}<\theta<\frac{5}{4}\pi$

(iii) $f(1)=-1+\sin\theta+\cos\theta+1<0$이므로

$\sin\theta<-\cos\theta$

$\therefore\ \frac{3}{4}\pi<\theta<\frac{7}{4}\pi$

(iv) 이차함수 $y=f(x)$의 그래프의 축의 방정식은

$x=\frac{\sin\theta}{2}$

$-\frac{1}{2}\le\frac{\sin\theta}{2}\le\frac{1}{2}$이므로 θ의 값에 관계없이 축은 직선 $x=-1$과 직선 $x=1$ 사이에 있다.

(i)~(iv)에 의하여 $\frac{3}{4}\pi<\theta<\frac{5}{4}\pi$ 답 $\frac{3}{4}\pi<\theta<\frac{5}{4}\pi$

2. 삼각함수의 활용

≫ 본문 98~116쪽

193 오른쪽 그림과 같이 $\angle BAC=\theta$ 라 하면

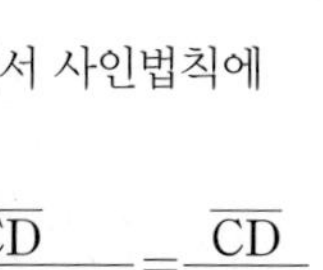

$\angle CBD=\frac{\pi}{2}+\theta$, $\angle BCD=\theta$

삼각형 BCD에서 사인법칙에 의하여

$$\frac{\overline{BD}}{\sin\theta}=\frac{\overline{CD}}{\sin\left(\frac{\pi}{2}+\theta\right)}=\frac{\overline{CD}}{\cos\theta}$$

$$\therefore \frac{\overline{CD}}{\overline{BD}}=\frac{\cos\theta}{\sin\theta}$$

이때 $\sin\theta=\frac{3}{7}$ 이고 $0<\theta<\frac{\pi}{2}$ 이므로

$$\cos\theta=\sqrt{1-\left(\frac{3}{7}\right)^2}=\frac{2\sqrt{10}}{7}$$

$$\therefore \frac{\overline{CD}}{\overline{BD}}=\frac{\frac{2\sqrt{10}}{7}}{\frac{3}{7}}=\frac{2}{3}\sqrt{10}$$

따라서 $p=3$, $q=2$이므로

$p+q=3+2=5$

답 5

194 원 O의 반지름의 길이를 R라 하면 네 삼각형 ABC, ABD, ABE, ABF에서 사인법칙에 의하여

$$\sin(\angle CAB)=\frac{\overline{BC}}{2R}=\frac{1}{6}$$

$$\sin(\angle DAB)=\frac{\overline{BD}}{2R}=\frac{\frac{3}{2}\overline{BC}}{2R}=\frac{3}{2}\times\frac{\overline{BC}}{2R}$$

$$=\frac{3}{2}\times\frac{1}{6}=\frac{1}{4}$$

$$\sin(\angle EAB)=\frac{\overline{BE}}{2R}=\frac{2\overline{BC}}{2R}=2\times\frac{\overline{BC}}{2R}$$

$$=2\times\frac{1}{6}=\frac{1}{3}$$

$$\sin(\angle FAB)=\frac{\overline{BF}}{2R}=\frac{\frac{7}{2}\overline{BC}}{2R}=\frac{7}{2}\times\frac{\overline{BC}}{2R}$$

$$=\frac{7}{2}\times\frac{1}{6}=\frac{7}{12}$$

$$\therefore \sin(\angle DAB)+\sin(\angle EAB)+\sin(\angle FAB)$$

$$=\frac{1}{4}+\frac{1}{3}+\frac{7}{12}=\frac{7}{6}$$

답 ②

195 두 원 C_1, C_2의 반지름의 길이를 각각 r_1, r_2라 하자.

삼각형 ABC에서 사인법칙에 의하여

$$\frac{\overline{AB}}{\sin(\angle ACB)}=2r_1$$

$$\frac{\overline{AB}}{\sin\frac{\pi}{4}}=2r_1 \qquad \therefore r_1=\frac{\overline{AB}}{\sqrt{2}}$$

원 C_2에서 호 AB에 대한 중심각의 크기는 $\angle AO_2B=\frac{\pi}{3}$이므로 다음 그림과 같이 원 C_2 위의 한 점 D에 대하여 호 AB에 대한 원주각의 크기는

$$\angle ADB=\frac{1}{2}\angle AO_2B=\frac{\pi}{6}$$

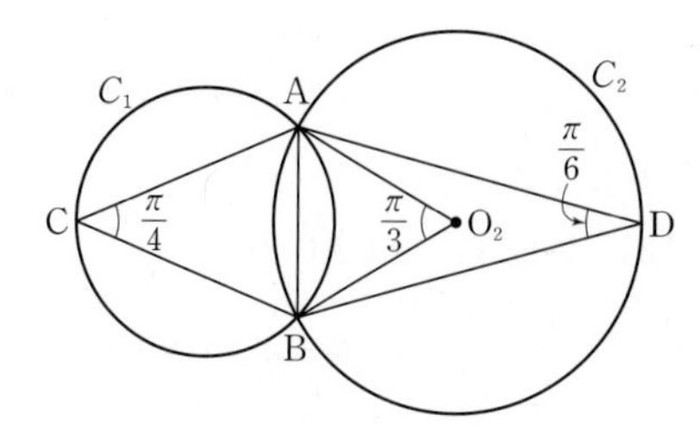

삼각형 ABD에서 사인법칙에 의하여

$$\frac{\overline{AB}}{\sin(\angle ADB)}=2r_2$$

$$\frac{\overline{AB}}{\sin\frac{\pi}{6}}=2r_2 \qquad \therefore r_2=\overline{AB}$$

$$\therefore \frac{S_2}{S_1}=\frac{\pi\times r_2^2}{\pi\times r_1^2}=\frac{\overline{AB}^2}{\left(\frac{\overline{AB}}{\sqrt{2}}\right)^2}=2$$

답 ②

다른풀이

$\triangle O_2AB$에서 $\overline{O_2A}=\overline{O_2B}$이므로

$\angle O_2AB=\angle O_2BA=\frac{\pi}{3}$

따라서 $\triangle O_2AB$는 정삼각형이므로 $r_2=\overline{AB}$

196 정삼각형 ABC의 한 변의 길이가 $6\sqrt{3}$이므로 꼭짓점 A에서 변 BC에 내린 수선의 발을 D라 하면

$$\overline{AD}=\frac{\sqrt{3}}{2}\times6\sqrt{3}=9$$

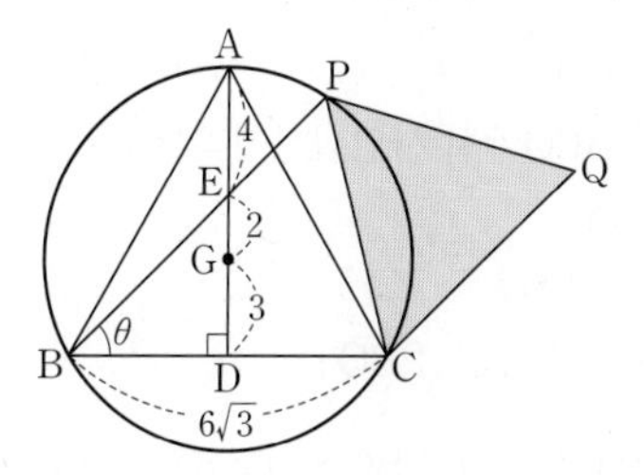

무게중심 G는 중선 AD를 2 : 1로 내분하는 점이므로 위의 그림과 같이 선분 AG를 2 : 1로 내분하는 점을 E라 하면

$\overline{AE}=4$, $\overline{EG}=2$, $\overline{GD}=3$

직각삼각형 EBD에서 $\overline{BD}=3\sqrt{3}$, $\overline{ED}=5$이므로

$$\overline{BE}=\sqrt{(3\sqrt{3})^2+5^2}=2\sqrt{13}$$

또, $\angle PBC=\theta$라 하면

$$\sin\theta=\frac{5}{2\sqrt{13}}$$

이때 주어진 원의 반지름의 길이는 $\overline{AG}=6$이므로 삼각형 PBC에서 사인법칙에 의하여

$$2\times6=\frac{\overline{PC}}{\sin\theta} \qquad \therefore \overline{PC}=12\times\sin\theta=\frac{30}{\sqrt{13}}$$

따라서 정삼각형 PCQ의 넓이는

$\frac{\sqrt{3}}{4}\overline{PC}^2=\frac{\sqrt{3}}{4}\times\left(\frac{30}{\sqrt{13}}\right)^2=\frac{225}{13}\sqrt{3}$

따라서 $p=13$, $q=225$이므로

$p+q=13+225=238$ 답 238

197 $\overline{BC}=a$, $\overline{CA}=b$, $\overline{AB}=c$라 하면 점 G는 삼각형 ABC의 무게중심이므로

$\triangle ABG=\triangle BCG=\triangle CAG$

즉, $\frac{1}{2}\times5\times c=\frac{1}{2}\times4\times a=\frac{1}{2}\times7\times b$에서

$\frac{5}{2}c=2a=\frac{7}{2}b$

이때 $a=\frac{7}{4}b$, $c=\frac{7}{5}b$이므로

$a:b:c=\frac{7}{4}b:b:\frac{7}{5}b=35:20:28$

$\therefore \sin A:\sin B:\sin C=a:b:c=35:20:28$

따라서 $\sin A=35k$, $\sin B=20k$, $\sin C=28k$ $(k>0)$라 하면

$\frac{\sin A\sin B}{\sin^2 C}=\frac{35k\times20k}{(28k)^2}=\frac{25}{28}$ 답 ②

198 다음 그림과 같이 네 점 B, P, D, Q는 지름이 선분 BD인 원 위의 점이다.

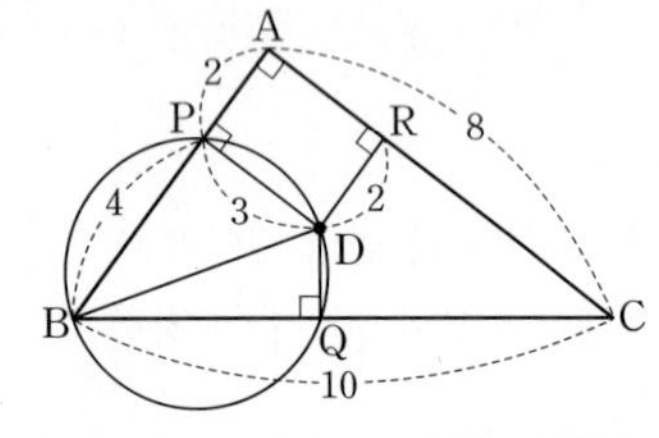

또, 직각삼각형 DPB에서 $\overline{DP}=3$, $\overline{BP}=\overline{AB}-\overline{AP}=4$이므로

$\overline{BD}=\sqrt{3^2+4^2}=5$

삼각형 BPQ에서 사인법칙에 의하여

$\frac{\overline{PQ}}{\sin(\angle PBQ)}=5$

$\therefore \overline{PQ}=5\sin(\angle PBQ)$

이때 직각삼각형 ABC에서 $\sin(\angle PBQ)=\frac{4}{5}$이므로

$\overline{PQ}=5\times\frac{4}{5}=4$ 답 ③

199 $\angle BAD=\theta$라 하면 $\angle ADB=\frac{\pi}{2}-\theta$이므로

$\angle CDE=\frac{\pi}{2}-\angle ADB=\theta$

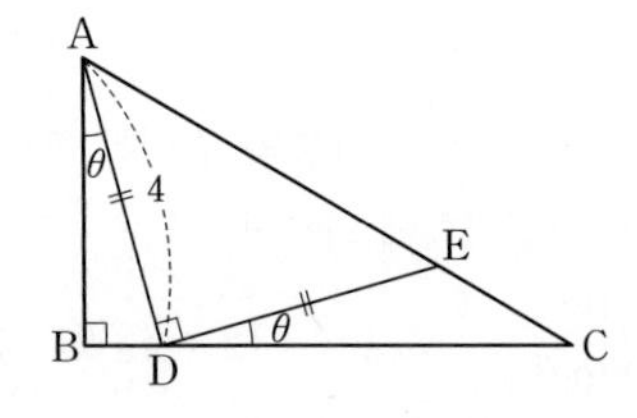

한편, 삼각형 ABD에서 $\overline{BD}=4\sin\theta$이므로

$\overline{CE}=8\sin\theta$

또, $\angle AED=\frac{\pi}{4}$이므로

$\angle CED=\frac{3}{4}\pi$

따라서 삼각형 CDE에서 사인법칙에 의하여

$\frac{\overline{CD}}{\sin\frac{3}{4}\pi}=\frac{\overline{CE}}{\sin\theta}$

$\frac{\overline{CD}}{\frac{\sqrt{2}}{2}}=\frac{8\sin\theta}{\sin\theta}$

$\therefore \overline{CD}=8\times\frac{\sqrt{2}}{2}=4\sqrt{2}$ 답 $4\sqrt{2}$

200 삼각형 ABC의 외접원의 반지름의 길이를 R라 하면 사인법칙에 의하여

$\sin A=\frac{a}{2R}$, $\sin B=\frac{b}{2R}$, $\sin C=\frac{c}{2R}$

이를 주어진 식에 대입하면

$\frac{a^2+b^2+c^2}{\frac{a^2}{4R^2}+\frac{b^2}{4R^2}+\frac{c^2}{4R^2}}=16$

$4R^2=16$, $R^2=4$

$\therefore R=2$ $(\because R>0)$

그런데 삼각형에서 변의 길이는 외접원의 지름의 길이보다 길 수 없으므로

$a\le2R=4$

따라서 a의 최댓값은 4이다. 답 ④

201 삼각형 ABC의 외접원의 반지름의 길이를 R라 하면 사인법칙에 의하여

$\sin A=\frac{a}{2R}$, $\sin B=\frac{b}{2R}$, $\sin C=\frac{c}{2R}$

ㄱ. $\sin A=\sin B$이면

$a=b$

따라서 삼각형 ABC는 $a=b$인 이등변삼각형이다.

ㄴ. $\frac{a}{\sin B}=\frac{b}{\sin A}$이면

$a\times\frac{2R}{b}=b\times\frac{2R}{a}$

$a^2=b^2$

$\therefore a=b$

따라서 삼각형 ABC는 $a=b$인 이등변삼각형이다.

ㄷ. $a\sin A-b\sin B+c\sin C=0$이면

$a\times\frac{a}{2R}-b\times\frac{b}{2R}+c\times\frac{c}{2R}=0$

$\therefore a^2+c^2=b^2$

따라서 삼각형 ABC는 빗변의 길이가 b인 직각삼각형이다.

따라서 $a=b$인 이등변삼각형인 것은 ㄱ, ㄴ이다. 답 ③

202 삼각형 BDE에서 $\angle BDE=67^\circ-22^\circ=45^\circ$이므로 사인법칙에 의하여

$\dfrac{\overline{DE}}{\sin 22^\circ}=\dfrac{20}{\sin 45^\circ}$ $\quad\therefore \overline{DE}=20\sqrt{2}\times\sin 22^\circ$

직각삼각형 DEC에서

$\overline{CD}=\overline{DE}\times\sin 67^\circ$

$=20\sqrt{2}\times\sin 22^\circ\times\sin 67^\circ$

$=20\times1.4\times0.4\times0.9=10.08$

$\therefore \overline{AB}=\overline{CD}=10.08$

답 ⑤

203 삼각형 ABC에서

$\angle BAC=180^\circ-(75^\circ+45^\circ)=60^\circ$

$\overline{BC}=6$이므로 사인법칙에 의하여

$\dfrac{\overline{AB}}{\sin 45^\circ}=\dfrac{6}{\sin 60^\circ}$

$\therefore \overline{AB}=6\times\dfrac{2}{\sqrt{3}}\times\dfrac{\sqrt{2}}{2}=2\sqrt{6}$

따라서 삼각형 PAB에서 $\angle PAB=90^\circ$이므로

$\overline{PA}=\overline{AB}\times\tan 30^\circ=2\sqrt{6}\times\dfrac{1}{\sqrt{3}}=2\sqrt{2}$

답 ①

204

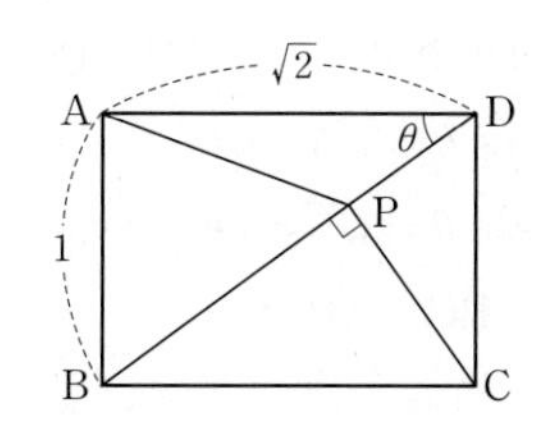

직각삼각형 ABD에서 $\overline{BD}=\sqrt{1^2+(\sqrt{2})^2}=\sqrt{3}$

$\angle ADB=\theta$라 하면

$\cos\theta=\dfrac{\sqrt{2}}{\sqrt{3}}$, $\angle PDC=\dfrac{\pi}{2}-\theta$

$\therefore \overline{PD}=\overline{CD}\times\cos\left(\dfrac{\pi}{2}-\theta\right)=\sin\theta=\sqrt{1-\left(\dfrac{\sqrt{2}}{\sqrt{3}}\right)^2}=\dfrac{1}{\sqrt{3}}$

삼각형 APD에서 코사인법칙에 의하여

$\overline{AP}^2=\overline{AD}^2+\overline{PD}^2-2\overline{AD}\times\overline{PD}\times\cos\theta$

$=2+\dfrac{1}{3}-2\times\sqrt{2}\times\dfrac{1}{\sqrt{3}}\times\dfrac{\sqrt{2}}{\sqrt{3}}=1$

$\therefore \overline{AP}=1$ ($\because \overline{AP}>0$)

답 ①

205 $\cos(\angle BAC)=-\dfrac{2}{5}<0$에서 $\angle BAC>\dfrac{\pi}{2}$이므로 x, y, z 중 y가 가장 크다.

$(y-x):(y-z):(z-x)=2:1:1$에서 $y-x=2k$ $(k>0)$라 하면

$y-z=k$, $z-x=k$

즉, $y=z+k$, $x=z-k$이므로 삼각형 ABC에서 코사인법칙에 의하여

$(z+k)^2=(z-k)^2+z^2-2z(z-k)\cos(\angle BAC)$

$z^2+2kz+k^2=z^2-2kz+k^2+z^2+\dfrac{4}{5}z^2-\dfrac{4}{5}zk$

$\dfrac{9}{5}z^2-\dfrac{24}{5}kz=0$, $z(3z-8k)=0$

$z>0$, $k>0$이므로 $z=\dfrac{8}{3}k$

$\therefore x=\dfrac{5}{3}k$, $y=\dfrac{11}{3}k$

$\therefore \dfrac{xy+yz+zx}{(x-z)^2}=\dfrac{\dfrac{55}{9}k^2+\dfrac{88}{9}k^2+\dfrac{40}{9}k^2}{k^2}$

$=\dfrac{183}{9}=\dfrac{61}{3}$

답 ①

206 세 원 O_1, O_2, O_3의 반지름의 길이를 각각 r_1, r_2, r_3 $(r_1<r_2<r_3)$이라 하면 삼각형 $O_1O_2O_3$의 둘레의 길이가 30이므로

$2(r_1+r_2+r_3)=30$

$\therefore r_1+r_2+r_3=15$ $\quad\cdots\cdots$ ㉠

또, 삼각형 $O_1O_2O_3$의 넓이가 30이므로

$\dfrac{1}{2}(r_1+r_2)(r_1+r_3)=30$

$r_1^2+r_1r_2+r_1r_3+r_2r_3=60$

$r_1(r_1+r_2+r_3)+r_2r_3=60$

$\therefore 15r_1+r_2r_3=60$ ($\because$ ㉠) $\quad\cdots\cdots$ ㉡

한편, 삼각형 $O_1O_2O_3$이 직각삼각형이므로

$(r_2+r_3)^2=(r_1+r_2)^2+(r_1+r_3)^2$

$r_1^2+r_1r_2+r_1r_3-r_2r_3=0$

$r_1(r_1+r_2+r_3)-r_2r_3=0$

$\therefore 15r_1=r_2r_3$ ($\because$ ㉠) $\quad\cdots\cdots$ ㉢

㉡, ㉢을 연립하여 풀면

$r_1=2$, $r_2r_3=30$

$r_1=2$를 ㉠에 대입하면

$r_2+r_3=13$

$\therefore r_2=3$, $r_3=10$ ($\because r_3>r_2$)

직각삼각형 $O_1O_2O_3$에서

$\cos(\angle O_1O_2O_3)=\dfrac{r_1+r_2}{r_2+r_3}=\dfrac{5}{13}$

따라서 삼각형 O_1O_2T에서 코사인법칙에 의하여

$\overline{O_1T}^2=(2+3)^2+3^2-2\times(2+3)\times3\times\dfrac{5}{13}$

$=\dfrac{292}{13}$

답 ①

207 삼각형 ABC에서 코사인법칙에 의하여

$\cos B=\dfrac{3^2+10^2-8^2}{2\times3\times10}=\dfrac{3}{4}$ $\quad\cdots\cdots$ ㉠

또, 선분 BC를 $3:2$로 내분하는 점이 D이므로

$\overline{BD}=6$

삼각형 ABD에서 코사인법칙에 의하여

$\overline{AD}^2=3^2+6^2-2\times3\times6\cos B=18$ ($\because$ ㉠)

$\therefore \overline{AD}=3\sqrt{2}$ ($\because \overline{AD}>0$)

답 ⑤

208 $\angle BAD=\angle CAD$이므로

$\overline{BD}:\overline{CD}=\overline{AB}:\overline{AC}=2:1$

$\overline{BD}+\overline{CD}=9$이므로

$\overline{BD}=6$, $\overline{CD}=3$

삼각형 ABC에서 코사인법칙에 의하여

$\cos B=\dfrac{10^2+9^2-5^2}{2\times10\times9}=\dfrac{13}{15}$ ...... ㉠

삼각형 ABD에서 코사인법칙에 의하여

$\overline{AD}^2=10^2+6^2-2\times10\times6\cos B=32$ ($\because$ ㉠)

$\therefore \overline{AD}=4\sqrt{2}$ ($\because \overline{AD}>0$)

답 ①

209 $\overline{AB}=\overline{AD}=6$이므로

$\overline{BD}=6\sqrt{2}$

삼각형 BPD는 $\overline{BP}=\overline{DP}$인 이등변삼각형이므로 $\overline{BP}=\overline{DP}=x$라 하면 삼각형 BPD에서 코사인법칙에 의하여

$\cos\theta=\dfrac{x^2+x^2-(6\sqrt{2})^2}{2\times x\times x}$

$=\dfrac{2x^2-72}{2x^2}=1-\dfrac{36}{x^2}$ ...... ㉠

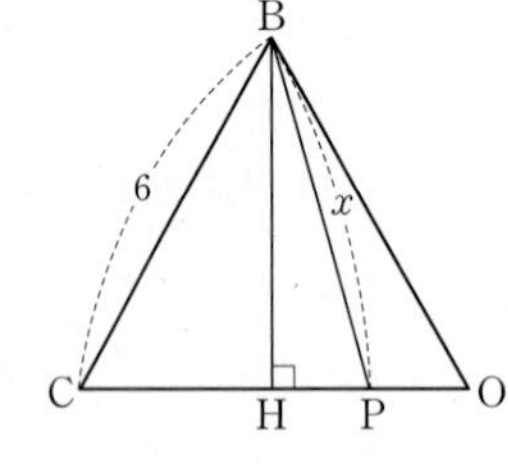

이때 삼각형 BCO는 한 변의 길이가 6인 정삼각형이므로 점 B에서 선분 CO에 내린 수선의 발을 H라 하면 x의 값은 점 P가 점 C 또는 점 O에 위치할 때 최댓값 6을 갖고, 점 H에 위치할 때 최솟값 $6\times\dfrac{\sqrt{3}}{2}=3\sqrt{3}$을 갖는다.

즉, $3\sqrt{3}\le x\le 6$이므로 ㉠에서

$-\dfrac{1}{3}\le\cos\theta\le 0$

따라서 $M=0$, $m=-\dfrac{1}{3}$이므로

$M+m=0+\left(-\dfrac{1}{3}\right)=-\dfrac{1}{3}$

답 ⑤

210 삼각형 ABC에서 코사인법칙에 의하여

$\cos A=\dfrac{3^2+4^2-a^2}{2\times3\times4}=\dfrac{25-a^2}{24}$

$1<a\le\sqrt{13}$일 때, $\dfrac{1}{2}\le\dfrac{25-a^2}{24}<1$이므로

$\dfrac{1}{2}\le\cos A<1$

$\therefore 0^\circ<A\le 60^\circ$ ($\because 0^\circ<A<180^\circ$)

따라서 $\angle A$의 최댓값은 60°이다.

답 60°

211 $\overline{BD}=\sqrt{3}a$ $(a>0)$라 하면 삼각형 ODB가 직각삼각형이고

$\angle BOD=\dfrac{\pi}{3}$이므로

$\overline{OB}=2a$, $\overline{OD}=a$

이때

$\angle ABD=\dfrac{\pi}{2}-\dfrac{\pi}{3}=\dfrac{\pi}{6}$, $\overline{AB}=2\overline{OB}=2\times2a=4a$

이므로 삼각형 ADB에서 코사인법칙에 의하여

$\overline{AD}^2=(4a)^2+(\sqrt{3}a)^2-2\times4a\times\sqrt{3}a\times\cos\dfrac{\pi}{6}$

$=16a^2+3a^2-2\times4a\times\sqrt{3}a\times\dfrac{\sqrt{3}}{2}=7a^2$

$\therefore \overline{AD}=\sqrt{7}a$ ($\because \overline{AD}>0$)

또, 삼각형 ADB에서 코사인법칙에 의하여

$\cos\theta=\dfrac{(4a)^2+(\sqrt{7}a)^2-(\sqrt{3}a)^2}{2\times4a\times\sqrt{7}a}$

$=\dfrac{16a^2+7a^2-3a^2}{8\sqrt{7}a^2}$

$=\dfrac{5}{2\sqrt{7}}$

$\therefore \sin\theta=\sqrt{1-\left(\dfrac{5}{2\sqrt{7}}\right)^2}$

$=\dfrac{\sqrt{3}}{2\sqrt{7}}=\dfrac{\sqrt{21}}{14}$

답 $\dfrac{\sqrt{21}}{14}$

212 $\angle ACB=\theta$라 하면 직각삼각형 ABC에서

$\overline{BC}=\overline{AC}\cos\theta=3\sqrt{5}\cos\theta$

$\overline{AB}=\overline{AC}\sin\theta=3\sqrt{5}\sin\theta$

$\sqrt{30}\times\overline{BD}=\overline{BC}\times\overline{AB}$에서

$\overline{BD}=\dfrac{1}{\sqrt{30}}\times3\sqrt{5}\cos\theta\times3\sqrt{5}\sin\theta$

$=\dfrac{3\sqrt{30}}{2}\sin\theta\cos\theta$

삼각형 ABD에서 $\overline{AB}=\overline{AD}$, $\angle CAB=\dfrac{\pi}{2}-\theta$이므로 코사인법칙에 의하여

$\cos\left(\dfrac{\pi}{2}-\theta\right)$

$=\dfrac{(3\sqrt{5}\sin\theta)^2+(3\sqrt{5}\sin\theta)^2-\left(\dfrac{3\sqrt{30}}{2}\sin\theta\cos\theta\right)^2}{2\times(3\sqrt{5}\sin\theta)^2}$

$=\dfrac{45\sin^2\theta+45\sin^2\theta-\dfrac{135}{2}\sin^2\theta\cos^2\theta}{90\sin^2\theta}$

$=1-\dfrac{3}{4}\cos^2\theta$ ($\because \sin\theta\neq0$)

이때 $\cos\left(\dfrac{\pi}{2}-\theta\right)=\sin\theta$, $\cos^2\theta=1-\sin^2\theta$이므로

$\sin\theta=1-\dfrac{3}{4}(1-\sin^2\theta)$

$3\sin^2\theta-4\sin\theta+1=0$

$(3\sin\theta-1)(\sin\theta-1)=0$

$\therefore \sin\theta=\dfrac{1}{3}$ $\left(\because 0<\theta<\dfrac{\pi}{2}\right)$

$\therefore \sin(\angle ACB)=\dfrac{1}{3}$

답 $\dfrac{1}{3}$

213 삼각형 ABG에서 $\angle ABG=\frac{\pi}{2}$, $\angle AGB=\frac{\pi}{4}$이므로

$\overline{AG}=4\sqrt{2}$, $\overline{BG}=4$

삼각형 GHC에서 $\angle GHC=\frac{\pi}{2}$이므로

$\sin(\angle CGH)=\frac{\overline{CH}}{\overline{GC}}=\frac{\overline{BG}}{\overline{GC}}$, 즉 $\frac{2\sqrt{13}}{13}=\frac{4}{\overline{GC}}$

$\therefore \overline{GC}=2\sqrt{13}$

삼각형 AGC에서 코사인법칙에 의하여

$\cos(\angle CAG)=\frac{(4\sqrt{2})^2+6^2-(2\sqrt{13})^2}{2\times 4\sqrt{2}\times 6}=\frac{16}{48\sqrt{2}}=\frac{1}{3\sqrt{2}}$

$\therefore \sin(\angle CAG)=\sqrt{1-\left(\frac{1}{3\sqrt{2}}\right)^2}=\frac{\sqrt{17}}{3\sqrt{2}}$

따라서 삼각형 AGC의 넓이는

$\frac{1}{2}\times 4\sqrt{2}\times 6\times\frac{\sqrt{17}}{3\sqrt{2}}=4\sqrt{17}$

답 $4\sqrt{17}$

214 삼각형 ABC의 외접원의 반지름의 길이를 R라 하면 사인법칙에 의하여

$\sin A=\frac{a}{2R}$, $\sin B=\frac{b}{2R}$, $\sin C=\frac{c}{2R}$

이를 주어진 식에 대입하면

$\frac{3\sqrt{5}a}{2R}=\frac{\sqrt{10}b}{2R}=\frac{3\sqrt{2}c}{2R}$

따라서 $a=2k$, $b=3\sqrt{2}k$, $c=\sqrt{10}k$ $(k>0)$라 하면 삼각형 ABC에서 코사인법칙에 의하여

$\cos(\angle ACB)=\frac{(2k)^2+(3\sqrt{2}k)^2-(\sqrt{10}k)^2}{2\times 2k\times 3\sqrt{2}k}=\frac{\sqrt{2}}{2}$

이때 $0<\angle ACB<\pi$이므로

$\angle ACB=\frac{\pi}{4}$

답 $\frac{\pi}{4}$

215 $\angle BCD=\theta$ $(0<\theta<\pi)$라 하면 $\cos\theta=\frac{4}{5}$

$\overline{BD}=x$라 하면 $\angle BAD=\pi-\theta$이므로 삼각형 ABD에서 코사인법칙에 의하여

$x^2=3^2+10^2-2\times 3\times 10\cos(\pi-\theta)$

$=109+60\cos\theta$

$=109+60\times\frac{4}{5}$

$=157$

$\therefore x=\sqrt{157}$ $(\because x>0)$

이때 $\cos\theta=\frac{4}{5}$이므로

$\sin\theta=\sqrt{1-\left(\frac{4}{5}\right)^2}=\frac{3}{5}$

삼각형 BCD의 외접원의 반지름의 길이를 R라 하면 사인법칙에 의하여

$\frac{\overline{BD}}{\sin\theta}=2R$

$\therefore R=\frac{1}{2}\times\sqrt{157}\times\frac{5}{3}=\frac{5\sqrt{157}}{6}$

따라서 구하는 원의 넓이는 $\left(\frac{5\sqrt{157}}{6}\right)^2\pi=\frac{25\times 157}{36}\pi$이므로

$a=\frac{25\times 157}{36}$

$\therefore \frac{a}{157}=\frac{25}{36}$

답 $\frac{25}{36}$

216 삼각형 ABC에서 코사인법칙에 의하여

$\overline{BC}^2=\overline{AB}^2+\overline{AC}^2-2\times\overline{AB}\times\overline{AC}\cos\frac{2}{3}\pi$

$=4^2+2^2-2\times 4\times 2\times\left(-\frac{1}{2}\right)=28$

$\therefore \overline{BC}=2\sqrt{7}$ $(\because \overline{BC}>0)$

삼각형 ABC의 외접원 O의 반지름의 길이를 R라 하면 사인법칙에 의하여

$2R=\frac{\overline{BC}}{\sin(\angle BAC)}=\frac{2\sqrt{7}}{\sin\frac{2}{3}\pi}=\frac{4\sqrt{7}}{\sqrt{3}}$

$\therefore \overline{DE}=\frac{4\sqrt{7}}{\sqrt{3}}$

선분 DE가 원의 지름이므로 $\angle EAD=\frac{\pi}{2}$이고, 선분 AD가 $\angle A$를 이등분하므로

$\angle BAD=\angle CAD=\frac{\pi}{3}$

$\therefore \angle EAB=\frac{\pi}{2}-\frac{\pi}{3}=\frac{\pi}{6}$

삼각형 AEB에서 사인법칙에 의하여

$\overline{BE}=2R\sin(\angle EAB)=2R\sin\frac{\pi}{6}$

$=\frac{4\sqrt{7}}{\sqrt{3}}\times\frac{1}{2}=\frac{2\sqrt{7}}{\sqrt{3}}$

따라서 삼각형 AEB에서 코사인법칙에 의하여

$\overline{BE}^2=\overline{AE}^2+\overline{AB}^2-2\times\overline{AE}\times\overline{AB}\cos\frac{\pi}{6}$

$\left(\frac{2\sqrt{7}}{\sqrt{3}}\right)^2=\overline{AE}^2+4^2-2\times\overline{AE}\times 4\times\frac{\sqrt{3}}{2}$

$\overline{AE}^2-4\sqrt{3}\,\overline{AE}+\frac{20}{3}=0$, $3\overline{AE}^2-12\sqrt{3}\,\overline{AE}+20=0$

$(\sqrt{3}\,\overline{AE}-2)(\sqrt{3}\,\overline{AE}-10)=0$

$\therefore \overline{AE}=\frac{2}{\sqrt{3}}$ 또는 $\overline{AE}=\frac{10}{\sqrt{3}}$ …… ㉠

직각삼각형 AED에서 $\overline{DE}=\frac{4\sqrt{7}}{\sqrt{3}}$이므로

$\overline{AD}=\sqrt{\left(\frac{4\sqrt{7}}{\sqrt{3}}\right)^2-\overline{AE}^2}$

㉠에서 $\overline{AE}=\frac{2}{\sqrt{3}}$이면 $\overline{AD}=6$, $\overline{AE}=\frac{10}{\sqrt{3}}$이면 $\overline{AD}=2$

$\overline{AE}<\overline{AD}$이므로

$\overline{AE}=\frac{2}{\sqrt{3}}=\frac{2\sqrt{3}}{3}$

답 $\frac{2\sqrt{3}}{3}$

217 삼각형 ABC의 외접원의 반지름의 길이를 R라 하면 사인법칙에 의하여

$\sin A=\frac{a}{2R}$, $\sin B=\frac{b}{2R}$, $\sin C=\frac{c}{2R}$

삼각형 ABC에서 코사인법칙에 의하여

$\cos A=\frac{b^2+c^2-a^2}{2bc}$,

$\cos B=\frac{c^2+a^2-b^2}{2ca}$,

$\cos C=\frac{a^2+b^2-c^2}{2ab}$

따라서 $\tan A : \tan B : \tan C=4 : 7 : 21$에서

$\frac{\sin A}{\cos A} : \frac{\sin B}{\cos B} : \frac{\sin C}{\cos C}$

$=\frac{\frac{a}{2R}}{\frac{b^2+c^2-a^2}{2bc}} : \frac{\frac{b}{2R}}{\frac{c^2+a^2-b^2}{2ca}} : \frac{\frac{c}{2R}}{\frac{a^2+b^2-c^2}{2ab}}$

$=\frac{1}{b^2+c^2-a^2} : \frac{1}{c^2+a^2-b^2} : \frac{1}{a^2+b^2-c^2}$

$=4 : 7 : 21$

이므로

$(b^2+c^2-a^2) : (c^2+a^2-b^2) : (a^2+b^2-c^2)$

$=\frac{1}{4} : \frac{1}{7} : \frac{1}{21}=21 : 12 : 4$

$b^2+c^2-a^2=21k$, $c^2+a^2-b^2=12k$, $a^2+b^2-c^2=4k$ $(k>0)$

라 하고, 세 식의 양변을 각각 더하면

$a^2+b^2+c^2=37k$

$\therefore a^2=8k,\ b^2=\frac{25}{2}k,\ c^2=\frac{33}{2}k$

$\therefore \sin^2 A : \sin^2 B : \sin^2 C=a^2 : b^2 : c^2$

$=8 : \frac{25}{2} : \frac{33}{2}$

$=16 : 25 : 33$

따라서 $l=16$, $m=25$, $n=33$이므로

$l+m+n=16+25+33=74$ 답 74

218 삼각형 ABC의 외접원의 반지름의 길이를 R라 하면 사인법칙에 의하여

$\sin A=\frac{a}{2R}$, $\sin B=\frac{b}{2R}$ ...... ㉠

또, 삼각형 ABC에서 코사인법칙에 의하여

$\cos A=\frac{b^2+c^2-a^2}{2bc}$, $\cos B=\frac{c^2+a^2-b^2}{2ca}$ ...... ㉡

㉠, ㉡을 $b^2\sin A\cos B=a^2\sin B\cos A$에 대입하면

$b^2\times\frac{a}{2R}\times\frac{c^2+a^2-b^2}{2ca}=a^2\times\frac{b}{2R}\times\frac{b^2+c^2-a^2}{2bc}$

$b^2(c^2+a^2-b^2)=a^2(b^2+c^2-a^2)$

$a^2b^2+b^2c^2-b^4=a^2b^2+a^2c^2-a^4$

$a^4-b^4-a^2c^2+b^2c^2=0$

$(a^2+b^2)(a^2-b^2)-c^2(a^2-b^2)=0$

$(a^2+b^2-c^2)(a^2-b^2)=0$

$(a^2+b^2-c^2)(a+b)(a-b)=0$

$\therefore a^2+b^2=c^2$ 또는 $a=b$ $(\because a\neq -b)$

따라서 $C=90^\circ$인 직각삼각형 또는 $a=b$인 이등변삼각형이므로 삼각형 ABC가 될 수 있는 것은 ㄷ, ㄹ이다. 답 ④

219 삼각형 ABC의 외접원의 반지름의 길이를 R라 하면 사인법칙에 의하여

$\sin A=\frac{a}{2R}$, $\sin B=\frac{b}{2R}$, $\sin C=\frac{c}{2R}$ ...... ㉠

㉠을 $a\sin^2 A+b\sin^2 B+c\sin^2 C=3a\sin B\sin C$에 대입하면

$a\times\left(\frac{a}{2R}\right)^2+b\times\left(\frac{b}{2R}\right)^2+c\times\left(\frac{c}{2R}\right)^2=3a\times\frac{b}{2R}\times\frac{c}{2R}$

$a^3+b^3+c^3=3abc$

$a^3+b^3+c^3-3abc=0$

$(a+b+c)(a^2+b^2+c^2-ab-bc-ca)=0$

$(a+b+c)\times\frac{1}{2}\{(a-b)^2+(b-c)^2+(c-a)^2\}=0$

$(a-b)^2+(b-c)^2+(c-a)^2=0$ $(\because a+b+c\neq 0)$

$\therefore a=b=c$

따라서 삼각형 ABC는 정삼각형이다. 답 ③

220 삼각형 ABC의 외접원의 반지름의 길이를 R라 하면 사인법칙에 의하여

$\sin B=\frac{b}{2R}$, $\sin C=\frac{c}{2R}$ ...... ㉠

또, 삼각형 ABC에서 코사인법칙에 의하여

$\cos A=\frac{b^2+c^2-a^2}{2bc}$ ...... ㉡

㉠, ㉡을 $4\cos A\sin C=(k-1)\sin B$에 대입하면

$4\times\frac{b^2+c^2-a^2}{2bc}\times\frac{c}{2R}=(k-1)\times\frac{b}{2R}$

$\therefore b^2+c^2-a^2=\frac{k-1}{2}\times b^2$ ...... ㉢

이때 $\overline{AB}>\overline{CA}$이므로

$\angle B\neq 90^\circ$

(i) $\angle C=90^\circ$, 즉 $a^2+b^2=c^2$이면 $c^2-a^2=b^2$이므로 ㉢에서

$2b^2=\frac{k-1}{2}\times b^2$

$4=k-1$

$\therefore k=5$

(ii) $\angle A=90^\circ$, 즉 $b^2+c^2=a^2$이면 ㉢에서

$0=\frac{k-1}{2}\times b^2$

$\therefore k=1$ $(\because b\neq 0)$

(i), (ii)에 의하여

$k=1$ 또는 $k=5$

따라서 k의 값의 곱은 5이다. 답 ⑤

221 원뿔의 전개도는 오른쪽 그림과 같다.

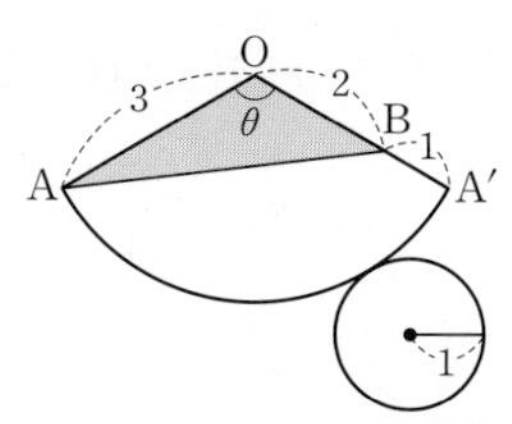

옆면인 부채꼴의 중심각의 크기를 θ라 하면 밑면인 원의 반지름의 길이가 1이므로

$3\theta=2\pi \qquad \therefore \theta=\frac{2}{3}\pi$

등산로의 최단 거리는 선분 AB의 길이와 같으므로 삼각형 AOB에서 코사인법칙에 의하여

$l^2=3^2+2^2-2\times3\times2\cos\frac{2}{3}\pi$

$=9+4+6=19$

답 19

222 주어진 직육면체의 전개도에서 최단 거리는 다음 그림에서 직사각형 ABGH의 대각선의 길이와 같다.

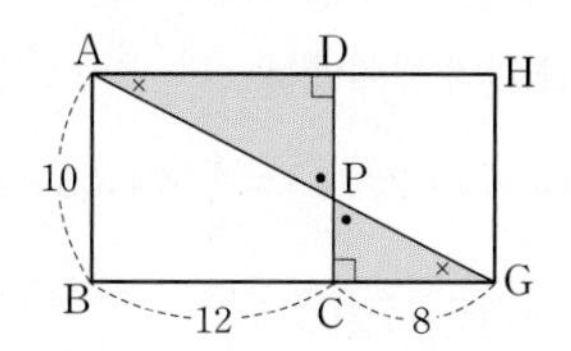

두 삼각형 ADP와 GCP는 서로 닮음이고

$\overline{AD}:\overline{GC}=12:8=3:2$이므로 $\overline{CD}=10$에서

$\overline{DP}=6$, $\overline{CP}=4$

$\therefore \overline{AP}=\sqrt{12^2+6^2}=6\sqrt{5}$, $\overline{PG}=\sqrt{8^2+4^2}=4\sqrt{5}$

한편, 직육면체의 대각선의 길이는

$\overline{AG}=\sqrt{8^2+10^2+12^2}=2\sqrt{77}$

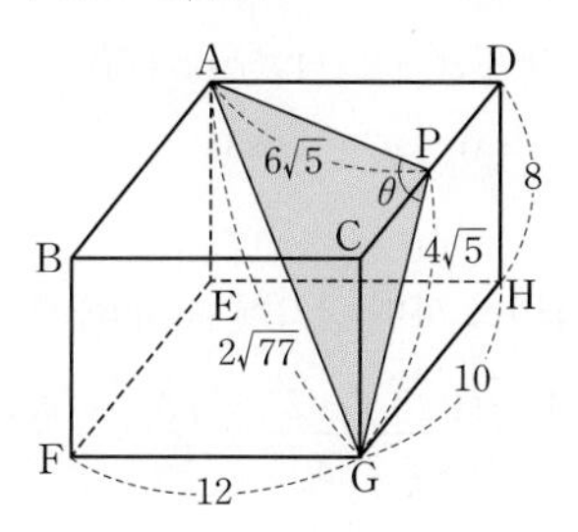

위의 그림과 같이 삼각형 APG에서 코사인법칙에 의하여

$\cos\theta=\frac{(6\sqrt{5})^2+(4\sqrt{5})^2-(2\sqrt{77})^2}{2\times6\sqrt{5}\times4\sqrt{5}}$

$=-\frac{48}{48\times5}=-\frac{1}{5}$

따라서 $p=5$, $q=1$이므로

$p+q=5+1=6$

답 6

223 $\overline{PB}=340\times2(\text{m})$, $\overline{PC}=340\times3(\text{m})$이므로 $k=340(\text{m})$라 하면

$\overline{PB}=2k$, $\overline{PC}=3k$, $\overline{BC}=2k$, $\overline{CD}=k$

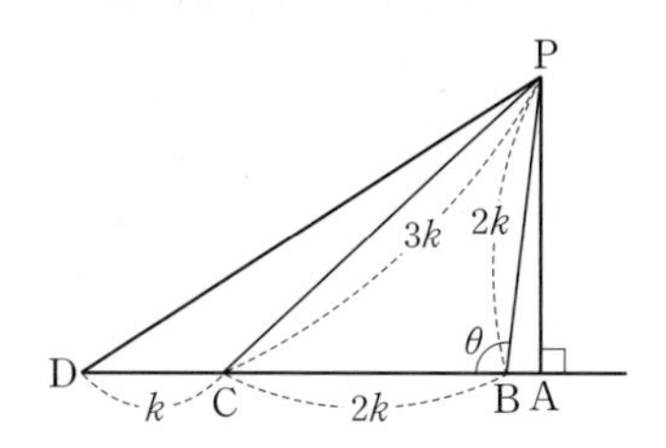

그림에서 $\angle PBC=\theta$라 하면 삼각형 PCB에서 코사인법칙에 의하여

$\cos\theta=\frac{(2k)^2+(2k)^2-(3k)^2}{2\times2k\times2k}=-\frac{1}{8}$

또, 삼각형 PDB에서 코사인법칙에 의하여

$\overline{PD}^2=(2k)^2+(3k)^2-2\times2k\times3k\cos\theta$

$=13k^2-12k^2\times\left(-\frac{1}{8}\right)=\frac{29}{2}k^2$

$\therefore \overline{PD}=\frac{\sqrt{29}}{\sqrt{2}}k=\frac{\sqrt{58}}{2}\times340=170\sqrt{58}(\text{m})$

답 ①

224 영희와 철수가 동시에 출발한 지 t초 후 두 선분 OP, BQ의 길이는

$\overline{OP}=2t$, $\overline{BQ}=t$

이때 $\overline{OQ}=30-t$이므로 $2\overline{OP}=\overline{OQ}$에서

$2\times2t=30-t \qquad \therefore t=6$

즉, $\overline{OP}=12$, $\overline{OQ}=24$이므로 삼각형 POQ에서 코사인법칙에 의하여

$\overline{PQ}^2=12^2+24^2-2\times12\times24\cos60^\circ$

$=432$

$\therefore \overline{PQ}=12\sqrt{3}(\text{m})$

답 $12\sqrt{3}$ m

225 삼각형 ABC의 세 변 AB, BC, CA를 1 : 3으로 내분하는 점이 각각 D, E, F이므로

$\overline{AD}=\frac{c}{4}$, $\overline{DB}=\frac{3}{4}c$,

$\overline{BE}=\frac{a}{4}$, $\overline{EC}=\frac{3}{4}a$,

$\overline{CF}=\frac{b}{4}$, $\overline{FA}=\frac{3}{4}b$

삼각형 ABC의 넓이를 S라 하면

$S=\frac{1}{2}bc\sin A=\frac{1}{2}ca\sin B=\frac{1}{2}ab\sin C$이므로

$\triangle ADF=\frac{1}{2}\times\frac{c}{4}\times\frac{3}{4}b\times\sin A$

$=\frac{3}{32}bc\sin A=\frac{3}{16}S$

$\triangle BED=\frac{1}{2}\times\frac{a}{4}\times\frac{3}{4}c\times\sin B$

$=\frac{3}{32}ca\sin B=\frac{3}{16}S$

$\triangle CEF=\frac{1}{2}\times\frac{b}{4}\times\frac{3}{4}a\times\sin C$

$=\frac{3}{32}ab\sin C=\frac{3}{16}S$

이때 삼각형 DEF의 넓이는 삼각형 ABC의 넓이에서 세 삼각형 ADF, BED, CEF의 넓이를 뺀 것과 같으므로

$\triangle DEF=S-3\times\frac{3}{16}S=\frac{7}{16}S$

$\therefore \triangle ABC:\triangle DEF=S:\frac{7}{16}S$

$=16:7$

답 ③

226 $\overline{BD}=\frac{5}{3}\overline{AB}$, $\overline{BE}=\frac{1}{2}\overline{BC}$이므로

$$\triangle DBE=\frac{1}{2}\times\overline{BD}\times\overline{BE}\sin B$$
$$=\frac{1}{2}\times\frac{5}{3}\overline{AB}\times\frac{1}{2}\overline{BC}\sin B$$
$$=\frac{5}{6}\left(\frac{1}{2}\times\overline{AB}\times\overline{BC}\sin B\right)$$
$$=\frac{5}{6}\triangle ABC$$

$\therefore k=\frac{5}{6}$ 　　답 $\frac{5}{6}$

227 $\overline{DF}=x$라 하면

$\overline{AD}=x$, $\overline{BD}=8\sqrt{3}-x$

직각삼각형 DBF에서

$(8\sqrt{3}-x)^2+4^2=x^2$

$192-16\sqrt{3}x+x^2+16=x^2$

$16\sqrt{3}x=208$ 　　$\therefore x=\frac{13\sqrt{3}}{3}$

$\overline{AC}=16$이므로 $\overline{EF}=y$라 하면

$\overline{AE}=y$, $\overline{CE}=16-y$

삼각형 CEF에서 코사인법칙에 의하여

$y^2=(16-y)^2+4^2-2\times(16-y)\times4\cos60^\circ$

$y^2=256-32y+y^2+16-64+4y$

$28y=208$ 　　$\therefore y=\frac{52}{7}$

삼각형 DFE의 넓이는

$$\frac{1}{2}\times\overline{DF}\times\overline{EF}\times\sin30^\circ=\frac{1}{2}\times\frac{13\sqrt{3}}{3}\times\frac{52}{7}\times\frac{1}{2}$$
$$=\frac{169\sqrt{3}}{21}$$

답 $\frac{169\sqrt{3}}{21}$

228 삼각형 ABD에서 코사인법칙에 의하여

$\overline{BD}^2=1^2+4^2-2\times1\times4\cos\frac{2}{3}\pi=21$

$\therefore \overline{BD}=\sqrt{21}$ ($\because \overline{BD}>0$)

다음 그림과 같이 점 A와 점 D에서 선분 BC에 내린 수선의 발을 각각 E, F라 하자.

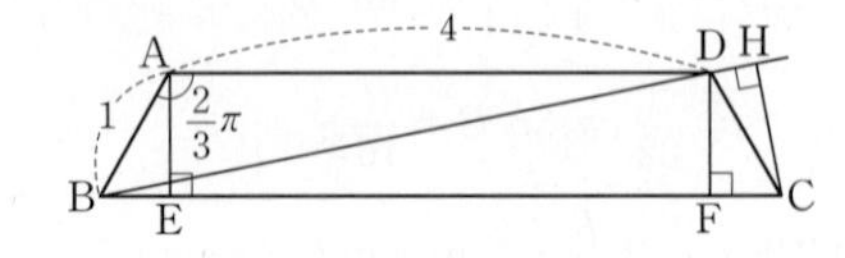

$\angle BAE=\frac{2}{3}\pi-\frac{\pi}{2}=\frac{\pi}{6}$이므로 삼각형 ABE에서

$\overline{BE}=\overline{AB}\sin\frac{\pi}{6}=\frac{1}{2}$, $\overline{AE}=\overline{AB}\cos\frac{\pi}{6}=\frac{\sqrt{3}}{2}$

또, $\overline{CF}=\overline{BE}=\frac{1}{2}$, $\overline{EF}=\overline{AD}=4$이므로

$\overline{BC}=5$

따라서 삼각형 BCD의 넓이에서

$\frac{1}{2}\times\overline{BD}\times\overline{CH}=\frac{1}{2}\times\overline{BC}\times\overline{DF}$

$\frac{1}{2}\times\sqrt{21}\times\overline{CH}=\frac{1}{2}\times5\times\frac{\sqrt{3}}{2}$, $\sqrt{21}\times\overline{CH}=\frac{5\sqrt{3}}{2}$

$\therefore \overline{CH}=\frac{5\sqrt{7}}{14}$ 　　답 $\frac{5\sqrt{7}}{14}$

229 삼각형 ABC에서 코사인법칙에 의하여

$\cos A=\frac{4^2+6^2-(2\sqrt{17})^2}{2\times4\times6}=-\frac{1}{3}$

$\therefore \sin A=\sqrt{1-\left(-\frac{1}{3}\right)^2}=\frac{2\sqrt{2}}{3}$

삼각형 ABC에서 사인법칙에 의하여

$\frac{\overline{BC}}{\sin A}=2R$, $\frac{2\sqrt{17}}{\frac{2\sqrt{2}}{3}}=2R$

$\therefore R=\frac{3\sqrt{34}}{4}$

삼각형 ABC의 넓이에서

$\frac{1}{2}\times r\times(4+6+2\sqrt{17})=\frac{1}{2}\times4\times6\times\sin A$

$r\times(10+2\sqrt{17})=24\times\frac{2\sqrt{2}}{3}$

$\therefore r=\frac{8\sqrt{2}}{5+\sqrt{17}}=5\sqrt{2}-\sqrt{34}$

$\therefore \frac{4}{3}R+r=\sqrt{34}+5\sqrt{2}-\sqrt{34}=5\sqrt{2}$ 　　답 $5\sqrt{2}$

230 $\overline{AD}=a$라 하면 삼각형 ABD에서 코사인법칙에 의하여

$(2\sqrt{3})^2=4^2+a^2-2\times4\times a\cos60^\circ$

$a^2-4a+4=0$, $(a-2)^2=0$

$\therefore a=2$

$\angle ABD=\theta$라 하면 삼각형 ABD에서 코사인법칙에 의하여

$\cos\theta=\frac{4^2+(2\sqrt{3})^2-2^2}{2\times4\times2\sqrt{3}}=\frac{\sqrt{3}}{2}$

즉, $\theta=30^\circ$이므로 $\angle ADB=90^\circ$

삼각형 ABC에서 $\angle BAC$를 이등분하는 직선이 밑변과 수직이므로 삼각형 ABC는 이등변삼각형이다.

$\therefore \overline{AC}=4$, $\overline{CD}=2\sqrt{3}$

따라서 직각삼각형 ACD의 넓이는

$\frac{1}{2}\times2\sqrt{3}\times2=2\sqrt{3}$ 　　답 ②

231 $0<C<\pi$에서 C의 크기가 커질수록 $\cos C$의 값은 작아진다.

즉, C의 크기가 최대일 때 $\cos C$는 최솟값을 갖는다.

삼각형 ABC에서 코사인법칙에 의하여

$$\cos C=\frac{x^2+5^2-4^2}{2\times x\times5}$$
$$=\frac{x^2+9}{10x}$$
$$=\frac{x}{10}+\frac{9}{10x}$$

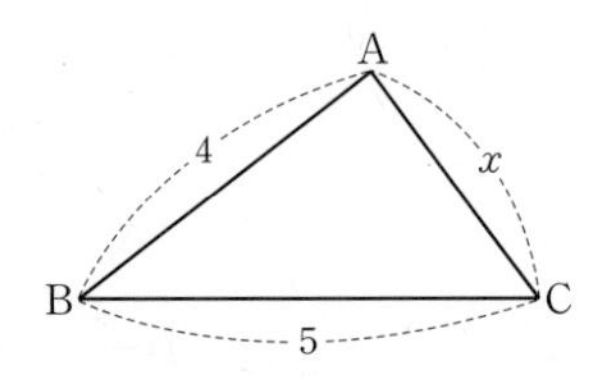

이때 $x>0$이므로 산술평균과 기하평균의 관계에 의하여

$$\frac{x}{10}+\frac{9}{10x}\ge 2\sqrt{\frac{x}{10}\times\frac{9}{10x}}=\frac{3}{5} \quad \cdots\cdots ㉠$$

즉, $\cos C$의 최솟값은 $\frac{3}{5}$이고, ㉠에서 등호는 $\frac{x}{10}=\frac{9}{10x}$일 때 성립하므로

$x=3$ ($\because x>0$)

따라서 C의 크기가 최대일 때 $x=3$이고, $\cos C=\frac{3}{5}$이다.

답 $x=3$, $\cos C=\frac{3}{5}$

232 삼각형 ABC의 넓이는

$\frac{1}{2}\times 8\times 8\times \sin 60°=\frac{1}{2}\times 8\times 8\times\frac{\sqrt{3}}{2}=16\sqrt{3}$

이므로 삼각형 APQ의 넓이는

$\frac{1}{2}\times 16\sqrt{3}=8\sqrt{3}$

$\overline{AP}=a$, $\overline{AQ}=b$라 하면 삼각형 APQ의 넓이는

$\frac{1}{2}\times a\times b\times\sin 60°=8\sqrt{3}$ $\quad\therefore ab=32$

삼각형 APQ에서 코사인법칙에 의하여

$\overline{PQ}^2=a^2+b^2-2ab\cos 60°$

$=a^2+b^2-32$ ($\because ab=32$)

이때 $a^2>0$, $b^2>0$이므로 산술평균과 기하평균의 관계에 의하여

$\overline{PQ}^2=a^2+b^2-32$

$\ge 2\sqrt{a^2b^2}-32=2ab-32$

$=32$ (단, 등호는 $a=b=4\sqrt{2}$일 때 성립)

따라서 선분 PQ의 길이의 최솟값은 $\sqrt{32}=4\sqrt{2}$이다. 답 ③

233 선분 OB의 중점이 C이므로

$\overline{OC}=\overline{BC}=\frac{1}{2}\times 2=1$

삼각형 AOC에서 코사인법칙에 의하여

$\overline{AC}^2=2^2+1^2-2\times 2\times 1\times\cos 120°$

$=4+1-2\times 2\times 1\times\left(-\frac{1}{2}\right)=7$

$\therefore \overline{AC}=\sqrt{7}$ ($\because \overline{AC}>0$)

이때 사각형 AOCP의 두 대각선 AC, OP가 이루는 각 중 한 각의 크기를 $\theta\left(0<\theta\le\frac{\pi}{2}\right)$라 하고, 사각형 AOCP의 넓이를 S라 하면

$S=\frac{1}{2}\times\overline{AC}\times\overline{OP}\sin\theta$

$=\frac{1}{2}\times\sqrt{7}\times 2\sin\theta$

$=\sqrt{7}\sin\theta$

$0<\theta\le\frac{\pi}{2}$에서 $0<\sin\theta\le 1$이므로

$0<S\le\sqrt{7}$ (단, 등호는 $\theta=90°$일 때 성립)

따라서 구하는 사각형 AOCP의 넓이의 최댓값은 $\sqrt{7}$이다.

답 $\sqrt{7}$

234 삼각형 ACB는 $\angle ACB=90°$인 직각삼각형이므로

$\overline{BC}=1$

또, 삼각형 ADB에서

$\angle ADB=90°$, $\angle DAB=\angle DBA=45°$

이므로

$\overline{AD}=\overline{BD}=2\times\sin 45°=\sqrt{2}$

$\therefore \square ACBD=\triangle ACB+\triangle ADB$

$=\frac{1}{2}\times 1\times\sqrt{3}+\frac{1}{2}\times\sqrt{2}\times\sqrt{2}$

$=\frac{\sqrt{3}}{2}+1 \quad\cdots\cdots ㉠$

같은 호에 대한 원주각의 크기가 같으므로

$\angle ADC=\angle ABC=60°$

$\therefore \angle BDC=\angle ADB-\angle ADC$

$=90°-60°$

$=30°$

$\overline{CD}=x$라 하면

$\square ACBD=\triangle ADC+\triangle DCB$

$=\frac{1}{2}\times\sqrt{2}\times x\times\sin 60°+\frac{1}{2}\times\sqrt{2}\times x\times\sin 30°$

$=\frac{\sqrt{6}}{4}x+\frac{\sqrt{2}}{4}x \quad\cdots\cdots ㉡$

㉠, ㉡에서

$\frac{\sqrt{2}+\sqrt{6}}{4}x=\frac{1}{2}(\sqrt{3}+2)$

$\therefore x=\frac{\sqrt{2}+\sqrt{6}}{2}$

따라서 선분 CD의 길이는 $\frac{\sqrt{2}+\sqrt{6}}{2}$이다. 답 $\frac{\sqrt{2}+\sqrt{6}}{2}$

235 호 AD에 대한 원주각의 크기가 $\frac{\pi}{6}$이므로 호 AD에 대한 중심각의 크기는 $\frac{\pi}{3}$, 즉 $\angle AOD=\frac{\pi}{3}$이다.

또, 호 AB에 대한 원주각의 크기가 $\frac{\pi}{8}$이므로 호 AB에 대한 중심각의 크기는 $\frac{\pi}{4}$, 즉 $\angle BOA=\frac{\pi}{4}$이다.

$\triangle AOD=\frac{1}{2}\times 4\times 4\times\sin\frac{\pi}{3}=4\sqrt{3}$

$\triangle BOA=\frac{1}{2}\times 4\times 4\times\sin\frac{\pi}{4}=4\sqrt{2}$

$\square ABOD=\triangle AOD+\triangle BOA$

$=4(\sqrt{3}+\sqrt{2})$

$\therefore p+q=3+2=5$ 답 5

236 삼각형 ABC에서 코사인법칙에 의하여

$\overline{AC}^2$

$=1^2+4^2-2\times1\times4\cos 120^\circ$

$=21$

이때 사각형 ABCD가 원에 내접하므로

$\angle D=180^\circ-120^\circ=60^\circ$

$\overline{CD}=x$라 하면 삼각형 ACD에서 코사인법칙에 의하여

$21=4^2+x^2-2\times4\times x\cos 60^\circ$

$x^2-4x-5=0$

$(x+1)(x-5)=0$

$\therefore x=5\ (\because x>0)$

사각형 ABCD의 넓이는 삼각형 ABC의 넓이와 삼각형 ACD의 넓이의 합과 같으므로

$\frac{1}{2}\times4\times1\times\sin 120^\circ+\frac{1}{2}\times4\times5\times\sin 60^\circ=6\sqrt{3}$ 답 ④

237 오른쪽 그림과 같이

$\angle AOB=\angle COD=\theta$, $\overline{OA}=a$, $\overline{OB}=b$, $\overline{OC}=c$, $\overline{OD}=d$라 하자.

$\triangle OAB=\frac{1}{2}ab\sin\theta=9$에서

$\sin\theta=\frac{18}{ab}\ (\because ab\neq0)$ …… ㉠

$\triangle OCD=\frac{1}{2}cd\sin\theta=16$에서

$\sin\theta=\frac{32}{cd}\ (\because cd\neq0)$ …… ㉡

한편,

$\triangle OBC=\frac{1}{2}bc\sin(\pi-\theta)=\frac{1}{2}bc\sin\theta$,

$\triangle ODA=\frac{1}{2}da\sin(\pi-\theta)=\frac{1}{2}da\sin\theta$

이므로

$\square ABCD$

$=\triangle OAB+\triangle OBC+\triangle OCD+\triangle ODA$

$=9+\frac{1}{2}bc\sin\theta+16+\frac{1}{2}da\sin\theta$

$=25+\frac{9c}{a}+\frac{16a}{c}$ (∵ ㉠, ㉡)

이때 $\frac{9c}{a}>0$, $\frac{16a}{c}>0$이므로 산술평균과 기하평균의 관계에 의하여

$\square ABCD=25+\frac{9c}{a}+\frac{16a}{c}$

$\geq25+2\sqrt{\frac{9c}{a}\times\frac{16a}{c}}$

$=25+2\times12$

$=49$ (단, 등호는 $4a=3c$일 때 성립)

따라서 사각형 ABCD의 넓이의 최솟값은 49이다. 답 49

스페셜 특강

» 본문 121~126쪽

238 각 θ와 각 4θ를 나타내는 동경이 직선 $y=\sqrt{3}x$에 대하여 대칭이고, $\tan\frac{\pi}{3}=\sqrt{3}$이므로 정수 n에 대하여

$\theta+4\theta=2n\pi+\frac{2}{3}\pi$

$\therefore \theta=\frac{2}{5}n\pi+\frac{2}{15}\pi$

이때 $0<\theta<\frac{\pi}{2}$이므로

$\theta=\frac{2}{15}\pi$ 답 $\frac{2}{15}\pi$

239 각 θ와 각 α를 나타내는 동경이 직선 $y=\frac{1}{\sqrt{3}}x$에 대하여 대칭이고, $\tan\frac{\pi}{6}=\frac{1}{\sqrt{3}}$이므로 정수 n에 대하여

$\theta+\alpha=2n\pi+\frac{\pi}{3}$

$\therefore \alpha=2n\pi+\frac{\pi}{3}-\theta$

이때 $\sin 2\alpha>0$이므로

$\sin\left(4n\pi+\frac{2}{3}\pi-2\theta\right)=\sin\left(\frac{2}{3}\pi-2\theta\right)>0$

$\sin x$는 제1사분면과 제2사분면에서 0보다 큰 값을 가지므로 정수 m에 대하여

$2m\pi<\frac{2}{3}\pi-2\theta<(2m+1)\pi$

$\therefore \left(-m-\frac{1}{6}\right)\pi<\theta<\left(-m+\frac{1}{3}\right)\pi$

이때 $-\frac{1}{2}<p<q<\frac{1}{2}$이므로

$p=-\frac{1}{6}$, $q=\frac{1}{3}$

$\therefore p+q=-\frac{1}{6}+\frac{1}{3}=\frac{1}{6}$ 답 $\frac{1}{6}$

240 $a=\frac{1-(-5)}{2}=3$

$-d=\frac{1+(-5)}{2}=-2$ $\therefore d=2$

함수 $f(x)$의 주기가 $\frac{\pi}{2}-\left(-\frac{\pi}{2}\right)=\pi$이므로

$\frac{2\pi}{b}=\pi$

$\therefore b=2$

양수 a, b, c, d에 대하여 $ab+cd$의 값이 최소가 될 때는 양수 c가 최솟값을 가질 때이다.

양수 c가 최소가 될 때는 다음 그림과 같이 $\frac{c\pi}{b}=\frac{\pi}{4}$일 때이므로

$c=\frac{1}{2}\ (\because b=2)$

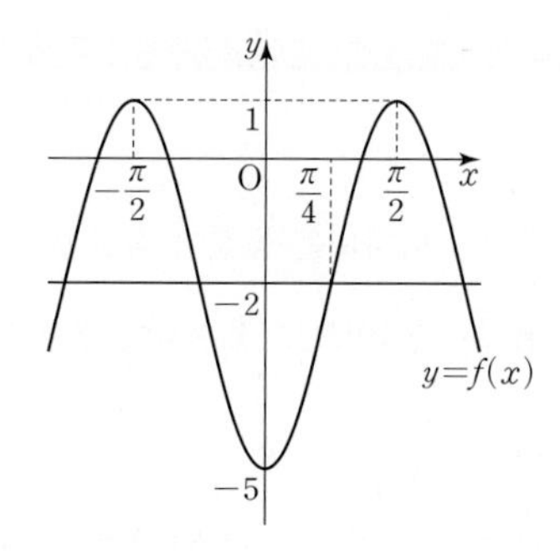

따라서 $ab+cd$의 최솟값은

$3\times2+\frac{1}{2}\times2=7$ **답** 7

참고 위의 그림에서 함수 $y=f(x)$의 그래프는 점

$\cdots$, $\left(-\frac{3}{4}\pi,\ -2\right)$, $\left(\frac{\pi}{4},\ -2\right)$, $\left(\frac{5}{4}\pi,\ -2\right)$, $\cdots$를 지난다.

따라서 $\frac{c\pi}{b}=\frac{c\pi}{2}=\frac{\pi}{4}$일 때 양수 c의 값은 최소이다.

241 함수 $y=f(x)$의 그래프는 함수 $y=a\sin(bx-c)+d$의 그래프에서 직선 $y=d$의 아래쪽에 있는 부분을 위로 대칭이동한 그래프이므로 함수 $y=a\sin(bx-c)+d$의 그래프는 다음과 같이 두 가지 경우가 있다.

(i)

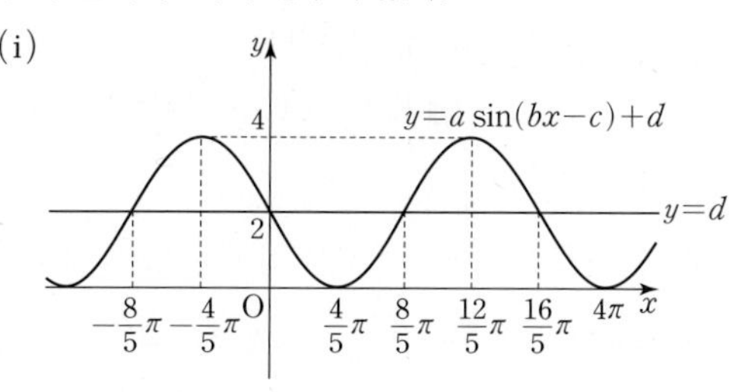

위의 그림에서

$a=\frac{4-0}{2}=2,\ d=\frac{4+0}{2}=2$

함수 $y=a\sin(bx-c)+d$의 주기가 $\frac{16}{5}\pi$이므로

$\frac{2\pi}{b}=\frac{16}{5}\pi$

$\therefore b=\frac{5}{8}$

$\frac{c}{b}=\frac{8}{5}\pi$ 또는 $\frac{c}{b}=\frac{24}{5}\pi$이고, $b=\frac{5}{8}$이므로

$c=\pi$ 또는 $c=3\pi$

그런데 $\pi<c<3\pi$이므로 조건을 만족시키지 않는다.

(ii)

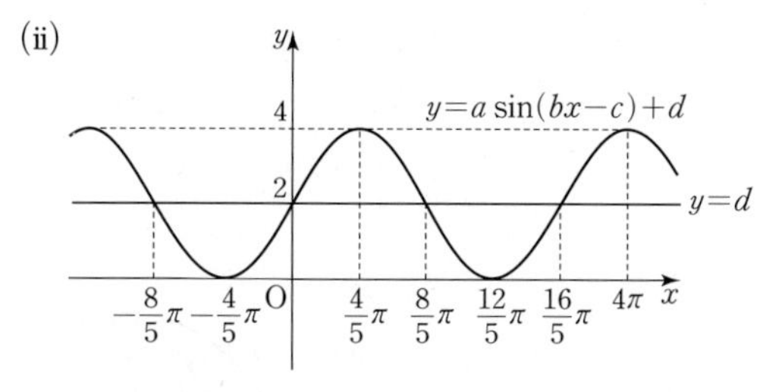

위의 그림에서

$a=\frac{4-0}{2}=2,\ d=\frac{4+0}{2}=2$

함수 $y=a\sin(bx-c)+d$의 주기가 $\frac{16}{5}\pi$이므로

$\frac{2\pi}{b}=\frac{16}{5}\pi$

$\therefore b=\frac{5}{8}$

$\frac{c}{b}=\frac{16}{5}\pi$이고, $b=\frac{5}{8}$이므로 $c=2\pi$

(i), (ii)에 의하여

$a=2,\ b=\frac{5}{8},\ c=2\pi,\ d=2$

ㄱ. $ad=2\times2=4$ (참)

ㄴ. 함수 $f(x)$의 주기는 $\frac{8}{5}\pi$이므로 0이 아닌 정수 k에 대하여

$f\left(x+\frac{8}{5}\pi k\right)=f(x)$

이때 $\frac{8}{5}\pi k=5$를 만족시키는 정수 k의 값이 존재하지 않으므로

$f(x+5)\neq f(x)$ (거짓)

ㄷ. $f(c)=f(2\pi)$

$=\left|2\sin\left(\frac{5}{8}\times2\pi-2\pi\right)\right|+2$

$=\left|2\sin\left(-\frac{3}{4}\pi\right)\right|+2$

$=2\times\frac{\sqrt{2}}{2}+2$

$=2+\sqrt{2}$ (참)

따라서 옳은 것은 ㄱ, ㄷ이다. **답** ③

다른풀이

$-a\le a\sin(bx-c)\le a$이므로

$0\le|a\sin(bx-c)|\le a$

따라서 함수 $f(x)$의 최댓값은 $a+d$, 최솟값은 d이므로

$a+d=4,\ d=2$

$\therefore a=2,\ d=2$

또, 함수 $y=|\sin x|$의 주기가 π이므로

$\frac{\pi}{b}=\frac{8}{5}\pi$

$\therefore b=\frac{5}{8}$

따라서 함수 $f(x)=\left|2\sin\left(\frac{5}{8}x-c\right)\right|+2$의 그래프가

점 $(0,\ 2)$를 지나므로

$|2\sin(-c)|+2=2$

$\sin c=0$

이때 $\pi<c<3\pi$이므로 $c=2\pi$

242 선분 AD는 $\angle$A의 이등분선이므로

$\overline{BD}:\overline{CD}=\overline{AB}:\overline{AC}=2:1$

즉, 점 D가 선분 BC를 $2:1$로 내분하는 점이므로

$\overline{BD}=6,\ \overline{DC}=3$

삼각형 ABC에서 스튜어트 정리에 의하여

$6\times5^2+3\times10^2=9\times(\overline{AD}^2+6\times3)$

$150+300=9\overline{AD}^2+162$

$\overline{AD}^2=32$

$\therefore \overline{AD}=4\sqrt{2}\ (\because \overline{AD}>0)$

답 ①

243 선분 AD는 $\angle$BAE의 이등분선이므로

$\overline{BD}:\overline{ED}=\overline{AB}:\overline{AE}=2:1$

즉, 점 D가 선분 BE를 2 : 1로 내분하는 점이므로

$\overline{BD}=4$, $\overline{DE}=2$

삼각형 ABE에서 $\overline{AD}=x$라 하면 스튜어트 정리에 의하여

$4\times4^2+2\times8^2=6(x^2+4\times2)$

$64+128=6x^2+48$

$x^2=24$

$\therefore x=2\sqrt{6}\ (\because x>0)$

또, 선분 AE는 $\angle$DAC의 이등분선이므로

$\overline{AD}:\overline{AC}=\overline{DE}:\overline{CE}$

즉, $\overline{CE}=y$라 하면 $2\sqrt{6}:\overline{AC}=2:y$이므로

$\overline{AC}=\sqrt{6}y$

삼각형 ADC에서 스튜어트 정리에 의하여

$2\times(\sqrt{6}y)^2+y\times(2\sqrt{6})^2=(2+y)(4^2+2y)$

$12y(y+2)=(y+2)(2y+16)$

$2(y+2)(5y-8)=0$

$\therefore y=\frac{8}{5}\ (\because y>0)$

따라서 선분 CE의 길이는 $\frac{8}{5}$이다.

답 ④

다른풀이

$\overline{BD}=4$, $\overline{DE}=2$이므로 두 삼각형 ABE, ABD에서 코사인법칙에 의하여

$$\frac{8^2+6^2-4^2}{2\times8\times6}=\frac{8^2+4^2-\overline{AD}^2}{2\times8\times4}$$

$$14=\frac{80-\overline{AD}^2}{4}$$

$\overline{AD}^2=24$

$\therefore \overline{AD}=2\sqrt{6}\ (\because \overline{AD}>0)$

$\overline{CE}=y$라 하면 $\overline{AC}=\sqrt{6}y$이므로 두 삼각형 ADC, AEC에서 코사인법칙에 의하여

$$\frac{(y+2)^2+(\sqrt{6}y)^2-(2\sqrt{6})^2}{2\times(y+2)\times\sqrt{6}y}=\frac{y^2+(\sqrt{6}y)^2-4^2}{2\times y\times\sqrt{6}y}$$

$$\frac{7y^2+4y-20}{y+2}=\frac{7y^2-16}{y}$$

$7y^3+4y^2-20y=7y^3+14y^2-16y-32$

$5y^2+2y-16=0$

$(y+2)(5y-8)=0$

$\therefore y=\frac{8}{5}\ (\because y>0)$

따라서 선분 CE의 길이는 $\frac{8}{5}$이다.

킬링 파트 KILLING PART

» 본문 128~149쪽

244 각 α와 각 β를 나타내는 동경이 직선 $y=\sqrt{3}x$에 대하여 대칭이고, $\tan\frac{\pi}{3}=\sqrt{3}$이므로 정수 n에 대하여

$\alpha+\beta=2n\pi+\frac{2}{3}\pi$ ...... ㉠

각 β와 각 γ를 나타내는 동경이 직선 $y=-x$에 대하여 대칭이고, $\tan\left(-\frac{\pi}{4}\right)=-1$이므로 정수 m에 대하여

$\beta+\gamma=2m\pi-\frac{\pi}{2}$ ...... ㉡

㉡$-$㉠을 하면

$\gamma-\alpha=2(m-n)\pi-\frac{7}{6}\pi$

$\therefore \gamma=2(m-n)\pi+\alpha-\frac{7}{6}\pi$

이때 $0<\alpha<\pi$이므로

$2(m-n)\pi-\frac{7}{6}\pi<\gamma<2(m-n)\pi-\frac{\pi}{6}$

따라서 각 γ를 나타내는 동경이 존재할 수 있는 사분면은 제2사분면, 제3사분면, 제4사분면이다.

답 제2사분면, 제3사분면, 제4사분면

245 각 θ와 각 3θ를 나타내는 동경이 직선 $y=\sqrt{3}x$에 대하여 대칭이고, $\tan\frac{\pi}{3}=\sqrt{3}$이므로 정수 n에 대하여

$\theta+3\theta=2n\pi+\frac{2}{3}\pi$

$\therefore \theta=\frac{n}{2}\pi+\frac{\pi}{6}$ ...... ㉠

각 θ와 각 7θ를 나타내는 동경이 일직선 위에 있고 서로 반대 방향이므로 정수 m에 대하여

$7\theta-\theta=2m\pi+\pi$

$\therefore \theta=\frac{m}{3}\pi+\frac{\pi}{6}$ ...... ㉡

㉠, ㉡에 의하여

$\frac{n}{2}\pi+\frac{\pi}{6}=\frac{m}{3}\pi+\frac{\pi}{6}$ $\quad\therefore 3n=2m$

이때 $\frac{\pi}{2}<\theta<2\pi$이므로 $n=2$, $m=3$

$\therefore \theta=\pi+\frac{\pi}{6}=\frac{7}{6}\pi$

답 $\frac{7}{6}\pi$

246 오른쪽 그림과 같이 원 O_1의 중심을 O_1, 원 O_2의 중심을 O_2, 직선 O_1O_2가 선분 AB와 만나는 점을 M이라 하고, 직선 O_1O_2가 원 O_1과 만나는 두 점 중에서 점 M에 가까운 점을 N이라 하자.

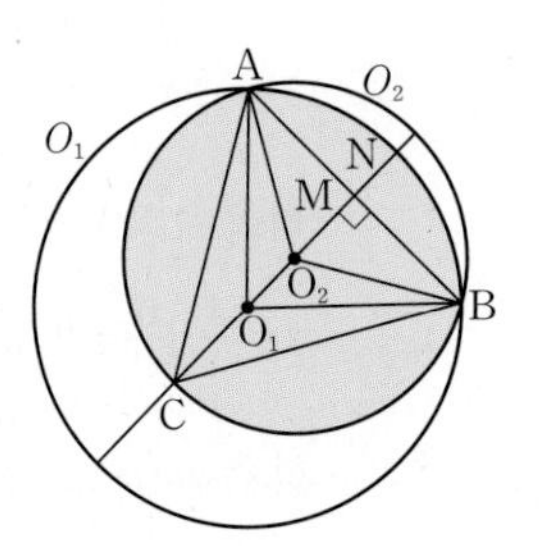

$\overline{O_1A}=6$, $\overline{AM}=3\sqrt{2}$에서 $\overline{O_1A}:\overline{AM}=\sqrt{2}:1$이므로 삼각형 AO_1M은 직각이등변삼각형이다.

$\therefore \angle MO_1A=\frac{\pi}{4}$

따라서 부채꼴 O_1NA의 넓이는

$\frac{1}{2}\times 6^2\times\frac{\pi}{4}=\frac{9}{2}\pi$ …… ㉠

$\angle MO_2A=\frac{\pi}{3}$이므로

$\overline{O_2A}=\frac{3\sqrt{2}}{\sin\frac{\pi}{3}}=2\sqrt{6}$

부채꼴 O_2AC의 넓이는

$\frac{1}{2}\times(2\sqrt{6})^2\times\frac{2}{3}\pi=8\pi$ …… ㉡

이때 $\overline{O_1O_2}=\overline{O_1M}-\overline{O_2M}=3\sqrt{2}-\sqrt{6}$이므로 삼각형 AO_1O_2의 넓이는

$\frac{1}{2}\times(3\sqrt{2}-\sqrt{6})\times 3\sqrt{2}=9-3\sqrt{3}$ …… ㉢

㉠, ㉡, ㉢에 의하여 색칠한 부분의 넓이는

$2\times\left\{\frac{9}{2}\pi+8\pi-(9-3\sqrt{3})\right\}=-18+6\sqrt{3}+25\pi$

따라서 $p=-18$, $q=6$, $r=25$이므로

$p+q+r=-18+6+25=13$ 답 13

247 원 O'에서 중심각의 크기가 $\frac{7}{6}\pi$인 부채꼴 $AO'B$의 넓이를 T_1, 원 O에서 중심각의 크기가 $\frac{5}{6}\pi$인 부채꼴 AOB의 넓이를 T_2라 하면

$$S_1=T_1+S_2-T_2$$
$$=\left(\frac{1}{2}\times 3^2\times\frac{7}{6}\pi\right)+S_2-\left(\frac{1}{2}\times 3^2\times\frac{5}{6}\pi\right)$$
$$=\frac{3}{2}\pi+S_2$$

$\therefore S_1-S_2=\frac{3}{2}\pi$

마름모 $AOBO'$의 넓이는

$S_2=2\times\left(\frac{1}{2}\times 3^2\times\sin\frac{5}{6}\pi\right)=\frac{9}{2}$

$$\therefore S_1+S_2=(S_1-S_2)+2S_2$$
$$=\frac{3}{2}\pi+2\times\frac{9}{2}$$
$$=\frac{3\pi+18}{2}$$

답 ③

248 선분 AD가 원의 지름이므로

$\angle APD=\angle AQD=\frac{\pi}{2}$

$\therefore \angle ADQ=\theta$

이때 $\overline{AD}=4\tan\theta$, $\overline{DQ}=4\sin\theta$이므로 사각형 APDQ의 넓이를 S_1이라 하면

$$S_1=2\triangle ADQ=2\times\left(\frac{1}{2}\times 4\tan\theta\times 4\sin\theta\times\sin\theta\right)$$
$$=16\tan\theta\sin^2\theta$$

또, 직각삼각형 BDA에서 $\overline{BD}=\overline{AD}\times\tan\theta=4\tan^2\theta$이므로 삼각형 ABC의 넓이를 S_2라 하면

$$S_2=\frac{1}{2}(4\tan^2\theta+4)\times 4\tan\theta$$
$$=8\tan\theta(\tan^2\theta+1)$$

이때 $S_1:S_2=3:8$이므로

$8\times 16\tan\theta\sin^2\theta=3\times 8\tan\theta(\tan^2\theta+1)$

$16\sin^2\theta=3(\tan^2\theta+1)$

$16\sin^2\theta=3\left(\frac{\sin^2\theta+\cos^2\theta}{\cos^2\theta}\right)$

$16\sin^2\theta=\frac{3}{\cos^2\theta}$

$\therefore \sin^2\theta\cos^2\theta=\frac{3}{16}$

$$\therefore \sin^4\theta+\cos^4\theta=(\sin^2\theta+\cos^2\theta)^2-2\sin^2\theta\cos^2\theta$$
$$=1-2\times\frac{3}{16}=\frac{5}{8}$$

답 $\frac{5}{8}$

249 점 D가 선분 AB를 1 : 2로 내분하는 점이므로

$\overline{AC}:\overline{DE}=3:2$, $\overline{CE}:\overline{BE}=1:2$

두 양수 t, s에 대하여 $\overline{AC}=3t$, $\overline{DE}=2t$, $\overline{CE}=s$, $\overline{BE}=2s$라 하면 삼각형 ABC에서

$(3\sqrt{10})^2=(3t)^2+(3s)^2$

$\therefore t^2+s^2=10$ …… ㉠

삼각형 CDE의 넓이가 3이므로

$\frac{1}{2}\times 2t\times s=3$

$\therefore ts=3$ …… ㉡

㉠, ㉡을 연립하여 풀면

$t=3$, $s=1$ 또는 $t=1$, $s=3$

이때 $\overline{AC}>\overline{BC}$이므로

$t=3$, $s=1$

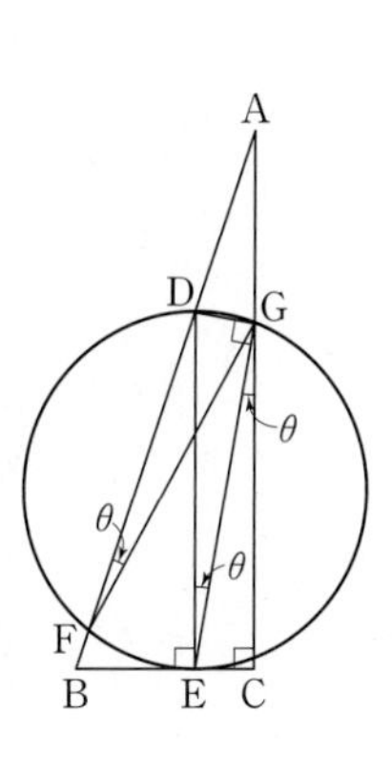

한편, 오른쪽 그림과 같이 선분 EG를 그으면 $\angle DEG=\angle EGC=\theta$이고, 선분 DE가 원의 지름이므로

$\angle DGE=\frac{\pi}{2}$

직각삼각형 DEG에서 $\overline{DE}=6$이므로

$\overline{DG}=6\sin\theta$, $\overline{EG}=6\cos\theta$

$\overline{DG}<\overline{EG}$이므로

$\sin\theta<\cos\theta$ …… ㉢

직각삼각형 CGE에서 $\overline{CE}=1$이므로

$\overline{CG}=\frac{1}{\tan\theta}$

피타고라스 정리에 의하여

$1+\frac{1}{\tan^2\theta}=36\cos^2\theta$

$\sin^2\theta+\cos^2\theta=36\sin^2\theta\cos^2\theta$

$(\sin\theta\cos\theta)^2=\frac{1}{36}$

$\therefore \sin\theta\cos\theta=\frac{1}{6}\left(\because 0<\theta<\frac{\pi}{2}\right)$

한편,

$(\sin\theta+\cos\theta)^2=\sin^2\theta+\cos^2\theta+2\sin\theta\cos\theta$

$=1+2\times\frac{1}{6}=\frac{4}{3}$,

$(\sin\theta-\cos\theta)^2=\sin^2\theta+\cos^2\theta-2\sin\theta\cos\theta$

$=1-2\times\frac{1}{6}=\frac{2}{3}$

이므로

$\sin\theta+\cos\theta=\frac{2}{\sqrt{3}}$, $\sin\theta-\cos\theta=-\frac{\sqrt{2}}{\sqrt{3}}$ ($\because$ ㉢)

따라서 $2\sin\theta=\frac{2-\sqrt{2}}{\sqrt{3}}$, $2\cos\theta=\frac{2+\sqrt{2}}{\sqrt{3}}$이므로

$\tan\theta=\frac{2\sin\theta}{2\cos\theta}=3-2\sqrt{2}$ 답 $3-2\sqrt{2}$

250 $m\sin nx=\sin nx+3$에서

$(m-1)\sin nx=3$

$\therefore \sin nx=\frac{3}{m-1}$

따라서 주어진 방정식의 서로 다른 실근의 개수는 함수 $y=\sin nx$의 그래프와 직선 $y=\frac{3}{m-1}$의 교점의 개수와 같다.

(i) $\frac{3}{m-1}>1$, 즉 $2\le m<4$일 때

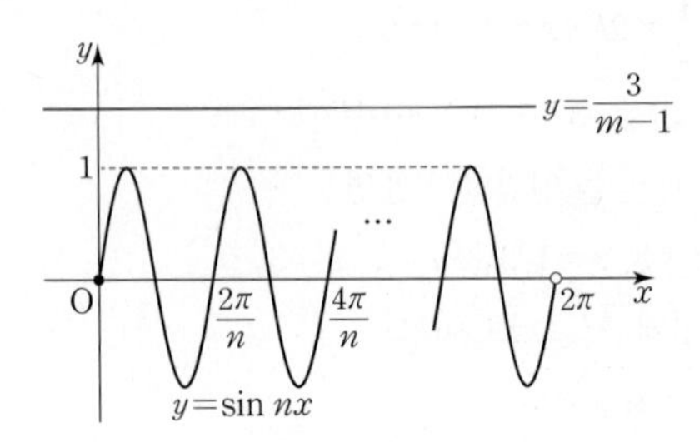

함수 $y=\sin nx$의 그래프와 직선 $y=\frac{3}{m-1}$이 만나지 않으므로 주어진 방정식의 실근이 존재하지 않는다.

(ii) $\frac{3}{m-1}=1$, 즉 $m=4$일 때

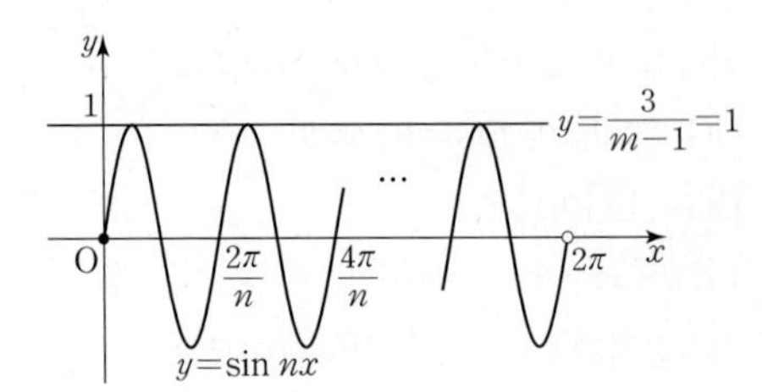

함수 $y=\sin nx$의 그래프와 직선 $y=1$의 교점의 개수는 n이다.

따라서 n이 짝수이면 주어진 방정식의 서로 다른 실근의 개수가 짝수이다.

(iii) $0<\frac{3}{m-1}<1$, 즉 $m>4$일 때

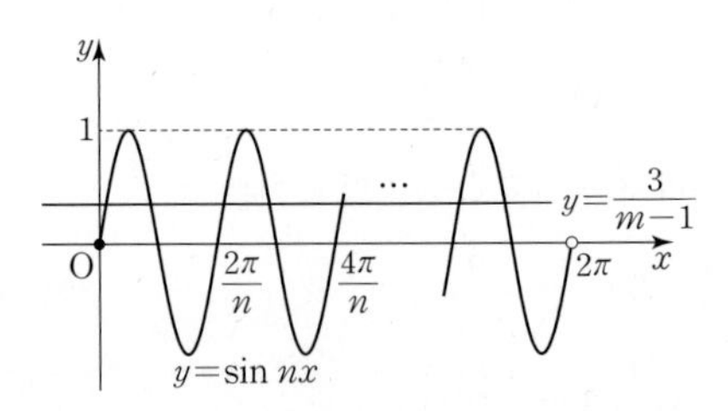

함수 $y=\sin nx$의 그래프와 직선 $y=\frac{3}{m-1}$의 교점의 개수는 $2n$이다.

따라서 n의 값에 관계없이 주어진 방정식의 서로 다른 실근의 개수는 짝수이다.

(i), (ii), (iii)에 의하여 n이 짝수이면 m의 최솟값은 4, n이 홀수이면 m의 최솟값은 5이므로

$$f(n)=\begin{cases}4 & (n\text{이 짝수})\\ 5 & (n\text{이 홀수})\end{cases}$$

이때 $(5+4)\times4+5=41$이므로 조건을 만족시키는 자연수 k의 값은 9이다. 답 9

251 $m\cos nx=-\cos nx+2$에서

$(m+1)\cos nx=2$

$\therefore \cos nx=\frac{2}{m+1}$

따라서 주어진 방정식의 서로 다른 실근의 개수는 함수 $y=\cos nx$의 그래프와 직선 $y=\frac{2}{m+1}$의 교점의 개수와 같다.

(i) $\frac{2}{m+1}=1$, 즉 $m=1$일 때

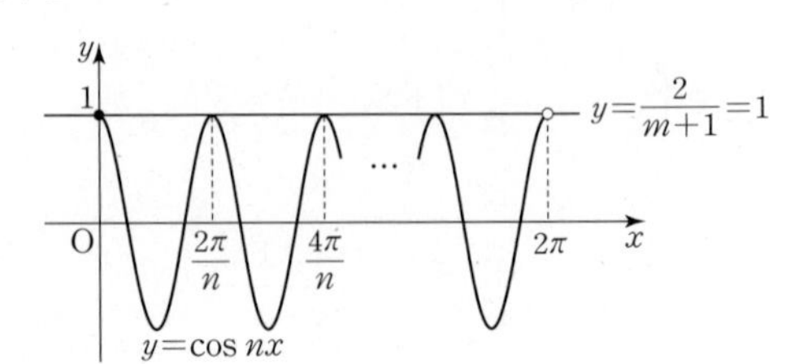

함수 $y=\cos nx$의 그래프와 직선 $y=1$의 교점의 개수는 n이다.

따라서 n이 짝수이면 주어진 방정식의 서로 다른 실근의 개수가 짝수이다.

(ii) $0<\frac{2}{m+1}<1$, 즉 $m>1$일 때

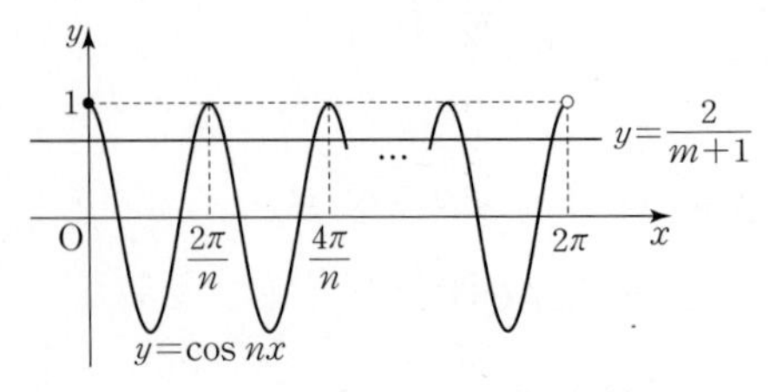

함수 $y=\cos nx$의 그래프와 직선 $y=\frac{2}{m+1}$의 교점의 개수는 $2n$이다.

따라서 n의 값에 관계없이 주어진 방정식의 서로 다른 실근의 개수는 짝수이다.

(i), (ii)에 의하여 n이 짝수이면 m의 최솟값은 1, n이 홀수이면 m의 최솟값은 2이므로

$$f(n)=\begin{cases}1 & (n\text{이 짝수})\\ 2 & (n\text{이 홀수})\end{cases}$$

$\therefore f(1)+f(2)+f(3)+f(4)+f(5)=2+1+2+1+2=8$

답 8

252 $f(x)=|2\cos(x+2|x|)+1|$

$$=\begin{cases}|2\cos x+1| & (-2\pi\le x<0)\\ |2\cos 3x+1| & (0\le x\le 2\pi)\end{cases}$$

함수 $y=f(x)$의 그래프와 직선 $y=1$이 만나는 점의 x좌표는 방정식 $f(x)=1$의 실근과 같다.

(i) $-2\pi\le x<0$일 때

방정식 $f(x)=1$에서 $|2\cos x+1|=1$

$2\cos x+1=1$ 또는 $2\cos x+1=-1$

$\therefore \cos x=0$ 또는 $\cos x=-1$

방정식 $\cos x=0$의 해는

$x=-\frac{3}{2}\pi$ 또는 $x=-\frac{\pi}{2}$

방정식 $\cos x=-1$의 해는

$x=-\pi$

따라서 방정식 $f(x)=1$의 실근의 합은

$\left(-\frac{3}{2}\pi\right)+(-\pi)+\left(-\frac{\pi}{2}\right)=-3\pi$

(ii) $0\le x\le 2\pi$일 때

방정식 $f(x)=1$에서 $|2\cos 3x+1|=1$

$2\cos 3x+1=1$ 또는 $2\cos 3x+1=-1$

$\therefore \cos 3x=0$ 또는 $\cos 3x=-1$

$0\le x\le 2\pi$에서 $0\le 3x\le 6\pi$이므로

방정식 $\cos 3x=0$의 해는

$3x=\frac{\pi}{2}, \frac{3}{2}\pi, \frac{5}{2}\pi, \frac{7}{2}\pi, \frac{9}{2}\pi, \frac{11}{2}\pi$

$\therefore x=\frac{\pi}{6}, \frac{\pi}{2}, \frac{5}{6}\pi, \frac{7}{6}\pi, \frac{3}{2}\pi, \frac{11}{6}\pi$

방정식 $\cos 3x=-1$의 해는

$3x=\pi, 3\pi, 5\pi$

$\therefore x=\frac{\pi}{3}, \pi, \frac{5}{3}\pi$

따라서 방정식 $f(x)=1$의 실근의 합은

$\pi\left(\frac{1}{6}+\frac{1}{2}+\frac{5}{6}+\frac{7}{6}+\frac{3}{2}+\frac{11}{6}+\frac{1}{3}+1+\frac{5}{3}\right)=9\pi$

(i), (ii)에 의하여 방정식 $f(x)=1$의 서로 다른 실근은 모두 12개이므로 $n=12$이고, 그 합은

$x_1+x_2+x_3+\cdots+x_n=x_1+x_2+x_3+\cdots+x_{12}$

$=-3\pi+9\pi=6\pi$

$\therefore \frac{n}{\pi}(x_1+x_2+x_3+\cdots+x_n)=\frac{12}{\pi}\times 6\pi=72$

답 72

253 함수 $y=f(x)$의 그래프와 직선 $y=1$이 만나는 점의 x좌표는 방정식 $f(x)=1$의 실근과 같다.

방정식 $f(x)=1$에서

$2\sin(\pi\cos x)=1$

$\therefore \sin(\pi\cos x)=\frac{1}{2}$

$\cos x=t$로 놓으면

$\sin t\pi=\frac{1}{2}$

$-1\le t\le 1$에서 $-\pi\le t\pi\le\pi$이므로

$t\pi=\frac{\pi}{6}$ 또는 $t\pi=\frac{5}{6}\pi$

$\therefore t=\frac{1}{6}$ 또는 $t=\frac{5}{6}$

즉, $\cos x=\frac{1}{6}$ 또는 $\cos x=\frac{5}{6}$이므로 $0\le x\le 6\pi$에서 함수 $y=\cos x$의 그래프와 두 직선 $y=\frac{1}{6}$, $y=\frac{5}{6}$는 다음 그림과 같다.

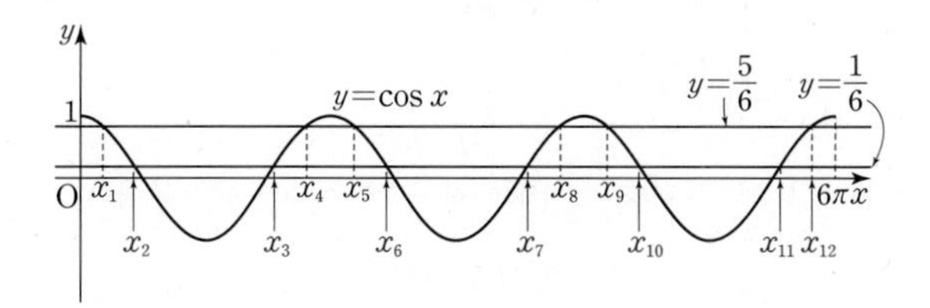

따라서 방정식 $f(x)=1$의 서로 다른 실근은 모두 12개이므로 $n=12$

또, $\frac{x_1+x_{12}}{2}=3\pi$, $\frac{x_2+x_{11}}{2}=3\pi$, $\cdots$, $\frac{x_6+x_7}{2}=3\pi$이므로

$x_1+x_{12}=6\pi$, $x_2+x_{11}=6\pi$, $\cdots$, $x_6+x_7=6\pi$

$x_1+x_2+x_3+\cdots+x_{12}=6\times 6\pi=36\pi$이므로

$x_2+x_3+x_4+\cdots+x_{12}=36\pi-x_1$

$\therefore n\times\sin(x_2+x_3+x_4+\cdots+x_n)$

$=12\times\sin(36\pi-x_1)$

$=-12\times\sin x_1$

$=-12\times\sqrt{1-\cos^2 x_1}$

$=-12\times\sqrt{1-\left(\frac{5}{6}\right)^2}$

$=-12\times\frac{\sqrt{11}}{6}=-2\sqrt{11}$

답 $-2\sqrt{11}$

254 $0<x<t$에서 두 방정식 $\sin x=k$, $\cos x=-k$의 실근의 개수는 $0<x<t$에서 두 함수 $y=\sin x$, $y=-\cos x$의 그래프와 직선 $y=k$의 교점의 개수와 같다.

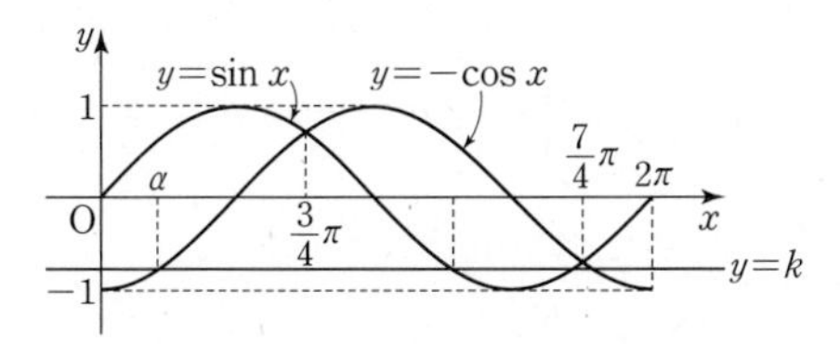

위의 그림과 같이 함수 $y=-\cos x$의 그래프와 직선 $y=k$의 교점의 x좌표 중 가장 작은 양수를 α라 하면

$0<\alpha<\frac{\pi}{4}\left(\because -1<k<-\frac{\sqrt{2}}{2}\right)$

$0\le x\le 2\pi$일 때, 함수 $y=\sin x$의 그래프와 직선 $y=k$는

$x=\frac{3}{2}\pi-\alpha$, $x=\frac{3}{2}\pi+\alpha$에서 만난다.

$$\therefore f(t)=\begin{cases}0 & \left(0<t\le\frac{3}{2}\pi-\alpha\right)\\ 1 & \left(\frac{3}{2}\pi-\alpha<t\le\frac{3}{2}\pi+\alpha\right)\\ 2 & \left(\frac{3}{2}\pi+\alpha<t<2\pi\right)\end{cases}$$

또, $0\le x\le 2\pi$일 때, 함수 $y=-\cos x$의 그래프와 직선 $y=k$는 $x=\alpha$, $x=2\pi-\alpha$에서 만난다.

$$\therefore g(t)=\begin{cases}0 & (0<t\le\alpha)\\ 1 & (\alpha<t\le 2\pi-\alpha)\\ 2 & (2\pi-\alpha<t<2\pi)\end{cases}$$

ㄱ. $0<x<\frac{\pi}{2}$에서 함수 $y=\sin x$의 그래프와 직선 $y=k$의 교점이 존재하지 않으므로

$f\left(\frac{\pi}{2}\right)=0$

또, $0<x<\frac{\pi}{2}$에서 함수 $y=-\cos x$의 그래프와 직선 $y=k$는 $x=\alpha$에서 만나므로

$g\left(\frac{\pi}{2}\right)=1$ (참)

ㄴ. $k=-\frac{\sqrt{3}}{2}$일 때 $\alpha=\frac{\pi}{6}$이므로

$$f(t)=\begin{cases}0 & \left(0<t\le\frac{4}{3}\pi\right)\\ 1 & \left(\frac{4}{3}\pi<t\le\frac{5}{3}\pi\right),\\ 2 & \left(\frac{5}{3}\pi<t<2\pi\right)\end{cases}$$

$$g(t)=\begin{cases}0 & \left(0<t\le\frac{\pi}{6}\right)\\ 1 & \left(\frac{\pi}{6}<t\le\frac{11}{6}\pi\right)\\ 2 & \left(\frac{11}{6}\pi<t<2\pi\right)\end{cases}$$

따라서 $f(t)=g(t)$인 t의 값의 범위는

$0<t\le\frac{\pi}{6}$ 또는 $\frac{4}{3}\pi<t\le\frac{5}{3}\pi$ 또는 $\frac{11}{6}\pi<t<2\pi$ (거짓)

ㄷ. $f(t)>g(t)$를 만족시키는 t의 값의 범위는

$\frac{3}{2}\pi+\alpha<t\le 2\pi-\alpha$

따라서 $p=\frac{3}{2}\pi+\alpha$, $q=2\pi-\alpha$이므로

$p+q=\left(\frac{3}{2}\pi+\alpha\right)+(2\pi-\alpha)$

$=\frac{7}{2}\pi$ (참)

따라서 옳은 것은 ㄱ, ㄷ이다. 답 ③

255 ㄱ. $t=\pi$일 때, 두 함수 $y=\sin x$, $y=\cos x$의 그래프와 직선 $y=k$는 다음 그림과 같다.

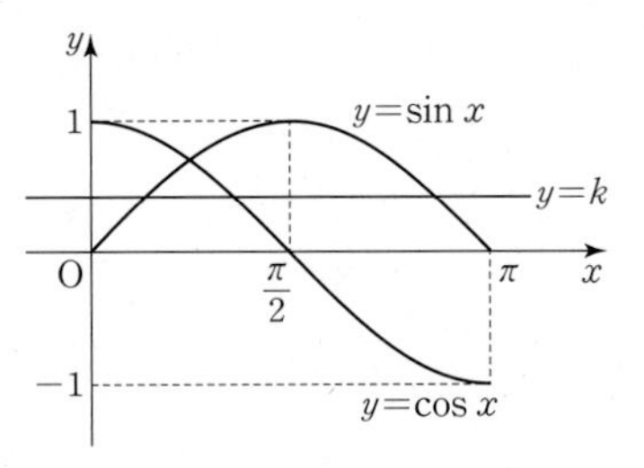

따라서 $f(\pi)=2$, $g(\pi)=1$이므로

$f(\pi)+g(\pi)=2+1=3$ (참)

ㄴ. $t=\frac{\pi}{4}$일 때, 두 함수 $y=\sin x$, $y=\cos x$의 그래프와 직선 $y=k\left(k>\frac{\sqrt{2}}{2}\right)$는 다음 그림과 같다.

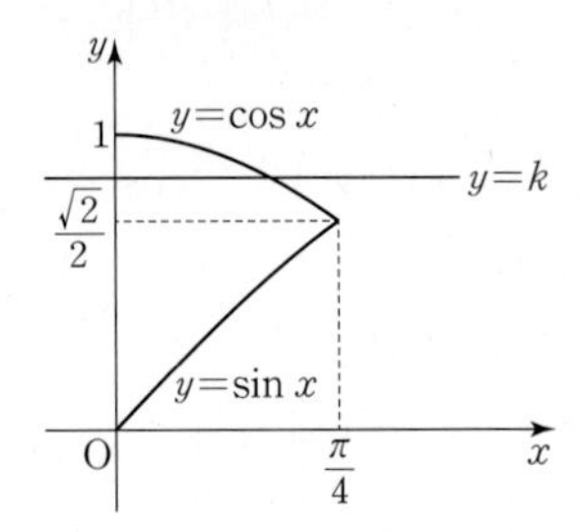

따라서 $f\left(\frac{\pi}{4}\right)=0$, $g\left(\frac{\pi}{4}\right)=1$이므로

$f\left(\frac{\pi}{4}\right)+g\left(\frac{\pi}{4}\right)=0+1=1$ (참)

ㄷ. (i) $0<k<\frac{\sqrt{2}}{2}$일 때

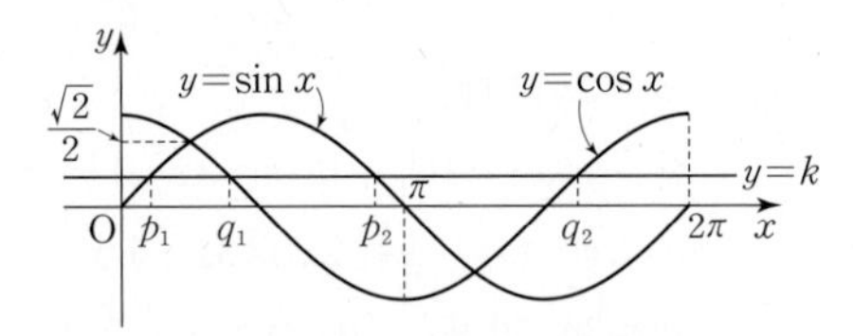

위의 그림에서 $g(t)<f(t)$를 만족시키는 t의 값의 범위는

$p_1<t\le q_1$ 또는 $p_2<t\le q_2$

이는 $\{t\,|\,g(t)<f(t)\}=\{t\,|\,p<t\le q\}$를 만족시키지 않는다.

(ii) $\frac{\sqrt{2}}{2}<k<1$일 때

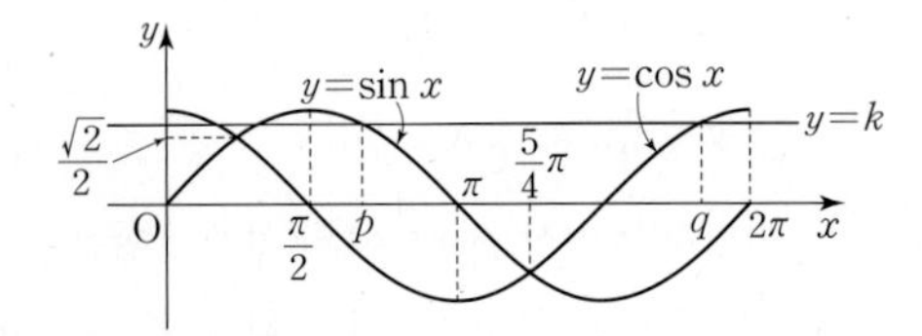

위의 그림에서 $g(t)<f(t)$를 만족시키는 t의 값의 범위는

$p<t\le q$

이때 $\frac{p+q}{2}=\frac{5}{4}\pi$이므로

$p+q=\frac{5}{2}\pi$

(ⅰ), (ⅱ)에 의하여 $p+q=\frac{5}{2}\pi$ (거짓)

따라서 옳은 것은 ㄱ, ㄴ이다.

답 ②

256 $f(x)=\frac{3}{\cos^2\left(x+\frac{\pi}{12}\right)}-\frac{2\cos\left(\frac{5}{12}\pi-x\right)}{\sin\left(x+\frac{7}{12}\pi\right)}+1$에서

$\cos\left(\frac{5}{12}\pi-x\right)=\cos\left\{\frac{\pi}{2}-\left(x+\frac{\pi}{12}\right)\right\}=\sin\left(x+\frac{\pi}{12}\right)$,

$\sin\left(x+\frac{7}{12}\pi\right)=\sin\left\{\frac{\pi}{2}+\left(x+\frac{\pi}{12}\right)\right\}=\cos\left(x+\frac{\pi}{12}\right)$

이므로 주어진 함수는

$$f(x)=\frac{3}{\cos^2\left(x+\frac{\pi}{12}\right)}-\frac{2\sin\left(x+\frac{\pi}{12}\right)}{\cos\left(x+\frac{\pi}{12}\right)}+1$$

$$=\frac{3\left\{\sin^2\left(x+\frac{\pi}{12}\right)+\cos^2\left(x+\frac{\pi}{12}\right)\right\}}{\cos^2\left(x+\frac{\pi}{12}\right)}-\frac{2\sin\left(x+\frac{\pi}{12}\right)}{\cos\left(x+\frac{\pi}{12}\right)}+1$$

$$=3\left\{\tan^2\left(x+\frac{\pi}{12}\right)+1\right\}-2\tan\left(x+\frac{\pi}{12}\right)+1$$

$$=3\tan^2\left(x+\frac{\pi}{12}\right)-2\tan\left(x+\frac{\pi}{12}\right)+4$$

$\tan\left(x+\frac{\pi}{12}\right)=t$로 놓으면

$y=3t^2-2t+4$

$=3\left(t-\frac{1}{3}\right)^2+\frac{11}{3}$

따라서 $t=\frac{1}{3}$일 때, 최솟값 $\frac{11}{3}$을 가지므로

$\tan\left(a+\frac{\pi}{12}\right)=\frac{1}{3}$, $b=\frac{11}{3}$

$\tan\left(a+\frac{\pi}{12}\right)=\frac{1}{3}$에서

$\sin\left(a+\frac{\pi}{12}\right)=\frac{1}{\sqrt{10}}$ $\left(\because 0<a+\frac{\pi}{12}<\frac{\pi}{4}\right)$

$\therefore b\sin\left(a+\frac{\pi}{12}\right)=\frac{11}{3}\times\frac{1}{\sqrt{10}}=\frac{11}{3\sqrt{10}}=\frac{11\sqrt{10}}{30}$

답 $\frac{11\sqrt{10}}{30}$

257 $f(x)=\frac{2\cos\left(\frac{3}{8}\pi-x\right)}{\sin\left(x+\frac{5}{8}\pi\right)}-\frac{1}{\cos^2\left(x+\frac{\pi}{8}\right)}+3$에서

$\cos\left(\frac{3}{8}\pi-x\right)=\cos\left\{\frac{\pi}{2}-\left(x+\frac{\pi}{8}\right)\right\}=\sin\left(x+\frac{\pi}{8}\right)$,

$\sin\left(x+\frac{5}{8}\pi\right)=\sin\left\{\frac{\pi}{2}+\left(x+\frac{\pi}{8}\right)\right\}=\cos\left(x+\frac{\pi}{8}\right)$

이므로 주어진 함수는

$$f(x)=\frac{2\sin\left(x+\frac{\pi}{8}\right)}{\cos\left(x+\frac{\pi}{8}\right)}-\frac{\sin^2\left(x+\frac{\pi}{8}\right)+\cos^2\left(x+\frac{\pi}{8}\right)}{\cos^2\left(x+\frac{\pi}{8}\right)}+3$$

$$=2\tan\left(x+\frac{\pi}{8}\right)-\left\{\tan^2\left(x+\frac{\pi}{8}\right)+1\right\}+3$$

$$=-\tan^2\left(x+\frac{\pi}{8}\right)+2\tan\left(x+\frac{\pi}{8}\right)+2$$

$\tan\left(x+\frac{\pi}{8}\right)=t$로 놓으면

$y=-t^2+2t+2$

$=-(t-1)^2+3$

따라서 $t=1$일 때, 최댓값 3을 가지므로

$\tan\left(a+\frac{\pi}{8}\right)=1$, $b=3$

이때 $\frac{\pi}{6}\le a+\frac{\pi}{8}\le\frac{\pi}{3}$이므로

$a+\frac{\pi}{8}=\frac{\pi}{4}$ $\qquad\therefore a=\frac{\pi}{8}$

$\therefore ab=\frac{\pi}{8}\times 3=\frac{3}{8}\pi$

답 $\frac{3}{8}\pi$

258 $3\tan^2 x-\tan x-4=0$에서

$(\tan x+1)(3\tan x-4)=0$

$\therefore \tan x=-1$ 또는 $\tan x=\frac{4}{3}$

이때 $0<x<\frac{\pi}{2}$이므로 $\tan x=\frac{4}{3}$

$\therefore \sin x=\frac{4}{5}$, $\cos x=\frac{3}{5}$

$\sin y=a$, $\cos y=b$로 놓으면

$a^2+b^2=\sin^2 y+\cos^2 y=1$ $(0<a<1,\ 0<b<1)$ ...... ㉠

$\sin x\cos y+2\sin y\cos x=\frac{6}{5}a+\frac{4}{5}b$에서

$\frac{6}{5}a+\frac{4}{5}b=k$ $(k>0)$로 놓으면

$6a+4b=5k$ ...... ㉡

㉠, ㉡에서 점 $(a,\ b)$가 나타내는 도형을 좌표평면에 나타내면 다음 그림과 같다.

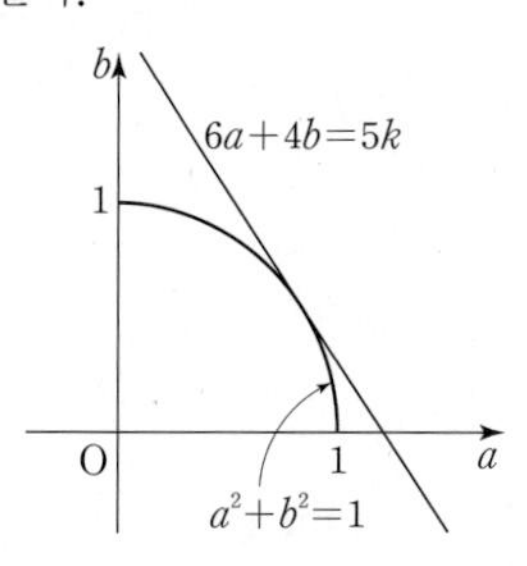

㉠, ㉡을 동시에 만족시키는 점 $(a,\ b)$가 존재해야 하므로 두 도형의 교점이 존재하고, 직선 $6a+4b=5k$가 사분원 $a^2+b^2=1$에 접할 때 k의 값은 최대가 된다.

이때 직선 $6a+4b-5k=0$과 원점 사이의 거리가 반지름의 길이 1과 같으므로

$\frac{|-5k|}{\sqrt{6^2+4^2}}=1$, $|5k|=2\sqrt{13}$

$\therefore k=\frac{2\sqrt{13}}{5}$ ($\because k>0$)

따라서 구하는 최댓값은 $\frac{2\sqrt{13}}{5}$이다. 답 ②

259 $2\sin^2 x-\sin x\cos x-\cos^2 x=1$에서

$2\sin^2 x-\sin x\cos x-\cos^2 x=\sin^2 x+\cos^2 x$

$\sin^2 x-\sin x\cos x-2\cos^2 x=0$

$(\sin x+\cos x)(\sin x-2\cos x)=0$

$\therefore \sin x=-\cos x$ 또는 $\sin x=2\cos x$

즉, $\tan x=-1$ 또는 $\tan x=2$

이때 $0<x<\frac{\pi}{2}$이므로 $\tan x=2$

$\therefore \sin x=\frac{2}{\sqrt{5}}$, $\cos x=\frac{1}{\sqrt{5}}$

$\sin y=a$, $\cos y=b$로 놓으면

$a^2+b^2=\sin^2 y+\cos^2 y=1$ $(0<a<1,\ 0<b<1)$ ······ ㉠

$\sin x\sin y+4\cos x\cos y=\frac{2}{\sqrt{5}}a+\frac{4}{\sqrt{5}}b$에서

$\frac{2}{\sqrt{5}}a+\frac{4}{\sqrt{5}}b=k$ $(k>0)$로 놓으면

$2a+4b=\sqrt{5}k$ ······ ㉡

㉠, ㉡에서 점 $(a,\ b)$가 나타내는 도형을 좌표평면에 나타내면 다음 그림과 같다.

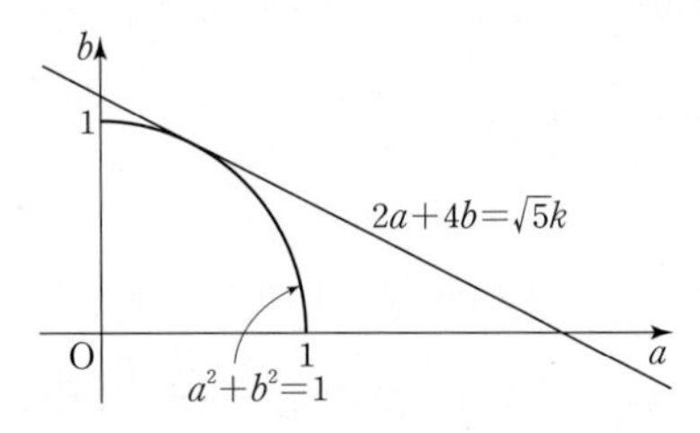

㉠, ㉡을 동시에 만족시키는 점 $(a,\ b)$가 존재해야 하므로 두 도형의 교점이 존재하고, 직선 $2a+4b=\sqrt{5}k$가 사분원 $a^2+b^2=1$에 접할 때 k의 값은 최대가 된다.

이때 직선 $2a+4b-\sqrt{5}k=0$과 원점 사이의 거리가 반지름의 길이 1과 같으므로

$\frac{|-\sqrt{5}k|}{\sqrt{2^2+4^2}}=1$, $|\sqrt{5}k|=2\sqrt{5}$

$\therefore k=2$ ($\because k>0$)

따라서 구하는 최댓값은 2이다. 답 ④

260 $0\le\alpha\le\pi$에서 $0\le\pi\sin\alpha\le\pi$이므로

$0\le\sin(\pi\sin\alpha)\le1$

$0\le\beta\le\pi$에서 $-\pi\le\pi\cos\beta\le\pi$이므로

$-1\le\cos(\pi\cos\beta)\le1$

$\sin(\pi\sin\alpha)+\cos(\pi\cos\beta)=-1$에서

$\sin(\pi\sin\alpha)=0$, $\cos(\pi\cos\beta)=-1$

$\sin(\pi\sin\alpha)=0$에서

$\pi\sin\alpha=0$ 또는 $\pi\sin\alpha=\pi$ ($\because 0\le\pi\sin\alpha\le\pi$)

즉, $\sin\alpha=0$ 또는 $\sin\alpha=1$이므로

$\alpha=0$ 또는 $\alpha=\frac{\pi}{2}$ 또는 $\alpha=\pi$ ($\because 0\le\alpha\le\pi$)

$\cos(\pi\cos\beta)=-1$에서

$\pi\cos\beta=-\pi$ 또는 $\pi\cos\beta=\pi$ ($\because -\pi\le\pi\cos\beta\le\pi$)

즉, $\cos\beta=-1$ 또는 $\cos\beta=1$이므로

$\beta=0$ 또는 $\beta=\pi$ ($\because 0\le\beta\le\pi$)

따라서 가능한 α, β의 순서쌍 $(\alpha,\ \beta)$의 개수는

$3\times2=6$ 답 ⑤

261 $0\le\alpha\le2\pi$에서 $-2\pi\le2\pi\cos\alpha\le2\pi$이므로

$-1\le\sin(2\pi\cos\alpha)\le1$

$0\le\beta\le2\pi$에서 $-2\pi\le2\pi\sin\beta\le2\pi$이므로

$-1\le\cos(2\pi\sin\beta)\le1$

$\sin(2\pi\cos\alpha)+\cos(2\pi\sin\beta)=-2$에서

$\sin(2\pi\cos\alpha)=\cos(2\pi\sin\beta)=-1$

$\sin(2\pi\cos\alpha)=-1$에서

$2\pi\cos\alpha=-\frac{\pi}{2}$ 또는 $2\pi\cos\alpha=\frac{3}{2}\pi$

($\because -2\pi\le2\pi\cos\alpha\le2\pi$)

$\therefore \cos\alpha=-\frac{1}{4}$ 또는 $\cos\alpha=\frac{3}{4}$

$\cos(2\pi\sin\beta)=-1$에서

$2\pi\sin\beta=-\pi$ 또는 $2\pi\sin\beta=\pi$ ($\because -2\pi\le2\pi\sin\beta\le2\pi$)

$\therefore \sin\beta=-\frac{1}{2}$ 또는 $\sin\beta=\frac{1}{2}$

따라서 $\cos\alpha+\sin\beta$의 최댓값과 최솟값은 각각

$M=\frac{3}{4}+\frac{1}{2}=\frac{5}{4}$, $m=-\frac{1}{4}-\frac{1}{2}=-\frac{3}{4}$

이므로

$M^2+m^2=\left(\frac{5}{4}\right)^2+\left(-\frac{3}{4}\right)^2=\frac{17}{8}$

즉, $p=8$, $q=17$이므로

$p+q=8+17=25$ 답 25

262 삼각형 ABD의 외접원의 반지름의 길이가 6이므로

$\angle ADB=\alpha$라 하면 사인법칙에 의하여

$\frac{\overline{AB}}{\sin\alpha}=12$ $\quad\therefore \sin\alpha=\frac{3\sqrt{3}}{12}=\frac{\sqrt{3}}{4}$

$\therefore \cos\alpha=\sqrt{1-\left(\frac{\sqrt{3}}{4}\right)^2}=\frac{\sqrt{13}}{4}$

$\overline{AB}=\overline{CD}$에서 $\angle ADB=\angle CBD$이므로 선분 AD와 선분 BC는 평행하다.

따라서 사각형 ABCD는 등변사다리꼴이다.

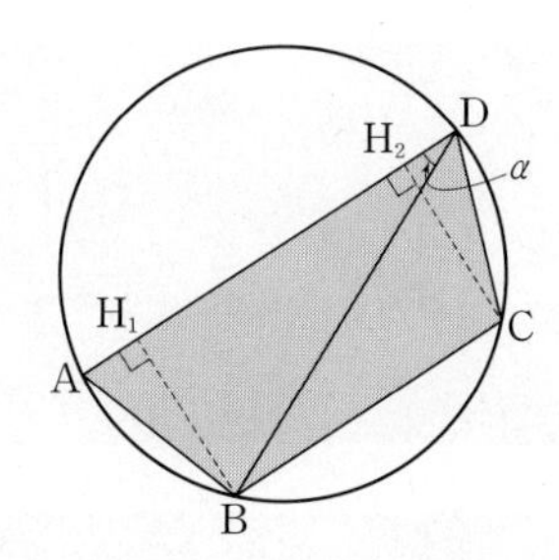

위의 그림과 같이 두 점 B, C에서 선분 AD에 내린 수선의 발을 각각 H_1, H_2라 하면

$\overline{DH_1}=\overline{BD}\cos\alpha$

$=8\sqrt{2}\times\frac{\sqrt{13}}{4}=2\sqrt{26}$

$\overline{BH_1}=\overline{BD}\sin\alpha$

$=8\sqrt{2}\times\frac{\sqrt{3}}{4}=2\sqrt{6}$

사각형 ABCD의 넓이는

$S=\frac{1}{2}\times(\overline{AD}+\overline{BC})\times\overline{BH_1}$

$=\frac{1}{2}\times\{(\overline{DH_1}+\overline{AH_1})+(\overline{DH_1}-\overline{DH_2})\}\times\overline{BH_1}$

$=\overline{DH_1}\times\overline{BH_1}$ ($\because$ $\overline{AH_1}=\overline{DH_2}$)

$=2\sqrt{26}\times2\sqrt{6}$

$=8\sqrt{39}$

$\therefore$ $\frac{S^2}{13}=192$

답 192

263 삼각형 ABD의 외접원의 반지름의 길이가 3이므로 $\angle ADB=\alpha$라 하면 사인법칙에 의하여

$\frac{\overline{AB}}{\sin\alpha}=6$ $\therefore$ $\sin\alpha=\frac{2\sqrt{2}}{6}=\frac{\sqrt{2}}{3}$

$\therefore$ $\cos\alpha=\sqrt{1-\left(\frac{\sqrt{2}}{3}\right)^2}=\frac{\sqrt{7}}{3}$

$\overline{AB}=\overline{CD}$에서 $\angle ADB=\angle CBD$이므로 선분 AD와 선분 BC는 평행하다.

따라서 사각형 ABCD는 등변사다리꼴이다.

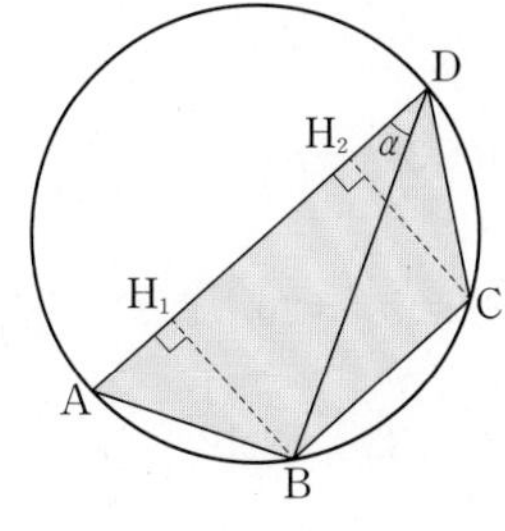

위의 그림과 같이 두 점 B, C에서 선분 AD에 내린 수선의 발을 각각 H_1, H_2라 하면

$\overline{DH_1}=\overline{BD}\cos\alpha$

$=3\sqrt{3}\times\frac{\sqrt{7}}{3}=\sqrt{21}$

$\overline{BH_1}=\overline{BD}\sin\alpha$

$=3\sqrt{3}\times\frac{\sqrt{2}}{3}=\sqrt{6}$

사각형 ABCD의 넓이는

$S=\frac{1}{2}\times(\overline{AD}+\overline{BC})\times\overline{BH_1}$

$=\frac{1}{2}\times\{(\overline{DH_1}+\overline{AH_1})+(\overline{DH_1}-\overline{DH_2})\}\times\overline{BH_1}$

$=\overline{DH_1}\times\overline{BH_1}$ ($\because$ $\overline{AH_1}=\overline{DH_2}$)

$=\sqrt{21}\times\sqrt{6}=3\sqrt{14}$

$\therefore$ $S^2=126$

답 126

264 두 삼각형 ABC와 ACD의 외접원의 반지름의 길이를 각각 R, r라 하면 사인법칙에 의하여

$\frac{\overline{AC}}{\sin\alpha}=2R$, $\frac{\overline{AC}}{\sin\beta}=2r$

$\therefore$ $\sin\alpha=\frac{\overline{AC}}{2R}$, $\sin\beta=\frac{\overline{AC}}{2r}$

이때 $\frac{\sin\beta}{\sin\alpha}=\frac{3}{2}$이므로

$\frac{\frac{\overline{AC}}{2r}}{\frac{\overline{AC}}{2R}}=\frac{3}{2}$

$\frac{R}{r}=\frac{3}{2}$

$\therefore$ $r=\frac{2}{3}R$ ⋯⋯ ㉠

다음 그림에서 $\angle AOC=2\alpha$, $\angle AO'C=2\beta$이므로

$\angle AOO'=\alpha$, $\angle AO'O=\beta$

$\therefore$ $\angle OAO'=\pi-(\alpha+\beta)$

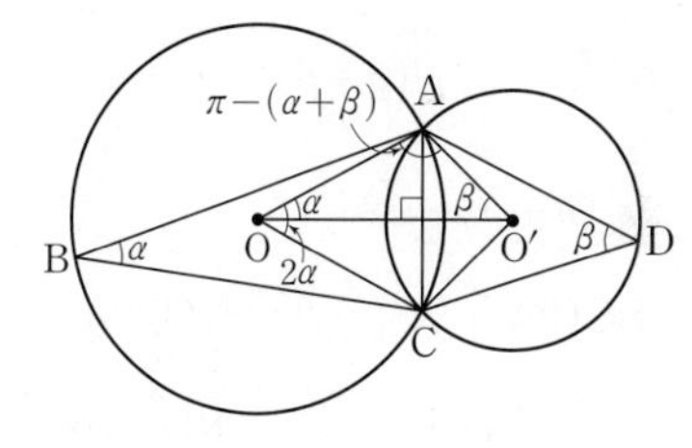

$\overline{AO}=R$, $\overline{AO'}=r$이므로 삼각형 AOO′에서 코사인법칙에 의하여

$\overline{OO'}^2=\overline{AO}^2+\overline{AO'}^2-2\times\overline{AO}\times\overline{AO'}\times\cos\{\pi-(\alpha+\beta)\}$

$1=R^2+r^2+2Rr\cos(\alpha+\beta)$

$1=R^2+\left(\frac{2}{3}R\right)^2+\frac{4}{3}R^2\times\frac{1}{3}$ ($\because$ ㉠)

$1=\frac{17}{9}R^2$

$\therefore$ $R^2=\frac{9}{17}$

따라서 삼각형 ABC의 외접원의 넓이는 $\pi R^2=\frac{9}{17}\pi$이므로

$p=17$, $q=9$

$\therefore$ $p+q=17+9=26$

답 26

265 삼각형 ABC에서 사인법칙에 의하여

$\frac{\overline{BC}}{\sin\alpha}=\frac{\overline{AC}}{\sin\beta}$

이때 $\frac{\sin\alpha}{\sin\beta}=\frac{1}{3}$이므로

$\frac{\overline{BC}}{\overline{AC}}=\frac{1}{3}$

즉, $\overline{BC}=k\ (k>0)$라 하면

$\overline{AC}=3k$

$\sin(\alpha+\beta)=\frac{4}{5}$이므로

$\cos(\alpha+\beta)=-\frac{3}{5}\left(\because \frac{\pi}{2}<\alpha+\beta<\frac{3}{2}\pi\right)$

삼각형 ABC에서 코사인법칙에 의하여

$\overline{AB}^2=\overline{BC}^2+\overline{AC}^2-2\times\overline{BC}\times\overline{AC}\times\cos\{\pi-(\alpha+\beta)\}$

$\left(\frac{8}{\sqrt{5}}\right)^2=k^2+(3k)^2+2\times k\times 3k\times\cos(\alpha+\beta)$

$\frac{64}{5}=10k^2-\frac{18}{5}k^2$

$\frac{32}{5}k^2=\frac{64}{5}$

$\therefore k^2=2$ $\cdots\cdots$ ㉠

사각형 ABCD의 넓이가 15이므로

$\frac{1}{2}\times\overline{AC}\times\overline{BD}\times\sin\frac{\pi}{2}=15$

$3k\times\overline{BD}=30$

$\therefore \overline{BD}=\frac{10}{k}$

한편, $\angle ACB=\pi-(\alpha+\beta)$이므로

$\angle CBD=\frac{\pi}{2}-\angle ACB$

$=\frac{\pi}{2}-\{\pi-(\alpha+\beta)\}$

$=(\alpha+\beta)-\frac{\pi}{2}$

삼각형 BCD에서 코사인법칙에 의하여

$\overline{CD}^2=\overline{BC}^2+\overline{BD}^2-2\times\overline{BC}\times\overline{BD}\times\cos\left\{(\alpha+\beta)-\frac{\pi}{2}\right\}$

$=k^2+\left(\frac{10}{k}\right)^2-2\times k\times\frac{10}{k}\times\sin(\alpha+\beta)$

$=k^2+\frac{100}{k^2}-16$

$=2+50-16$

$=36\ (\because$ ㉠$)$

$\therefore \overline{CD}=6\ (\because \overline{CD}>0)$ 답 6

1. 등차수열과 등비수열

>> 본문 152~164쪽

266 $|a_3|-a_5=0$에서 $|a_3|=a_5$

$\therefore a_5=\pm a_3$

이때 공차가 0이 아니므로

$a_3\neq a_5$ $\quad\therefore a_3=-a_5$

즉, $a_3+a_5=0$ $\cdots\cdots$ ㉠

등차수열 $\{a_n\}$의 공차를 d라 하면 $a_1=-15$이므로

$a_n=-15+(n-1)d$

$a_3=2d-15$, $a_5=4d-15$이므로 ㉠에서

$a_3+a_5=6d-30=0$ $\quad\therefore d=5$

따라서 $a_n=5n-20$이므로

$a_7=5\times7-20=15$ 답 15

다른풀이

$a_3+a_5=0$에서 $a_4=0$

세 수 a_1, a_4, a_7은 이 순서대로 등차수열을 이루므로

$a_1+a_7=2a_4=0$

$\therefore a_7=-a_1=15$

267 등차수열 $\{a_n\}$의 공차를 d라 하면

$a_4=-10+3d$, $a_6=-10+5d$

$a_4a_6<0$이므로

$(3d-10)(5d-10)<0$

$\therefore 2<d<\frac{10}{3}$

이때 공차가 자연수이므로

$d=3$

$\therefore a_2=-10+3=-7$ 답 ③

268 $0<d<1$이므로 $a_{13}=20+12d$가 자연수이려면

$d=\frac{1}{12}, \frac{2}{12}, \frac{3}{12}, \cdots, \frac{11}{12}$

그런데 $d=\frac{2}{12}=\frac{1}{6}$이면

$a_7=20+6\times\frac{1}{6}=21$

에서 자연수이므로 조건을 만족시키지 않는다.

같은 방법으로 하면

$d=\frac{3}{12}=\frac{1}{4}$, $d=\frac{4}{12}=\frac{1}{3}$, $d=\frac{6}{12}=\frac{1}{2}$,

$d=\frac{8}{12}=\frac{2}{3}$, $d=\frac{9}{12}=\frac{3}{4}$, $d=\frac{10}{12}=\frac{5}{6}$

일 때도 조건을 만족시키지 않는다.

따라서 조건을 만족시키는 d의 개수는 $\frac{1}{12}$, $\frac{5}{12}$, $\frac{7}{12}$, $\frac{11}{12}$의 4이다.

답 ④

269 (i) $i=1$, $j=m$일 때

$a_m-a_1=40-2=38$이므로

$a_{m-1}=38$

(ii) $i=1$, $j=m-1$일 때

$a_{m-1}-a_1=38-2=36$이므로

$a_{m-2}=36$

⋮

이와 같은 과정을 반복하면 $i=1$, $j=2$일 때

$a_2-a_1=2 \qquad \therefore a_2=4$

따라서 수열 $\{a_n\}$은 첫째항이 2, 공차가 2인 등차수열이므로

$a_n=2+(n-1)\times 2=2n$

$a_m=2m=40$이므로

$m=20$

답 20

270 주어진 수열을 $\{a_n\}$이라 하고, $a_n=\frac{c_n}{b_n}$이라 하자.

(i) 수열 $\{b_n\}$은

1000, 997, 994, 991, ⋯

이므로 첫째항이 1000, 공차가 -3인 등차수열이다.

$\therefore b_n=1000+(n-1)\times(-3)$

$=-3n+1003$

(ii) 수열 $\{c_n\}$은

1, 5, 9, 13, ⋯

이므로 첫째항이 1, 공차가 4인 등차수열이다.

$\therefore c_n=1+(n-1)\times 4$

$=4n-3$

(i), (ii)에 의하여 $a_n=\frac{4n-3}{-3n+1003}$

$a_n>1$에서 $\frac{4n-3}{-3n+1003}>1$

$-3n+1003>0$일 때, 양변에 $-3n+1003$을 곱하면

$4n-3>1003-3n$

$7n>1006 \qquad \therefore n>143.\times\times\times$

따라서 자연수 n의 최솟값은 144이므로 처음으로 1보다 커지는 수는 144번째이다.

답 144

271 등차수열 $\{a_n\}$의 공차가 양수이므로

$a_7\neq a_{13}$

따라서 $a_7=-a_{13}$이므로

$a_7+a_{13}=0$

두 수 a_7, a_{13}의 등차중항이 a_{10}이므로

$a_{10}=\frac{a_7+a_{13}}{2}=0$

등차수열 $\{a_n\}$의 공차를 d라 하면 $|a_6|+|a_{11}|+|a_{16}|=55$에서

$|a_{10}-4d|+|a_{10}+d|+|a_{10}+6d|=55$

$a_{10}=0$이므로 $|-4d|+|d|+|6d|=55$

$d>0$이므로 $4d+d+6d=55$

$11d=55 \qquad \therefore d=5$

$a_n=a_1+(n-1)\times 5$에서 $a_{10}=0$이므로

$a_1+45=0 \qquad \therefore a_1=-45$

즉, $a_n=5n-50$이므로 $a_n<170$에서

$5n-50<170$, $5n<220$

$\therefore n<44$

따라서 자연수 n의 최댓값은 43이다.

답 43

272 $|a_6-3p|=|a_{10}-3p|$에서 $a_n-3p=A_n$이라 하면

$|A_6|=|A_{10}|$

등차수열 $\{a_n\}$의 공차가 양수이므로

$A_6\neq A_{10}$

즉, $A_6=-A_{10}$이므로 $A_6+A_{10}=0$

A_6과 A_{10}의 등차중항이 A_8이므로

$A_8=0 \qquad \therefore a_8=3p \qquad \cdots\cdots$ ㉠

$|a_8-6p|=|a_{20}-6p|$에서 $a_n-6p=B_n$이라 하면

$|B_8|=|B_{20}|$

같은 방법으로 하면 $B_8+B_{20}=0$이므로

$B_{14}=0 \qquad \therefore a_{14}=6p \qquad \cdots\cdots$ ㉡

㉠, ㉡에서 $2a_8=a_{14}$이므로 등차수열 $\{a_n\}$의 공차를 d라 하면

$2(a_1+7d)=a_1+13d \qquad \therefore a_1=-d$

$a_n=-d+(n-1)d=(n-2)d$이므로

$a_{18}=16d=8 \qquad \therefore d=\frac{1}{2}$

즉, $a_n=\frac{1}{2}(n-2)$이므로 $a_n>0$에서

$n-2>0 \qquad \therefore n>2$

따라서 자연수 n의 최솟값은 3이다.

답 3

273 등차수열 $\{a_n\}$의 공차를 d라 하면 모든 자연수 n에 대하여

$a_{n+1}\neq a_n$이므로

$d\neq 0$

$a_6=5+d$, $a_7=5+2d$, $a_8=5+3d$, $a_9=5+4d$이므로

$a_6^2+a_7^2=a_8^2+a_9^2$에서

$(5+d)^2+(5+2d)^2=(5+3d)^2+(5+4d)^2$

$(25+10d+d^2)+(25+20d+4d^2)$

$=(25+30d+9d^2)+(25+40d+16d^2)$

$30d+5d^2=70d+25d^2$, $20d^2+40d=0$

$20d(d+2)=0 \qquad \therefore d=-2 \ (\because d\neq 0)$

$a_5=a_1+4\times(-2)=5$에서 $a_1=13$

따라서 $a_n=13+(n-1)\times(-2)=-2n+15$이므로

$a_{n+3}=-2(n+3)+15=-2n+9$

$\therefore \frac{a_m}{a_{m+3}}=\frac{-2m+15}{-2m+9}=1-\frac{6}{2m-9}$

이 값이 수열 $\{a_n\}$의 항이 되려면

$-2n+15=1-\frac{6}{2m-9}$

$\therefore n=7+\frac{3}{2m-9}$

n은 자연수이므로

$2m-9=\pm1$ 또는 $2m-9=\pm3$

$2m=6, 8, 10, 12$

$\therefore m=3, 4, 5, 6$

따라서 모든 m의 값의 합은

$3+4+5+6=18$ 답 18

274 함수 $y=|x^2-16|$의 그래프가 y축에 대하여 대칭이므로 a_1과 a_4, a_2와 a_3은 절댓값은 같고 부호는 다르다.

즉, $a_1+a_4=0$, $a_2+a_3=0$

네 수 a_1, a_2, a_3, a_4가 이 순서대로 등차수열을 이루므로

$a_1=a-3d$, $a_2=a-d$, $a_3=a+d$, $a_4=a+3d$라 하면

$a=0$

$\therefore a_1=-3d$, $a_2=-d$, $a_3=d$, $a_4=3d$

이때 $-3d$, $3d$는 방정식 $x^2-16=k$, 즉 $x^2-k-16=0$의 두 실근이므로 이차방정식의 근과 계수의 관계에 의하여

$-3d\times3d=-k-16$

$\therefore k=9d^2-16$ ······ ㉠

또, $-d$, d는 방정식 $-x^2+16=k$, 즉 $x^2+k-16=0$의 두 실근이므로 이차방정식의 근과 계수의 관계에 의하여

$-d\times d=k-16$

$\therefore k=16-d^2$ ······ ㉡

㉠, ㉡에 의하여

$9d^2-16=16-d^2$, $10d^2=32$

$\therefore d^2=\frac{16}{5}$

따라서 ㉡에서 $k=16-\frac{16}{5}=\frac{64}{5}$이므로

$10k=10\times\frac{64}{5}=128$ 답 128

다른풀이

방정식 $x^2-16=k$에서 $x=\pm\sqrt{k+16}$

$\therefore a_1=-\sqrt{k+16}$, $a_4=\sqrt{k+16}$

방정식 $-x^2+16=k$에서 $x=\pm\sqrt{16-k}$

$\therefore a_2=-\sqrt{16-k}$, $a_3=\sqrt{16-k}$

세 수 a_2, a_3, a_4가 이 순서대로 등차수열을 이루므로

$a_2+a_4=2a_3$, $-\sqrt{16-k}+\sqrt{k+16}=2\sqrt{16-k}$

$\sqrt{k+16}=3\sqrt{16-k}$

위의 식의 양변을 제곱하면

$k+16=9(16-k)$ $\therefore 10k=128$

275 등차수열 $\{a_n\}$의 공차를 d라 하면

$a_3=a_6-3d$, $a_9=a_6+3d$

이므로 조건 (가)에서

$a_3+a_6+a_9=3a_6=171$ $\therefore a_6=57$

조건 (나)에서 $a_{13}>135$, $a_{12}\le135$이므로

$a_6+7d>135$, $a_6+6d\le135$

$7d>78$, $6d\le78$

$\therefore \frac{78}{7}<d\le13$

이때 공차 d가 자연수이므로

$d=12$ 또는 $d=13$

$a_{20}=a_6+14d$이므로

$a_{20}=57+14\times12=225$ 또는 $a_{20}=57+14\times13=239$

따라서 a_{20}의 최댓값은 239이다. 답 239

276 등차수열 $\{a_n\}$의 첫째항을 a라 하면 $|a_5|=|a_7|$에서

$|a+4\times3|=|a+6\times3|$

$a+12=-a-18$

$2a=-30$ $\therefore a=-15$

$\therefore a_1+a_2+a_3+\cdots+a_{12}=\frac{12\times\{2\times(-15)+11\times3\}}{2}=18$

답 ②

277 등차수열 $\{a_n\}$의 공차를 d $(d>0)$라 하면

$a_4=a_6-2d$, $a_8=a_6+2d$

$a_4+a_6+a_8=36$에서

$3a_6=36$ $\therefore a_6=12$

또, $a_4a_8=80$에서

$(a_6-2d)(a_6+2d)=80$

$a_6^2-4d^2=80$, $4d^2=144-80=64$

$d^2=16$

$\therefore d=4$ ($\because d>0$)

이때 $a_6=a_1+5\times4=12$이므로

$a_1=-8$

$\therefore a_n=-8+(n-1)\times4=4n-12$

$\therefore 2a_1+3a_2+2a_3+3a_4+\cdots+2a_{15}+3a_{16}$

$=2(a_1+a_2+\cdots+a_{16})+(a_2+a_4+\cdots+a_{16})$

$=2\times\frac{16(a_1+a_{16})}{2}+\frac{8(a_2+a_{16})}{2}$

$=16\times(-8+52)+4\times(-4+52)$

$=704+192=896$ 답 896

278 ㄱ. $S_{40}-S_{20}=0$에서 $a_{21}+a_{22}+\cdots+a_{40}=0$

$a_1=S_1>0$이므로

$a_1>-(a_{21}+a_{22}+\cdots+a_{40})$ (참)

ㄴ. 수열 $\{a_n\}$이 등차수열이므로

$a_{21}+a_{40}=a_{22}+a_{39}=a_{23}+a_{38}=\cdots=a_{30}+a_{31}$

즉, $S_{40}-S_{20}=10(a_{25}+a_{36})=0$이므로

$a_{25}=-a_{36}$

$\therefore |a_{25}|=|a_{36}|$ (참)

ㄷ. ㄴ에서 $a_{25}=-a_{36}$이므로

$a_1+24d=-(a_1+35d)$, $2a_1=-59d$

$\therefore a_1=-\frac{59}{2}d$

이때 $a_1=S_1>0$이므로

$d<0$

$\therefore a_n=-\frac{59}{2}d+(n-1)d=d\left(n-\frac{61}{2}\right)$

$a_n\geq0$인 항만을 모두 더했을 때 S_n의 값이 최대가 되므로

$a_n=d\left(n-\frac{61}{2}\right)\geq0$에서

$n-\frac{61}{2}\leq0$ ($\because d<0$)

$\therefore n\leq30.5$

즉, $a_{30}>0$, $a_{31}<0$이므로 S_n의 최댓값은 S_{30}이다.

$\therefore S_{30}\geq S_n$ (참)

따라서 ㄱ, ㄴ, ㄷ 모두 옳다. **답** ⑤

다른풀이

ㄷ. 등차수열 $\{a_n\}$의 공차를 d라 하면

$S_{20}=\frac{20(2a_1+19d)}{2}=20a_1+190d$,

$S_{40}=\frac{40(2a_1+39d)}{2}=40a_1+780d$

$S_{20}=S_{40}$에서 $20a_1+190d=40a_1+780d$

$20a_1=-590d \qquad \therefore a_1=-\frac{59}{2}d$

$\therefore S_n=\frac{n\{2a_1+(n-1)d\}}{2}$

$=\frac{d}{2}(n^2-60n)$

$=\frac{d}{2}\{(n-30)^2-900\}$

이때 $d<0$이므로 S_n은 $n=30$일 때 최댓값을 갖는다.

279 조건 (나)에서 $S_5=S_6$이므로

$S_6-S_5=a_6=0$

조건 (가)에서

$a_1=S_1=10$

등차수열 $\{a_n\}$의 공차를 d라 하면

$a_6=10+5d=0 \qquad \therefore d=-2$

$\therefore S_n=\frac{n\{2\times10+(n-1)\times(-2)\}}{2}=-n(n-11)$

$|S_n|>S_6$에서 $|-n(n-11)|>30$

(i) $0<n<11$일 때

$S_n>0$이므로

$-n(n-11)>30$

이를 만족시키는 자연수 n은 존재하지 않는다.

(ii) $n\geq11$일 때

$S_n\leq0$이므로

$n(n-11)>30$, $n^2-11n-30>0$

$\therefore n<\frac{11-\sqrt{241}}{2}$ 또는 $n>\frac{11+\sqrt{241}}{2}$

$n\geq11$이므로 $n>\frac{11+\sqrt{241}}{2}$

(i), (ii)에 의하여 $n>\frac{11+\sqrt{241}}{2}=13.\times\times\times$

따라서 n의 최솟값은 14이다. **답** ①

280 다각형 S의 내각의 크기가 이루는 등차수열을 $\{a_n\}$이라 하고, 이 수열의 공차를 d라 하면

$a_1=135$, $d=-6$

$\therefore a_n=135+(n-1)\times(-6)=-6n+141$

n각형의 내각의 총합은 $180(n-2)^\circ$이므로

$\frac{n(135+141-6n)}{2}=180(n-2)$

$6n^2+84n-720=0$

$n^2+14n-120=0$

$(n+20)(n-6)=0$

$\therefore n=6$ ($\because n$은 자연수)

따라서 다각형 S의 꼭짓점의 개수는 6이고,

$a_6=-6\times6+141=105$

즉, 가장 작은 내각의 크기가 105°이므로

$a=105$

$\therefore n+a=6+105=111$ **답** 111

281 삼각형 ABD의 넓이를 S_1, 삼각형 BCD의 넓이를 S_2, 삼각형 ABC의 넓이를 S_3이라 하면

$S_3=S_1+S_2$ ...... ㉠

또, 세 삼각형 ABD, BCD, ABC의 넓이가 이 순서대로 등차수열을 이루므로

$2S_2=S_1+S_3$ ...... ㉡

㉠을 ㉡에 대입하면

$2S_2=2S_1+S_2$

$\therefore S_2=2S_1$, 즉 $S_1:S_2=1:2$

이때 두 삼각형 ABD, BCD는 각각 선분 AD와 선분 CD를 밑변으로 하고 높이가 선분 BD로 같은 삼각형이므로

$\overline{AD}:\overline{CD}=S_1:S_2=1:2$

$\overline{AD}=k$, $\overline{CD}=2k$ $(k>0)$라 하면 $\overline{AC}=3k$

직각삼각형 ABC에서

$\overline{AB}^2=\overline{AC}\times\overline{AD}=3k\times k=3k^2$

$\overline{BC}^2=\overline{AC}\times\overline{CD}=3k\times2k=6k^2$

$\therefore \overline{AB}=\sqrt{3}k$, $\overline{BC}=\sqrt{6}k$

$\therefore \frac{\overline{BC}}{\overline{AB}}=\frac{\sqrt{6}k}{\sqrt{3}k}=\sqrt{2}$ **답** ③

282 등차수열 $\{a_n\}$의 첫째항과 공차가 모두 d이므로

$a_n=d+(n-1)d=dn$

$\therefore b_n=\frac{1}{n}(a_1+a_2+a_3+\cdots+a_n)$

$=\frac{1}{n}\times\frac{n(d+dn)}{2}=\frac{d}{2}(n+1)$

수열 $\{c_n\}$의 첫째항부터 제n항까지의 합을 S_n이라 하면

$S_n=c_1+c_2+c_3+\cdots+c_n$

$=a_nb_n$ ($\because$ 조건 (가))

$=\frac{d^2}{2}n(n+1)$

$n\ge2$일 때

$c_n=S_n-S_{n-1}$

$=\frac{d^2}{2}n(n+1)-\frac{d^2}{2}n(n-1)=d^2n$

조건 (나)에 의하여 $a_9=c_3$이므로

$9d=3d^2$, $3d^2-9d=0$

$3d(d-3)=0$ $\quad\therefore d=3$ ($\because d>0$)

$\therefore c_{17}=3^2\times17=153$

답 153

283 $a_n>0$이므로 $S_n>0$

$n\ge2$일 때, $a_n=S_n-S_{n-1}$이므로

$\sqrt{S_n}+\sqrt{S_{n-1}}=2(S_n-S_{n-1})$

$=2(\sqrt{S_n}+\sqrt{S_{n-1}})(\sqrt{S_n}-\sqrt{S_{n-1}})$

이때 $\sqrt{S_n}+\sqrt{S_{n-1}}>0$이므로 양변을 $\sqrt{S_n}+\sqrt{S_{n-1}}$로 나누면

$1=2(\sqrt{S_n}-\sqrt{S_{n-1}})$

$\therefore \sqrt{S_n}-\sqrt{S_{n-1}}=\frac{1}{2}$ $(n\ge2)$

즉, 수열 $\{\sqrt{S_n}\}$의 이웃한 두 항의 차가 $\frac{1}{2}$로 일정하므로 수열 $\{\sqrt{S_n}\}$은 첫째항이 $\sqrt{S_1}=2$, 공차가 $\frac{1}{2}$인 등차수열이다.

$\therefore \sqrt{S_n}=2+(n-1)\times\frac{1}{2}=\frac{1}{2}n+\frac{3}{2}$

따라서 $S_n=\left(\frac{1}{2}n+\frac{3}{2}\right)^2$이므로

$a_{10}=S_{10}-S_9=\frac{169}{4}-36=\frac{25}{4}$

즉, $p=4$, $q=25$이므로

$p+q=4+25=29$

답 29

284 ㄱ. $a_n=n$이면 $S_n=\frac{n(n+1)}{2}$

$S_nT_n=n^2(n^2-1)$에서

$T_n=\frac{n^2(n^2-1)}{S_n}$

$=\frac{2n^2(n+1)(n-1)}{n(n+1)}$

$=2n(n-1)$

(i) $n=1$일 때

$b_1=T_1=0$

(ii) $n\ge2$일 때

$b_n=T_n-T_{n-1}$

$=2n(n-1)-2(n-1)(n-2)$

$=4(n-1)$

(i), (ii)에 의하여

$b_n=4(n-1)=4n-4$ (참)

ㄴ. 두 등차수열 $\{a_n\}$, $\{b_n\}$의 공차가 각각 d_1, d_2이므로

$S_n=\frac{n\{2a_1+(n-1)d_1\}}{2}$, $T_n=\frac{n\{2b_1+(n-1)d_2\}}{2}$

$S_nT_n=n^2(n^2-1)$에서 n^4의 계수를 비교하면

$\frac{d_1}{2}\times\frac{d_2}{2}=1$

$\therefore d_1d_2=4$ (참)

ㄷ. [반례] $a_n=2n$이면 $a_1=2\ne0$

$S_n=\frac{n(2+2n)}{2}=n(n+1)$이므로

$T_n=\frac{n^2(n^2-1)}{S_n}=\frac{n^2(n+1)(n-1)}{n(n+1)}=n(n-1)$

(i) $n=1$일 때

$b_1=T_1=0$

(ii) $n\ge2$일 때

$b_n=T_n-T_{n-1}$

$=n(n-1)-(n-1)(n-2)$

$=2(n-1)$

(i), (ii)에 의하여

$b_n=2(n-1)=2n-2$

즉, $a_n=2n$일 때 조건을 만족시키는 등차수열 $\{b_n\}$이 존재한다. (거짓)

따라서 옳은 것은 ㄱ, ㄴ이다.

답 ③

285 (i) $n=1$일 때

$a_1=S_1=1-10+5=-4$

(ii) $n\ge2$일 때

$a_n=S_n-S_{n-1}$

$=n^2-10n+5-(n-1)^2+10(n-1)-5$

$=2n-11$

(i), (ii)에 의하여 $a_n=\begin{cases}-4 & (n=1)\\ 2n-11 & (n\ge2)\end{cases}$

ㄱ. 수열 $\{a_n\}$은 제2항부터 공차가 2인 등차수열을 이룬다. (거짓)

ㄴ. $a_n=2n-11=0$에서 $n=\frac{11}{2}$

따라서 $n\le5$이면 $a_n<0$, $n\ge6$이면 $a_n>0$이다.

$S_n=n^2-10n+5=0$에서 $n=5\pm2\sqrt{5}$

따라서 $n\le9$이면 $S_n<0$, $n\ge10$이면 $S_n>0$이다.

$a_nS_n<0$이려면

$a_n<0,\ S_n>0$ 또는 $a_n>0,\ S_n<0$

$a_n>0$에서 $n\ge6$, $S_n<0$에서 $n\le9$이므로

$n=6,\ 7,\ 8,\ 9$

즉, 조건을 만족시키는 자연수 n의 개수는 4이다. (참)

ㄷ. (i) $n=1$일 때

$b_1=a_1+a_2=-4+(-7)=-11$

(ii) $n\ge2$일 때

$$b_n=a_n+a_{n+1}=(2n-11)+\{2(n+1)-11\}=4n-20$$

(i), (ii)에 의하여 $b_n=\begin{cases}-11 & (n=1)\\ 4n-20 & (n\ge2)\end{cases}$

따라서 수열 $\{b_n\}$은 제2항부터 등차수열을 이루므로

$$T_n=b_1+(b_2+b_3+\cdots+b_n)$$
$$=-11+\frac{(n-1)(-12+4n-20)}{2}$$
$$=-11+(n-1)(2n-16)$$
$$=2n^2-18n+5$$
$$=2\left(n-\frac{9}{2}\right)^2-\frac{71}{2}$$

이때 n은 자연수이므로 T_n은 $n=4$ 또는 $n=5$일 때 최솟값

$2\times\left(\frac{1}{2}\right)^2-\frac{71}{2}=-35$를 갖는다. (참)

따라서 옳은 것은 ㄴ, ㄷ이다. 답 ④

286 (i) $n=1$일 때

$a_1=S_1=-2+12-7=3$

(ii) $n\ge2$일 때

$$a_n=S_n-S_{n-1}$$
$$=-2n^2+12n-7+2(n-1)^2-12(n-1)+7$$
$$=-4n+14$$

(i), (ii)에 의하여 $a_n=\begin{cases}3 & (n=1)\\ -4n+14 & (n\ge2)\end{cases}$

ㄱ. $a_1=3,\ a_2=6$이므로

$a_2-a_1=3$ (참)

ㄴ. $a_1=3>0,\ a_2=6>0,\ a_3=2>0,\ a_4=-2<0$

이므로 S_n의 최댓값은 S_3이다.

즉, $S_n\le S_3=11$이므로

$S_n<12$ (참)

ㄷ. $a_4+a_7+a_{10}+\cdots+a_{3m-2}$의 값은 수열 $\{a_{3n+1}\}$의 첫째항부터 제$(m-1)$항까지의 합이므로

$$a_1+a_4+a_7+a_{10}+\cdots+a_{3m-2}$$
$$=3+\frac{(m-1)(-2-12m+22)}{2}$$
$$=3+(m-1)(-6m+10)$$
$$=-6m^2+16m-7$$

즉, $-6m^2+16m-7=-77$에서

$3m^2-8m-35=0,\ (3m+7)(m-5)=0$

$\therefore m=5$ ($\because m$은 자연수)

$\therefore S_{3m-2}=S_{13}=-2\times13^2+12\times13-7=-189$ (참)

따라서 ㄱ, ㄴ, ㄷ 모두 옳다. 답 ⑤

287 등차수열 $\{a_n\}$의 첫째항을 a, 공차를 d $(d\ne0)$라 하면

$a_3=a_5-2d,\ a_{10}=a_5+5d$ ...... ㉠

$a_3,\ a_5,\ a_{10}$이 이 순서대로 등비수열을 이루므로

${a_5}^2=(a_5-2d)(a_5+5d),\ -10d^2+3a_5d=0$

양변을 d로 나누면

$-10d+3a_5=0$ $\quad\therefore a_5=\frac{10}{3}d$

위의 식을 ㉠에 대입하여 정리하면

$a_3=\frac{4}{3}d,\ a_{10}=\frac{25}{3}d$

따라서 $r=\frac{a_5}{a_3}=\frac{\frac{10}{3}d}{\frac{4}{3}d}=\frac{5}{2}$이므로

$2r=5$ 답 5

288 등비수열 $\{a_n\}$의 첫째항을 a, 공비를 r $(r>1)$라 하면

$a_n=ar^{n-1}$

$$\therefore \frac{{a_5}^2-{a_4}^2}{{a_3}^2-{a_2}^2}=\frac{(ar^4)^2-(ar^3)^2}{(ar^2)^2-(ar)^2}$$
$$=\frac{a^2r^6(r^2-1)}{a^2r^2(r^2-1)}=r^4$$

즉, $r^4=16$이므로

$r=2$ ($\because r>0$)

$$\therefore \frac{a_{16}}{a_{13}}+\frac{a_{17}}{a_{16}}=\frac{ar^{15}}{ar^{12}}+\frac{ar^{16}}{ar^{15}}$$
$$=r^3+r=8+2=10$$

답 10

289 $\frac{a_1}{b_1}=\frac{a_2}{b_2}=\frac{a_4}{b_4}=1$에서 $a_1=b_1,\ a_2=b_2,\ a_4=b_4$

등차수열 $\{a_n\}$의 공차를 d, 등비수열 $\{b_n\}$의 공비를 r라 하면

$a_1+d=a_1r$에서

$a_1(r-1)=d$ ...... ㉠

$a_1+3d=a_1r^3$에서

$a_1(r^3-1)=a_1(r-1)(r^2+r+1)=3d$ ...... ㉡

㉠을 ㉡에 대입하면

$d(r^2+r+1)=3d,\ d(r^2+r-2)=0$

$d(r-1)(r+2)=0$

$\therefore d=0$ 또는 $r=1$ 또는 $r=-2$

(i) $d=0$일 때

$a_n=k$ (k는 상수)이므로

$b_1=b_2=b_4=k$

$\therefore a_3=b_3$

따라서 주어진 조건을 만족시키지 않는다.

(ii) $r=1$일 때

$b_n=l$ (l은 상수)이므로

$a_1=a_2=a_4=l$

$\therefore a_3=b_3$

따라서 주어진 조건을 만족시키지 않는다.

(iii) $r=-2$일 때

$b_3=20$에서 $b_1\times(-2)^2=20$이므로

$b_1=5 \qquad \therefore a_1=5$

$d=5\times(-2-1)=-15$ ($\because$ ㉠)

$\therefore a_3=a_1+2d=5+2\times(-15)=-25$

따라서 $a_3\neq b_3$이므로 조건을 만족시킨다.

(i), (ii), (iii)에 의하여

$a_n=-15n+20,\ b_n=5\times(-2)^{n-1}$

따라서 $b_5=80,\ a_6=-70$이므로

$b_5-a_6=80-(-70)=150$ 답 150

290 $x-2$는 10과 $y-1$의 등차중항이므로

$2(x-2)=10+y-1$

$\therefore y=2x-13$ ...... ㉠

$y+3$은 $45-2x$와 4의 등비중항이므로

$(y+3)^2=4(45-2x)$ ...... ㉡

㉠을 ㉡에 대입하면

$(2x-10)^2=4(45-2x)$

$4(x-5)^2=4(45-2x)$

$x^2-10x+25=-2x+45$

$x^2-8x-20=0,\ (x+2)(x-10)=0$

$\therefore x=-2$ 또는 $x=10$

이를 ㉠에 대입하면

$y=-17$ 또는 $y=7$

따라서 $x+y=-19$ 또는 $x+y=17$이므로 $x+y$의 최댓값은 17이다. 답 17

291 이차방정식 $ax^2+4bx+4c=0$의 판별식을 D라 하면

$\frac{D}{4}=(2b)^2-4ac=4(b^2-ac)$ ...... ㉠

ㄱ. b는 a와 c의 등비중항이므로

$b^2=ac$

이를 ㉠에 대입하면

$\frac{D}{4}=0$

따라서 주어진 이차방정식은 실근을 갖는다. (참)

ㄴ. b^2은 $\frac{1}{a^2}$과 $\frac{1}{c^2}$의 등차중항이므로

$b^2=\frac{1}{2}\left(\frac{1}{a^2}+\frac{1}{c^2}\right)=\frac{a^2+c^2}{2a^2c^2}$

이를 ㉠에 대입하여 정리하면

$\frac{D}{4}=4\left(\frac{a^2+c^2}{2a^2c^2}-ac\right)=\frac{2(a^2+c^2-2a^3c^3)}{a^2c^2}$

[반례] $a=2,\ c=1$이면

$\frac{D}{4}=\frac{2(4+1-2\times8\times1)}{4}=-\frac{11}{2}<0$

따라서 주어진 이차방정식은 허근을 갖는다. (거짓)

ㄷ. $\frac{1}{b}$은 $\frac{1}{a}$과 $\frac{1}{c}$의 등차중항이므로

$\frac{2}{b}=\frac{1}{a}+\frac{1}{c}=\frac{a+c}{ac}$

$\therefore b=\frac{2ac}{a+c}$

이를 ㉠에 대입하여 정리하면

$\frac{D}{4}=4\left\{\frac{4a^2c^2}{(a+c)^2}-ac\right\}$

$=\frac{4ac\{4ac-(a+c)^2\}}{(a+c)^2}$

$=\frac{-4ac(a-c)^2}{(a+c)^2}$

이때 $a,\ c$는 서로 다른 양수이므로

$ac>0$

$\therefore \frac{D}{4}<0$

따라서 주어진 이차방정식은 허근을 갖는다. (참)

따라서 옳은 것은 ㄱ, ㄷ이다. 답 ③

292 b_1은 a_1과 c_1의 등차중항이므로

$b_1=\frac{a_1+c_1}{2}$ ...... ㉠

c_2는 a_2와 b_2의 등비중항이므로

${c_2}^2=a_2b_2$

이때 $a_2=\frac{p}{3a_1},\ b_2=\frac{p}{3b_1},\ c_2=\frac{p}{3c_1}$이므로

$\left(\frac{p}{3c_1}\right)^2=\frac{p}{3a_1}\times\frac{p}{3b_1}$

p는 자연수이므로

${c_1}^2=a_1b_1$ ...... ㉡

㉠을 ㉡에 대입하면

${c_1}^2=a_1\times\frac{a_1+c_1}{2},\ 2{c_1}^2-a_1c_1-{a_1}^2=0$

$(2c_1+a_1)(c_1-a_1)=0$

$\therefore c_1=-\frac{a_1}{2}$ ($\because a_1\neq c_1$)

이를 ㉠에 대입하면

$b_1=\frac{a_1}{4}$

이때 b_1이 정수이므로 a_1은 4의 배수이다.

또, $a_2=\frac{p}{3a_1}$에서 a_2도 정수이므로 p는 12의 배수이다.

따라서 자연수 p의 최솟값은 12이다. 답 ④

293 등비수열 $\{a_n\}$의 첫째항을 a, 공비를 r라 하자.

$a_3+a_4+a_5=7$에서

$ar^2+ar^3+ar^4=7$

$\therefore ar^2(1+r+r^2)=7$ ······ ㉠

$a_4+a_6+a_8=42$에서

$ar^3+ar^5+ar^7=42$

$ar^3(1+r^2+r^4)=42$

$\therefore ar^3(1+r+r^2)(1-r+r^2)=42$ ······ ㉡

㉠을 ㉡에 대입하면

$r(1-r+r^2)=6$

$r^3-r^2+r-6=0$

$(r-2)(r^2+r+3)=0$

$\therefore r=2\ (\because r^2+r+3\neq0)$

$r=2$를 ㉠에 대입하면

$4a\times7=7 \quad \therefore a=\frac{1}{4}$

따라서 수열 $\{a_n\}$은 첫째항이 $\frac{1}{4}$, 공비가 2인 등비수열이므로

$$a_1+a_2+\cdots+a_k=\frac{\frac{1}{4}(2^k-1)}{2-1}=\frac{1}{4}(2^k-1)$$

즉, $\frac{1}{4}(2^k-1)>369$이므로

$2^k>1477$

이때 $2^{10}=1024$, $2^{11}=2048$이므로 자연수 k의 최솟값은 11이다.

답 11

294 수열 $\{a_n\}$에서

$a_1=3$, $a_2=3+30$, $a_3=3+30+300$, $\cdots$

이므로 제n항은 첫째항이 3이고 공비가 10인 등비수열의 첫째항부터 제n항까지의 합과 같다.

$\therefore a_n=\frac{3(10^n-1)}{10-1}=\frac{1}{3}(10^n-1)$ ······ ㉠

수열 $\{b_n\}$에서

$b_1=2$, $b_2=2+200$, $b_3=2+200+20000$, $\cdots$

이므로 제n항은 첫째항이 2이고 공비가 100인 등비수열의 첫째항부터 제n항까지의 합과 같다.

$\therefore b_n=\frac{2(100^n-1)}{100-1}=\frac{2}{99}(10^{2n}-1)$ ······ ㉡

㉠, ㉡에서

$a_{40}=\frac{1}{3}(10^{40}-1)$, $b_{20}=\frac{2}{99}(10^{40}-1)$

$$\therefore \frac{b_{20}}{a_{40}}=\frac{\frac{2}{99}(10^{40}-1)}{\frac{1}{3}(10^{40}-1)}=\frac{2}{33}$$

따라서 $p=33$, $q=2$이므로

$p+q=33+2=35$

답 35

295 $a_n=a_1\times2^{n-1}$에서 $a_n^{\ 2}=a_1^{\ 2}\times4^{n-1}$이므로 수열 $\{a_n^{\ 2}\}$은 첫째항이 $a_1^{\ 2}$, 공비가 4인 등비수열이다.

$$\therefore A_n=\frac{a_1^{\ 2}(4^n-1)}{4-1}=\frac{a_1^{\ 2}}{3}(4^n-1)$$

또, $\frac{1}{a_n}=\frac{1}{a_1}\times\left(\frac{1}{2}\right)^{n-1}$에서 수열 $\left\{\frac{1}{a_n}\right\}$은 첫째항이 $\frac{1}{a_1}$, 공비가 $\frac{1}{2}$인 등비수열이므로

$$B_n=\frac{\frac{1}{a_1}\left\{1-\left(\frac{1}{2}\right)^n\right\}}{1-\frac{1}{2}}=\frac{2}{a_1}\left(1-\frac{1}{2^n}\right)$$

따라서 $C_n=\frac{2}{3}a_1(4^n-1)\left(1-\frac{1}{2^n}\right)$이므로

$$\frac{4C_4}{C_2}=\frac{4\times\frac{2}{3}a_1(4^2-1)(4^2+1)\left(1-\frac{1}{2^2}\right)\left(1+\frac{1}{2^2}\right)}{\frac{2}{3}a_1(4^2-1)\left(1-\frac{1}{2^2}\right)}$$

$=(4^2+1)\times5=85$

답 85

296 등비수열 $\{a_n\}$의 첫째항을 a, 공비를 r라 하면

$S_5=a_1+a_2+a_3+a_4+a_5$

$=a+ar+ar^2+ar^3+ar^4$

$=a(1+r+r^2+r^3+r^4)$

$S_5=33$에서

$a(1+r+r^2+r^3+r^4)=33$ ······ ㉠

$T_5=a_1\times a_2\times a_3\times a_4\times a_5$

$=a\times ar\times ar^2\times ar^3\times ar^4$

$=a^5r^{10}=(ar^2)^5$

$T_5=243$에서

$(ar^2)^5=243=3^5 \quad \therefore ar^2=3$ ······ ㉡

$\therefore R_5=\frac{1}{a_1}+\frac{1}{a_2}+\frac{1}{a_3}+\frac{1}{a_4}+\frac{1}{a_5}$

$=\frac{1}{a}+\frac{1}{ar}+\frac{1}{ar^2}+\frac{1}{ar^3}+\frac{1}{ar^4}$

$=\frac{1}{ar^4}(1+r+r^2+r^3+r^4)$

$=\frac{1}{(ar^2)^2}\times a(1+r+r^2+r^3+r^4)$

$=\frac{1}{3^2}\times33\ (\because$ ㉠, ㉡$)$

$=\frac{11}{3}$

따라서 $p=3$, $q=11$이므로

$p+q=3+11=14$

답 14

다른풀이

등비수열 $\{a_n\}$의 첫째항을 a, 공비를 r라 하자.

$R_n=\frac{1}{a_1}+\frac{1}{a_2}+\cdots+\frac{1}{a_n}$의 양변에 a_1a_n을 곱하면

$a_1a_nR_n=a_1a_n\left(\frac{1}{a_1}+\frac{1}{a_2}+\cdots+\frac{1}{a_n}\right)$

$=a_n+a_{n-1}+\cdots+a_1=S_n$

따라서 $S_5=a_1a_5R_5=a^2r^4R_5=33$이므로

$R_5=\frac{33}{a^2r^4}$ …… ㉠

$T_5=a_1\times a_2\times a_3\times a_4\times a_5=a^5r^{10}=243$이므로

$ar^2=3$ …… ㉡

㉡을 ㉠에 대입하면

$R_5=\frac{33}{3^2}=\frac{11}{3}$

297 $\angle A_{n-1}PA_n=\theta_n$이라 하고, 주어진 원의 중심을 O라 하면

$\angle A_{n-1}OA_n=2\theta_n$

원의 반지름의 길이가 4이므로 호 $A_{n-1}A_n$의 길이는

$l_n=\widehat{A_{n-1}A_n}=4\times 2\theta_n=8\theta_n$

이때 수열 $\{\theta_n\}$은 첫째항이 $\frac{\pi}{6}$, 공비가 $\frac{1}{3}$인 등비수열이므로

$l_1+l_2+l_3+\cdots+l_{10}$

$=8(\theta_1+\theta_2+\theta_3+\cdots+\theta_{10})$

$=8\times\frac{\frac{\pi}{6}\left\{1-\left(\frac{1}{3}\right)^{10}\right\}}{1-\frac{1}{3}}$

$=2\pi\left\{1-\left(\frac{1}{3}\right)^{10}\right\}$

따라서 $p=2$, $q=1$, $r=10$이므로

$p+q+r=2+1+10=13$ 답 13

298 정사각형 모양의 종이 ABCD의 한 변의 길이가 2이고, 네 점 A_1, B_1, C_1, D_1은 각 변의 중점이므로 종이 ABCD를 접어 만든 도형 $A_1B_1C_1D_1$은 한 변의 길이가 $\sqrt{2}$인 정사각형이다.

즉, S_1을 펼쳤을 때, 접힌 모든 선들의 길이의 합은

$4\times\sqrt{2}=4\sqrt{2}$

S_1을 접어 만든 도형 $A_2B_2C_2D_2$는 한 변의 길이가 1인 정사각형이고 S_1에서 이미 접은 종이를 다시 접어서 종이가 2겹이므로 S_2를 펼친 그림에서 새로 생긴 접힌 모든 선들의 길이의 합은

$2\times(4\times 1)=8$

S_2를 접어 만든 도형 $A_3B_3C_3D_3$은 한 변의 길이가 $\frac{\sqrt{2}}{2}$인 정사각형이고, 접힌 종이는 4겹이므로 S_3을 펼친 그림에서 새로 생긴 접힌 모든 선들의 길이의 합은

$4\times\left(4\times\frac{\sqrt{2}}{2}\right)=8\sqrt{2}$

⋮

따라서 S_n을 펼친 그림에서 새로 생긴 접힌 모든 선들의 길이의 합은 첫째항이 $4\sqrt{2}$이고 공비가 $\sqrt{2}$인 등비수열이므로 l_n은 첫째항이 $4\sqrt{2}$이고 공비가 $\sqrt{2}$인 등비수열의 첫째항부터 제n항까지의 합과 같다.

$\therefore l_5=\frac{4\sqrt{2}\{(\sqrt{2})^5-1\}}{\sqrt{2}-1}$

$=\frac{4\sqrt{2}(4\sqrt{2}-1)}{\sqrt{2}-1}$

$=\frac{4\sqrt{2}(4\sqrt{2}-1)(\sqrt{2}+1)}{(\sqrt{2}-1)(\sqrt{2}+1)}$

$=4\sqrt{2}(3\sqrt{2}+7)$

$=24+28\sqrt{2}$ 답 ①

299 $S_1=a_1=8$이므로

$4\times 3-p=8$

$\therefore p=4$

$\therefore a_p=a_4=S_4-S_3$

$=(4\times 3^4-4)-(4\times 3^3-4)=216$ 답 ④

참고 $n=1$일 때, $a_1=S_1=8$

$n\geq 2$일 때

$a_n=S_n-S_{n-1}$

$=4\times 3^n-p-4\times 3^{n-1}+p$

$=4\times 3^{n-1}\times(3-1)$

$=8\times 3^{n-1}$

$\therefore a_n=8\times 3^{n-1}$

따라서 수열 $\{a_n\}$은 첫째항이 8이고 공비가 3인 등비수열이다.

300 조건 (가)에서

$a_{2n}=1+(n-1)\times 4=4n-3$

조건 (나)에서

$S_{2n}=(a_1+1)2^{n-1}$

$S_{2n}-S_{2(n-1)}=a_{2n-1}+a_{2n}$이므로

$(a_1+1)2^{n-1}-(a_1+1)2^{n-2}=a_{2n-1}+4n-3$

위의 식의 양변에 $n=8$을 대입하면

$(a_1+1)\times 2^7-(a_1+1)\times 2^6=99+29$

$a_1+1=2$

$\therefore a_1=1$

따라서 $S_{2n}=2\times 2^{n-1}=2^n$이므로

$S_{10}=2^5=32$ 답 32

301 $S_{n+2}=S_n+3\times 2^{n+1}$에서 $S_{n+2}-S_n=3\times 2^{n+1}$

$\therefore a_{n+2}+a_{n+1}=3\times 2^{n+1}$ …… ㉠

등비수열 $\{a_n\}$의 첫째항을 a라 하면

$a_n=a\times 2^{n-1}$

이므로 ㉠에서

$a\times 2^{n+1}+a\times 2^n=3\times 2^{n+1}$

위의 식의 양변을 2^n으로 나누면

$2a+a=6$

$\therefore a=2$

따라서 $a_n=2\times 2^{n-1}=2^n$이므로

$a_7=2^7=128$ 답 ③

2. 수열의 합

>> 본문 166~176쪽

302 등차수열 $\{a_n\}$의 일반항은

$a_n=3+3(n-1)=3n$

$\therefore b_n=3^{a_n}=3^{3n}=27^n$

따라서 수열 $\{b_n\}$은 첫째항이 27이고 공비가 27인 등비수열이다.

ㄱ. $b_1b_8=27\times27^8=27^9$, $b_3b_5=27^3\times27^5=27^8$이므로

$b_1b_8\neq b_3b_5$ (거짓)

ㄴ. $a_1+a_2+a_3+\cdots+a_n=\dfrac{n\{2\times3+3(n-1)\}}{2}$

$=\dfrac{3}{2}n(n+1)$

$\dfrac{a_na_{n+1}}{6}=\dfrac{3n\times(3n+3)}{6}=\dfrac{3}{2}n(n+1)$이므로

$a_1+a_2+a_3+\cdots+a_n=\dfrac{a_na_{n+1}}{6}$ (참)

ㄷ. $b_kb_{12-k}=27^k\times27^{12-k}=27^{12}=3^{36}$이므로

$\sum_{k=1}^{11}b_kb_{12-k}=\sum_{k=1}^{11}3^{36}=11\times3^{36}$ (참)

따라서 옳은 것은 ㄴ, ㄷ이다. 답 ④

303 x^n을 x^2-9로 나눈 나머지가 a_nx-b_n이므로

$x^n=(x^2-9)Q(x)+a_nx-b_n$ ($Q(x)$는 다항식)

위의 식에 $x=3$, $x=-3$을 각각 대입하면

$3^n=3a_n-b_n$ ...... ㉠

$(-3)^n=-3a_n-b_n$ ...... ㉡

㉠+㉡을 하면

$3^n+(-3)^n=-2b_n \quad \therefore b_n=\dfrac{3^n+(-3)^n}{-2}$

㉠−㉡을 하면

$3^n-(-3)^n=6a_n \quad \therefore a_n=\dfrac{3^n-(-3)^n}{6}$

$\therefore \sum_{n=2}^{5}(3a_n+b_n)=\sum_{n=2}^{5}\left\{\dfrac{3^n-(-3)^n}{2}+\dfrac{3^n+(-3)^n}{-2}\right\}$

$=\sum_{n=2}^{5}\dfrac{-2\times(-3)^n}{2}=-\sum_{n=2}^{5}(-3)^n$

$=-\dfrac{(-3)^2\{1-(-3)^4\}}{1-(-3)}$

$=180$ 답 180

304 $x=\dfrac{-1+\sqrt{3}i}{2}$에서 $2x+1=\sqrt{3}i$

양변을 제곱하면

$4x^2+4x+1=-3$, $x^2+x+1=0$

양변에 $x-1$을 곱하면

$(x-1)(x^2+x+1)=0$, $x^3-1=0$

$\therefore x^3=1$

따라서 x^k이 실수가 되려면 k가 3의 배수이어야 하므로

$f(1)=f(2)=0$

$f(3)=f(4)=f(5)=1$

$f(6)=f(7)=f(8)=2$

⋮

$f(36)=f(37)=f(38)=12$

$f(39)=f(40)=13$

$\therefore \sum_{n=1}^{40}f(n)=3\times1+3\times2+3\times3+\cdots+3\times12+2\times13$

$=3\times(1+2+3+\cdots+12)+26$

$=3\times78+26=260$ 답 260

305 (i) n이 짝수일 때

$n+1$이 홀수이므로 n의 $(n+1)$제곱근 중 실수는 1개이다.

$\therefore a_n=1$

(ii) n이 홀수일 때

$n+1$이 짝수이므로 n의 $(n+1)$제곱근 중 실수는 2개이다.

$\therefore a_n=2$

(i), (ii)에 의하여 $a_n=\begin{cases}1 & (n\text{은 짝수})\\ 2 & (n\text{은 홀수})\end{cases}$

따라서 $\sum_{k=2}^{m}a_k=85=(1+2)\times28+1$이므로

$m=1+56+1=58$ 답 ④

306 함수 $f(x)=\sin\dfrac{\pi}{6}x$에 대하여

$0<x\leq1$ 또는 $5\leq x\leq12$이면 $f(x)\leq\dfrac{1}{2}$

$1<x<5$이면 $f(x)>\dfrac{1}{2}$

$\therefore a_n=\begin{cases}0 & (n=1, 5, 6, \cdots, 12)\\ 1 & (n=2, 3, 4)\end{cases}$

이때 함수 $f(x)$는 주기가 12이므로 음이 아닌 정수 m에 대하여

$a_{12m+1}=a_{12m+5}=a_{12m+6}=\cdots=a_{12m+12}=0$,

$a_{12m+2}=a_{12m+3}=a_{12m+4}=1$

$\therefore \sum_{k=1}^{100}a_k=\{(a_2+a_3+a_4)+(a_{14}+a_{15}+a_{16})$

$+\cdots+(a_{98}+a_{99}+a_{100})\}$

$=3\times9=27$ 답 ③

307 $b_n=a_n+nk$ $(n=1, 2, 3, \cdots)$이므로

$b_{n+1}-b_n=\{a_{n+1}+(n+1)k\}-(a_n+nk)$

$=a_{n+1}-a_n+k$

등차수열 $\{a_n\}$의 공차를 d라 하면

$a_{n+1}-a_n=d \quad \therefore b_{n+1}-b_n=d+k$

따라서 수열 $\{b_n\}$은 첫째항이 $a_1+k=1+k$, 공차가 $d+k$인 등차수열이다.

$$\sum_{n=1}^{10} a_n = a_1 + a_2 + a_3 + \cdots + a_{10}$$
$$= \frac{10(2\times1+9d)}{2}$$
$$= 45d + 10$$
$$\sum_{n=1}^{5} b_n = b_1 + b_2 + b_3 + b_4 + b_5$$
$$= \frac{5\{2(1+k)+4(d+k)\}}{2}$$
$$= 10d + 15k + 5$$

$\sum_{n=1}^{10} a_n = 2\sum_{n=1}^{5} b_n$이므로

$45d + 10 = 20d + 30k + 10$

$25d = 30k \qquad \therefore d = \frac{6}{5}k$

이때 d와 k는 자연수이므로 k는 5의 배수이어야 한다.

따라서 50 이하의 자연수 k의 개수는 10이다. **답** 10

308 ㄱ. $\sum_{k=1}^{n}(4k+1) = 4\sum_{k=1}^{n}k + \sum_{k=1}^{n}1$
$$= 4\times\frac{n(n+1)}{2} + 1\times n$$
$$= 2n^2 + 2n + n$$
$$= 2n^2 + 3n \text{ (참)}$$

ㄴ. $\left(\frac{n+1}{n}\right)^2 + \left(\frac{n+2}{n}\right)^2 + \left(\frac{n+3}{n}\right)^2 + \cdots + \left(\frac{2n}{n}\right)^2$
$$= \sum_{k=1}^{n}\left(\frac{n+k}{n}\right)^2 = \sum_{k=1}^{n}\left(1+\frac{k}{n}\right)^2$$
$$= \sum_{k=1}^{n}\left(1 + \frac{2k}{n} + \frac{k^2}{n^2}\right)$$
$$= \sum_{k=1}^{n}1 + \frac{2}{n}\sum_{k=1}^{n}k + \frac{1}{n^2}\sum_{k=1}^{n}k^2$$
$$= n + \frac{2}{n}\times\frac{n(n+1)}{2} + \frac{1}{n^2}\times\frac{n(n+1)(2n+1)}{6}$$
$$= n + n + 1 + \frac{2n^2+3n+1}{6n}$$
$$= \frac{14n^2+9n+1}{6n} \text{ (참)}$$

ㄷ. $\sum_{k=1}^{n}\left(\sum_{l=1}^{k}2l\right) = \sum_{k=1}^{n}\left(2\sum_{l=1}^{k}l\right) = \sum_{k=1}^{n}\frac{2k(k+1)}{2}$
$$= \sum_{k=1}^{n}k(k+1) = \sum_{k=1}^{n}(k^2+k)$$
$$= \frac{n(n+1)(2n+1)}{6} + \frac{n(n+1)}{2}$$
$$= \frac{n(n+1)(2n+4)}{6}$$
$$= \frac{n(n+1)(n+2)}{3} \text{ (참)}$$

따라서 ㄱ, ㄴ, ㄷ 모두 옳다. **답** ⑤

309 이차방정식 $x^2-(2n-1)x+n+2=0$의 두 근이 α_n, β_n이므로 근과 계수의 관계에 의하여

$\alpha_n + \beta_n = 2n-1$, $\alpha_n\beta_n = n+2$

$$\therefore \alpha_n^2 + \beta_n^2 = (\alpha_n+\beta_n)^2 - 2\alpha_n\beta_n$$
$$= (2n-1)^2 - 2(n+2)$$
$$= 4n^2 - 6n - 3$$

$\therefore \sum_{k=1}^{10}(\alpha_k^2+1)(\beta_k^2+1)$
$$= \sum_{k=1}^{10}\{(\alpha_k\beta_k)^2 + \alpha_k^2 + \beta_k^2 + 1\}$$
$$= \sum_{k=1}^{10}\{(k+2)^2 + 4k^2 - 6k - 2\}$$
$$= \sum_{k=1}^{10}(5k^2 - 2k + 2)$$
$$= 5\times\frac{10\times11\times21}{6} - 2\times\frac{10\times11}{2} + 2\times10$$
$$= 1835$$
답 ④

310 $\sum_{t=1}^{6}\left\{\sum_{n=1}^{t}(n+1)^3 - \sum_{k=2}^{t}(k-1)^3 - 2t^3\right\}$
$$= \sum_{t=1}^{6}\left\{\sum_{n=1}^{t}(n+1)^3 - \sum_{k=1}^{t}(k-1)^3 - 2t^3\right\}$$
$$= \sum_{t=1}^{6}\left[\sum_{k=1}^{t}\{(k+1)^3 - (k-1)^3\} - 2t^3\right]$$
$$= \sum_{t=1}^{6}\left\{\sum_{k=1}^{t}(6k^2+2) - 2t^3\right\}$$
$$= \sum_{t=1}^{6}\left\{6\times\frac{t(t+1)(2t+1)}{6} + 2t - 2t^3\right\}$$
$$= 3\sum_{t=1}^{6}(t^2+t)$$
$$= 3\times\left(\frac{6\times7\times13}{6} + \frac{6\times7}{2}\right) = 336$$
답 ③

311 등차수열 $\{a_n\}$의 일반항은 $a_n = a + a(n-1) = an$
$$\sum_{k=1}^{n}6(k^2+k) = 6\left\{\frac{n(n+1)(2n+1)}{6} + \frac{n(n+1)}{2}\right\}$$
$$= 6\times\frac{n(n+1)(2n+4)}{6} = 2n(n+1)(n+2)$$

이므로 $a_n + 2nb_n = \sum_{k=1}^{n}6(k^2+k)$에서

$an + 2nb_n = 2n(n+1)(n+2)$

$2nb_n = 2n(n+1)(n+2) - an$

$$\therefore b_n = (n+1)(n+2) - \frac{a}{2}$$
$$= n^2 + 3n + 2 - \frac{a}{2}$$

$$\therefore \sum_{k=1}^{10}b_k = \sum_{k=1}^{10}\left(k^2 + 3k + 2 - \frac{a}{2}\right)$$
$$= \frac{10\times11\times21}{6} + 3\times\frac{10\times11}{2} + 10\left(2 - \frac{a}{2}\right)$$
$$= 570 - 5a$$

즉, $570 - 5a = 270$이므로

$5a = 300 \qquad \therefore a = 60$

$a_n = an = 60n$이므로 $a_n \le 1000$에서

$60n \le 1000 \qquad \therefore n \le 16.\times\times\times$

따라서 자연수 n의 최댓값은 16이다. **답** 16

312 $(a_n-\sqrt{n-1})^2=n-2$에서

$a_n-\sqrt{n-1}=\pm\sqrt{n-2}$

$\therefore a_n=\sqrt{n-1}\pm\sqrt{n-2}$

이때 $0<a_n<1$이므로

$a_n=\sqrt{n-1}-\sqrt{n-2}$

$\therefore \sum_{k=3}^{17}a_k=\sum_{k=3}^{17}(\sqrt{k-1}-\sqrt{k-2})$

$=(\sqrt{2}-\sqrt{1})+(\sqrt{3}-\sqrt{2})+\cdots+(\sqrt{16}-\sqrt{15})$

$=\sqrt{16}-\sqrt{1}=3$

답 ①

313 곡선 $y=x^2-3x+4$와 직선 $y=3x-n$에서

$x^2-3x+4=3x-n$

$\therefore x^2-6x+n+4=0$

이 이차방정식의 판별식을 D라 하면

$\frac{D}{4}=(-3)^2-(n+4)=-n+5$

(i) $n<5$일 때

$D>0$이므로 직선 $y=3x-n$이 곡선 $y=x^2-3x+4$와 서로 다른 두 점에서 만난다.

$\therefore f(n)=2$

(ii) $n=5$일 때

$D=0$이므로 직선 $y=3x-n$이 곡선 $y=x^2-3x+4$에 접한다.

$\therefore f(n)=1$

(iii) $n>5$일 때

$D<0$이므로 직선 $y=3x-n$이 곡선 $y=x^2-3x+4$와 만나지 않는다.

$\therefore f(n)=0$

(i), (ii), (iii)에 의하여

$\sum_{k=1}^{10}f(k)=2\times4+1\times1+0\times5=9$

답 ②

314 자연수 k에 대하여

(i) $n=2k-1$일 때

$\frac{n(n+1)}{2}=\frac{2k(2k-1)}{2}=k(2k-1)$

이 수는 $n=2k-1$로 나누어떨어지므로

$f(n)=0$

(ii) $n=2k$일 때

$\frac{n(n+1)}{2}=\frac{2k(2k+1)}{2}=2k^2+k$

이때 $2k^2+k=2k\times k+k=n\times k+\frac{n}{2}$이고, 이 수를 $n=2k$로 나누었을 때의 나머지가 $\frac{n}{2}$이므로

$f(n)=\frac{n}{2}$

(i), (ii)에 의하여 $f(n)=\begin{cases}0 & (n\text{은 홀수})\\ \frac{n}{2} & (n\text{은 짝수})\end{cases}$

$\therefore \sum_{k=1}^{60}f(k)=f(2)+f(4)+f(6)+\cdots+f(60)$

$=\frac{2}{2}+\frac{4}{2}+\frac{6}{2}+\cdots+\frac{60}{2}$

$=1+2+3+\cdots+30$

$=\sum_{k=1}^{30}k$

$=\frac{30\times31}{2}=465$

답 465

315 $n=2$일 때, $\{5, 5^3\}$이므로

$S=\{5^4\}$

$n=3$일 때, $\{5, 5^3, 5^5\}$이므로

$S=\{5^4, 5^6, 5^8\}$

$n=4$일 때, $\{5, 5^3, 5^5, 5^7\}$이므로

$S=\{5^4, 5^6, 5^8, 5^{10}, 5^{12}\}$

⋮

$n=m$일 때, $\{5, 5^3, 5^5, \cdots, 5^{2m-1}\}$이므로

$S=\{5^4, 5^6, 5^8, \cdots, 5^{4(m-1)}\}$

따라서 $f(2)=1$, $f(3)=3$, $f(4)=5$, …이므로

$f(m)=2(m-1)-1$

$=2m-3\ (m\geq2)$

$\therefore \sum_{n=2}^{21}f(n)=\sum_{n=1}^{21}(2n-3)-(-1)$

$=2\times\frac{21\times22}{2}-3\times21+1$

$=400$

답 400

316 두 점 $\mathrm{B}(1, 0)$, $\mathrm{C}(3^m, m)$을 지나는 직선의 방정식은

$y=\frac{m}{3^m-1}(x-1)$

$\therefore \mathrm{D}\left(3^n, \frac{m(3^n-1)}{3^m-1}\right)$

삼각형 ABD의 넓이가 $\frac{m}{2}$보다 작거나 같으므로

$\frac{1}{2}(3^n-1)\times\frac{m(3^n-1)}{3^m-1}\leq\frac{m}{2}$

$(3^n-1)^2\leq3^m-1$

$3^m\geq(3^n-1)^2+1=3^{2n}-2\times3^n+2$

$n\geq1$이므로

$3^{2n}-2\times3^n+2\leq3^{2n}$ …… ㉠

$3^{2n}-2\times3^n+2=3\times3^{2n-1}-2\times3^n+2$

$=3^{2n-1}+2(3^{2n-1}-3^n)+2\geq3^{2n-1}$ …… ㉡

㉠, ㉡에서

$3^{2n-1}\leq(3^n-1)^2+1\leq3^{2n}$

따라서 $3^m\geq(3^n-1)^2+1$을 만족시키는 가장 작은 자연수 m의 값은 $2n$이므로

$a_n=2n$

$\therefore \sum_{n=1}^{20}a_n=\sum_{n=1}^{20}2n=2\times\frac{20\times21}{2}=420$

답 ②

317 수열 $\{a_n\}$의 첫째항부터 제n항까지의 합을 S_n이라 하면

$S_n=\sum_{k=1}^{n}a_k=n^2+n+5$

(i) $n=1$일 때

$a_1=S_1=7$

(ii) $n\geq 2$일 때

$$\begin{aligned}a_n&=S_n-S_{n-1}\\&=(n^2+n+5)-\{(n-1)^2+n-1+5\}\\&=2n\end{aligned}$$

(i), (ii)에 의하여 $a_n=\begin{cases}7 & (n=1)\\ 2n & (n\geq 2)\end{cases}$

$$\begin{aligned}\therefore \sum_{k=1}^{20}ka_{2k-1}&=a_1+\sum_{k=2}^{20}ka_{2k-1}\\&=7+\sum_{k=2}^{20}\{k\times 2(2k-1)\}\\&=7+\sum_{k=2}^{20}(4k^2-2k)\\&=7+\sum_{k=1}^{20}(4k^2-2k)-2\\&=5+4\times\frac{20\times 21\times 41}{6}-2\times\frac{20\times 21}{2}\\&=5+1640\times 7-60\times 7\\&=5+(1640-60)\times 7\end{aligned}$$

따라서 $5+(1640-60)\times 7$을 7로 나눈 나머지는 5이다.

답 ⑤

318 $n\geq 2$일 때

$$\begin{aligned}a_nb_n&=\sum_{k=1}^{n}a_kb_k-\sum_{k=1}^{n-1}a_kb_k\\&=\frac{n(4n^2+5n-1)}{2}\\&\quad-\frac{(n-1)\{4(n-1)^2+5(n-1)-1\}}{2}\\&=\frac{4n^3+5n^2-n}{2}-\frac{4n^3-7n^2+n+2}{2}\\&=6n^2-n-1\\&=(3n+1)(2n-1)\end{aligned}$$

$n\geq 2$일 때

$$\begin{aligned}b_n&=\sum_{k=1}^{n}b_k-\sum_{k=1}^{n-1}b_k\\&=n^2-(n-1)^2\\&=2n-1\end{aligned}$$

따라서 $a_n=3n+1$이므로

$a_{2n}=6n+1$, $b_{2n}=4n-1$

$$\begin{aligned}\therefore \sum_{k=1}^{10}(a_{2k}+b_{2k})&=\sum_{k=1}^{10}(6k+1+4k-1)\\&=\sum_{k=1}^{10}10k\\&=10\times\frac{10\times 11}{2}\\&=550\end{aligned}$$

답 ①

319 $\sum_{k=1}^{n}(2a_k+b_k)=2n^3+3n^2+n$이므로

(i) $n=1$일 때

$2a_1+b_1=6$

(ii) $n\geq 2$일 때

$$\begin{aligned}2a_n+b_n&=\sum_{k=1}^{n}(2a_k+b_k)-\sum_{k=1}^{n-1}(2a_k+b_k)\\&=2n^3+3n^2+n\\&\quad-\{2(n-1)^3+3(n-1)^2+n-1\}\\&=6n^2\end{aligned}$$

(i), (ii)에 의하여

$2a_n+b_n=6n^2$ …… ㉠

또, $\sum_{k=1}^{n}(a_k-b_k)=-2n^2-2n$이므로

(iii) $n=1$일 때

$a_1-b_1=-4$

(iv) $n\geq 2$일 때

$$\begin{aligned}a_n-b_n&=\sum_{k=1}^{n}(a_k-b_k)-\sum_{k=1}^{n-1}(a_k-b_k)\\&=-2n^2-2n-\{-2(n-1)^2-2(n-1)\}\\&=-4n\end{aligned}$$

(iii), (iv)에 의하여

$a_n-b_n=-4n$ …… ㉡

㉠, ㉡을 연립하여 풀면

$a_n=2n^2-\frac{4}{3}n$, $b_n=2n^2+\frac{8}{3}n$

$$\begin{aligned}\therefore \sum_{k=1}^{5}(b_k^2-a_k^2)&=\sum_{k=1}^{5}(b_k-a_k)(b_k+a_k)\\&=\sum_{k=1}^{5}4k\left(4k^2+\frac{4}{3}k\right)\\&=\sum_{k=1}^{5}\left(16k^3+\frac{16}{3}k^2\right)\\&=16\times\left(\frac{5\times 6}{2}\right)^2+\frac{16}{3}\times\frac{5\times 6\times 11}{6}\\&=16\times 15^2+\frac{16\times 55}{3}\end{aligned}$$

$$\begin{aligned}\therefore \frac{3}{80}\sum_{k=1}^{5}(b_k^2-a_k^2)&=\frac{3}{80}\times\left(16\times 15^2+\frac{16\times 55}{3}\right)\\&=135+11\\&=146\end{aligned}$$

답 146

320 $1\times 23+2\times 21+3\times 19+\cdots+12\times 1$

$$\begin{aligned}&=\sum_{k=1}^{12}k(25-2k)\\&=\sum_{k=1}^{12}(-2k^2+25k)\\&=-2\times\frac{12\times 13\times 25}{6}+25\times\frac{12\times 13}{2}\\&=-1300+1950\\&=650\end{aligned}$$

답 ②

321 $\sum_{k=1}^{80}(-1)^k\log_3\frac{1}{k(k+1)}$

$=-\log_3\frac{1}{1\times2}+\log_3\frac{1}{2\times3}-\log_3\frac{1}{3\times4}+\log_3\frac{1}{4\times5}$
$-\cdots-\log_3\frac{1}{79\times80}+\log_3\frac{1}{80\times81}$

$=\log_3(1\times2)+\log_3\frac{1}{2\times3}+\log_3(3\times4)+\log_3\frac{1}{4\times5}$
$+\cdots+\log_3(79\times80)+\log_3\frac{1}{80\times81}$

$=\log_3\left(1\times2\times\frac{1}{2\times3}\times3\times4\times\frac{1}{4\times5}\right.$
$\left.\times\cdots\times79\times80\times\frac{1}{80\times81}\right)$

$=\log_3\frac{1}{81}$

$=\log_3 3^{-4}=-4$

답 ③

322 수열 $\{a_n\}$의 첫째항부터 제n항까지의 합을 S_n이라 하면

$S_n=\sum_{k=1}^{n}a_k=\log\frac{(n+2)(n+3)}{2}$

$n\geq2$일 때

$a_n=S_n-S_{n-1}$

$=\log\frac{(n+2)(n+3)}{2}-\log\frac{(n+1)(n+2)}{2}$

$=\log\left\{\frac{(n+2)(n+3)}{2}\times\frac{2}{(n+1)(n+2)}\right\}$

$=\log\frac{n+3}{n+1}$

따라서 $a_{2k}=\log\frac{2k+3}{2k+1}$이므로

$p=\sum_{k=2}^{16}\log\frac{2k+3}{2k+1}$

$=\log\frac{7}{5}+\log\frac{9}{7}+\log\frac{11}{9}+\cdots+\log\frac{35}{33}$

$=\log\left(\frac{7}{5}\times\frac{9}{7}\times\frac{11}{9}\times\cdots\times\frac{35}{33}\right)$

$=\log\frac{35}{5}$

$=\log 7$

$\therefore 10^p=10^{\log7}=7$

답 ③

323 $\frac{1}{2^2-1}+\frac{1}{4^2-1}+\frac{1}{6^2-1}+\cdots+\frac{1}{20^2-1}$

$=\sum_{k=1}^{10}\frac{1}{(2k)^2-1}$

$=\sum_{k=1}^{10}\frac{1}{(2k-1)(2k+1)}$

$=\frac{1}{2}\sum_{k=1}^{10}\left(\frac{1}{2k-1}-\frac{1}{2k+1}\right)$

$=\frac{1}{2}\left\{\left(1-\frac{1}{3}\right)+\left(\frac{1}{3}-\frac{1}{5}\right)+\cdots+\left(\frac{1}{19}-\frac{1}{21}\right)\right\}$

$=\frac{1}{2}\left(1-\frac{1}{21}\right)=\frac{10}{21}$

답 ⑤

324 $S_n=\sum_{k=1}^{n}a_k=\sum_{k=1}^{n}\frac{2k}{(k+1)!}$

$=2\sum_{k=1}^{n}\frac{(k+1)-1}{(k+1)!}=2\sum_{k=1}^{n}\left\{\frac{1}{k!}-\frac{1}{(k+1)!}\right\}$

$=2\left[\left(\frac{1}{1!}-\frac{1}{2!}\right)+\left(\frac{1}{2!}-\frac{1}{3!}\right)\right.$
$\left.+\cdots+\left\{\frac{1}{n!}-\frac{1}{(n+1)!}\right\}\right]$

$=2\left\{1-\frac{1}{(n+1)!}\right\}$

$S_m=\frac{119}{60}$에서

$2\left\{1-\frac{1}{(m+1)!}\right\}=\frac{119}{60}$, $1-\frac{1}{(m+1)!}=\frac{119}{120}$

$(m+1)!=120=5\times4\times3\times2\times1=5!$

$m+1=5\qquad\therefore m=4$

답 ①

325 등차수열 $\{a_n\}$의 첫째항과 공차가 모두 2이므로

$a_n=2+(n-1)\times2=2n$

수열 $\{a_n\}$의 첫째항부터 제n항까지의 합 S_n은

$S_n=\sum_{k=1}^{n}2k=2\times\frac{n(n+1)}{2}=n(n+1)$

$\therefore \sum_{k=m}^{n}\frac{1}{S_k}=\sum_{k=m}^{n}\frac{1}{k(k+1)}$

$=\sum_{k=m}^{n}\left(\frac{1}{k}-\frac{1}{k+1}\right)$

$=\left(\frac{1}{m}-\frac{1}{m+1}\right)+\left(\frac{1}{m+1}-\frac{1}{m+2}\right)$
$+\cdots+\left(\frac{1}{n}-\frac{1}{n+1}\right)$

$=\frac{1}{m}-\frac{1}{n+1}$

즉, $\frac{1}{m}-\frac{1}{n+1}=\frac{1}{25}$이므로

$\frac{(n+1)-m}{m(n+1)}=\frac{1}{25}$

$25n+25-25m=m(n+1)$

$mn+26m-25n-25=0$

$m(n+26)-25(n+26)+25\times26-25=0$

$(n+26)(m-25)=-625\qquad\cdots\cdots$ ㉠

이때 m, n이 자연수이므로

$n+26>0$, $m-25<0$

방정식 ㉠을 만족시키는 정수 m, n의 값은 다음과 같다.

$n+26$	1	5	25	125	625
$m-25$	-625	-125	-25	-5	-1
n	-25	-21	-1	99	599
m	-600	-100	0	20	24

따라서 $m=20$, $n=99$ 또는 $m=24$, $n=599$이므로 $m+n$의 최솟값은

$20+99=119$

답 119

326 두 정사각형 A_n, A_{n+1}이 겹치는 부분은 가로의 길이가

$\frac{3}{2}n-(n+1)=\frac{n}{2}-1$, 세로의 길이가 $\frac{n}{2}$인 직사각형이므로

$$a_n=\left(\frac{n}{2}-1\right)\times\frac{n}{2}=\frac{n(n-2)}{4}\ (n=3,\ 4,\ 5,\ \cdots)$$

$$\therefore \sum_{n=3}^{10}\frac{1}{a_n}=\sum_{n=3}^{10}\frac{4}{n(n-2)}$$
$$=4\times\frac{1}{2}\sum_{n=3}^{10}\left(\frac{1}{n-2}-\frac{1}{n}\right)$$
$$=2\left\{\left(1-\frac{1}{3}\right)+\left(\frac{1}{2}-\frac{1}{4}\right)+\left(\frac{1}{3}-\frac{1}{5}\right)+\cdots+\left(\frac{1}{7}-\frac{1}{9}\right)+\left(\frac{1}{8}-\frac{1}{10}\right)\right\}$$
$$=2\left(1+\frac{1}{2}-\frac{1}{9}-\frac{1}{10}\right)$$
$$=2\times\frac{58}{45}=\frac{116}{45}$$

답 ②

327 $$f(x)=\sum_{k=1}^{100}\left\{x-\frac{1}{k(k+1)}\right\}^2$$
$$=\sum_{k=1}^{100}\left\{x^2-\frac{2}{k(k+1)}x+\frac{1}{k^2(k+1)^2}\right\}$$
$$=100x^2-2x\sum_{k=1}^{100}\frac{1}{k(k+1)}+\sum_{k=1}^{100}\frac{1}{k^2(k+1)^2}$$

이때

$$\sum_{k=1}^{100}\frac{1}{k(k+1)}=\sum_{k=1}^{100}\left(\frac{1}{k}-\frac{1}{k+1}\right)$$
$$=\left(1-\frac{1}{2}\right)+\left(\frac{1}{2}-\frac{1}{3}\right)+\cdots+\left(\frac{1}{100}-\frac{1}{101}\right)$$
$$=1-\frac{1}{101}=\frac{100}{101}$$

이므로

$$f(x)=100x^2-\frac{200}{101}x+\sum_{k=1}^{100}\frac{1}{k^2(k+1)^2}$$
$$=100\left(x-\frac{1}{101}\right)^2-\frac{100}{101^2}+\sum_{k=1}^{100}\frac{1}{k^2(k+1)^2}$$

따라서 이차함수 $f(x)$는 $x=\frac{1}{101}$일 때 최솟값을 갖는다.

답 $\frac{1}{101}$

328 $$\sum_{k=1}^{n}a_k=\frac{2n+3}{(n+1)(n+2)}=\frac{1}{n+1}+\frac{1}{n+2}$$

(i) $n=1$일 때

$$a_1=\frac{1}{2}+\frac{1}{3}=\frac{5}{6}$$

(ii) $n\geq2$일 때

$$a_n=\sum_{k=1}^{n}a_k-\sum_{k=1}^{n-1}a_k$$
$$=\frac{1}{n+1}+\frac{1}{n+2}-\left(\frac{1}{n}+\frac{1}{n+1}\right)$$
$$=\frac{1}{n+2}-\frac{1}{n}$$

(i), (ii)에 의하여 $a_n=\begin{cases}\frac{5}{6} & (n=1)\\ \frac{1}{n+2}-\frac{1}{n} & (n\geq2)\end{cases}$

$$\therefore \sum_{k=1}^{10}a_{2k-1}=a_1+\sum_{k=2}^{10}a_{2k-1}$$
$$=\frac{5}{6}+\sum_{k=2}^{10}\left(\frac{1}{2k+1}-\frac{1}{2k-1}\right)$$
$$=\frac{5}{6}+\left\{\left(\frac{1}{5}-\frac{1}{3}\right)+\left(\frac{1}{7}-\frac{1}{5}\right)+\cdots+\left(\frac{1}{21}-\frac{1}{19}\right)\right\}$$
$$=\frac{5}{6}+\left(\frac{1}{21}-\frac{1}{3}\right)=\frac{23}{42}$$

따라서 $p=42$, $q=23$이므로

$p+q=42+23=65$

답 ⑤

329 등차수열 $\{a_n\}$의 첫째항이 2이고 공차가 3이므로

$a_n=2+(n-1)\times3=3n-1$

수열 $\{a_n\}$의 첫째항부터 제p항까지의 합이 392이므로

$$\frac{p\{2+(3p-1)\}}{2}=392$$

$3p^2+p-784=0$, $(3p+49)(p-16)=0$

$\therefore p=16$ ($\because p$는 자연수)

$$\therefore \sum_{k=1}^{p}\frac{3}{\sqrt{a_k}+\sqrt{a_{k+1}}}=\sum_{k=1}^{16}\frac{3}{\sqrt{3k-1}+\sqrt{3k+2}}$$
$$=\sum_{k=1}^{16}(\sqrt{3k+2}-\sqrt{3k-1})$$
$$=(\sqrt{5}-\sqrt{2})+(\sqrt{8}-\sqrt{5})+\cdots+(\sqrt{50}-\sqrt{47})$$
$$=5\sqrt{2}-\sqrt{2}=4\sqrt{2}$$

답 ④

330 수열 $\{{a_n}^2\}$의 첫째항부터 제n항까지의 합을 S_n이라 하면

$$S_n=\sum_{k=1}^{n}{a_k}^2=n^2$$

(i) $n=1$일 때

${a_1}^2=S_1=1$ $\quad\therefore a_1=1$ ($\because a_1>0$)

(ii) $n\geq2$일 때

${a_n}^2=S_n-S_{n-1}=n^2-(n-1)^2=2n-1$

$\therefore a_n=\sqrt{2n-1}$ ($\because a_n>0$)

(i), (ii)에 의하여 $a_n=\sqrt{2n-1}$

$$\therefore \sum_{k=1}^{40}\frac{1}{a_k+a_{k+1}}$$
$$=\sum_{k=1}^{40}\frac{1}{\sqrt{2k-1}+\sqrt{2k+1}}$$
$$=\frac{1}{2}\sum_{k=1}^{40}(\sqrt{2k+1}-\sqrt{2k-1})$$
$$=\frac{1}{2}\{(\sqrt{3}-\sqrt{1})+(\sqrt{5}-\sqrt{3})+\cdots+(\sqrt{81}-\sqrt{79})\}$$
$$=\frac{1}{2}(\sqrt{81}-\sqrt{1})=\frac{1}{2}(9-1)=4$$

답 ②

3. 수열의 귀납적 정의와 증명

» 본문 178~194쪽

331 $a_{n+2}=2\left(a_{n+1}-\frac{1}{2}a_n\right)$에서

$2a_{n+1}=a_{n+2}+a_n$

이므로 수열 $\{a_n\}$은 등차수열이다.

이때 $a_2-a_1=3$에서 등차수열 $\{a_n\}$의 공차는 3이므로

$a_n=3n-2$

$\therefore \sum_{k=1}^{10}a_k=\sum_{k=1}^{10}(3k-2)$

$=3\times\frac{10\times11}{2}-2\times10$

$=145$

답 ②

332 등차수열 $\{a_n\}$의 첫째항을 a, 공차를 d라 하면

$a_n=a+(n-1)d$

또, $2a_{n+1}=a_n+a_{n+2}$이므로 방정식 $a_{n+2}x^2+4a_{n+1}x+4a_n=0$에 대입하면

$a_{n+2}x^2+2(a_n+a_{n+2})x+4a_n=0$

$(a_{n+2}x+2a_n)(x+2)=0$

$\therefore x=-\frac{2a_n}{a_{n+2}}$ 또는 $x=-2$

이때 $b_n\neq-2$이므로 $b_n=-\frac{2a_n}{a_{n+2}}$

$$\therefore \frac{b_n}{b_n+2}=\frac{-\frac{2a_n}{a_{n+2}}}{-\frac{2a_n}{a_{n+2}}+2}=\frac{-2a_n}{-2a_n+2a_{n+2}}$$

$$=\frac{-a_n}{a_{n+2}-a_n}=\frac{-a-(n-1)d}{2d}$$

$$=-\frac{a}{2d}+(n-1)\times\left(-\frac{1}{2}\right)$$

따라서 등차수열 $\left\{\frac{b_n}{b_n+2}\right\}$의 공차는 $-\frac{1}{2}$이다.

답 ③

333 직선 $y=f(x)$의 x절편은 17, y절편은 34이므로

$\frac{x}{17}+\frac{y}{34}=1$ $\quad\therefore y=-2x+34$

직선 $y=g(x)$의 x절편은 6, y절편은 -3이므로

$\frac{x}{6}+\frac{y}{-3}=1$ $\quad\therefore y=\frac{1}{2}x-3$

$\therefore f(x)=-2x+34,\ g(x)=\frac{1}{2}x-3$

ㄱ. $a_n=(-2n+34)+\left(\frac{1}{2}n-3\right)$

$=-\frac{3}{2}n+31$

$=\frac{59}{2}+(n-1)\times\left(-\frac{3}{2}\right)$

따라서 수열 $\{a_n\}$은 공차가 $-\frac{3}{2}$인 등차수열이다. (참)

ㄴ. $a_nb_n=0$에서

$a_n=0$ 또는 $b_n=0$

$a_n=-\frac{3}{2}n+31=0$에서 $n=\frac{62}{3}$

$b_n=(-2n+34)\left(\frac{1}{2}n-3\right)=0$에서

$-2n+34=0$ 또는 $\frac{1}{2}n-3=0$

$\therefore n=17$ 또는 $n=6$

따라서 자연수 n의 개수는 2이다. (참)

ㄷ. $c_n=b_n+b_{n-1}\ (n\geq2)$이고 $c_1=b_1$이므로

$c_1-c_2+c_3-c_4+\cdots+c_{17}-c_{18}$

$=b_1-(b_2+b_1)+(b_3+b_2)$

$\quad-\cdots+(b_{17}+b_{16})-(b_{18}+b_{17})$

$=-b_{18}$

$=-(-2\times18+34)\times\left(\frac{1}{2}\times18-3\right)$

$=12$ (참)

따라서 ㄱ, ㄴ, ㄷ 모두 옳다.

답 ⑤

334 $b_1\times b_2\times b_3\times\cdots\times b_6=16$의 양변에 밑이 2인 로그를 취하면

$\log_2(b_1\times b_2\times\cdots\times b_6)=\log_2 b_1+\log_2 b_2+\cdots+\log_2 b_6$

$=4$ $\quad\cdots\cdots$ ㉠

$\log_2 b_{2n-1}=\sum_{k=1}^{n}(-1)^k a_{2k-1}$이므로

$\log_2 b_1=-a_1,\ \log_2 b_3=-a_1+a_3,\ \log_2 b_5=-a_1+a_3-a_5$

$\therefore \log_2 b_1+\log_2 b_3+\log_2 b_5=-3a_1+2a_3-a_5$ $\quad\cdots\cdots$ ㉡

$\log_2 b_{2n}=\sum_{k=1}^{n}(-1)^{k+1}a_{2k}$이므로

$\log_2 b_2=a_2,\ \log_2 b_4=a_2-a_4,\ \log_2 b_6=a_2-a_4+a_6$

$\therefore \log_2 b_2+\log_2 b_4+\log_2 b_6=3a_2-2a_4+a_6$ $\quad\cdots\cdots$ ㉢

㉡, ㉢을 ㉠에 대입하면

$-3a_1+3a_2+2a_3-2a_4-a_5+a_6=4$

$\therefore 3(a_2-a_1)-2(a_4-a_3)+(a_6-a_5)=4$

등차수열 $\{a_n\}$의 공차를 d라 하면

$3d-2d+d=4,\ 2d=4$

$\therefore d=2$

따라서 $\log_2 b_7=(-a_1+a_3)+(-a_5+a_7)=4+4=8$이므로

$b_7=2^8=256$

답 ④

335 등차수열 $\{a_n\}$의 공차를 d라 하면

$B_m-A_m=(a_2-a_1)+(a_4-a_3)+\cdots+(a_{2m}-a_{2m-1})$

$=d+d+\cdots+d$

$=md$

즉, $md=455-364=91=7\times13$이고 $d\neq1,\ m>10$이므로

$m=13,\ d=7$

따라서 수열 $\{a_{2n-1}\}$은 공차가 14인 등차수열이므로

$A_{13}=364$에서

$\frac{13(2a_1+12\times14)}{2}=364$

$a_1+84=28$

$\therefore a_1=-56$

$\therefore a_m=a_{13}=-56+12\times7=28$ 답 ③

336 ㄱ. $pa_{n+1}=qa_n+r$의 양변을 p로 나누면

$a_{n+1}=\frac{q}{p}a_n+\frac{r}{p}$

$p=q$이면 $a_{n+1}=a_n+\frac{r}{p}$이므로 수열 $\{a_n\}$은 공차가 $\frac{r}{p}$인 등차수열이다. (참)

ㄴ. $p\neq q$, $r=0$이면 $pa_{n+1}=qa_n$이므로 양변을 p로 나누면

$a_{n+1}=\frac{q}{p}a_n$

따라서 수열 $\{a_n\}$은 공비가 $\frac{q}{p}$인 등비수열이므로

$a_n=a_1\times\left(\frac{q}{p}\right)^{n-1}=-\left(\frac{q}{p}\right)^{n-1}$

$\therefore \sum_{k=1}^{n}a_k=\frac{-\left\{1-\left(\frac{q}{p}\right)^n\right\}}{1-\frac{q}{p}}$

$=\frac{p}{q-p}\left\{1-\left(\frac{q}{p}\right)^n\right\}$ (참)

ㄷ. $q=p+r$에서 $r=q-p$이므로

$pa_{n+1}=qa_n+q-p$

$p(a_{n+1}+1)=q(a_n+1)$

$\therefore a_{n+1}+1=\frac{q}{p}(a_n+1)$

즉, 수열 $\{a_n+1\}$은 공비가 $\frac{q}{p}$인 등비수열이므로

$a_n+1=(a_1+1)\times\left(\frac{q}{p}\right)^{n-1}$

이때 $a_1=-1$이므로

$a_n+1=0$

$\therefore a_n=-1$ (참)

따라서 ㄱ, ㄴ, ㄷ 모두 옳다. 답 ⑤

337 $a_1=2$, $a_{n+1}=(2n+1)a_n$에서

$a_2=3\times a_1=3\times2$

$a_3=5\times a_2=5\times3\times2$

$a_4=7\times a_3=7\times5\times3\times2$

⋮

이때 $5\times3\times2=30$이므로 a_3, a_4, a_5, $\cdots$, a_{70}은 모두 30으로 나누어떨어진다.

따라서 $a_1+a_2+a_3+\cdots+a_{70}$을 30으로 나누었을 때의 나머지는 a_1+a_2를 30으로 나누었을 때의 나머지와 같으므로 구하는 나머지는

$a_1+a_2=2+6=8$ 답 ③

338 $a_{n+1}=4a_n$에서 수열 $\{a_n\}$은 공비가 4인 등비수열이므로

$a_n=2\times4^{n-1}=2^{2n-1}$

$b_{n+1}=(2n+1)b_n$에 $n=1, 2, 3, \cdots$을 차례대로 대입하면

$b_2=3b_1$

$b_3=5b_2=5\times3b_1$

$b_4=7b_3=7\times5\times3b_1$

⋮

$\therefore b_n=(2n-1)\times(2n-3)\times\cdots\times3b_1$

$=1\times3\times5\times\cdots\times(2n-1)$ ($\because b_1=1$)

따라서 $a_1>b_1$, $a_2>b_2$, $a_3>b_3$, $a_4>b_4$, $a_5<b_5$, $\cdots$이므로

$c_n=\begin{cases}b_n & (n=1, 2, 3, 4)\\ a_n & (n\geq5)\end{cases}$

$\therefore \sum_{n=1}^{30}3c_n=3\sum_{n=1}^{30}c_n=3\left\{(b_1+b_2+b_3+b_4)+\sum_{n=5}^{30}a_n\right\}$

$=3\times(1+3+15+105)+3\times\frac{2^9\times\{(2^2)^{26}-1\}}{2^2-1}$

$=372+2^{61}-2^9=2^{61}-140$ 답 ④

339 $b_n=4a_{n+1}-2a_n$에 $n=1, 2, 3, \cdots, 18$을 차례대로 대입하면

$b_1=4a_2-2a_1$

$b_2=4a_3-2a_2$

$b_3=4a_4-2a_3$

⋮

$b_{18}=4a_{19}-2a_{18}$

$\therefore \sum_{k=1}^{18}b_k=b_1+b_2+b_3+\cdots+b_{18}$

$=(4a_2-2a_1)+(4a_3-2a_2)+\cdots+(4a_{19}-2a_{18})$

$=-2a_1+2(a_2+a_3+\cdots+a_{18})+4a_{19}$

$=2(a_1+a_2+a_3+\cdots+a_{18})+4(a_{19}-a_1)$

$=2\sum_{k=1}^{18}a_k+4\times21$

$=2\times224+84=532$ 답 ⑤

340 조건 (나)에서 $na_{n+1}-(3n+3)a_n=n(n+1)$의 양변을 $n(n+1)$로 나누면

$\frac{a_{n+1}}{n+1}-\frac{3a_n}{n}=1$

$\frac{a_n}{n}=b_n$이라 하면 조건 (가)에서 $b_1=a_1=2$이고

$b_{n+1}=3b_n+1$

위의 식에 $n=1, 2, 3, 4$를 차례대로 대입하면

$b_2=3b_1+1=3\times2+1=7$

$b_3=3b_2+1=3\times7+1=22$

$b_4=3b_3+1=3\times22+1=67$

$b_5=3b_4+1=3\times67+1=202$

$\therefore \frac{a_5}{5}=b_5=202$ 답 202

341 $\frac{4a_n-2a_{n+1}}{3n+2}=\frac{a_na_{n+1}}{2^n}$의 양변에 $\frac{2^n}{a_na_{n+1}}$을 곱하면

$\frac{2^n}{a_na_{n+1}}\times\frac{4a_n-2a_{n+1}}{3n+2}=1$

$\frac{1}{3n+2}\times\frac{2^{n+2}a_n-2^{n+1}a_{n+1}}{a_na_{n+1}}=1$

$\therefore \frac{2^{n+2}}{a_{n+1}}-\frac{2^{n+1}}{a_n}=3n+2$

$\frac{2^{n+1}}{a_n}=b_n$이라 하면

$b_{n+1}-b_n=3n+2$

위의 식에 $n=1, 2, 3, \cdots, 8$을 차례대로 대입하면

$b_2-b_1=5$

$b_3-b_2=8$

$b_4-b_3=11$

⋮

$b_9-b_8=26$

양변을 각각 더하면

$b_9-b_1=5+8+11+\cdots+26$

$=\sum_{k=1}^{8}(3k+2)$

$=3\times\frac{8\times9}{2}+2\times8$

$=124$

이때 $b_1=\frac{2^2}{a_1}=4$이므로

$b_9=124+4=128$

즉, $\frac{2^{10}}{a_9}=128$이므로

$a_9=\frac{2^{10}}{2^7}=8$

답 ④

342 $a_{n+1}=(-1)^na_n+5$에 $n=1, 2, 3, \cdots$을 차례대로 대입하면

$a_2=-a_1+5=-(-2)+5=7$

$a_3=a_2+5=7+5=12$

$a_4=-a_3+5=-12+5=-7$

$a_5=a_4+5=-7+5=-2$

⋮

따라서 수열 $\{a_n\}$은 $-2, 7, 12, -7$이 이 순서대로 반복되므로 음이 아닌 정수 k에 대하여

$a_{4k+1}+a_{4k+2}+a_{4k+3}+a_{4k+4}=-2+7+12+(-7)=10$

이때 $\sum_{k=1}^{n}a_k=105=10\times10+(-2)+7$이므로

$n=4\times10+2=42$

답 42

343 $a_{n+1}+a_n=2n$ …… ㉠

$a_{n+2}+a_{n+1}=2(n+1)$ …… ㉡

㉡−㉠을 하면 $a_{n+2}-a_n=2$

$\therefore a_{n+2}=a_n+2$

㉠에 $n=1$을 대입하면 $a_2+a_1=2$이므로 $a_2=1$

따라서 수열 $\{a_{2n}\}$은 첫째항이 1이고 공차가 2인 등차수열이므로

$a_{2n}=1+(n-1)\times2=2n-1$

$\therefore a_{20}=2\times10-1=19$

또, $b_{n+1}=b_n+4n$에서 $b_{n+1}-b_n=4n$

위의 식에 $n=1, 2, 3, \cdots, 19$를 차례대로 대입하면

$b_2-b_1=4\times1$

$b_3-b_2=4\times2$

$b_4-b_3=4\times3$

⋮

$b_{20}-b_{19}=4\times19$

양변을 각각 더하면

$b_{20}-b_1=4\times(1+2+3+\cdots+19)$

$\therefore b_{20}=b_1+4\sum_{k=1}^{19}k$

$=1+4\times\frac{19\times20}{2}=761$

$\therefore c_{20}=a_{20}+b_{20}=19+761=780$

답 780

344 $a_{n+1}=a_n+a_{n+2}$에서 $a_{n+2}=a_{n+1}-a_n$

위의 식에 $n=1, 2, 3, \cdots$을 차례대로 대입하면

$a_3=a_2-a_1=9-3=6$

$a_4=a_3-a_2=6-9=-3$

$a_5=a_4-a_3=-3-6=-9$

$a_6=a_5-a_4=-9-(-3)=-6$

$a_7=a_6-a_5=-6-(-9)=3$

$a_8=a_7-a_6=3-(-6)=9$

⋮

즉, 수열 $\{a_n\}$은 $3, 9, 6, -3, -9, -6$이 이 순서대로 반복된다.

ㄱ. 음이 아닌 정수 k에 대하여

$a_{6k+1}+a_{6k+4}=3-3=0$,

$a_{6k+2}+a_{6k+5}=9-9=0$,

$a_{6k+3}+a_{6k+6}=6-6=0$

$\therefore a_n+a_{n+3}=0$ (참)

ㄴ. $97=6\times16+1$이므로 $a_{97}=a_1=3$ (참)

ㄷ. $\sum_{k=1}^{35}(a_k+a_{2k})=\sum_{k=1}^{35}a_k+\sum_{k=1}^{35}a_{2k}$

$a_1+a_2+a_3+a_4+a_5+a_6=0$이므로

$\sum_{k=1}^{35}a_k=\sum_{k=1}^{30}a_k+3+9+6-3-9=6$

또, 수열 $\{a_{2n}\}$은 $9, -3, -6$이 이 순서대로 반복되고 $9-3-6=0$이므로

$\sum_{k=1}^{35}a_{2k}=\sum_{k=1}^{33}a_{2k}+9-3=6$

$\therefore \sum_{k=1}^{35}(a_k+a_{2k})=6+6=12$ (거짓)

따라서 옳은 것은 ㄱ, ㄴ이다.

답 ②

345 $2a_{n+2}+(-1)^{n+1}a_{n+1}=3a_{n+1}-2a_n$에서

(i) n이 홀수일 때

$2a_{n+2}+a_{n+1}=3a_{n+1}-2a_n$이므로

$2a_{n+2}=2a_{n+1}-2a_n$

$\therefore a_{n+2}=a_{n+1}-a_n$

(ii) n이 짝수일 때

$2a_{n+2}-a_{n+1}=3a_{n+1}-2a_n$이므로

$2a_{n+2}=4a_{n+1}-2a_n$

$\therefore a_{n+2}=2a_{n+1}-a_n$

(i), (ii)에 의하여

$$a_{n+2}=\begin{cases} a_{n+1}-a_n & (n\text{이 홀수}) \\ 2a_{n+1}-a_n & (n\text{이 짝수}) \end{cases}$$

위의 식에 $n=1, 2, 3, \cdots$을 차례대로 대입하면

$a_3=a_2-a_1=1-3=-2$

$a_4=2a_3-a_2=-4-1=-5$

$a_5=a_4-a_3=-5-(-2)=-3$

$a_6=2a_5-a_4=-6-(-5)=-1$

$a_7=a_6-a_5=-1-(-3)=2$

$a_8=2a_7-a_6=4-(-1)=5$

$a_9=a_8-a_7=5-2=3$

$a_{10}=2a_9-a_8=6-5=1$

$\vdots$

따라서 수열 $\{a_n\}$은 3, 1, -2, -5, -3, -1, 2, 5가 이 순서대로 반복되므로 음이 아닌 정수 k에 대하여

$a_{8k+1}+a_{8k+2}+a_{8k+3}+\cdots+a_{8k+8}=0$

이때 $47=8\times5+7$이므로

$\sum_{k=1}^{47}a_k=\sum_{k=1}^{40}a_k+\sum_{k=1}^{7}a_k$

$=3+1-2-5-3-1+2$

$=-5$

답 ①

346 $6(a_1+a_2+a_3+\cdots+a_n)=2a_{n+1}+17$ …… ㉠

$6(a_1+a_2+a_3+\cdots+a_{n-1})=2a_n+17$ …… ㉡

㉠$-$㉡을 하면

$6a_n=2a_{n+1}-2a_n$

$\therefore a_{n+1}=4a_n\ (n\ge2)$

따라서 $n\ge2$에서 수열 $\{a_n\}$은 공비가 4인 등비수열이므로

$a_n=a_2\times4^{n-2}$

이때 $a_{20}=2^{35}$이므로

$a_2\times4^{18}=a_2\times2^{36}=2^{35}$

$\therefore a_2=\frac{1}{2}$

한편, $6(a_1+a_2+a_3+\cdots+a_n)=2a_{n+1}+17$에 $n=1$을 대입하면

$6a_1=2a_2+17$

$=2\times\frac{1}{2}+17=18$

$\therefore a_1=3$

$\therefore a_1\times a_2\times a_3\times a_4=3\times\frac{1}{2}\times2\times8=24$

답 ④

347 $f(n)=a_n$이라 하면 $\sum_{k=1}^{n}f(k)=n^2f(n)$에서

$\sum_{k=1}^{n}a_k=n^2a_n$

수열 $\{a_n\}$의 첫째항부터 제n항까지의 합을 S_n이라 하면

$S_n=n^2a_n$ …… ㉠

$S_{n+1}=(n+1)^2a_{n+1}$ …… ㉡

㉡$-$㉠을 하면

$S_{n+1}-S_n=(n+1)^2a_{n+1}-n^2a_n$

$a_{n+1}=(n^2+2n+1)a_{n+1}-n^2a_n$

$n(n+2)a_{n+1}=n^2a_n$

$\therefore a_{n+1}=\frac{n}{n+2}a_n$

위의 식에 $n=1, 2, 3, \cdots, 199$를 차례대로 대입하면

$a_2=\frac{1}{3}a_1$

$a_3=\frac{2}{4}a_2=\frac{2}{4}\times\frac{1}{3}a_1$

$a_4=\frac{3}{5}a_3=\frac{3}{5}\times\frac{2}{4}\times\frac{1}{3}a_1$

$\vdots$

$a_{200}=\frac{199}{201}a_{199}=\frac{199}{201}\times\frac{198}{200}\times\frac{197}{199}\times\cdots\times\frac{2}{4}\times\frac{1}{3}a_1$

$=\frac{2\times1}{201\times200}\times f(1)$

$=\frac{10}{201\times100}$

$=\frac{1}{2010}$

$\therefore f(200)=a_{200}=\frac{1}{2010}$

답 ②

348 $2S_n=S_{n+1}+S_{n-1}-2n$에서

$S_{n+1}-S_n=S_n-S_{n-1}+2n$

$\therefore a_{n+1}-a_n=2n$

위의 식에 $n=3, 4, 5, 6$을 차례대로 대입하면

$a_4-a_3=6$

$a_5-a_4=8$

$a_6-a_5=10$

$a_7-a_6=12$

양변을 각각 더하면

$a_7-a_3=6+8+10+12=36$

답 36

349 $b_n=\frac{S_{n+1}}{S_n}$이라 하면 $b_1=2$이고

$b_n=b_{n-1}+2n\ (n\ge2)$

위의 식에 $n=2, 3, 4, \cdots$를 차례대로 대입하면

$b_2=b_1+2\times2=2+2\times2$

$b_3=b_2+2\times3=2+2\times2+2\times3$

$b_4=b_3+2\times4=2+2\times2+2\times3+2\times4$

$\vdots$

$\therefore b_n=2+2\times2+2\times3+2\times4+\cdots+2\times n$

$=2(1+2+3+\cdots+n)$

$=2\sum_{k=1}^{n}k=2\times\frac{n(n+1)}{2}$

$=\boxed{n}\times(n+1)\ (n\ge1)$

즉, $\frac{S_{n+1}}{S_n}=n(n+1)$이므로

$S_{n+1}=n(n+1)S_n\ (n\ge1)$

위의 식에 $n=1, 2, 3, \cdots$을 차례대로 대입하면

$S_2=1\times2\times S_1=1\times2\times1$

$S_3=2\times3\times S_2=1\times2^2\times3$

$S_4=3\times4\times S_3=1\times2^2\times3^2\times4$

$\vdots$

$\therefore S_n=1\times2^2\times3^2\times\cdots\times(n-1)^2\times n$

$=\boxed{n}\times\{(n-1)!\}^2\ (n\ge1)$

따라서 $a_1=1$이고, $n\ge2$일 때

$a_n=S_n-S_{n-1}$

$=n\{(n-1)!\}^2-(n-1)\{(n-2)!\}^2$

$=n(n-1)^2\{(n-2)!\}^2-(n-1)\{(n-2)!\}^2$

$=\{n(n-1)^2-(n-1)\}\{(n-2)!\}^2$

$=(\boxed{n^3-2n^2+1})\times\{(n-2)!\}^2$

즉, $f(n)=n$, $g(n)=n^3-2n^2+1$이므로

$f(3)+g(10)=3+801=804$

답 804

350 $S_n=2-(n+1)a_n$에서 $S_1=2-2a_1$

$S_1=a_1$이므로

$a_1=2-2a_1$, $3a_1=2$ $\quad\therefore a_1=\frac{2}{3}$

$n\ge2$일 때

$a_n=S_n-S_{n-1}$

$=\{2-(n+1)a_n\}-(2-na_{n-1})$

$=na_{n-1}-(n+1)a_n$

$(n+2)a_n=na_{n-1}$ $\quad\therefore a_n=\frac{n}{n+2}a_{n-1}\ (n\ge2)$

위의 식에 $n=2, 3, 4, \cdots, n$을 차례대로 대입하면

$a_2=\frac{2}{4}a_1$

$a_3=\frac{3}{5}a_2$

$a_4=\frac{4}{6}a_3$

$\vdots$

$a_n=\frac{n}{n+2}a_{n-1}$

양변을 각각 곱하면

$a_n=a_1\times\frac{2}{4}\times\frac{3}{5}\times\frac{4}{6}\times\cdots\times\frac{n-1}{n+1}\times\frac{n}{n+2}$

$=\frac{2}{3}\times\frac{6}{(n+1)(n+2)}$

$=\frac{4}{(n+1)(n+2)}$ $\quad\cdots\cdots$ ㉠

$a_1=\frac{2}{3}$는 ㉠에 $n=1$을 대입한 것과 같으므로

$a_n=\frac{4}{(n+1)(n+2)}\ (n=1, 2, 3, \cdots)$

$\therefore \sum_{k=1}^{10}\frac{2}{a_k}=\sum_{k=1}^{10}\frac{(k+1)(k+2)}{2}=\frac{1}{2}\sum_{k=1}^{10}(k^2+3k+2)$

$=\frac{1}{2}\times\left(\frac{10\times11\times21}{6}+3\times\frac{10\times11}{2}+20\right)$

$=\frac{1}{2}\times570=285$

답 ④

351 $n\ge2$일 때 $a_n=S_n-S_{n-1}$이므로 $S_n=\frac{1}{2}\left(a_n+\frac{1}{a_n}\right)$에서

$S_n=\frac{1}{2}\left(S_n-S_{n-1}+\frac{1}{S_n-S_{n-1}}\right)$

$2S_n=\frac{(S_n-S_{n-1})^2+1}{S_n-S_{n-1}}$

$2S_n^2-2S_nS_{n-1}=S_n^2-2S_nS_{n-1}+S_{n-1}^2+1$

$\therefore S_n^2-S_{n-1}^2=1\ (n\ge2)$

또, $a_1=S_1$이므로

$S_1=\frac{1}{2}\left(S_1+\frac{1}{S_1}\right)$, $2S_1=S_1+\frac{1}{S_1}$

$\therefore S_1^2=1$

따라서 수열 $\{S_n^2\}$은 첫째항이 1이고 공차가 1인 등차수열이므로

$S_n^2=1+(n-1)\times1=n$

$a_n>0$에서 $S_n>0$이므로

$S_n=\sqrt{n}$

$\therefore a_n=S_n-S_{n-1}=\sqrt{n}-\sqrt{n-1}\ (n\ge2)$

즉, $a_{25}=\sqrt{25}-\sqrt{24}=5-2\sqrt{6}$이므로

$p=5$, $q=2$

$\therefore pq=5\times2=10$

답 10

352 n각형의 꼭짓점을 각각 P_1, P_2, $\cdots$, P_n이라 하자.

두 꼭짓점 P_1과 P_n 사이에 꼭짓점 P_{n+1}을 추가하여 $(n+1)$각형을 만들면 추가되는 대각선은

$\overline{P_1P_n}$, $\overline{P_2P_{n+1}}$, $\overline{P_3P_{n+1}}$, $\cdots$, $\overline{P_{n-1}P_{n+1}}$의 $(n-1)$개이므로

$a_{n+1}=a_n+n-1\ (n=4, 5, 6, \cdots)$

따라서 $f(n)=n-1$이므로

$f(20)=19$

답 19

353 각 층의 정육면체의 개수를 위에서부터 차례대로 a_1, a_2, a_3, $\cdots$이라 하면

$a_1=1$

$a_2=a_1+4=1+4$

$a_3=a_2+4\times2=1+4+4\times2$

$a_4=a_3+4\times3=1+4+4\times2+4\times3$

$\vdots$

$\therefore a_n=1+4+4\times2+4\times3+\cdots+4\times(n-1)$

$=1+4\{1+2+3+\cdots+(n-1)\}$

$=1+4\times\dfrac{n(n-1)}{2}$

$=2n^2-2n+1$

따라서 8층 탑을 쌓을 때 필요한 정육면체의 개수는

$\sum_{k=1}^{8}a_k=\sum_{k=1}^{8}(2k^2-2k+1)$

$=2\times\dfrac{8\times9\times17}{6}-2\times\dfrac{8\times9}{2}+1\times8$

$=344$

답 344

354 $\overline{P_nP_{n+1}}=a_n$이라 하면

$a_1=1,\ a_{n+1}=\dfrac{n}{n+2}a_n$

위의 식에 $n=1, 2, 3, \cdots, n-1$을 차례대로 대입하면

$a_2=\dfrac{1}{3}a_1$

$a_3=\dfrac{2}{4}a_2=\dfrac{2}{4}\times\dfrac{1}{3}a_1$

$a_4=\dfrac{3}{5}a_3=\dfrac{3}{5}\times\dfrac{2}{4}\times\dfrac{1}{3}a_1$

$\vdots$

$a_n=\dfrac{n-1}{n+1}\times\dfrac{n-2}{n}\times\cdots\times\dfrac{2}{4}\times\dfrac{1}{3}a_1=\dfrac{2}{n(n+1)}$

이때 점 R_n은 선분 Q_nQ_{n+1}의 중점이므로

$\overline{Q_nR_n}=\dfrac{1}{2}\overline{Q_nQ_{n+1}}=\dfrac{1}{2}\overline{P_nP_{n+1}}=\dfrac{1}{2}a_n=\dfrac{1}{n(n+1)}$

$\therefore S_n=\dfrac{1}{2}(\overline{P_nP_{n+1}}+\overline{Q_nR_n})$

$=\dfrac{1}{2}\left\{\dfrac{2}{n(n+1)}+\dfrac{1}{n(n+1)}\right\}$

$=\dfrac{3}{2n(n+1)}$

$\therefore \sum_{n=1}^{15}32S_n=32\sum_{n=1}^{15}\dfrac{3}{2n(n+1)}=48\sum_{n=1}^{15}\left(\dfrac{1}{n}-\dfrac{1}{n+1}\right)$

$=48\left\{\left(1-\dfrac{1}{2}\right)+\left(\dfrac{1}{2}-\dfrac{1}{3}\right)+\cdots+\left(\dfrac{1}{15}-\dfrac{1}{16}\right)\right\}$

$=48\left(1-\dfrac{1}{16}\right)=48\times\dfrac{15}{16}=45$

답 45

355 n회의 시행 후 그릇 A에 담긴 밀가루의 양이 a_n kg이면 그릇 B에 담긴 밀가루의 양은 $(2-a_n)$ kg이므로

$a_{n+1}=\dfrac{2}{3}a_n+\dfrac{1}{2}\left\{(2-a_n)+\dfrac{1}{3}a_n\right\}=\dfrac{1}{3}a_n+1$

따라서 $p=\dfrac{1}{3}$, $q=1$이므로

$\dfrac{q}{p}=3$

답 3

356 다음날 아침의 소금물의 양은

$100-50+60-10=100(\mathrm{L})$

이므로 n일 후 소금물에 들어 있는 소금의 양은

$\dfrac{a_n}{100}\times100=a_n$

따라서 $(n+1)$일 후의 소금의 양은

$a_{n+1}=a_n-\dfrac{a_n}{100}\times50+\dfrac{6}{100}\times60$

$=\dfrac{1}{2}a_n+\dfrac{18}{5}$

답 ④

357 흰 바둑돌과 검은 바둑돌로 구성된 바둑돌 n개를 일렬로 나열한다고 할 때, 첫 번째 바둑돌에 따라서 다음과 같이 경우를 나눌 수 있다.

(i) 첫 번째로 흰 바둑돌을 나열하는 경우

두 번째 바둑돌은 흰 바둑돌 또는 검은 바둑돌 모두 가능하므로 나머지 $(n-1)$개의 바둑돌을 나열하는 경우의 수는

a_{n-1}

(ii) 첫 번째로 검은 바둑돌을 나열하는 경우

두 번째 바둑돌은 반드시 흰 바둑돌이어야 하므로 세 번째부터 $(n-2)$개의 바둑돌을 나열하는 경우의 수는

a_{n-2}

(i), (ii)에 의하여 바둑돌 n개를 일렬로 나열하는 경우의 수는

$a_n=a_{n-1}+a_{n-2}\ (n\geq3)$

위의 식에 $n=3, 4, 5, \cdots, 8$을 차례대로 대입하면

$a_3=a_2+a_1=3+2=5$

$a_4=a_3+a_2=5+3=8$

$a_5=a_4+a_3=8+5=13$

$a_6=a_5+a_4=13+8=21$

$a_7=a_6+a_5=21+13=34$

$\therefore a_8=a_7+a_6=34+21=55$

답 55

358 (i) $n=1$일 때

$1^3+3\times1^2+2\times1=6$이므로 3의 배수이다.

(ii) $n=k$일 때

k^3+3k^2+2k가 3의 배수, 즉

$k^3+3k^2+2k=3m$ (m은 자연수)이라 하면

$n=k+1$일 때

$(k+1)^3+3(k+1)^2+2(k+1)$

$=(\boxed{k^3+3k^2+2k})+3k^2+9k+6$

$=3(m+\boxed{k^2+3k+2})$

이므로 $n=k+1$일 때도 3의 배수이다.

(i), (ii)에 의하여 모든 자연수 n에 대하여 n^3+3n^2+2n은 3의 배수이다.

즉, $f(k)=k^3+3k^2+2k$, $g(k)=k^2+3k+2$이므로

$f(2)-g(3)=24-20=4$ 답 4

359 (ii) $n=k$일 때 주어진 등식이 성립한다고 가정하면

$$\left(\frac{1}{k}\right)^2-\left(\frac{2}{k}\right)^2+\left(\frac{3}{k}\right)^2-\cdots+(-1)^{k+1}\times\left(\frac{k}{k}\right)^2$$

$$=(-1)^{k+1}\times\frac{k+1}{2k}$$

$$\therefore \left(\frac{1}{k+1}\right)^2-\left(\frac{2}{k+1}\right)^2+\left(\frac{3}{k+1}\right)^2-\cdots+(-1)^{k+2}\times\left(\frac{k+1}{k+1}\right)^2$$

$$=\boxed{\frac{k^2}{(k+1)^2}}\left\{\left(\frac{1}{k}\right)^2-\left(\frac{2}{k}\right)^2+\left(\frac{3}{k}\right)^2-\cdots+(-1)^{k+1}\times\left(\frac{k}{k}\right)^2+(-1)^{k+2}\times\left(\frac{k+1}{k}\right)^2\right\}$$

$$=\frac{k^2}{(k+1)^2}\left\{(-1)^{k+1}\times\frac{k+1}{2k}+(-1)^{k+2}\times\left(\frac{k+1}{k}\right)^2\right\}$$

$$=\frac{k^2}{(k+1)^2}\times(-1)^{k+2}\times\frac{k+1}{k}\left(\frac{k+1}{k}-\frac{1}{2}\right)$$

$$=\boxed{\frac{k^2}{(k+1)^2}}\times(-1)^{k+2}\times\frac{k+1}{k}\times\boxed{\frac{k+2}{2k}}$$

$$=(-1)^{k+2}\times\frac{k+2}{2(k+1)}$$

$$=(-1)^{(k+1)+1}\times\frac{(k+1)+1}{2(k+1)}$$

따라서 $n=k+1$일 때도 주어진 등식이 성립한다.

즉, $f(k)=\frac{k^2}{(k+1)^2}$, $g(k)=\frac{k+2}{2k}$이므로

$f(3)\times g(6)=\frac{9}{16}\times\frac{8}{12}=\frac{3}{8}$ 답 $\frac{3}{8}$

360 (i) $n=1$일 때

(좌변)$=1\times2^0=1$, (우변)$=2^{1+1}-1-2=1$

이므로 주어진 등식이 성립한다.

(ii) $n=m$일 때 주어진 등식이 성립한다고 가정하면

$$\sum_{k=1}^{m}(m-k+1)2^{k-1}=2^{m+1}-m-2$$

$n=m+1$일 때

$$\sum_{k=1}^{m+1}(\boxed{m+2-k})2^{k-1}=\sum_{k=1}^{m+1}(m-k+1+1)2^{k-1}$$

$$=\sum_{k=1}^{m+1}(m-k+1)2^{k-1}+\sum_{k=1}^{m+1}2^{k-1}$$

$$=\sum_{k=1}^{m}(m-k+1)2^{k-1}+\boxed{2^{m+1}-1}$$

$$=2^{m+1}-m-2+\boxed{2^{m+1}-1}$$

$$=2\times2^{m+1}-m-3$$

$$=2^{m+2}-m-3$$

이므로 $n=m+1$일 때도 성립한다.

(i), (ii)에 의하여 모든 자연수 n에 대하여 주어진 등식은 성립한다.

즉, $k=10$일 때 $f(m)=m-8$, $g(m)=2^{m+1}-1$이므로

$f(10)+g(2)=2+7=9$ 답 9

361 (i) $n=2$일 때

(좌변)$=\sum_{k=1}^{2}\frac{1}{k}=1+\frac{1}{2}=\frac{3}{2}$,

(우변)$=1+\frac{a_1}{2}=\frac{3}{2}$

이므로 등식 (*)이 성립한다.

(ii) $n=m$ $(m\ge2)$일 때 등식 (*)이 성립한다고 가정하면

$$a_m=1+\frac{a_1+a_2+a_3+\cdots+a_{m-1}}{m}$$

위의 등식의 양변에 $\boxed{\frac{1}{m+1}}$을 더하면

$$a_m+\boxed{\frac{1}{m+1}}=1+\frac{a_1+a_2+a_3+\cdots+a_{m-1}}{m}+\boxed{\frac{1}{m+1}}$$

$1=a_m-\frac{a_1+a_2+a_3+\cdots+a_{m-1}}{m}$이므로

$$a_{m+1}=1+\frac{a_1+a_2+a_3+\cdots+a_{m-1}}{m}+\frac{a_m-\boxed{\frac{a_1+a_2+a_3+\cdots+a_{m-1}}{m}}}{m+1}$$

$$=1+\frac{(m+1)(a_1+a_2+a_3+\cdots+a_{m-1})}{m(m+1)}+\frac{ma_m-m\times\boxed{\frac{a_1+a_2+a_3+\cdots+a_{m-1}}{m}}}{m(m+1)}$$

$$=1+\frac{a_1+a_2+a_3+\cdots+a_{m-1}+a_m}{m+1}$$

따라서 $n=m+1$일 때도 등식 (*)이 성립한다.

(i), (ii)에 의하여 $n\ge2$인 모든 자연수 n에 대하여 등식 (*)이 성립한다.

즉, $f(m)=\frac{1}{m+1}$, $g(m)=\frac{a_1+a_2+a_3+\cdots+a_{m-1}}{m}$이므로

$$f\left(\frac{1}{11}\right)\times g(4)=\frac{11}{12}\times\frac{a_1+a_2+a_3}{4}$$

$$=\frac{11}{48}\times\left(1+\frac{3}{2}+\frac{11}{6}\right)$$

$$=\frac{143}{144}$$

따라서 $p=144$, $q=143$이므로

$p+q=144+143=287$ 답 287

362 (i) $n=1$일 때

(좌변)$=2^2=4$, (우변)$=2+1=3$

이므로 주어진 부등식이 성립한다.

(ii) $n=k\ (k\ge2)$일 때 부등식

$2^{k+1}>\boxed{k(k+1)}+1$ ······ ㉠

이 성립한다고 가정하자.

㉠의 양변에 2를 곱하면

$2^{k+2}>2(k^2+k+1)$

이때

$2(k^2+k+1)-\{\boxed{(k+1)(k+2)+1}\}=\boxed{k^2-k-1}$

$k\ge2$일 때 $\boxed{k^2-k-1}>0$이므로

$2^{k+2}>2(k^2+k+1)>\boxed{(k+1)(k+2)+1}$

$\therefore 2^{k+2}>\boxed{(k+1)(k+2)+1}$

따라서 $n=k+1$일 때도 주어진 부등식이 성립한다.

(i), (ii)에 의하여 모든 자연수 n에 대하여 주어진 부등식이 성립한다.

즉, $f(k)=k(k+1)$, $g(k)=(k+1)(k+2)+1$,

$h(k)=k^2-k-1$이므로

$f(4)-g(2)+h(1)=20-13+(-1)=6$ 답 6

363 (i) $n=1$일 때

(좌변)$=27$, (우변)$=3\times2\times1=\boxed{6}$

이므로 부등식 ㉠이 성립한다.

(ii) $n=k$일 때 부등식 ㉠이 성립한다고 가정하면

$\{k(k-1)(k-2)\times\cdots\times1\}^3\times27^k$

$>3k(3k-1)(3k-2)\times\cdots\times1$ ······ ㉡

㉡의 양변에 $\boxed{27(k+1)^3}$을 곱하면

$\{(k+1)k(k-1)\times\cdots\times1\}^3\times27^{k+1}$

$>\boxed{27(k+1)^3}\times3k(3k-1)(3k-2)\times\cdots\times1$

$=3^3\times(k+1)^3\times3k(3k-1)(3k-2)\times\cdots\times1$

$=(3k+3)^3\times3k(3k-1)(3k-2)\times\cdots\times1$

$>(3k+3)(3k+2)(3k+1)\times\cdots\times1$

따라서 $n=k+1$일 때도 부등식 ㉠이 성립한다.

(i), (ii)에 의하여 모든 자연수 n에 대하여 부등식 ㉠이 성립한다.

즉, $a=6$, $f(k)=27(k+1)^3$이므로

$f(a-4)=f(2)=27\times3^3=729$ 답 729

364 (ii) $n=k\ (k\ge6)$일 때 주어진 부등식이 성립한다고 가정하면

$\left(\frac{k}{2}\right)^k>k(k-1)(k-2)\times\cdots\times1$ ······ ㉠

$\therefore \left(\frac{k+1}{2}\right)^{k+1}=\frac{(k+1)^{k+1}}{2^{k+1}}=\frac{(k+1)(k+1)^k}{2^{k+1}}$

$=\frac{k+1}{2^{k+1}}\times\frac{(k+1)^k}{k^k}\times\boxed{k^k}$

$=\frac{k+1}{2}\times\frac{1}{2^k}\times\left(\frac{k+1}{k}\right)^k\times\boxed{k^k}$

$=\frac{k+1}{2}\times\left(1+\frac{1}{k}\right)^k\times\boxed{\left(\frac{k}{2}\right)^k}$ ······ ㉡

그런데 $\left(1+\frac{1}{k}\right)^k>2$이므로 ㉠, ㉡에서

$\left(\frac{k+1}{2}\right)^{k+1}>\frac{k+1}{2}\times2\times k(k-1)(k-2)\times\cdots\times1$

$=\frac{k+1}{2}\times\boxed{2k(k-1)(k-2)\times\cdots\times1}$

$=(k+1)k(k-1)\times\cdots\times1$

따라서 $n=k+1$일 때도 주어진 부등식이 성립한다.

즉, $f(k)=k^k$, $g(k)=\left(\frac{k}{2}\right)^k$,

$h(k)=2k(k-1)(k-2)\times\cdots\times1$이므로

$f(1)+g(4)+h(3)=1+2^4+2\times3\times2\times1=29$ 답 29

365 (i) $n=\boxed{2}$일 때

(좌변)$=1+\frac{1}{\sqrt2}+\frac{1}{\sqrt3}+\frac{1}{\sqrt4}$, (우변)$=2$

이때

$1+\frac{1}{\sqrt2}+\frac{1}{\sqrt3}+\frac{1}{\sqrt4}>1+\frac{1}{\sqrt2}+\frac{1}{\sqrt4}+\frac{1}{\sqrt4}$

$=2+\frac{1}{\sqrt2}>2$

이므로 $n=\boxed{2}$일 때 부등식 ㉠이 성립한다.

(ii) $n=m\ (m\ge2)$일 때 부등식 ㉠이 성립한다고 가정하면

$1+\frac{1}{\sqrt2}+\frac{1}{\sqrt3}+\cdots+\frac{1}{\sqrt{m^2}}>m$

$n=m+1$일 때

$1+\frac{1}{\sqrt2}+\frac{1}{\sqrt3}+\cdots+\frac{1}{\sqrt{(m+1)^2}}$

$=1+\frac{1}{\sqrt2}+\frac{1}{\sqrt3}+\cdots+\frac{1}{\sqrt{m^2}}+\sum_{k=1}^{\boxed{2m+1}}\frac{1}{\sqrt{m^2+k}}$

$>m+\sum_{k=1}^{\boxed{2m+1}}\frac{1}{\sqrt{m^2+k}}$

이때

$\sum_{k=1}^{\boxed{2m+1}}\frac{1}{\sqrt{m^2+k}}>\sum_{k=1}^{\boxed{2m+1}}\frac{1}{\sqrt{m^2+\boxed{2m+1}}}$

$=\sum_{k=1}^{2m+1}\frac{1}{m+1}$

$=\boxed{\frac{2m+1}{m+1}}>1$

이므로

$1+\frac{1}{\sqrt2}+\frac{1}{\sqrt3}+\cdots+\frac{1}{\sqrt{(m+1)^2}}>m+1$

따라서 $n=m+1$일 때도 부등식 ㉠이 성립한다.

(i), (ii)에 의하여 $n\ge2$인 모든 자연수 n에 대하여 주어진 부등식 ㉠이 성립한다.

즉, $a=2$, $f(m)=2m+1$, $g(m)=\frac{2m+1}{m+1}$이므로

$a+f(4)\times g(8)=2+9\times\frac{17}{9}=19$ 답 19

366 $a_4+a_6+a_8=3\times a_6=36$이므로

$a_6=12$

등차수열 $\{a_n\}$의 공차를 d $(d>0)$라 하면

$a_4a_8=(a_6-2d)(a_6+2d)$

$=144-4d^2$

즉, $144-4d^2=80$이므로

$4d^2=64$, $d^2=16$

$\therefore d=4$ ($\because d>0$)

수열 $\{a_n\}$의 첫째항을 a라 하면

$a_6=a+5\times 4=12$　　$\therefore a=-8$

$\therefore a_n=-8+(n-1)\times 4=4n-12$

$\therefore 2a_1+3a_2+2a_3+3a_4+\cdots+2a_{15}+3a_{16}$

$=2(a_1+a_3+\cdots+a_{15})+3(a_2+a_4+\cdots+a_{16})$

$=2\times(8\times a_8)+3\times(8\times a_9)$

$=2\times 160+3\times 192=896$

답 896

다른풀이

$2a_1+3a_2+2a_3+3a_4+\cdots+2a_{15}+3a_{16}$

$=3(a_1+a_2+\cdots+a_{16})-(a_1+a_3+\cdots+a_{15})$

$=3\times(16\times a_{8.5})-8\times a_8$

$=3\times 352-8\times 20=896$

367 $a_p+a_{p+2}+a_{p+4}=3\times a_{p+2}=48$이므로

$a_{p+2}=16$　　…… ㉠

$a_q+a_{q+4}+a_{q+8}=3\times a_{q+4}=84$이므로

$a_{q+4}=28$　　…… ㉡

㉡－㉠을 하면

$a_{q+4}-a_{p+2}=12$

등차수열 $\{a_n\}$의 공차를 d $(d\geq 2)$라 하면

$d(q-p+2)=12$

이때 d, p, q가 모두 자연수이고 $d\geq 2$, $q-p+2>2$이므로

$d=2$ 또는 $d=3$ 또는 $d=4$

$d=2$ 또는 $d=4$이면 $a_{p+2}=a_2+pd=16$에서

$1+2p=16$ 또는 $1+4p=16$

$\therefore p=\frac{15}{2}$ 또는 $p=\frac{15}{4}$

p는 자연수이어야 하므로 조건을 만족시키지 않는다.

$\therefore d=3$

k가 p와 q의 등차중항이므로

$k=\frac{p+q}{2}$

㉠, ㉡에 의하여 a_{p+2}와 a_{q+4}의 등차중항은

$a_{\frac{p+q}{2}+3}=a_{k+3}=22$

$\therefore a_k=a_{k+3}-3d=22-3\times 3=13$

답 13

368 $S_n=an^2+bn$ (a, b는 상수)이라 하면

$S_{20}=400a+20b$, $S_{40}=1600a+40b$

$S_{20}=S_{40}$이므로

$400a+20b=1600a+40b$

$\therefore b=-60a$

$\therefore S_n=an^2-60an$

$=an(n-60)$

이때 $S_1=-59a>0$이므로

$a<0$

ㄱ. $S_{20}=S_{40}$이므로

$a_{21}+a_{22}+\cdots+a_{40}=S_{40}-S_{20}=0$

$a_1=S_1>0$이므로

$a_1>-(a_{21}+a_{22}+\cdots+a_{40})$ (참)

ㄴ. $a_n=2an-61a$이므로

$|a_{25}|=|-11a|=-11a$,

$|a_{36}|=|11a|=-11a$

$\therefore |a_{25}|=|a_{36}|$ (참)

ㄷ. $S_n=a(n-30)^2-900a$ $(a<0)$이므로 S_n은 $n=30$일 때 최댓값을 갖는다.

따라서 모든 자연수 n에 대하여

$S_{30}\geq S_n$ (참)

따라서 ㄱ, ㄴ, ㄷ 모두 옳다.

답 ⑤

369 $S_n=an^2+bn$ (a, b는 상수, $a\neq 0$)이라 하고,

$\frac{S_{3n}}{S_n}=k$ (k는 상수)라 하면

$\frac{9an^2+3bn}{an^2+bn}=\frac{9an+3b}{an+b}=k$

$9an+3b=kan+bk$

$\therefore (k-9)an+(k-3)b=0$

위의 등식이 n에 대한 항등식이므로

$k=9$, $b=0$ ($\because a\neq 0$)

따라서 $S_n=an^2$이므로

$c=a_1=S_1=a$, $d=2a$

$\therefore \frac{c}{d}=\frac{a}{2a}=\frac{1}{2}$

답 ②

다른풀이

$S_n=\frac{n\{2c+(n-1)d\}}{2}=\frac{dn^2+(2c-d)n}{2}$

$S_{3n}=\frac{3n\{2c+(3n-1)d\}}{2}=\frac{9dn^2+3(2c-d)n}{2}$

$\therefore \frac{S_{3n}}{S_n}=\frac{9dn^2+3(2c-d)n}{dn^2+(2c-d)n}=\frac{9dn+3(2c-d)}{dn+(2c-d)}$

$\frac{S_{3n}}{S_n}=k$ (k는 상수)라 하면

$\frac{9dn+3(2c-d)}{dn+(2c-d)}=k$

$9dn+3(2c-d)=dkn+k(2c-d)$

$\therefore (k-9)dn+(2ck-6c-dk+3d)=0$

위의 등식이 n에 대한 항등식이므로

$d(k-9)=0$, $2c(k-3)-d(k-3)=0$

$\therefore k=9$, $d=2c$ ($\because d\neq 0$)

$\therefore \dfrac{c}{d}=\dfrac{c}{2c}=\dfrac{1}{2}$

370 $f(n)=\sum_{k=1}^{n}(k^2+k)=\sum_{k=1}^{n}k(k+1)=\dfrac{n(n+1)(n+2)}{3}$

$$\therefore \sum_{n=1}^{6}\frac{4}{f(n)}=\sum_{n=1}^{6}\frac{4}{\frac{n(n+1)(n+2)}{3}}$$
$$=12\sum_{n=1}^{6}\frac{1}{n(n+1)(n+2)}$$
$$=12\times\frac{1}{2}\left(\frac{1}{2}-\frac{1}{7\times 8}\right)$$
$$=6\times\frac{27}{56}=\frac{81}{28}$$

답 ④

다른풀이

$$f(n)=\sum_{k=1}^{n}(k^2+k)=\frac{n(n+1)(2n+1)}{6}+\frac{n(n+1)}{2}$$
$$=\frac{n(n+1)(2n+4)}{6}=\frac{n(n+1)(n+2)}{3}$$
$$\therefore \sum_{n=1}^{6}\frac{4}{f(n)}=12\sum_{n=1}^{6}\frac{1}{n(n+1)(n+2)}$$
$$=6\sum_{k=1}^{6}\left\{\frac{1}{n(n+1)}-\frac{1}{(n+1)(n+2)}\right\}$$
$$=6\left\{\left(\frac{1}{1\times 2}-\frac{1}{2\times 3}\right)+\left(\frac{1}{2\times 3}-\frac{1}{3\times 4}\right)+\cdots+\left(\frac{1}{6\times 7}-\frac{1}{7\times 8}\right)\right\}$$
$$=6\left(\frac{1}{2}-\frac{1}{56}\right)=\frac{81}{28}$$

371 $\displaystyle\sum_{k=1}^{12}\frac{13a_{k+1}}{S_{k+1}S_k}=\frac{13}{S_1}-\frac{13}{S_{13}}$

$$=\frac{13}{2}-\frac{13}{13\times a_7}=\frac{13}{2}-\frac{1}{a_7}$$

즉, $\dfrac{13}{2}-\dfrac{1}{a_7}=-\dfrac{9}{2}$이므로

$\dfrac{1}{a_7}=11 \qquad \therefore a_7=\dfrac{1}{11}$

답 ②

372 $a_n+a_{n+1}=3n+7$에서 $a_{n+2}-a_n=3$

$$\therefore \sum_{n=1}^{15}(-1)^n(a_{2n-1}+a_{2n})$$
$$=\sum_{n=1}^{15}(-1)^n a_{2n-1}+\sum_{n=1}^{15}(-1)^n a_{2n}$$
$$=\{(-a_1+a_3)+\cdots+(-a_{25}+a_{27})-a_{29}\}+\{(-a_2+a_4)+\cdots+(-a_{26}+a_{28})-a_{30}\}$$
$$=(3\times 7-a_{29})+(3\times 7-a_{30})$$
$$=42-(a_{29}+a_{30})$$
$$=42-(3\times 29+7)=-52$$

답 -52

다른풀이

$$\sum_{n=1}^{15}(-1)^n(a_{2n-1}+a_{2n})$$
$$=(-a_1-a_2)+(a_3+a_4)+(-a_5-a_6)+\cdots+(-a_{29}-a_{30})$$
$$=-(3\times 1+7)+(3\times 3+7)-(3\times 5+7)+\cdots-(3\times 29+7)$$
$$=3\times(-1+3-5+\cdots-29)-7$$
$$=3\times(2\times 7-29)-7=-52$$

373 ㄱ. $\displaystyle\sum_{n=1}^{11}a_n=a_1+a_2+a_3+\cdots+a_{11}$

$$=a_1+(a_2+a_3)+(a_4+a_5)+\cdots+(a_{10}+a_{11})$$
$$=-1+2^2+4^2+\cdots+10^2$$
$$=-1+\sum_{k=1}^{5}(2k)^2=-1+4\sum_{k=1}^{5}k^2$$
$$=-1+4\times\frac{5\times 6\times 11}{6}=219 \text{ (참)}$$

ㄴ. $a_n+a_{n+1}=n^2$ …… ㉠

㉠에 n 대신 $n+1$을 대입하면

$a_{n+1}+a_{n+2}=(n+1)^2$ …… ㉡

㉡$-$㉠을 하면

$a_{n+2}-a_n=2n+1$ …… ㉢

㉢에 $n=1, 3, 5, \cdots, 11$을 차례대로 대입하면

$a_3-a_1=2\times 1+1$

$a_5-a_3=2\times 3+1$

$a_7-a_5=2\times 5+1$

⋮

$a_{13}-a_{11}=2\times 11+1$

양변을 각각 더하면

$a_{13}-a_1=2\times(1+3+5+\cdots+11)+6$

$$\therefore a_{13}=a_1+2\sum_{k=1}^{6}(2k-1)+6$$
$$=2\times\left(2\times\frac{6\times 7}{2}-6\right)+5=77$$

또, ㉠에 $n=1$을 대입하면

$a_1+a_2=1 \qquad \therefore a_2=2$

㉢에 $n=2, 4, 6, \cdots, 12$를 차례대로 대입하면

$a_4-a_2=2\times 2+1$

$a_6-a_4=2\times 4+1$

$a_8-a_6=2\times 6+1$

⋮

$a_{14}-a_{12}=2\times 12+1$

양변을 각각 더하면

$a_{14}-a_2=2\times(2+4+6+\cdots+12)+6$

$$\therefore a_{14}=a_2+2\sum_{k=1}^{6}2k+6$$
$$=2\times\left(2\times\frac{6\times 7}{2}\right)+8=92$$

$\therefore a_{14}-a_{13}=92-77=15$ (참)

ㄷ. ㄴ과 같은 방법으로 하면

$$a_{2n}=a_2+\sum_{k=1}^{n-1}(2\times 2k+1)$$
$$=a_2+4\sum_{k=1}^{n-1}k+(n-1)$$
$$=2+4\times\frac{n(n-1)}{2}+n-1$$
$$=2n^2-n+1$$
$$a_{2n-1}=a_1+\sum_{k=1}^{n-1}\{2\times(2k-1)+1\}$$
$$=a_1+4\sum_{k=1}^{n-1}k-(n-1)$$
$$=-1+4\times\frac{n(n-1)}{2}-n+1$$
$$=2n^2-3n$$
$$\therefore \sum_{n=1}^{20}(a_{2n}-a_{2n-1})=\sum_{n=1}^{20}\{(2n^2-n+1)-(2n^2-3n)\}$$
$$=\sum_{n=1}^{20}(2n+1)$$
$$=2\times\frac{20\times 21}{2}+20$$
$$=440\ (참)$$

따라서 ㄱ, ㄴ, ㄷ 모두 옳다. 답 ⑤

킬링 파트 KILLING PART

≫ 본문 208~231쪽

374 수열 $\{a_n\}$은 첫째항이 45이고 공차가 $-d$인 등차수열이므로

$a_n=45-(n-1)d$

$$\therefore S_{m+k+1}-S_m=a_{m+1}+a_{m+2}+a_{m+3}+\cdots+a_{m+k+1}$$
$$=\frac{(k+1)\{45-md+45-(m+k)d\}}{2}$$
$$=\frac{(k+1)\{90-(2m+k)d\}}{2}$$

$S_{m+k+1}-S_m=0$이므로

$(2m+k)d=90\ (\because k+1\neq 0)$

$\therefore 2m+k=\frac{90}{d}$

이때 m, k가 자연수이므로 d는 90의 양의 약수이어야 한다.

그런데 $2m+k\geq 3$에서 $d\leq 30$

따라서 d의 최댓값은 30이다. 답 30

375 $S_m=S_k$이므로

$$\frac{m\{-112+(m-1)d\}}{2}=\frac{k\{-112+(k-1)d\}}{2}$$

$-112m+m(m-1)d=-112k+k(k-1)d$

$d(k^2-m^2-k+m)=112(k-m)$

$d(k-m)(k+m-1)=112(k-m)$

$d(k+m-1)=112\ (\because k-m\neq 0)$

$\therefore k+m-1=\frac{112}{d}$

이때 m, k가 자연수이므로 d는 112의 양의 약수이어야 한다.

$112=2^4\times 7$이고 $k+m-1\geq 2$이므로 56 이하의 112의 양의 약수는

$1,\ 2^1,\ 2^2,\ 2^3,\ 2^4,\ 7,\ 2^1\times 7,\ 2^2\times 7,\ 2^3\times 7$

따라서 모든 자연수 d의 값의 합은

$(1+2+4+8+16)+7\times(1+2+4+8)=31+105=136$

답 136

다른풀이

$S_m=S_k$에서 $S_k-S_m=0$이므로

$$\sum_{n=m+1}^{k}a_n=0$$
$$\frac{(k-m)(a_{m+1}+a_k)}{2}=0$$

$k-m\neq 0$이므로

$a_{m+1}+a_k=0$

따라서 $-56+md-56+(k-1)d=0$이므로

$d(k+m-1)=112$

376 등차수열 $\{a_n\}$의 첫째항을 a, 공차를 d라 하자.

$S_k>S_{k+1}$에서 $S_{k+1}-S_k<0$

이때 $S_{k+1}-S_k=a_{k+1}$이므로 $a_{k+1}<0$

즉, $S_k>S_{k+1}$을 만족시키는 가장 작은 자연수 k는 $a_{k+1}<0$을 만족시키는 가장 작은 자연수이다.

수열 $\{a_n\}$이 등차수열이므로

$a_1>a_2>\cdots>a_k\geq 0>a_{k+1}\cdots$

따라서 $d<0$이므로 $a_7=-\frac{4}{3}a_4$에서

$a_4>0,\ a_7<0$

또, $a+6d=-\frac{4}{3}(a+3d)$이므로

$3a+18d=-4a-12d$

$\therefore 7a+30d=0$ …… ㉠

한편, $|a_4a_5a_6|=-a_4a_5a_6$에서 $a_4a_5a_6\leq 0$이므로 다음과 같이 경우를 나눌 수 있다.

(i) $a_5\geq 0,\ a_6<0$인 경우

$a_{k+1}<0$을 만족시키는 가장 작은 자연수 k의 값은 5이므로

$$S_5=\frac{5(2a+4d)}{2}=80$$

$\therefore a+2d=16$ …… ㉡

㉠, ㉡을 연립하여 풀면

$a=30,\ d=-7$

$\therefore a_n=30+(n-1)\times(-7)=-7n+37$

$a_4=9>0,\ a_5=2>0,\ a_6=-5<0$이므로 조건을 만족시킨다.

(ii) $a_5>0$, $a_6=0$인 경우

$a_{k+1}<0$을 만족시키는 가장 작은 자연수 k의 값은 6이므로

$S_6=\frac{6(2a+5d)}{2}=80$

$\therefore 6a+15d=80$ …… ㉢

㉠, ㉢을 연립하여 풀면

$a=32$, $d=-\frac{112}{15}$

$a_6=a+5d=32-\frac{112}{3}=-\frac{16}{3}\neq 0$이므로 조건을 만족시키지 않는다.

(i), (ii)에 의하여

$a=30$, $d=-7$

$\therefore a_3=-7\times 3+37=16$

답 ①

377 등차수열 $\{a_n\}$의 첫째항을 a, 공차를 d $(d>0)$라 하면

$a_8<a_{12}$

$|a_8|=|a_{12}|$에서 $a_8<0$, $a_{12}>0$

$\therefore a_8+a_{12}=0$

이때 a_{10}은 a_8과 a_{12}의 등차중항이므로

$a_{10}=0$ …… ㉠

즉, $a+9d=0$이므로

$a=-9d$ …… ㉡

$|a_7|+|a_{11}|+|a_{15}|=36$에서 ㉠에 의하여

$|-3d|+|d|+|5d|=36$

$3d+d+5d=36$ $\therefore d=4$

$d=4$를 ㉡에 대입하면

$a=-36$

$\therefore S_n=\frac{n\{2\times(-36)+(n-1)\times 4\}}{2}=2n(n-19)$

$S_n>660$에서 $2n(n-19)>660$

$n^2-19n-330>0$, $(n+11)(n-30)>0$

$\therefore n<-11$ 또는 $n>30$

따라서 자연수 n의 최솟값은 31이다.

답 31

378 등차수열 $\{a_n\}$의 공차를 d라 하면 첫째항이 음수이고, $S_k<S_{k+1}$인 자연수 k가 존재하므로

$d>0$

또, $S_{k-1}>S_k$, $S_k<S_{k+1}$에서

$S_k-S_{k-1}<0$, $S_{k+1}-S_k>0$

$\therefore a_k<0$, $a_{k+1}>0$

$n\geq k$일 때, $T_n=S_n+70$이므로

$T_k=S_k+70$

$n\leq k$일 때, $a_n<0$이므로

$T_k=-S_k$ $\therefore S_k=-35$

즉, $\frac{k\{2\times(-13)+(k-1)d\}}{2}=-35$이므로

$k\{-26+(k-1)d\}=-70$ …… ㉠

한편, $a_k=-13+(k-1)d<0$이므로

$kd<13+d$

$a_{k+1}=-13+kd>0$이므로

$kd>13$

$\therefore 13<kd<13+d$

이때 $-26+(k-1)d=kd-26-d$이므로

$-13-d<-26+(k-1)d<-13$

위의 식의 각 변에 k를 곱하면

$k(-13-d)<k\{-26+(k-1)d\}<-13k$

㉠에 의하여 $-(13+d)k<-70<-13k$이므로

$13k<70<(13+d)k$

$\therefore k<\frac{70}{13}=5.\times\times\times$

또, ㉠에서 k는 70의 약수이므로

$k=2$ 또는 $k=5$

(i) $k=2$일 때

㉠에서 $2(-26+d)=-52+2d=-70$

$\therefore d=-9$

$d>0$이어야 하므로 조건을 만족시키지 않는다.

(ii) $k=5$일 때

㉠에서 $5(-26+4d)=-130+20d=-70$

$\therefore d=3$

(i), (ii)에 의하여

$d=3$, $k=5$

$\therefore S_6=\frac{6\{2\times(-13)+5\times 3\}}{2}=-33$

$T_6=S_6+70=37$이므로

$S_6+T_6=-33+37=4$

답 4

379 수열 $\{a_n\}$이 등차수열이므로

$15\times a_{23}=14\times a_{23}+a_{23}$

$=(7\times 2\times a_{23})+a_{23}$

$=(a_{16}+a_{30})+(a_{17}+a_{29})+\cdots+(a_{22}+a_{24})+a_{23}$

$=S_{30}-S_{15}$

조건 ㈎에 의하여

$S_{15}+S_{30}=S_{30}-S_{15}$ $\therefore S_{15}=0$

즉, $\frac{15(a_1+a_{15})}{2}=0$이므로

$a_1+a_{15}=0$ $\therefore a_8=0$

등차수열 $\{a_n\}$의 첫째항을 a, 공차를 d라 하면

$a_8=a+7d=0$ $\therefore a=-7d$

조건 ㈏에서 $n\geq 8$일 때, $T_n=S_n+280$이므로

$T_8=S_8+280$

또, $n\leq 8$일 때, $a_n\leq 0$이므로

$T_8=-\sum_{k=1}^{8}a_k=-S_8$

$\therefore S_8=-140$

즉, $\frac{8(a+a_8)}{2}=-140$이므로

$4a=-140 \qquad \therefore a=-35$

$d=-\frac{1}{7}a=5$이므로

$a_{20}=-35+19\times5=60$ 답 ④

380 등차수열 $\{a_n\}$의 첫째항이 a, 공차가 2이므로

$a_n=a+(n-1)\times2=a+2n-2 \qquad \cdots\cdots$ ㉠

수열 $\{a_n\}$의 첫째항 a의 값에 따라 다음과 같이 경우를 나누어 생각할 수 있다.

(i) $a=3k$ (k는 자연수) 꼴인 경우

등차수열 $\{a_n\}$의 공차가 2이므로 수열 $\{a_n\}$의 각 항 중에서 3의 배수는

$a_1, a_4, a_7, \cdots$

$\therefore \{b_n\}: a_2, a_3, a_5, a_6, a_8, a_9, \cdots$

즉, $b_{40}=a_{60}=175$이므로 ㉠에서

$a+120-2=175 \qquad \therefore a=57$

(ii) $a=3k-1$ (k는 자연수) 꼴인 경우

등차수열 $\{a_n\}$은 공차가 2이므로 수열 $\{a_n\}$의 각 항 중에서 3의 배수는

$a_3, a_6, a_9, \cdots$

$\therefore \{b_n\}: a_1, a_2, a_4, a_5, a_7, a_8, \cdots$

즉, $b_{40}=a_{59}=175$이므로 ㉠에서

$a+118-2=175 \qquad \therefore a=59$

(iii) $a=3k-2$ (k는 자연수) 꼴인 경우

등차수열 $\{a_n\}$은 공차가 2이므로 수열 $\{a_n\}$의 각 항 중에서 3의 배수는

$a_2, a_5, a_8, \cdots$

$\therefore \{b_n\}: a_1, a_3, a_4, a_6, a_7, a_9, \cdots$

즉, $b_{40}=a_{60}=175$이므로 ㉠에서

$a+120-2=175 \qquad \therefore a=57$

그런데 $a=3k-2$ 꼴이어야 하므로 조건을 만족시키지 않는다.

(i), (ii), (iii)에 의하여 a의 최댓값은 59이다. 답 59

381 $a_n-b_n=\begin{cases} 0 & (a_n\neq3^p) \\ a_n & (a_n=3^p) \end{cases}$이므로

$\sum_{n=1}^{m}(a_n-b_n)=30=3+27$

수열 $\{a_n\}$의 첫째항부터 제m항까지 중에 3과 27이 포함되고, 9가 포함되지 않아야 한다.

이때 $\sum_{n=1}^{m}(a_n-b_n)=30$을 만족시키는 자연수 m의 최댓값이 63이므로 정수 q에 대하여

$a_{64}=3^q$

즉, $a+63\times4=a+252=3^q \qquad \cdots\cdots$ ㉠

또, 수열 $\{a_n\}$은 공차가 4인 등차수열이므로 모든 자연수 n에 대하여 $a_n<a_{n+1}$을 만족시킨다.

$\therefore 3^q>27=3^3$

(i) $q=4$일 때

㉠에서 $a+252=81 \qquad \therefore a=-171$

이때 $a_n=3$, $a_n=27$을 만족시키는 자연수 n의 값이 1부터 63까지 중에 존재해야 한다.

$a_n=-171+4(n-1)=3$을 만족시키는 자연수 n의 값이 존재하지 않는다.

(ii) $q=5$일 때

㉠에서 $a+252=243 \qquad \therefore a=-9$

이때 $a_n=3$, $a_n=27$을 만족시키는 자연수 n의 값이 1부터 63까지 중에 존재해야 한다.

$a_n=-9+4(n-1)=3$에서 $n=4$

$a_n=-9+4(n-1)=27$에서 $n=10$

$\therefore a_4=3, a_{10}=27$

또, $a_n=-9+4(n-1)=9$를 만족시키는 자연수 n은 존재하지 않으므로 조건을 만족시킨다.

(iii) $q\geq6$일 때

㉠에서 $a+252=3^q$이므로

$a=3^q-252\geq3^6-252=477$

따라서 $a_n=3$, $a_n=27$을 만족시키는 자연수 n의 값이 1부터 63까지 중에 존재하지 않는다.

(i), (ii), (iii)에 의하여 $a=-9$ 답 -9

382 $x^3-(ab+a+b)x^2+ab(a+b+1)x-(ab)^2=0 \qquad \cdots\cdots$ ㉠

㉠의 좌변을 전개하여 a에 대한 내림차순으로 정리하면

$a^2(bx-b^2)+a(-bx^2-x^2+b^2x+bx)+x^3-bx^2=0$

$a^2b(x-b)-a(b+1)(x-b)x+x^2(x-b)=0$

$(x-b)\{a^2b-a(b+1)x+x^2\}=0$

$(x-b)(x-a)(x-ab)=0$

$\therefore x=a$ 또는 $x=b$ 또는 $x=ab$

즉, 삼차방정식 ㉠의 세 근은 a, b, ab이다.

그런데 주어진 조건에 의하여 세 근 중에서 한 근은 양수, 두 근은 음수이어야 하므로 다음과 같이 경우를 나누어 생각할 수 있다.

(i) $a<0$, $b<0$인 경우

주어진 조건에 의하여 a, ab, b 또는 b, ab, a가 이 순서대로 등비수열을 이루므로

$(ab)^2=ab \qquad \therefore ab=1$ ($\because ab\neq0$)

또, 주어진 조건에 의하여 a, b, ab 또는 b, a, ab 또는 ab, a, b 또는 ab, b, a가 이 순서대로 등차수열을 이루므로

$2b=a+ab$ 또는 $2a=b+ab$

이때 $ab=1$에서 $b=\frac{1}{a}$이므로

$\frac{2}{a}=a+1$ 또는 $2a=\frac{1}{a}+1$

위의 두 식의 양변에 각각 a를 곱하여 정리하면

$a^2+a-2=0$ 또는 $2a^2-a-1=0$

$(a+2)(a-1)=0$ 또는 $(2a+1)(a-1)=0$

$\therefore a=-2,\ b=-\frac{1}{2}$ 또는 $a=-\frac{1}{2},\ b=-2$ ($\because a<0$)

따라서 조건을 만족시키는 두 실수 a, b가 존재한다.

(ii) $a<0$, $b>0$인 경우

주어진 조건에 의하여 a, b, ab 또는 ab, b, a가 이 순서대로 등비수열을 이루므로

$b^2=a^2b \qquad \therefore b=a^2$ ($\because b\neq0$) ...... ㉡

또, 주어진 조건에 의하여 ab, a, b 또는 a, ab, b 또는 b, a, ab 또는 b, ab, a가 이 순서대로 등차수열을 이루므로

$2a=ab+b$ 또는 $2ab=a+b$

$2a=ab+b$에 ㉡을 대입하면

$2a=a^3+a^2$, $a(a^2+a-2)=0$

$a(a+2)(a-1)=0$

$\therefore a=-2,\ b=4$ ($\because a<0$)

$2ab=a+b$에 ㉡을 대입하면

$2a^3=a+a^2$, $2a^3-a^2-a=0$

$a(2a+1)(a-1)=0$

$\therefore a=-\frac{1}{2},\ b=\frac{1}{4}$ ($\because a<0$)

(iii) $a>0$, $b<0$인 경우

주어진 조건에 의하여 b, a, ab 또는 ab, a, b가 이 순서대로 등비수열을 이루므로

$a^2=ab^2 \qquad \therefore a=b^2$ ($\because a\neq0$)

(ii)와 같은 방법으로 하면

$a=4,\ b=-2$ 또는 $a=\frac{1}{4},\ b=-\frac{1}{2}$

(i), (ii), (iii)에 의하여

$a+b=-\frac{5}{2}$ 또는 $a+b=-\frac{1}{4}$ 또는 $a+b=2$

따라서 $M=2$, $m=-\frac{5}{2}$이므로

$M-m=2-\left(-\frac{5}{2}\right)=\frac{9}{2}$ 답 $\frac{9}{2}$

383 조건 (가)에서 $a^2=\frac{c}{b}>0$이므로

$b>0,\ c>0$ 또는 $b<0,\ c<0$

조건 (나)에서 $abc<0$이므로 $a<0$

(i) $a<0$, $b>0$, $c>0$인 경우

b, a, c 또는 c, a, b가 이 순서대로 등비수열을 이루므로

$a^2=bc$

이때 조건 (가)에서 $a^2=\frac{c}{b}$이므로

$bc=\frac{c}{b}$, $b^2c=c$

$c\neq0$이므로

$b^2=1 \qquad \therefore b=1$ ($\because b>0$)

$\therefore c=a^2$ ...... ㉠

한편, a, 1, c 또는 a, c, 1 또는 c, 1, a 또는 1, c, a가 이 순서대로 등차수열을 이루므로

$2=a+c$ 또는 $2c=a+1$

$2=a+c$에 ㉠을 대입하여 정리하면

$a^2+a-2=0$, $(a+2)(a-1)=0$

$\therefore a=-2,\ c=4$ ($\because a<0$)

$2c=a+1$에 ㉠을 대입하여 정리하면

$2a^2-a-1=0$, $(2a+1)(a-1)=0$

$\therefore a=-\frac{1}{2},\ c=\frac{1}{4}$ ($\because a<0$)

(ii) $a<0$, $b<0$, $c<0$인 경우

① a가 등비중항일 때

$a^2=bc$이고 조건 (가)에서 $a^2=\frac{c}{b}$이므로

$\frac{c}{b}=bc$, $c=b^2c$

$c\neq0$이므로

$b^2=1 \qquad \therefore b=-1$ ($\because b<0$)

$\therefore c=-a^2$

세 수 a, -1, c를 적절히 배열하여 등차수열을 만들 때, 등차중항이 a이면

$c-1=2a$, $-a^2-1=2a$

$(a+1)^2=0 \qquad \therefore a=-1$

등차중항이 -1이면

$a+c=-2$, $a^2-a-2=0$

$(a+1)(a-2)=0 \qquad \therefore a=-1$ ($\because a<0$)

등차중항이 c이면

$a-1=2c$, $2a^2+a-1=0$

$(a+1)(2a-1)=0 \qquad \therefore a=-1$ ($\because a<0$)

이는 a, b, c가 서로 다른 세 실수라는 조건을 만족시키지 않는다.

② b가 등비중항일 때

$b^2=ac$이므로 $c=\frac{b^2}{a}$ ...... ㉡

$a^2=\frac{c}{b}$에 ㉡을 대입하면

$a^2=\frac{b}{a} \qquad \therefore b=a^3$ ...... ㉢

㉡에 ㉢을 대입하면 $c=a^5$

따라서 세 수 a, a^3, a^5을 적절히 배열하여 등차수열이 만들어지기 위해서는 a^3이 등차중항이어야 하므로

$a^5+a=2a^3$, $a^4-2a^2+1=0$ ($\because a\neq0$)

$(a^2-1)^2=0 \qquad \therefore a=-1$ ($\because a<0$)

이때 $b=c=-1$이므로 a, b, c가 서로 다른 세 실수라는 조건을 만족시키지 않는다.

③ c가 등비중항일 때

$c^2=ab$이므로 $b=\frac{c^2}{a}$ ······ ㉣

$a^2=\frac{c}{b}$에 ㉣을 대입하면

$a^2=\frac{a}{c}$ $\therefore c=\frac{1}{a}$ ······ ㉤

㉣에 ㉤을 대입하면 $b=\frac{1}{a^3}$

따라서 세 수 a, $\frac{1}{a}$, $\frac{1}{a^3}$을 적절히 배열하여 등차수열이 만들어지기 위해서는 $\frac{1}{a}$이 등차중항이어야 하므로

$a+\frac{1}{a^3}=\frac{2}{a}$, $a^4-2a^2+1=0$

$(a^2-1)^2=0$ $\therefore a=-1$ ($\because a<0$)

이때 $b=c=-1$이므로 a, b, c가 서로 다른 세 실수라는 조건을 만족시키지 않는다.

(i), (ii)에 의하여

$a=-2$, $b=1$, $c=4$ 또는 $a=-\frac{1}{2}$, $b=1$, $c=\frac{1}{4}$

$\therefore a+b+c=3$ 또는 $a+b+c=\frac{3}{4}$

따라서 $a+b+c$의 최댓값은 3이다. **답** 3

384 조건 (나)에 의하여 점 P_{n+2}는 선분 P_nP_{n+1}을 2 : 1로 외분하는 점이므로

$x_{n+2}=\frac{2x_{n+1}-x_n}{2-1}$, $y_{n+2}=\frac{2y_{n+1}-y_n}{2-1}$

$2x_{n+1}=x_n+x_{n+2}$, $2y_{n+1}=y_n+y_{n+2}$

이때 $10^{2x_{n+1}}=10^{x_n+x_{n+2}}$, 즉 $(10^{x_{n+1}})^2=10^{x_n}10^{x_{n+2}}$이므로

수열 $\{10^{x_n}\}$은 첫째항이 $10^{\log 3}=3$이고 공비가

$\frac{10^{\log 12}}{10^{\log 3}}=\frac{12}{3}=4$인 등비수열이다.

$\therefore 10^{x_n}=3\times 4^{n-1}=3\times 2^{2n-2}$

수열 $\{y_n\}$은 첫째항이 $y_1=1$이고 공차가 $y_2-y_1=2-1=1$인 등차수열이므로

$y_n=1+(n-1)=n$

이때 $3\times 2^{2n-2}$이 n의 배수가 되려면

$n=3^p\times 2^q$ (p는 0 또는 1, q는 $0\le q\le 2n-2$인 정수)

꼴이어야 한다.

따라서 n의 값이 될 수 있는 것은

1, 2, 3, 4, 6, 8, ⋯

이므로 $a_6=8$ **답** 8

385 조건 (나)에 의하여 수열 $\{l_n\}$은 등차수열이므로 수열 $\{l_n\}$의 공차를 d라 하면

$l_n=1+(n-1)d$ ($\because l_1=\overline{P_1Q_1}=1$)

이때 $l_n=y_n$이므로

$y_n=1+(n-1)d$

점 $P_n(x_n, y_n)$은 곡선 $y=\log_2 x$ 위의 점이므로

$x_n=2^{y_n}=2^{\{1+(n-1)d\}}$

$\therefore S_n=\frac{1}{2}(x_{n+1}-x_n)y_n$

$=\frac{1}{2}\times[2^{1+nd}-2^{\{1+(n-1)d\}}]\{1+(n-1)d\}$

$=2^{nd}(1-2^{-d})(1+nd-d)$

조건 (다)에 의하여

$2^{(n+1)d}(1-2^{-d})(1+nd)$

$=\frac{2(n+1)}{n}\times 2^{nd}(1-2^{-d})(1+nd-d)$

$2^d(1+nd)=\frac{2(n+1)}{n}\times(1+nd-d)$

$2^d\times n(1+nd)=2(n+1)(1+nd-d)$

$\therefore (d\times 2^d)n^2+2^d\times n=2dn^2+2n+2-2d$

위의 등식이 n에 대한 항등식이므로 $d=1$

$\therefore x_n=2^n$, $y_n=n$

이때 5×2^n이 n의 배수가 되려면

$n=5^p\times 2^q$ (p는 0 또는 1, q는 $0\le q\le n$인 정수)

꼴이어야 한다.

따라서 n의 값이 될 수 있는 것은

1, 2, 4, 5, 8, 10, ⋯

이므로 $a_6=10$ **답** 10

386 두 곡선 $y=\frac{n}{x}$, $y=-\frac{n}{x}+2n$에서 $\frac{n}{x}=-\frac{n}{x}+2n$

$\frac{2n}{x}=2n$ $\therefore x=1$

따라서 두 곡선 $y=\frac{n}{x}$, $y=-\frac{n}{x}+2n$은 다음 그림과 같고, 두 곡선 $y=\frac{n}{x}$, $y=-\frac{n}{x}+2n$은 직선 $y=n$에 대하여 서로 대칭이다.

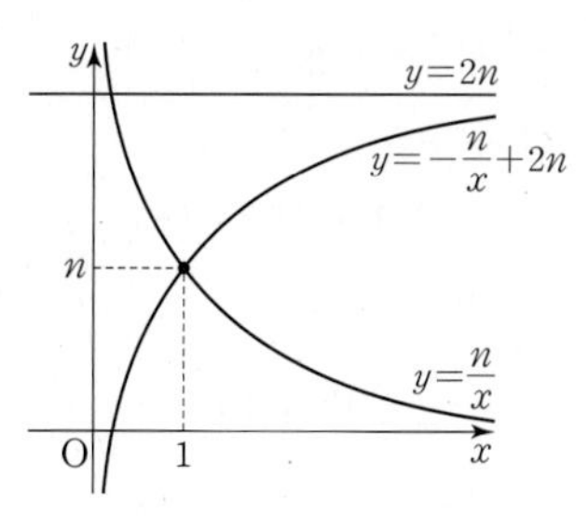

(i) $n=2$일 때

$\frac{2}{x}\le y\le -\frac{2}{x}+4$이므로

$x=1$일 때, $y=2$

$x\ge 2$일 때, $y=1$, 2, 3

두 곡선과 직선 $x=k$ $(k\ge 2)$로 둘러싸인 부분의 내부 또는 그 경계선 위에 있는 점의 개수가 15 이상이려면

$1+3\times(k-1)\ge 15$, $3k\ge 17$

$\therefore k \geq \frac{17}{3}$

따라서 자연수 k의 최솟값은 6이므로

$f(2)=6$

(ii) $n=3$일 때

$\frac{3}{x} \leq y \leq -\frac{3}{x}+6$이므로

$x=1$일 때, $y=3$

$x=2$일 때, $y=2, 3, 4$

$x \geq 3$일 때, $y=1, 2, 3, 4, 5$

(i)과 같은 방법으로 하면

$1+3+5\times(k-2) \geq 15$, $5k \geq 21$

$\therefore k \geq \frac{21}{5}$

따라서 자연수 k의 최솟값은 5이므로

$f(3)=5$

(iii) $n=4$일 때

$\frac{4}{x} \leq y \leq -\frac{4}{x}+8$이므로

$x=1$일 때, $y=4$

$x=2$일 때, $y=2, 3, 4, 5, 6$

$x=3$일 때, $y=2, 3, 4, 5, 6$

$x \geq 4$일 때, $y=1, 2, \cdots, 7$

(i)과 같은 방법으로 하면

$1+5\times 2+7\times(k-3) \geq 15$, $7k \geq 25$

$\therefore k \geq \frac{25}{7}$

따라서 자연수 k의 최솟값은 4이므로

$f(4)=4$

(iv) $n=5$일 때

$\frac{5}{x} \leq y \leq -\frac{5}{x}+10$이므로

$x=1$일 때, $y=5$

$x=2$일 때, $y=3, 4, 5, 6, 7$

$x=3$일 때, $y=2, 3, \cdots, 8$

$x=4$일 때, $y=2, 3, \cdots, 8$

$1+5+7\times 2 \geq 15$이므로 $f(5)=4$

(v) $n=6$일 때

$\frac{6}{x} \leq y \leq -\frac{6}{x}+12$이므로

$x=1$일 때, $y=6$

$x=2$일 때, $y=3, 4, \cdots, 9$

$x=3$일 때, $y=2, 3, \cdots, 10$

$1+7+9 \geq 15$이므로 $f(6)=3$

(vi) $n=13$일 때

$\frac{13}{x} \leq y \leq -\frac{13}{x}+26$이므로

$x=1$일 때, $y=13$

$x=2$일 때, $y=7, 8, \cdots, 19$

$x=3$일 때, $y=5, 6, \cdots, 21$

$1+13+17 \geq 15$이므로 $f(13)=3$

(vii) $n=14$일 때

$\frac{14}{x} \leq y \leq -\frac{14}{x}+28$이므로

$x=1$일 때, $y=14$

$x=2$일 때, $y=7, 8, \cdots, 21$

$1+15 \geq 15$이므로 $f(14)=2$

(i)~(vii)에 의하여

$f(2)=6$, $f(3)=5$, $f(4)=f(5)=4$,

$f(6)=f(7)=\cdots=f(13)=3$,

$f(14)=f(15)=\cdots=2$

$\therefore \sum_{n=2}^{25} f(n)=6+5+4\times 2+3\times 8+2\times 12=67$ 답 ②

387 두 조건 (가), (나)를 만족시키는 정사각형 $A_nB_nC_nD_n$을 좌표평면에 나타내면 다음 그림과 같다.

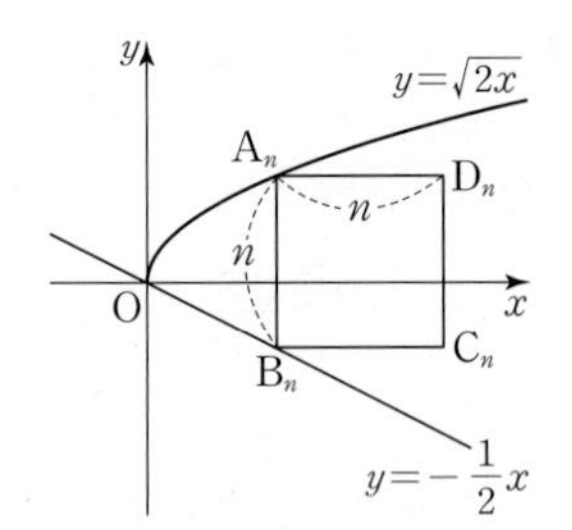

점 A_n의 x좌표를 x_n이라 하면

$\sqrt{2x_n}-\left(-\frac{1}{2}x_n\right)=n$, $\sqrt{2x_n}=n-\frac{1}{2}x_n$ ...... ㉠

양변을 제곱하면

$2x_n=n^2-nx_n+\frac{1}{4}x_n^2$

즉, $x_n^2-4(n+2)x_n+4n^2=0$이므로

$x_n=2(n+2)\pm 4\sqrt{n+1}$

이때 $x_n=2(n+2)+4\sqrt{n+1}$이면 ㉠에서

$n-\frac{1}{2}x_n=n-(n+2)-2\sqrt{n+1}<0$이므로

$x_n=2(n+2)-4\sqrt{n+1}$

(i) $\sqrt{n+1}$이 정수일 때

$\sqrt{n+1}=m$ (m은 $m>1$인 정수)이라 하면

$n+2=m^2+1$이므로

$x_n=2(m^2+1)-4m=2(m-1)^2$

$\therefore A_n(2(m-1)^2, 2(m-1))$,

$B_n(2(m-1)^2, -(m-1)^2)$

따라서 네 점 A_n, B_n, C_n, D_n의 x좌표와 y좌표가 모두 정수이므로 정사각형 $A_nB_nC_nD_n$의 내부 또는 그 경계선 위에 있는 점 중 x좌표와 y좌표가 모두 정수인 점의 개수는

$a_n=(n+1)\times(n+1)=(n+1)^2$

(ii) $\sqrt{n+1}$이 정수가 아닐 때

x_n이 무리수이므로 네 점 A_n, B_n, C_n, D_n의 x좌표와 y좌

표가 모두 정수가 아니다.

따라서 정사각형 $A_nB_nC_nD_n$의 내부 및 경계선 위에 있는 점 중 x좌표와 y좌표가 모두 정수인 점의 개수는

$a_n=n\times n=n^2$

(i), (ii)에 의하여

$$a_n=\begin{cases} n^2+2n+1 & (n+1=m^2) \\ n^2 & (n+1\neq m^2) \end{cases} \ (m\text{은 정수})$$

$$\therefore \sum_{k=1}^{15} a_k=a_1+a_2+a_3+\cdots+a_{15}$$
$$=1^2+2^2+3^2+\cdots+15^2+(2\times3+1)+(2\times8+1)+(2\times15+1)$$
$$=\sum_{n=1}^{15} n^2+7+17+31$$
$$=\frac{15\times16\times31}{6}+55$$
$$=1295$$

답 ②

388 $xy-2y-3x=2(2^{2n-1}-3)$에서

$xy-2y-3x=2^{2n}-6$

$x(y-3)-2(y-3)=2^{2n}$

$\therefore (x-2)(y-3)=2^{2n}$

이때 x, y가 정수이므로 $x-2$, $y-3$도 정수이다.

따라서 $x-2$의 값은

$-2^{2n}, -2^{2n-1}, \cdots, -2^0, 2^0, \cdots, 2^{2n}$

$x-2$의 값이 정해지면 $y-3$의 값도 정해지므로 정수 x, y의 순서쌍 (x, y)의 개수는

$a_n=2(2n+1)$

$$\therefore \frac{1}{a_1}+\frac{1}{3a_2}+\frac{1}{5a_3}+\cdots+\frac{1}{99a_{50}}$$
$$=\sum_{k=1}^{50}\frac{1}{(2k-1)a_k}=\sum_{k=1}^{50}\frac{1}{(2k-1)\times2(2k+1)}$$
$$=\frac{1}{4}\sum_{k=1}^{50}\left(\frac{1}{2k-1}-\frac{1}{2k+1}\right)$$
$$=\frac{1}{4}\left\{\left(1-\frac{1}{3}\right)+\left(\frac{1}{3}-\frac{1}{5}\right)+\left(\frac{1}{5}-\frac{1}{7}\right)+\cdots+\left(\frac{1}{99}-\frac{1}{101}\right)\right\}$$
$$=\frac{1}{4}\left(1-\frac{1}{101}\right)=\frac{25}{101}$$

따라서 $p=101$, $q=25$이므로

$p+q=101+25=126$

답 126

389 $xy-3y-3x=9(9^{n-1}-1)$에서

$xy-3y-3x=9^n-9$

$x(y-3)-3(y-3)=3^{2n}$

$\therefore (x-3)(y-3)=3^{2n}$

이때 x, y가 정수이므로 $x-3$, $y-3$도 정수이다.

따라서 $x-3$의 값은

$-3^{2n}, -3^{2n-1}, \cdots, -3^0, 3^0, \cdots, 3^{2n}$

$x-3$의 값이 정해지면 $y-3$의 값도 정해지므로 정수 x, y의 순서쌍 (x, y)의 개수는

$a_n=2(2n+1)=4n+2$

$$\therefore \sum_{k=1}^{24}\frac{1}{a_k^2-4a_k}=\sum_{k=1}^{24}\frac{1}{a_k(a_k-4)}=\sum_{k=1}^{24}\frac{1}{(4k-2)(4k+2)}$$
$$=\frac{1}{8}\sum_{k=1}^{24}\left(\frac{1}{2k-1}-\frac{1}{2k+1}\right)$$
$$=\frac{1}{8}\left\{\left(1-\frac{1}{3}\right)+\left(\frac{1}{3}-\frac{1}{5}\right)+\left(\frac{1}{5}-\frac{1}{7}\right)+\cdots+\left(\frac{1}{47}-\frac{1}{49}\right)\right\}$$
$$=\frac{1}{8}\left(1-\frac{1}{49}\right)=\frac{6}{49}$$

따라서 $p=49$, $q=6$이므로

$p+q=49+6=55$

답 55

390 $\sum_{k=1}^{n} a_k^3=\left(\sum_{k=1}^{n} a_k\right)^2$이므로

$a_1^3+a_2^3+a_3^3+\cdots+a_n^3=(a_1+a_2+a_3+\cdots+a_n)^2$ …… ㉠

$S_n=a_1^3+a_2^3+a_3^3+\cdots+a_n^3$, $T_n=a_1+a_2+a_3+\cdots+a_n$이라 하면

$S_n=T_n^2$

$n\geq2$일 때

$$a_n^3=S_n-S_{n-1}=T_n^2-T_{n-1}^2$$
$$=(T_n-T_{n-1})(T_n+T_{n-1})$$
$$=a_n(T_n+T_{n-1})$$

이때 $a_n\neq0$이므로 양변을 a_n으로 나누면

$a_n^2=T_n+T_{n-1}$

$\therefore a_n^2=2T_n-a_n$ …… ㉡

㉡에 n 대신 $n-1$을 대입하면

$a_{n-1}^2=2T_{n-1}-a_{n-1}$ …… ㉢

㉡$-$㉢을 하면

$a_n^2-a_{n-1}^2=2(T_n-T_{n-1})-a_n+a_{n-1}$

$(a_n-a_{n-1})(a_n+a_{n-1})=a_n+a_{n-1}$

$a_n+a_{n-1}\neq0$이므로 $a_n-a_{n-1}=1$ …… ㉣

한편, ㉠의 양변에 $n=1$을 대입하면

$a_1^3=a_1^2 \quad \therefore a_1=1 \ (\because a_1>0)$

㉣의 양변에 $n=2$를 대입하면

$a_2-a_1=1 \quad \therefore a_2=2$

즉, 수열 $\{a_n\}$은 첫째항이 1이고, 공차가 1인 등차수열이므로

$a_n=n \quad \therefore a_{50}=50$

답 50

391 $\sum_{k=1}^{n} a_k=S_n$이라 하면 $2\sum_{k=1}^{n}\left(\sum_{i=1}^{k} a_i\right)=\left(\sum_{k=1}^{n} a_k\right)^2+\sum_{k=1}^{n} a_k$에서

$2\sum_{k=1}^{n} S_k=S_n^2+S_n$ …… ㉠

㉠의 양변에 $n=1$을 대입하면

$2S_1=S_1^2+S_1$, $S_1^2-S_1=0$

$S_1(S_1-1)=0$

$\therefore S_1=0$ 또는 $S_1=1$

또, ㉠에 n 대신 $n-1$을 대입하면

$2\sum_{k=1}^{n-1}S_k=S_{n-1}^2+S_{n-1}$ …… ㉡

㉠−㉡을 하면

$2S_n=(S_n^2-S_{n-1}^2)+(S_n-S_{n-1})$

$(S_n^2-S_{n-1}^2)-(S_n+S_{n-1})=0$

$(S_n+S_{n-1})(S_n-S_{n-1}-1)=0$

$\therefore S_n=-S_{n-1}$ 또는 $S_n-S_{n-1}=1$ $(n\geq 2)$

(i) $S_n=-S_{n-1}$ $(n\geq 2)$일 때

$S_2=-S_1=-a_1$

$S_3=-S_2=S_1=a_1$

$S_4=-S_3=-a_1$

⋮

$\therefore S_n=\begin{cases} a_1 & (n\text{은 홀수}) \\ -a_1 & (n\text{은 짝수}) \end{cases}$

$a_1=0$이면 모든 자연수 n에 대하여 $S_n=0$이고, 수열 $\{a_n\}$은 모든 항이 0인 수열이므로

$\sum_{k=1}^{100}a_k^2=0$

$a_1=1$이면 $S_n=\begin{cases} 1 & (n\text{은 홀수}) \\ -1 & (n\text{은 짝수}) \end{cases}$

$S_2=a_1+a_2=-1$이므로 $a_2=-2$

$S_3=S_2+a_3=1$이므로 $a_3=2$

$S_4=S_3+a_4=-1$이므로 $a_4=-2$

$S_5=S_4+a_5=1$이므로 $a_5=2$

⋮

$\therefore \sum_{k=1}^{100}a_k^2=1^2+(-2)^2+2^2+\cdots+2^2+(-2)^2$

$=1+4\times 99=397$

(ii) $S_n-S_{n-1}=1$ $(n\geq 2)$일 때

$a_n=S_n-S_{n-1}=1$ $(n\geq 2)$

$S_1=a_1=0$이면 수열 $\{a_n\}$은 첫째항을 제외한 모든 항이 1인 수열이므로

$\sum_{k=1}^{100}a_k^2=0+1^2+1^2+\cdots+1^2=99$

$S_1=a_1=1$이면 수열 $\{a_n\}$은 모든 항이 1인 수열이므로

$\sum_{k=1}^{100}a_k^2=\sum_{k=1}^{100}1^2=100$

(i), (ii)에 의하여 $\sum_{k=1}^{100}a_k^2$의 최댓값은 397이다.

답 397

392 $0<\frac{1}{3}-\sum_{k=1}^{n}x_k\times 5^{-k}<\frac{1}{5^n}$에서

$-\frac{1}{3}<-\sum_{k=1}^{n}\frac{x_k}{5^k}<\frac{1}{5^n}-\frac{1}{3}$

$\therefore \frac{1}{3}-\frac{1}{5^n}<\frac{x_1}{5}+\frac{x_2}{5^2}+\frac{x_3}{5^3}+\cdots+\frac{x_n}{5^n}<\frac{1}{3}$

각 변에 5를 곱하면

$\frac{5}{3}-\frac{1}{5^{n-1}}<x_1+\frac{x_2}{5}+\frac{x_3}{5^2}+\cdots+\frac{x_n}{5^{n-1}}<\frac{5}{3}$ …… ㉠

㉠에 $n=1$을 대입하면

$\frac{2}{3}<x_1<\frac{5}{3}$ $\therefore x_1=1$ ($\because x_1$은 자연수)

㉠의 각 변에서 1을 빼면

$\frac{2}{3}-\frac{1}{5^{n-1}}<\frac{x_2}{5}+\frac{x_3}{5^2}+\cdots+\frac{x_n}{5^{n-1}}<\frac{2}{3}$

각 변에 5를 곱하면

$\frac{10}{3}-\frac{1}{5^{n-2}}<x_2+\frac{x_3}{5}+\cdots+\frac{x_n}{5^{n-2}}<\frac{10}{3}$ …… ㉡

㉡에 $n=2$를 대입하면

$\frac{7}{3}<x_2<\frac{10}{3}$ $\therefore x_2=3$ ($\because x_2$는 자연수)

㉡의 각 변에서 3을 빼면

$\frac{1}{3}-\frac{1}{5^{n-2}}<\frac{x_3}{5}+\frac{x_4}{5^2}+\frac{x_5}{5^3}+\cdots+\frac{x_n}{5^{n-2}}<\frac{1}{3}$

각 변에 5를 곱하면

$\frac{5}{3}-\frac{1}{5^{n-3}}<x_3+\frac{x_4}{5}+\frac{x_5}{5^2}+\cdots+\frac{x_n}{5^{n-3}}<\frac{5}{3}$ …… ㉢

㉢에 $n=3$을 대입하면

$\frac{2}{3}<x_3<\frac{5}{3}$ $\therefore x_3=1$ ($\because x_3$은 자연수)

같은 방법으로 하면

$x_4=3$, $x_5=1$, $x_6=3$, ⋯

$\therefore x_n=\begin{cases} 1 & (n\text{이 홀수}) \\ 3 & (n\text{이 짝수}) \end{cases}$

따라서 $x_{10}=3$, $x_9=1$이므로

$x_{10}-x_9=3-1=2$

답 2

393 $0<\frac{1}{3}-\sum_{k=1}^{n}\frac{a_k}{4^k}<\frac{1}{2^{2n}}$에서

$-\frac{1}{3}<-\sum_{k=1}^{n}\frac{a_k}{4^k}<\frac{1}{2^{2n}}-\frac{1}{3}$

$\therefore \frac{1}{3}-\frac{1}{4^n}<\frac{a_1}{4}+\frac{a_2}{4^2}+\frac{a_3}{4^3}+\cdots+\frac{a_n}{4^n}<\frac{1}{3}$

각 변에 4를 곱하면

$\frac{4}{3}-\frac{1}{4^{n-1}}<a_1+\frac{a_2}{4}+\frac{a_3}{4^2}+\cdots+\frac{a_n}{4^{n-1}}<\frac{4}{3}$ …… ㉠

㉠에 $n=1$을 대입하면

$\frac{1}{3}<a_1<\frac{4}{3}$ $\therefore a_1=1$ ($\because a_1$은 자연수)

㉠의 각 변에서 1을 빼면

$\frac{1}{3}-\frac{1}{4^{n-1}}<\frac{a_2}{4}+\frac{a_3}{4^2}+\frac{a_4}{4^3}+\cdots+\frac{a_n}{4^{n-1}}<\frac{1}{3}$

각 변에 4를 곱하면

$\frac{4}{3}-\frac{1}{4^{n-2}}<a_2+\frac{a_3}{4}+\frac{a_4}{4^2}+\cdots+\frac{a_n}{4^{n-2}}<\frac{4}{3}$ …… ㉡

㉡에 $n=2$를 대입하면

$\frac{1}{3}<a_2<\frac{4}{3}$ $\quad\therefore a_2=1$ ($\because$ a_2는 자연수)

같은 방법으로 하면

$a_3=1,\ a_4=1,\ \cdots$

$\therefore a_n=1$

$\therefore \sum_{n=1}^{50} a_n=\sum_{n=1}^{50} 1=1\times 50=50$ 답 ①

다른풀이

$-\frac{1}{3}<-\sum_{k=1}^{n}\frac{a_k}{4^k}<\frac{1}{2^{2n}}-\frac{1}{3}$에서

$\frac{1}{3}-\frac{1}{4^n}<\sum_{k=1}^{n}\frac{a_k}{4^k}<\frac{1}{3}$

위의 식의 각 변에 3×4^n을 곱하면

$4^n-3<3\sum_{k=1}^{n}4^{n-k}a_k<4^n$ …… ㉢

이때 a_n의 값이 항상 자연수이므로 $S_n=\sum_{k=1}^{n}4^{n-k}a_k$라 하면 S_n의 값은 자연수이다.

따라서 ㉢에 의하여 $3S_n=4^n-2$ 또는 $3S_n=4^n-1$

$\therefore S_n=\frac{4^n-2}{3}$ 또는 $S_n=\frac{4^n-1}{3}$

그런데

$4^n-2=(4^n-1)-1$

$=(4-1)(4^{n-1}+4^{n-2}+\cdots+1)-1$

$=3Q-1$ (Q는 자연수)

이므로 $\frac{4^n-2}{3}$는 자연수가 아니다.

$\therefore S_n=\frac{4^n-1}{3}$

한편, $S_n=\sum_{k=1}^{n}4^{n-k}a_k$에서

$S_n=4^{n-1}a_1+4^{n-2}a_2+4^{n-3}a_3+\cdots+4a_{n-1}+a_n$ …… ㉣

$S_{n-1}=4^{n-2}a_1+4^{n-3}a_2+4^{n-4}a_3+\cdots+a_{n-1}$ …… ㉤

㉣$-4\times$㉤을 하면 $S_n-4S_{n-1}=a_n$이므로

$a_n=\frac{4^n-1}{3}-4\times\frac{4^{n-1}-1}{3}=1\ (n\geq 2)$

또, $a_1=S_1=1$이므로 $a_n=1\ (n\geq 1)$

394 $0<x-n\leq\sqrt{x}$에서

$x-n>0$ $\quad\therefore x>n$ …… ㉠

$x-n\leq\sqrt{x}$ $\quad\therefore x\leq\sqrt{x}+n$

$\sqrt{x}=t\ (t\geq 0)$로 놓으면

$t^2\leq t+n,\ t^2-t-n\leq 0$

$\left(t-\frac{1-\sqrt{1+4n}}{2}\right)\left(t-\frac{1+\sqrt{1+4n}}{2}\right)\leq 0$

$\therefore 0\leq t\leq\frac{1+\sqrt{1+4n}}{2}$ ($\because t\geq 0$)

즉, $0\leq\sqrt{x}\leq\frac{1+\sqrt{1+4n}}{2}$이므로

$0\leq x\leq\frac{2+4n+2\sqrt{1+4n}}{4}$

$\therefore 0\leq x\leq n+\sqrt{n+\frac{1}{4}}+\frac{1}{2}$ …… ㉡

㉠, ㉡에서 $n<x\leq n+\sqrt{n+\frac{1}{4}}+\frac{1}{2}$

따라서 정수 x의 개수 a_n은 $\sqrt{n+\frac{1}{4}}+\frac{1}{2}$의 정수 부분과 같다.

$\sqrt{n+\frac{1}{4}}+\frac{1}{2}$의 정수 부분을 k (k는 자연수)라 하면

$k\leq\sqrt{n+\frac{1}{4}}+\frac{1}{2}<k+1$

$k-\frac{1}{2}\leq\sqrt{n+\frac{1}{4}}<k+\frac{1}{2}$

위의 식의 각 변을 제곱하면

$k^2-k+\frac{1}{4}\leq n+\frac{1}{4}<k^2+k+\frac{1}{4}$

$\therefore k^2-k\leq n<k^2+k$

$k=1$이면 $0\leq n<2$

$k=2$이면 $2\leq n<6$

$k=3$이면 $6\leq n<12$

$k=4$이면 $12\leq n<20$

$k=5$이면 $20\leq n<30$

즉, $a_1=1,\ a_2=a_3=a_4=a_5=2,\ a_6=a_7=\cdots=a_{11}=3,$
$a_{12}=a_{13}=\cdots=a_{19}=4,\ a_{20}=5$이므로

$S_{20}=1+2\times 4+3\times 6+4\times 8+5=64$ 답 64

395 $a_n>0$이므로 $2<\frac{a_n}{k}<4$에서

$\frac{1}{4}<\frac{k}{a_n}<\frac{1}{2}$

$\therefore \frac{a_n}{4}<k<\frac{a_n}{2}$

음이 아닌 정수 m에 대하여

(i) $a_n=4m+1$일 때

$\frac{4m+1}{4}<k<\frac{4m+1}{2}$이므로

$m+\frac{1}{4}<k<2m+\frac{1}{2}$

이를 만족시키는 자연수 k의 개수는

$2m-(m+1)+1=m$

(ii) $a_n=4m+2$일 때

$\frac{4m+2}{4}<k<\frac{4m+2}{2}$이므로

$m+\frac{1}{2}<k<2m+1$

이를 만족시키는 자연수 k의 개수는

$2m-(m+1)+1=m$

(iii) $a_n=4m+3$일 때

$\frac{4m+3}{4}<k<\frac{4m+3}{2}$이므로

$m+\frac{3}{4}<k<2m+\frac{3}{2}$

이를 만족시키는 자연수 k의 개수는

$(2m+1)-(m+1)+1=m+1$

(iv) $a_n=4m+4$일 때

$\frac{4m+4}{4}<k<\frac{4m+4}{2}$이므로

$m+1<k<2m+2$

이를 만족시키는 자연수 k의 개수는

$(2m+1)-(m+2)+1=m$

(i)~(iv)에 의하여 $a_{n+1}=\begin{cases} m & (a_n=4m+1) \\ m & (a_n=4m+2) \\ m+1 & (a_n=4m+3) \\ m & (a_n=4m+4) \end{cases}$

이때 $a_3=2$이므로

$a_2=9$ 또는 $a_2=10$ 또는 $a_2=7$ 또는 $a_2=12$

같은 방법으로 하면 $a_2=12$일 때 a_1의 값이 최대이고

$a_1=49$ 또는 $a_1=50$ 또는 $a_1=47$ 또는 $a_1=52$

따라서 a_1의 최댓값은 52이다. 답 52

396 (i) $n=6$일 때

$$\begin{aligned}(\text{좌변})&=6(\log_2 6-1)\\&=6(\log_2 6-\log_2 2)\\&=6\log_2 3=\log_2 3^6\\&=\log_2 \boxed{729}\end{aligned}$$

$$\begin{aligned}(\text{우변})&=\sum_{k=1}^{6}\log_2 k\\&=\log_2 1+\log_2 2+\cdots+\log_2 6\\&=\log_2(1\times2\times\cdots\times6)\\&=\log_2\boxed{720}\end{aligned}$$

이므로 (*)이 성립한다.

(ii) $n=m\ (m\ge6)$일 때 (*)이 성립한다고 가정하면

$m(\log_2 m-1)>\sum_{k=1}^{m}\log_2 k$

$(m+1)\{\log_2(m+1)-1\}$

$=m\log_2(m+1)+\log_2(m+1)-(m+1)$

$=\log_2(\boxed{m+1})^m+\log_2(\boxed{m+1})-(\boxed{m+1})$

이때 그래프에서 $0<x\le1$이면

$\log_2(1+x)\ge x$

$x=\boxed{\frac{1}{m}}$일 때,

$\log_2\left(1+\boxed{\frac{1}{m}}\right)\ge\boxed{\frac{1}{m}}$

위의 식의 양변에 m을 곱한 후 정리하면

$m\log_2\left(\frac{m+1}{m}\right)\ge1$

$m\{\log_2(m+1)-\log_2 m\}\ge1$

$\therefore m\log_2(m+1)\ge1+m\log_2 m$

$\log_2(m+1)^m\ge1+m\log_2 m$이므로

$$\begin{aligned}&\log_2(\boxed{m+1})^m+\log_2(\boxed{m+1})-(\boxed{m+1})\\&\ge1+m\log_2 m+\log_2(m+1)-m-1\\&=m(\log_2 m-1)+\log_2(m+1)\\&>\sum_{k=1}^{m}\log_2 k+\log_2(m+1)\\&=\sum_{k=1}^{m+1}\log_2 k\end{aligned}$$

따라서 $n=m+1$일 때도 (*)이 성립한다.

(i), (ii)에 의하여 모든 자연수 n에 대하여 (*)이 성립한다.

즉, $p=729$, $q=720$, $f(m)=m+1$, $g(m)=\frac{1}{m}$이므로

$$\begin{aligned}f(p)-g\left(\frac{1}{q}\right)&=f(729)-g\left(\frac{1}{720}\right)\\&=730-720=10\end{aligned}$$

답 10

397 $\overline{A_nB_n}=a_nb_n$이므로 직각삼각형 OA_nB_n에서

$$\begin{aligned}\overline{OB_n}&=\sqrt{\overline{OA_n}^2+\overline{A_nB_n}^2}\\&=\sqrt{a_n^2+(a_nb_n)^2}\\&=a_n\sqrt{\boxed{1}+b_n^2}\end{aligned}$$

원 T_n이 직선 $y=0$에 접하므로 $\overline{A_nC_n}=r_n$

$$\begin{aligned}\therefore \overline{OD_n}&=\overline{OB_n}+\overline{B_nD_n}=\overline{OB_n}+\overline{B_nC_n}\\&=\overline{OB_n}+(\overline{A_nB_n}-\overline{A_nC_n})\\&=a_n\sqrt{\boxed{1}+b_n^2}+a_nb_n-r_n\end{aligned}$$

$\overline{OE_n}=a_n+r_n$이고, $\overline{OD_n}=\overline{OE_n}$이므로

$a_n\sqrt{1+b_n^2}+a_nb_n-r_n=a_n+r_n$

$2r_n=a_n(\sqrt{1+b_n^2}+b_n-1)$

$\therefore r_n=\frac{a_n(b_n-1+\sqrt{\boxed{1}+b_n^2})}{2}$

$$\begin{aligned}\therefore a_{n+1}&=a_n+2r_n\\&=(b_n+\sqrt{1+b_n^2})\times a_n\end{aligned}$$

이때 $b_n=\frac{n^2+4n+3}{2n+4}=\frac{1}{2}\left(n+2-\frac{1}{n+2}\right)$이므로

$\sqrt{1+b_n^2}=\frac{1}{2}\left(n+2+\frac{1}{n+2}\right)$

$\therefore b_n+\sqrt{1+b_n^2}=n+2$

$$\begin{aligned}\therefore a_{n+1}&=(b_n+\sqrt{1+b_n^2})\times a_n\\&=(\boxed{n+2})\times a_n\ (n\ge1)\end{aligned}$$

이때 $a_1=2$이므로

$$\begin{aligned}a_n&=(\boxed{n+1})\times a_{n-1}\\&=\boxed{(n+1)\times n}\times a_{n-2}\\&\ \ \vdots\\&=\boxed{(n+1)\times n\times(n-1)\times\cdots\times3}\times a_1\\&=1\times2\times3\times\cdots\times(n+1)\\&=\boxed{(n+1)!}\end{aligned}$$

즉, $p=1$, $f(n)=n+2$, $g(n)=(n+1)!$이므로

$p+f(3)+g(3)=1+5+24=30$ 답 ③

시험직전
R
Rehearsal